高等教育公共基础类“十四五”系列规划教材

高等数学

（下册·第三版）

四川大学数学学院　编

编写人员　张加劲　陈　丽　何志蓉
高　波　罗　伟　周　杨

四川大学出版社
SICHUAN UNIVERSITY PRESS

图书在版编目（CIP）数据

高等数学．下册 / 四川大学数学学院编．-- 3 版．
成都 : 四川大学出版社，2024．8．-- ISBN 978-7-5690-6970-9

Ⅰ．O13

中国国家版本馆 CIP 数据核字第 2024C5T835 号

书　　名：高等数学·下册
　　　　　Gaodeng Shuxue·Xiace
编　　者：四川大学数学学院
丛 书 名：高等教育公共基础类"十四五"系列规划教材

丛书策划：李志勇　王　睿
选题策划：王　睿
责任编辑：王　睿
责任校对：胡晓燕
装帧设计：墨创文化
责任印制：王　炜

出版发行：四川大学出版社有限责任公司
　　　　　地址：成都市一环路南一段 24 号（610065）
　　　　　电话：（028）85408311（发行部）、85400276（总编室）
　　　　　电子邮箱：scupress@vip.163.com
　　　　　网址：https://press.scu.edu.cn
印前制作：四川胜翔数码印务设计有限公司
印刷装订：四川省平轩印务有限公司

成品尺寸：185mm×260mm
印　　张：16.75
字　　数：398 千字

版　　次：2013 年 9 月 第 1 版
　　　　　2024 年 8 月 第 3 版
印　　次：2024 年 8 月 第 1 次印刷
定　　价：49.00 元

扫码获取数字资源

四川大学出版社
微信公众号

前　言

为了使本教材更符合综合性大学本科理工类专业高等数学课程的教学要求，进一步提高教学质量，我们在第二版的基础上进行了修订.新版仍保持了原书体系完整、简明扼要、深入浅出、便于自学的特点.本次修订分为三个方面：一是对内容顺序作了一些调整，如将微分方程部分调整到上册第 6 章，将空间解析几何与向量代数调整到下册第 7 章.二是对每章的总复习题进行了充实，并将其分成了 A、B 两组，A 组是基础题，B 组是提高题.三是校正了第二版的错漏和不妥之处.

本教材为四川大学立项建设教材，分为上、下两册.上册包括极限与连续性、导数与微分、微分中值定理与导数的应用、不定积分、定积分、微分方程，下册包括空间解析几何与向量代数、多元函数微分学、重积分及其应用、曲线积分与曲面积分、无穷级数.

由于不同专业对于数学知识的要求不尽相同，本教材中加“ * ”号的内容和习题可根据需要自行选用.

四川大学数学学院及四川大学出版社对此次修订给予了很大的帮助.在使用本教材第二版的过程中，很多任课老师提出了宝贵的建议，对提高本教材的质量起到了很大的作用.

本教材的修订具体分工为：第 1 章、第 2 章及全书统稿由张加劲负责，第 3 章、第 4 章、第 5 章由陈丽负责，第 6 章、第 11 章由何志蓉负责，第 7 章、第 8 章由高波负责，第 9 章由罗伟、周杨负责，第 10 章由罗伟负责。

本教材的责任编辑是四川大学出版社的毕潜和王睿老师.他们为本书第三版的出版做了许多深入细致的工作，为提高本书的质量付出了艰辛的劳动，在此向他们表示衷心的感谢.

限于编者的水平，本书中的错误和不妥之处在所难免，请广大教师及读者继续给予批评指正。

编　者

2024 年 6 月

目　录

第 7 章　空间解析几何与向量代数

在平面解析几何中，通过坐标把平面上的点与一对二元有序数组对应起来，把平面上的曲线与二元方程或一元函数对应起来，从而用代数的方法来研究几何问题. 空间解析几何也是按照类似的方法建立起来. 作为数学分支“几何学”的重要部分，空间解析几何是学习多元函数微积分、线性代数以及其他数学课程必不可少的基础. 同时，也是学习物理学以及其他工程技术学科所必需具备的数学知识.

本章首先介绍向量的概念及运算，然后介绍坐标系、向量的坐标、平面与直线、曲面与曲线以及二次曲面的标准型等空间解析几何的基本内容.

§7.1　向量的概念及运算

向量来源于物理学，具有很强的几何直观性，是一种重要的代数工具，利用向量可以很简洁地表达许多科学与工程技术问题. 本节介绍向量的概念，并讨论其运算规律以及向量平行、垂直等性质.

§7.1.1　向量的概念

在物理学中，有这样一类量，它们既有大小，又有方向，如速度、力、位移等，这类量称为向量(或矢量). 在数学上，用有向线段来表示向量，用有向线段的长度来表示向量的大小，用有向线段的方向来表示向量的方向. 如图 7.1 所示，以 A 为起点，B 为终点的有向线段表示的向量记为 $\overrightarrow{AB}$，符号 $|\overrightarrow{AB}|$ 表示向量 $\overrightarrow{AB}$ 的大小，称为向量 $\overrightarrow{AB}$ 的模.

在实际问题中，有些向量与其起点有关，例如一个力与该力的作用点的位置有关，有些向量与其起点无关. 由于一切向量的共性是它们都有大小与方向，因此在数学上我们研究的向量与起点无关并称为自由向量. 在教材中，常用小写字母 $\boldsymbol{a}$，$\boldsymbol{b}$，$\boldsymbol{c}$(也可以在字母上加箭头 $\vec{a}$，$\vec{b}$，$\vec{c}$)来表示向量，用 $|\boldsymbol{a}|$ 来表示向量 $\boldsymbol{a}$ 的模.

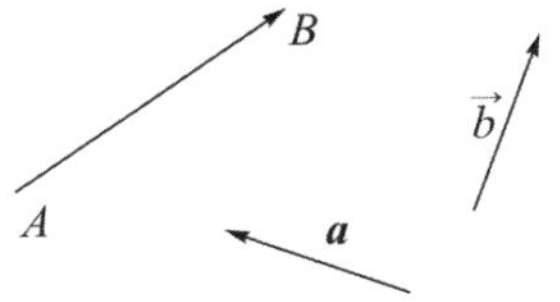

图 7.1

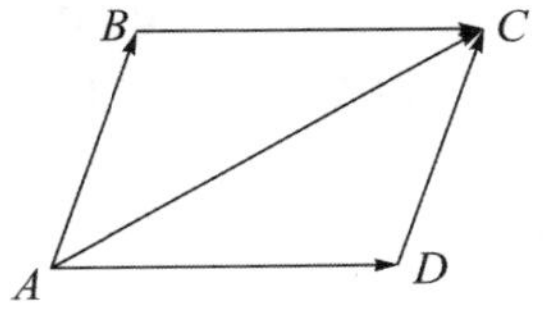

图 7.2

定义 1 若两个向量 $\boldsymbol{a}$ 与 $\boldsymbol{b}$ 的方向相同、模相等，则称两向量**相等**，记为$\boldsymbol{a}=\boldsymbol{b}$；若两个向量 $\boldsymbol{a}$ 与 $\boldsymbol{b}$ 的模相等、方向相反，则称 $\boldsymbol{b}$ 为 $\boldsymbol{a}$ 的**负向量**，或称 $\boldsymbol{a}$ 为 $\boldsymbol{b}$ 的**负向量**，记为 $\boldsymbol{b}=-\boldsymbol{a}$.

一个向量平行移动后的向量与原向量相等. 如图 7.2 所示的平行四边形 $ABCD$ 中，向量 $\overrightarrow{AB}=\overrightarrow{DC}=-\overrightarrow{BA}=-\overrightarrow{CD}$，$\overrightarrow{AD}=\overrightarrow{BC}$.

模等于零的向量称为**零向量**，记为$\vec{0}$，在不至于混淆的情况下也写为 $\mathbf{0}$. 零向量又称为**点向量**，无一定方向，可以是任意方向的向量.

模等于 1 的向量称为**单位向量**. 一个非零向量 $\boldsymbol{a}$ 的单位向量为与 $\boldsymbol{a}$ 方向相同，模为 1 的向量，记为 $\boldsymbol{a}^0$.

设有两个非零向量 $\boldsymbol{a}$ 和 $\boldsymbol{b}$，任取空间一点 P，作 $\overrightarrow{PA}=\boldsymbol{a}$，$\overrightarrow{PB}=\boldsymbol{b}$，规定不超过 π 的 $\angle APB$ 为两向量 $\boldsymbol{a}$ 和 $\boldsymbol{b}$ 的夹角，记为$\langle \boldsymbol{a}, \boldsymbol{b}\rangle$. 如果 $\boldsymbol{a}$ 和 $\boldsymbol{b}$ 中有一个是零向量，规定它们的夹角可以是 0 到 π 之间的任意值.

如果$\langle \boldsymbol{a}, \boldsymbol{b}\rangle=0$ 或 π，称向量 $\boldsymbol{a}$ 与 $\boldsymbol{b}$ 平行(或共线)，记作 $\boldsymbol{a}\parallel\boldsymbol{b}$. 如果$\langle \boldsymbol{a}, \boldsymbol{b}\rangle=\frac{\pi}{2}$，称 $\boldsymbol{a}$ 与 $\boldsymbol{b}$ 垂直，记作 $\boldsymbol{a}\perp\boldsymbol{b}$. 由于零向量可以是任意方向，所以可以认为零向量与任何向量都平行或垂直.

设有 $k(k\geqslant 3)$个向量，当它们的起点放在同一点时，如果 k 个终点和公共起点在一个平面上，称这 k 个向量共面.

§7.1.2 向量的加减法

在物理学中，两个力的合力可以用“平行四边形法则”确定. 如图 7.2 所示，向量 $\overrightarrow{AB}$ 与 $\overrightarrow{AD}$ 表示两个力，以 AB，AD 为邻边作平行四边形 $ABCD$，对角线为 AC，则向量 $\overrightarrow{AC}$ 是 $\overrightarrow{AB}$ 与 $\overrightarrow{AD}$ 的合力，记为 $\overrightarrow{AB}+\overrightarrow{AD}=\overrightarrow{AC}$，这便是向量加法的“平行四边形法则”. “平行四边形法则”可简化为“**三角形法则**”，如图 7.3(a)和图 7.3(b)所示.

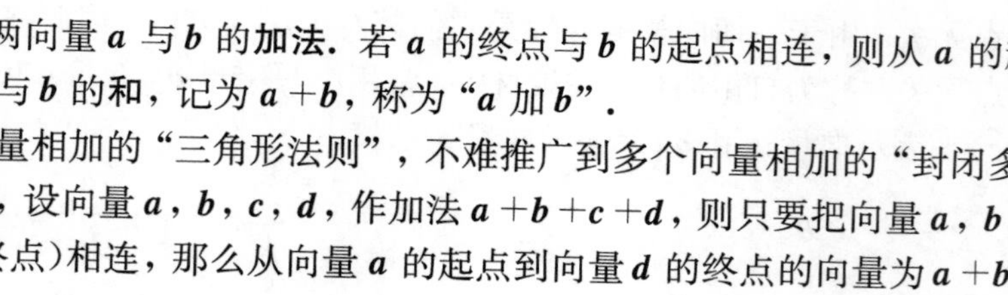

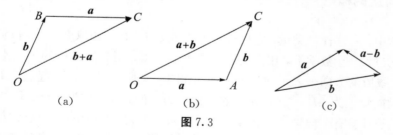

图 7.3

定义 2 两向量 $\boldsymbol{a}$ 与 $\boldsymbol{b}$ 的**加法**. 若 $\boldsymbol{a}$ 的终点与 $\boldsymbol{b}$ 的起点相连，则从 $\boldsymbol{a}$ 的起点到 $\boldsymbol{b}$ 的终点的向量为 $\boldsymbol{a}$ 与 $\boldsymbol{b}$ 的**和**，记为 $\boldsymbol{a}+\boldsymbol{b}$，称为“$\boldsymbol{a}$ 加 $\boldsymbol{b}$”.

从两个向量相加的“三角形法则”，不难推广到多个向量相加的“封闭多边形法则”. 如图 7.4 所示，设向量 $\boldsymbol{a}$，$\boldsymbol{b}$，$\boldsymbol{c}$，$\boldsymbol{d}$，作加法 $\boldsymbol{a}+\boldsymbol{b}+\boldsymbol{c}+\boldsymbol{d}$，则只要把向量 $\boldsymbol{a}$，$\boldsymbol{b}$，$\boldsymbol{c}$，$\boldsymbol{d}$ 依次序首(起点)尾(终点)相连，那么从向量 $\boldsymbol{a}$ 的起点到向量 $\boldsymbol{d}$ 的终点的向量为 $\boldsymbol{a}+\boldsymbol{b}+\boldsymbol{c}+\boldsymbol{d}$.

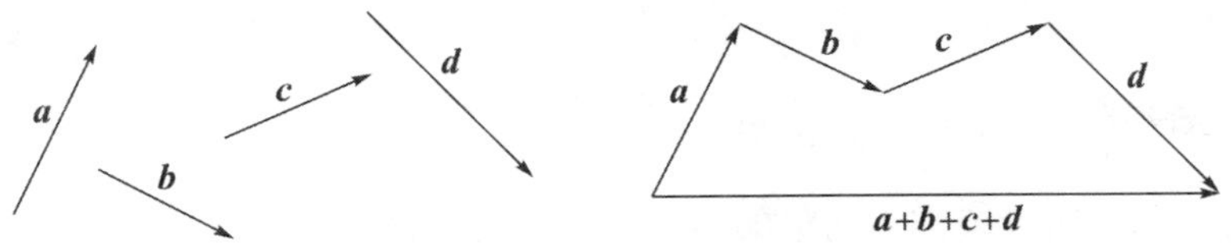

图 7.4

定义 3　$\boldsymbol{a}-\boldsymbol{b}=\boldsymbol{a}+(-\boldsymbol{b})$.

如图 7.2 所示，平行四边形 $ABCD$ 中，对角线 BD 对应的向量 $\overrightarrow{BD}=\overrightarrow{AD}-\overrightarrow{AB}$. 或如图 7.3(c)所示，若 $\boldsymbol{a}$ 和 $\boldsymbol{b}$ 起点放在一起，则从 $\boldsymbol{b}$ 的起点到 $\boldsymbol{a}$ 的终点的向量为 $\boldsymbol{a}$ 与 $\boldsymbol{b}$ 的差，记为 $\boldsymbol{a}-\boldsymbol{b}$.

向量的加法与数的加法类似，满足以下规律：

(1)若 $\boldsymbol{a}+\boldsymbol{b}=\boldsymbol{0}$，则 $\boldsymbol{b}=-\boldsymbol{a}$，$\boldsymbol{a}=-\boldsymbol{b}$；

(2)$\boldsymbol{a}+\boldsymbol{0}=\boldsymbol{a}$；

(3)$\boldsymbol{a}+\boldsymbol{b}=\boldsymbol{b}+\boldsymbol{a}$(交换律)；

(4)$(\boldsymbol{a}+\boldsymbol{b})+\boldsymbol{c}=\boldsymbol{a}+(\boldsymbol{b}+\boldsymbol{c})$(结合律)；

(5)若 $\boldsymbol{a}+\boldsymbol{b}=\boldsymbol{a}+\boldsymbol{c}$，则 $\boldsymbol{b}=\boldsymbol{c}$(消去律).

§7.1.3　数乘向量

定义 4　实数 k 与向量 $\boldsymbol{a}$ 的乘积是一个向量，称为**数乘向量**，记为 $k\boldsymbol{a}$. 它的模 $|k\boldsymbol{a}|=|k||\boldsymbol{a}|$. 其方向规定为：当 $k>0$ 时，$k\boldsymbol{a}$ 与 $\boldsymbol{a}$ 同向；当 $k<0$ 时，$k\boldsymbol{a}$ 与 $\boldsymbol{a}$ 反向；当 $k=0$ 时，$0\boldsymbol{a}=\boldsymbol{0}$(如图 7.5 所示).

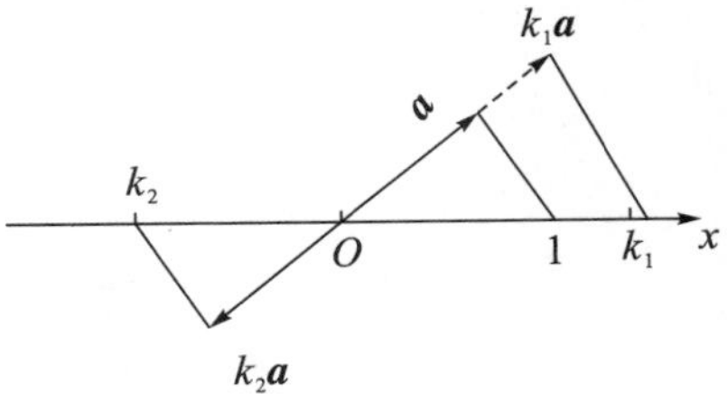

图 7.5

数乘向量满足下列规律：

(1)$k\boldsymbol{a}=\boldsymbol{a}k$(交换律).

(2)$k(l\boldsymbol{a})=(kl)\boldsymbol{a}$，$k$，$l$ 为实数(结合律).

(3)$(k+l)\boldsymbol{a}=k\boldsymbol{a}+l\boldsymbol{a}$，$k(\boldsymbol{a}+\boldsymbol{b})=k\boldsymbol{a}+k\boldsymbol{b}$(分配律).

(4)若 $k\neq0$，$k\boldsymbol{a}=k\boldsymbol{b}$，则 $\boldsymbol{a}=\boldsymbol{b}$；若 $\boldsymbol{a}\neq\boldsymbol{0}$，$k\boldsymbol{a}=l\boldsymbol{a}$，则 $k=l$(消去律).

设向量 $\boldsymbol{a}$ 为非零向量，即 $|\boldsymbol{a}|\neq0$，则 $\boldsymbol{a}=|\boldsymbol{a}|\boldsymbol{a}^0$ 或 $\boldsymbol{a}^0=\dfrac{1}{|\boldsymbol{a}|}\boldsymbol{a}$. $\boldsymbol{a}^0$ 称为 $\boldsymbol{a}$ 的**单位化**.

若向量 $\boldsymbol{a}$ 与 $\boldsymbol{b}$ 有等式 $\boldsymbol{a}=k\boldsymbol{b}$ 成立，则 $\boldsymbol{a}$ 与 $\boldsymbol{b}$ 共线(数乘向量与原向量平行).

定理 1　向量 $\boldsymbol{a}$ 与 $\boldsymbol{b}$ 共线的充分必要条件是存在不全为零的数 k_1，k_2，使得 $k_1\boldsymbol{a}+k_2\boldsymbol{b}=\boldsymbol{0}$.

证明　必要性. 若 $\boldsymbol{a}$ 与 $\boldsymbol{b}$ 共线，则当其中之一为零向量，如 $\boldsymbol{a}=\boldsymbol{0}$ 时，有 $1\boldsymbol{a}+0\boldsymbol{b}=\boldsymbol{0}$，这时 $k_1=1$，$k_2=0$；当 $\boldsymbol{a}$，$\boldsymbol{b}$ 均为非零向量时，因为 $\boldsymbol{a}$ 与 $\boldsymbol{b}$ 平行，所以 $\boldsymbol{a}$ 为 $\boldsymbol{b}$ 的数乘，即存在实数 l，使得 $\boldsymbol{a}=l\boldsymbol{b}$(当 $\boldsymbol{a}$ 与 $\boldsymbol{b}$ 同向时 $l>0$，反向时 $l<0$)，有 $\boldsymbol{a}-l\boldsymbol{b}=\boldsymbol{0}$，即 $k_1=1$，$k_2=-l$. 所以必存在不全为零的数 k_1，k_2，使得 $k_1\boldsymbol{a}+k_2\boldsymbol{b}=\boldsymbol{0}$ 成立.

充分性. 若存在不全为零的数 k_1，k_2，使得 $k_1\boldsymbol{a}+k_2\boldsymbol{b}=\boldsymbol{0}$，则当 $k_1\neq0$ 时，$\boldsymbol{a}=-\frac{k_2}{k_1}\boldsymbol{b}$；当 $k_2\neq0$ 时，$\boldsymbol{b}=-\frac{k_1}{k_2}\boldsymbol{a}$. 因此可得 $\boldsymbol{a}$ 与 $\boldsymbol{b}$ 共线. 证毕.

向量加法与数乘向量统称为向量的**线性运算**. 设任意二实数 k，l，与两个向量 $\boldsymbol{a}$，$\boldsymbol{b}$ 的运算 $k\boldsymbol{a}+l\boldsymbol{b}$ 称为向量 $\boldsymbol{a}$，$\boldsymbol{b}$ 的线性运算. 显然，当 $k=l=1$ 时，为 $\boldsymbol{a}+\boldsymbol{b}$；当 $l=0$ 时，为 $k\boldsymbol{a}$. 因此向量的线性运算包含向量加法与数乘向量. 线性运算又称为**线性组合**，即 $k\boldsymbol{a}+l\boldsymbol{b}$ 为 $\boldsymbol{a}$ 与 $\boldsymbol{b}$ 的线性组合. 若向量 $\boldsymbol{c}=k\boldsymbol{a}+l\boldsymbol{b}$，又称向量 $\boldsymbol{c}$ 可被 $\boldsymbol{a}$ 与 $\boldsymbol{b}$ 线性表示，…. 这些都是线性代数课程中讨论的重要概念，其几何意义在于向量共线与共面的问题.

若向量 $\boldsymbol{a}$，$\boldsymbol{b}$，$\boldsymbol{c}$ 满足关系 $\boldsymbol{c}=k_1\boldsymbol{a}+k_2\boldsymbol{b}$($k_1$，$k_2$ 为实数)，则 $\boldsymbol{a}$，$\boldsymbol{b}$，$\boldsymbol{c}$ 三向量共面.

定理 2 三个向量 $\boldsymbol{a}$，$\boldsymbol{b}$，$\boldsymbol{c}$ 共面的充分必要条件是存在不全为零的实数 k_1，k_2，k_3，使得 $k_1\boldsymbol{a}+k_2\boldsymbol{b}+k_3\boldsymbol{c}=\boldsymbol{0}$ 成立.

例 1 证明三角形两边中点的连线平行于第三边且等于第三边的一半.

证明 作任意三角形，如图 7.6 所示，在 $\triangle ABC$ 中，D，E 分别为 AB，AC 边的中点，连接 DE，则

$$\begin{aligned}\overrightarrow{DE}&=\overrightarrow{DA}+\overrightarrow{AE}=\frac{1}{2}\overrightarrow{BA}+\frac{1}{2}\overrightarrow{AC}\\&=\frac{1}{2}(\overrightarrow{BA}+\overrightarrow{AC})=\frac{1}{2}\overrightarrow{BC},\end{aligned}$$

所以 $DE/\!/BC$，且 $DE=\frac{1}{2}BC$.

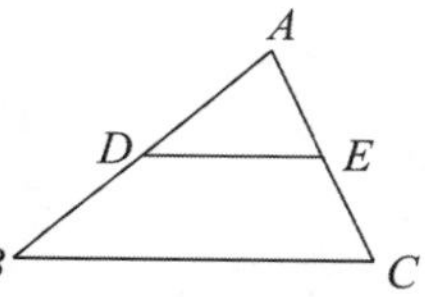

图 7.6

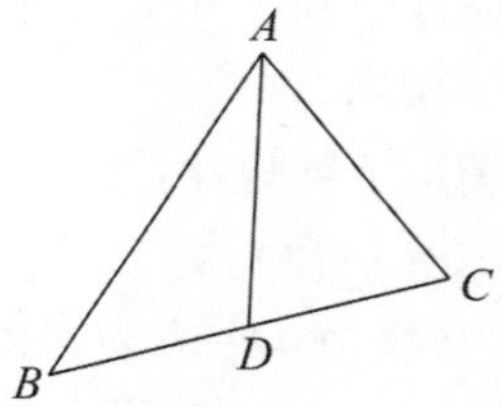

图 7.7

例 2 如图 7.7 所示，在 $\triangle ABC$ 中，D 为 BC 边的中点，试证：

$$\overrightarrow{AD}=\frac{1}{2}(\overrightarrow{AB}+\overrightarrow{AC}).$$

证明 因为 $\overrightarrow{AD}=\overrightarrow{AC}+\overrightarrow{CD}$，又 $\overrightarrow{CD}=\frac{1}{2}\overrightarrow{CB}$，$\overrightarrow{CB}=\overrightarrow{AB}-\overrightarrow{AC}$，所以

$$\overrightarrow{AD}=\overrightarrow{AC}+\frac{1}{2}(\overrightarrow{AB}-\overrightarrow{AC})=\frac{1}{2}(\overrightarrow{AB}+\overrightarrow{AC}).$$

§7.1.4 两向量的数量积

物理学中，在力 $\boldsymbol{F}$ 的作用下使物体作直线运动而产生位移 $\boldsymbol{s}$ 时所做的功为 $W=|\boldsymbol{F}||\boldsymbol{s}|\cos\theta$，其中 θ 为 $\boldsymbol{F}$ 与 $\boldsymbol{s}$ 的夹角，如图 7.8 所示.

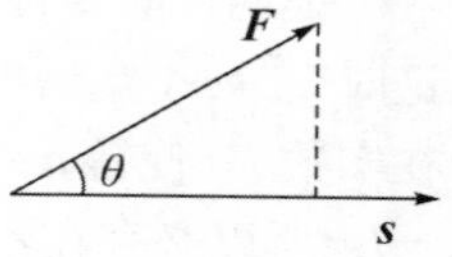

图 7.8

在一些应用中，我们可以对两个向量作这样一种运算，其运算结果为一个数，等于它们的模与它们夹角的余弦的乘积.

定义 5　两向量 $\boldsymbol{a}$ 与 $\boldsymbol{b}$ 的积 $\boldsymbol{a}\cdot\boldsymbol{b}$ 是一个数，称为**数量积（内积、点积）**，规定为

$$\boldsymbol{a}\cdot\boldsymbol{b}=|\boldsymbol{a}||\boldsymbol{b}|\cos\langle\boldsymbol{a},\boldsymbol{b}\rangle.$$

数量积满足以下规律：

(1)$\boldsymbol{a}\cdot\boldsymbol{b}=\boldsymbol{b}\cdot\boldsymbol{a}$(交换律)；

(2)$(\boldsymbol{a}+\boldsymbol{b})\cdot\boldsymbol{c}=\boldsymbol{a}\cdot\boldsymbol{c}+\boldsymbol{b}\cdot\boldsymbol{c}$(分配律)；

(3)$(k\boldsymbol{a})\cdot\boldsymbol{b}=\boldsymbol{a}\cdot(k\boldsymbol{b})=k(\boldsymbol{a}\cdot\boldsymbol{b})$；

(4)$\boldsymbol{a}^2=\boldsymbol{a}\cdot\boldsymbol{a}=|\boldsymbol{a}|^2$.

要注意，三个向量 $\boldsymbol{a}$，$\boldsymbol{b}$，$\boldsymbol{c}$ 的积 $\boldsymbol{a}\cdot\boldsymbol{b}\cdot\boldsymbol{c}$ 是无意义的，$(\boldsymbol{a}\cdot\boldsymbol{b})\boldsymbol{c}$ 与 $\boldsymbol{a}(\boldsymbol{b}\cdot\boldsymbol{c})$ 未必相等，因此 $\boldsymbol{a}^3$ 无意义.

设 $\boldsymbol{a}$ 与 $\boldsymbol{b}$ 为非零向量，记 $\theta=\langle\boldsymbol{a},\boldsymbol{b}\rangle$，则有：

$\boldsymbol{a}$ 与 $\boldsymbol{b}$ 的**夹角的余弦**　$\cos\theta=\dfrac{\boldsymbol{a}\cdot\boldsymbol{b}}{|\boldsymbol{a}||\boldsymbol{b}|}=\boldsymbol{a}^\circ\cdot\boldsymbol{b}^\circ$；

$\boldsymbol{a}$ 在 $\boldsymbol{b}$ 上的**投影**　$\mathrm{Prj}_{\boldsymbol{b}}\boldsymbol{a}=\dfrac{\boldsymbol{a}\cdot\boldsymbol{b}}{|\boldsymbol{b}|}=\boldsymbol{a}\cdot\boldsymbol{b}^\circ$.

定理 3　两个向量 $\boldsymbol{a}$ 与 $\boldsymbol{b}$ 垂直的充分必要条件是 $\boldsymbol{a}\cdot\boldsymbol{b}=0$.

证明　必要性. 若 $\boldsymbol{a}$ 与 $\boldsymbol{b}$ 垂直，则 $\boldsymbol{a}$ 与 $\boldsymbol{b}$ 的夹角 $\theta=\dfrac{\pi}{2}$，所以

$$\boldsymbol{a}\cdot\boldsymbol{b}=|\boldsymbol{a}||\boldsymbol{b}|\cos\frac{\pi}{2}=0.$$

充分性. 若 $\boldsymbol{a}\cdot\boldsymbol{b}=0$，则 $|\boldsymbol{a}||\boldsymbol{b}|\cos\theta=0$. 当 $\boldsymbol{a}$ 与 $\boldsymbol{b}$ 至少有一个为零向量时，零向量与任何向量都垂直. 当 $\boldsymbol{a}$ 与 $\boldsymbol{b}$ 均为非零向量，即 $|\boldsymbol{a}|\neq0$，$|\boldsymbol{b}|\neq0$ 时，有 $\cos\theta=0$，$\boldsymbol{a}$ 与 $\boldsymbol{b}$ 的夹角 $\theta=\dfrac{\pi}{2}$，则两向量垂直.

§7.1.5　两向量的向量积

在物理学中研究物体转动问题时，不仅要考虑这个物体受到的力，还要判断这些力所产生的力矩. 如图 7.9 所示，设 O 为杠杆的支点，力臂为 $\boldsymbol{S}$，悬臂端作用力为 $\boldsymbol{F}$，力与臂之间的夹角为 θ，则 $\boldsymbol{F}$ 与力臂 $\boldsymbol{S}$ 产生的力矩 M 的大小等于 $|\boldsymbol{F}||\boldsymbol{S}|\sin\theta$，方向符合右手规则. 这种由两个已知向量按照一定规则来确定另一个向量，在实际中经常会遇到. 于是我们引入向量积的概念.

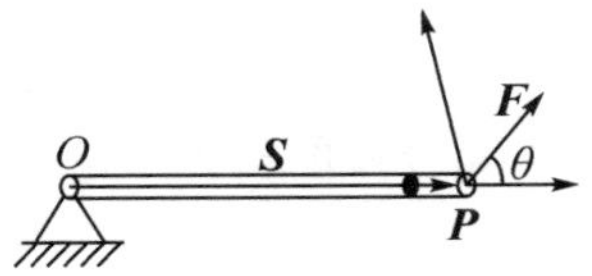

图 7.9

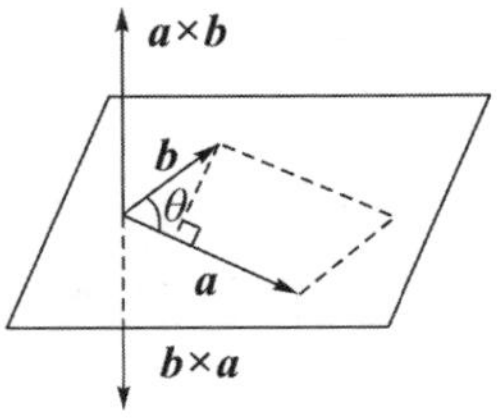

图 7.10

定义 6　两向量 $\boldsymbol{a}$ 与 $\boldsymbol{b}$ 的积 $\boldsymbol{a}\times\boldsymbol{b}$ 是一个向量，称为**向量积(外积，叉积)**. 规定它的模等于两向量的模与两向量夹角 $\theta=\langle\boldsymbol{a},\boldsymbol{b}\rangle$ 的正弦 $\sin\theta$ 的积，即

$$|\boldsymbol{a}\times\boldsymbol{b}|=|\boldsymbol{a}||\boldsymbol{b}|\sin\theta,$$

它的方向垂直于 $\boldsymbol{a}$，$\boldsymbol{b}$ 所在平面，符合右手规则，即右手四个手指由 $\boldsymbol{a}$ 转向 $\boldsymbol{b}$ 时大拇指指定的方向(如图 7.10 所示).

向量积的几何意义是 $|\boldsymbol{a}\times\boldsymbol{b}|$ 等于以 $\boldsymbol{a}$，$\boldsymbol{b}$ 为邻边所构成平行四边形的面积.

向量积满足下列规律：

(1) $\boldsymbol{a}\times\boldsymbol{b}=-\boldsymbol{b}\times\boldsymbol{a}$. (负交换律)

(2) $(k\boldsymbol{a})\times\boldsymbol{b}=\boldsymbol{a}\times(k\boldsymbol{b})=k(\boldsymbol{a}\times\boldsymbol{b})$ (k 为实数).

(3) $\boldsymbol{a}\times(\boldsymbol{b}+\boldsymbol{c})=\boldsymbol{a}\times\boldsymbol{b}+\boldsymbol{a}\times\boldsymbol{c}$；$(\boldsymbol{b}+\boldsymbol{c})\times\boldsymbol{a}=\boldsymbol{b}\times\boldsymbol{a}+\boldsymbol{c}\times\boldsymbol{a}$ (分配律).

要注意，$(\boldsymbol{a}\times\boldsymbol{b})\times\boldsymbol{c}$ 未必等于 $\boldsymbol{a}\times(\boldsymbol{b}\times\boldsymbol{c})$，所以连乘积 $\boldsymbol{a}\times\boldsymbol{b}\times\boldsymbol{c}$ 无意义.

定理 4　两向量 $\boldsymbol{a}$ 与 $\boldsymbol{b}$ 平行的充分必要条件是 $\boldsymbol{a}\times\boldsymbol{b}=\boldsymbol{0}$.

证明　必要性. 若 $\boldsymbol{a}$ 与 $\boldsymbol{b}$ 平行，则 $\boldsymbol{a}$ 与 $\boldsymbol{b}$ 的夹角 $\theta=0$ 或 $\theta=\pi$，故

$$|\boldsymbol{a}\times\boldsymbol{b}|=|\boldsymbol{a}||\boldsymbol{b}|\sin\theta=0,$$

所以 $\boldsymbol{a}\times\boldsymbol{b}=\boldsymbol{0}$.

充分性. 若 $\boldsymbol{a}\times\boldsymbol{b}=\boldsymbol{0}$，则 $|\boldsymbol{a}\times\boldsymbol{b}|=|\boldsymbol{a}||\boldsymbol{b}|\sin\theta=0$. 当 $\boldsymbol{a}$ 与 $\boldsymbol{b}$ 至少有一个为零向量时，因零向量与任何向量平行，所以 $\boldsymbol{a}$ 与 $\boldsymbol{b}$ 平行. 当 $\boldsymbol{a}$ 与 $\boldsymbol{b}$ 均为非零向量时，则 $|\boldsymbol{a}|\neq0$，$|\boldsymbol{b}|\neq0$，因此 $\theta=0$ 或 $\theta=\pi$，所以 $\boldsymbol{a}$ 与 $\boldsymbol{b}$ 平行.

§7.1.6　混合积

定义 7　三个向量 $\boldsymbol{a}$，$\boldsymbol{b}$，$\boldsymbol{c}$ 的积 $(\boldsymbol{a}\times\boldsymbol{b})\cdot\boldsymbol{c}$ 称为**混合积**，记为 $[\boldsymbol{a},\boldsymbol{b},\boldsymbol{c}]$.

设向量 $\boldsymbol{a}\times\boldsymbol{b}$ 与 $\boldsymbol{c}$ 的夹角为 t，$\boldsymbol{a}$ 与 $\boldsymbol{b}$ 的夹角为 θ，则

$$\begin{aligned}(\boldsymbol{a}\times\boldsymbol{b})\cdot\boldsymbol{c}&=|\boldsymbol{a}\times\boldsymbol{b}||\boldsymbol{c}|\cos t\\&=|\boldsymbol{a}\times\boldsymbol{b}|\,\mathrm{Prj}_{\boldsymbol{a}\times\boldsymbol{b}}\boldsymbol{c}.\end{aligned}$$

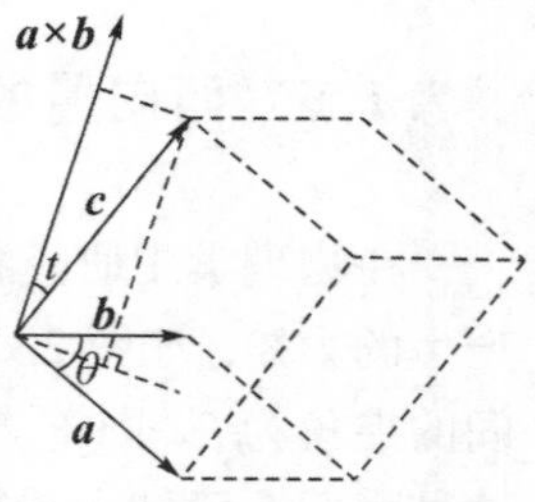

图 7.11

如图 7.11 所示，如果以 $\boldsymbol{a}$，$\boldsymbol{b}$，$\boldsymbol{c}$ 为棱构成一个平行六面体，则 $|\boldsymbol{a}\times\boldsymbol{b}|$ 恰为底面的面积，$\boldsymbol{c}$ 在 $\boldsymbol{a}\times\boldsymbol{b}$ 上的投影的绝对值为底面上的高. 因此，$|[\boldsymbol{a},\boldsymbol{b},\boldsymbol{c}]|$ 等于以 $\boldsymbol{a}$，$\boldsymbol{b}$，$\boldsymbol{c}$ 三个向量为棱所构成的平行六面体的体积.

混合积具有下列性质：

(1) $[\boldsymbol{a},\boldsymbol{b},\boldsymbol{c}]=[\boldsymbol{b},\boldsymbol{c},\boldsymbol{a}]=[\boldsymbol{c},\boldsymbol{a},\boldsymbol{b}]$；(轮换性)

(2) $[\boldsymbol{a},\boldsymbol{b},\boldsymbol{c}]=-[\boldsymbol{b},\boldsymbol{a},\boldsymbol{c}]=-[\boldsymbol{c},\boldsymbol{b},\boldsymbol{a}]=-[\boldsymbol{a},\boldsymbol{c},\boldsymbol{b}]$；(对换变号)

(3) $[k\boldsymbol{a},\boldsymbol{b},\boldsymbol{c}]=[\boldsymbol{a},k\boldsymbol{b},\boldsymbol{c}]=[\boldsymbol{a},\boldsymbol{b},k\boldsymbol{c}]=k[\boldsymbol{a},\boldsymbol{b},\boldsymbol{c}]$；

(4) $[\boldsymbol{a}_1+\boldsymbol{a}_2,\boldsymbol{b},\boldsymbol{c}]=[\boldsymbol{a}_1,\boldsymbol{b},\boldsymbol{c}]+[\boldsymbol{a}_2,\boldsymbol{b},\boldsymbol{c}]$.

以上性质在下一节建立坐标系后，用向量的坐标及混合积的行列式表达式，根据行列式的性质很容易给出证明.

定理 5　三个向量 $\boldsymbol{a}$，$\boldsymbol{b}$，$\boldsymbol{c}$ 共面的充分必要条件是$[\boldsymbol{a},\boldsymbol{b},\boldsymbol{c}]=0$.

证明　必要性. 若向量 $\boldsymbol{a}$，$\boldsymbol{b}$，$\boldsymbol{c}$ 共面，则 $\boldsymbol{a}\times\boldsymbol{b}$ 与 $\boldsymbol{c}$ 垂直. 所以

$$[\boldsymbol{a},\boldsymbol{b},\boldsymbol{c}]=(\boldsymbol{a}\times\boldsymbol{b})\cdot\boldsymbol{c}=|\boldsymbol{a}\times\boldsymbol{b}||\boldsymbol{c}|\cos\frac{\pi}{2}=0.$$

充分性. 若$[\boldsymbol{a},\boldsymbol{b},\boldsymbol{c}]=0$，即$|\boldsymbol{a}\times\boldsymbol{b}||\boldsymbol{c}|\cos t=0$，则$|\boldsymbol{a}\times\boldsymbol{b}|=0$或$|\boldsymbol{c}|=0$或$\cos t=0$（$t$ 为 $\boldsymbol{c}$ 与 $\boldsymbol{a}\times\boldsymbol{b}$ 的夹角）. 若$|\boldsymbol{a}\times\boldsymbol{b}|=0$，则 $\boldsymbol{a}\times\boldsymbol{b}=\boldsymbol{0}$，$\boldsymbol{a}$ 与 $\boldsymbol{b}$ 平行，所以 $\boldsymbol{a}$，$\boldsymbol{b}$，$\boldsymbol{c}$ 共面；若$|\boldsymbol{c}|=0$，则 $\boldsymbol{c}=\boldsymbol{0}$，零向量与 $\boldsymbol{a}$，$\boldsymbol{b}$ 共面；若 $\cos t=0$，则 $t=\frac{\pi}{2}$，$\boldsymbol{a}\times\boldsymbol{b}$ 与 $\boldsymbol{c}$ 垂直，所以 $\boldsymbol{a}$，$\boldsymbol{b}$，$\boldsymbol{c}$ 共面. 综上所述，当$[\boldsymbol{a},\boldsymbol{b},\boldsymbol{c}]=0$ 时，$\boldsymbol{a}$，$\boldsymbol{b}$，$\boldsymbol{c}$ 共面.

例 3　证明下列等式：

(1)$(\boldsymbol{a}+\boldsymbol{b})^2+(\boldsymbol{a}-\boldsymbol{b})^2=2(\boldsymbol{a}^2+\boldsymbol{b}^2)$；

(2)$(\boldsymbol{a}\times\boldsymbol{b})^2+(\boldsymbol{a}\cdot\boldsymbol{b})^2=\boldsymbol{a}^2\boldsymbol{b}^2$.

证明　(1)左端$=(\boldsymbol{a}+\boldsymbol{b})\cdot(\boldsymbol{a}+\boldsymbol{b})+(\boldsymbol{a}-\boldsymbol{b})\cdot(\boldsymbol{a}-\boldsymbol{b})$

$=\boldsymbol{a}^2+2\boldsymbol{a}\cdot\boldsymbol{b}+\boldsymbol{b}^2+\boldsymbol{a}^2-2\boldsymbol{a}\cdot\boldsymbol{b}+\boldsymbol{b}^2$

$=2(\boldsymbol{a}^2+\boldsymbol{b}^2)=$右端；

(2)左端$=|\boldsymbol{a}\times\boldsymbol{b}|^2+(\boldsymbol{a}\cdot\boldsymbol{b})^2$

$=(|\boldsymbol{a}||\boldsymbol{b}|\sin\langle\boldsymbol{a},\boldsymbol{b}\rangle)^2+(|\boldsymbol{a}||\boldsymbol{b}|\cos\langle\boldsymbol{a},\boldsymbol{b}\rangle)^2$

$=|\boldsymbol{a}|^2|\boldsymbol{b}|^2=\boldsymbol{a}^2\boldsymbol{b}^2=$右端.

例 4　设有空间三点 A，B，C 及点 O，且$\overrightarrow{OA}=\boldsymbol{r}_1$，$\overrightarrow{OB}=\boldsymbol{r}_2$，$\overrightarrow{OC}=\boldsymbol{r}_3$. 若 $\boldsymbol{r}_1$，$\boldsymbol{r}_2$，$\boldsymbol{r}_3$ 满足等式 $\boldsymbol{r}_1\times\boldsymbol{r}_2+\boldsymbol{r}_2\times\boldsymbol{r}_3+\boldsymbol{r}_3\times\boldsymbol{r}_1=\boldsymbol{0}$，试证 A，B，C 三点共线.

证明　因为$\overrightarrow{AB}=\boldsymbol{r}_2-\boldsymbol{r}_1$，$\overrightarrow{AC}=\boldsymbol{r}_3-\boldsymbol{r}_1$，所以

$$\overrightarrow{AB}\times\overrightarrow{AC}=(\boldsymbol{r}_2-\boldsymbol{r}_1)\times(\boldsymbol{r}_3-\boldsymbol{r}_1)=\boldsymbol{r}_2\times\boldsymbol{r}_3-\boldsymbol{r}_2\times\boldsymbol{r}_1-\boldsymbol{r}_1\times\boldsymbol{r}_3+\boldsymbol{r}_1\times\boldsymbol{r}_1.$$

又因为 $\boldsymbol{r}_1\times\boldsymbol{r}_1=\boldsymbol{0}$，$\boldsymbol{r}_2\times\boldsymbol{r}_1=-\boldsymbol{r}_1\times\boldsymbol{r}_2$，$\boldsymbol{r}_1\times\boldsymbol{r}_3=-\boldsymbol{r}_3\times\boldsymbol{r}_1$，有

$$\overrightarrow{AB}\times\overrightarrow{AC}=\boldsymbol{r}_1\times\boldsymbol{r}_2+\boldsymbol{r}_2\times\boldsymbol{r}_3+\boldsymbol{r}_3\times\boldsymbol{r}_1=\boldsymbol{0},$$

即 $AB\parallel AC$，所以 A，B，C 三点共线.

例 5　设 $\boldsymbol{c}=(\boldsymbol{b}\times\boldsymbol{a})-\boldsymbol{b}$，$\boldsymbol{a}$，$\boldsymbol{b}$ 均为非零向量，且 $\boldsymbol{a}\times\boldsymbol{b}\neq\boldsymbol{0}$. 试证：

(1)$\boldsymbol{b}\perp(\boldsymbol{b}+\boldsymbol{c})$；

(2)$\boldsymbol{b}$，$\boldsymbol{c}$ 的夹角 θ 满足$\frac{\pi}{2}<\theta<\pi$.

证明　(1)因为 $\boldsymbol{c}=(\boldsymbol{b}\times\boldsymbol{a})-\boldsymbol{b}$，有 $\boldsymbol{b}+\boldsymbol{c}=\boldsymbol{b}\times\boldsymbol{a}$，所以 $\boldsymbol{b}+\boldsymbol{c}$ 垂直于 $\boldsymbol{a}$，$\boldsymbol{b}$ 所在平面，即 $\boldsymbol{a}\perp(\boldsymbol{b}+\boldsymbol{c})$以及 $\boldsymbol{b}\perp(\boldsymbol{b}+\boldsymbol{c})$；

(2)因为 $\boldsymbol{b}\cdot(\boldsymbol{b}+\boldsymbol{c})=0$，有 $\boldsymbol{b}\cdot\boldsymbol{b}+\boldsymbol{b}\cdot\boldsymbol{c}=0$，即 $\boldsymbol{b}^2+\boldsymbol{b}\cdot\boldsymbol{c}=0$，$\boldsymbol{b}\cdot\boldsymbol{c}=-|\boldsymbol{b}|^2$，又因为 $\boldsymbol{b}\cdot\boldsymbol{c}=|\boldsymbol{b}||\boldsymbol{c}|\cos\theta$，所以

$$\cos\theta=-\frac{|\boldsymbol{b}|^2}{|\boldsymbol{b}||\boldsymbol{c}|}<0,$$

即

$$\frac{\pi}{2}<\theta<\pi.$$

例 6 设 $\boldsymbol{a}$，$\boldsymbol{b}$ 为单位向量，且两向量夹角为 $\frac{\pi}{4}$，求 $\lim\limits_{x\to 0}\frac{|\boldsymbol{a}+x\boldsymbol{b}|-1}{x}$.

分析：因为 $\lim\limits_{x\to 0}|\boldsymbol{a}+x\boldsymbol{b}|=\lim\limits_{x\to 0}|\boldsymbol{a}|=1$，所以该极限为"$\frac{0}{0}$"型. 其中的模 $|\boldsymbol{a}+x\boldsymbol{b}|$ 用点积来计算，即 $|\boldsymbol{a}+x\boldsymbol{b}|=\sqrt{|\boldsymbol{a}+x\boldsymbol{b}|^2}=\sqrt{(\boldsymbol{a}+x\boldsymbol{b})\cdot(\boldsymbol{a}+x\boldsymbol{b})}$.

解 $\lim\limits_{x\to 0}\frac{|\boldsymbol{a}+x\boldsymbol{b}|-1}{x}=\lim\limits_{x\to 0}\frac{(|\boldsymbol{a}+x\boldsymbol{b}|-1)(|\boldsymbol{a}+x\boldsymbol{b}|+1)}{x(|\boldsymbol{a}+x\boldsymbol{b}|+1)}$

$=\lim\limits_{x\to 0}\frac{(|\boldsymbol{a}+x\boldsymbol{b}|)^2-1}{2x}=\lim\limits_{x\to 0}\frac{|\boldsymbol{a}|^2+2x\boldsymbol{a}\cdot\boldsymbol{b}+x^2|\boldsymbol{b}|^2-1}{2x}$

$=\lim\limits_{x\to 0}|\boldsymbol{a}||\boldsymbol{b}|\cos\frac{\pi}{4}=\frac{\sqrt{2}}{2}$.

习题 7—1

1. 设 $|\boldsymbol{a}|=3$，$|\boldsymbol{b}|=4$，两向量夹角 $\langle\boldsymbol{a},\boldsymbol{b}\rangle=\frac{\pi}{3}$. 求 $\boldsymbol{a}\cdot\boldsymbol{b}$，$|\boldsymbol{a}\times\boldsymbol{b}|$，$|\boldsymbol{a}+\boldsymbol{b}|$，$|\boldsymbol{a}-\boldsymbol{b}|$.

2. 设 $|\boldsymbol{a}|=2\sqrt{2}$，$|\boldsymbol{b}|=3$，夹角 $\langle\boldsymbol{a},\boldsymbol{b}\rangle=\frac{\pi}{4}$，求以向量 $\boldsymbol{c}=5\boldsymbol{a}+2\boldsymbol{b}$ 和 $\boldsymbol{d}=\boldsymbol{a}-3\boldsymbol{b}$ 为边的平行四边形对角线的长.

3. 已知平行四边形对角线向量为 $\boldsymbol{c}=\boldsymbol{m}+2\boldsymbol{n}$ 及 $\boldsymbol{d}=3\boldsymbol{m}-4\boldsymbol{n}$. 其中 $|\boldsymbol{m}|=1$，$|\boldsymbol{n}|=2$，夹角 $\langle\boldsymbol{m},\boldsymbol{n}\rangle=\frac{\pi}{6}$，求此平行四边形的面积.

4. 判断下列等式何时成立.

(1) $|\boldsymbol{a}+\boldsymbol{b}|=|\boldsymbol{a}-\boldsymbol{b}|$； (2) $|\boldsymbol{a}+\boldsymbol{b}|=|\boldsymbol{a}|+|\boldsymbol{b}|$；

(3) $|\boldsymbol{a}+\boldsymbol{b}|=|\boldsymbol{a}|-|\boldsymbol{b}|$； (4) $\frac{1}{|\boldsymbol{a}|}\boldsymbol{a}=\frac{1}{|\boldsymbol{b}|}\boldsymbol{b}$.

5. 下列运算是否正确？为什么？

(1) $(\boldsymbol{a}+\boldsymbol{b})\times(\boldsymbol{a}-\boldsymbol{b})=\boldsymbol{a}\times\boldsymbol{a}-\boldsymbol{b}\times\boldsymbol{b}=\boldsymbol{0}$；

(2) 若 $\boldsymbol{a}+\boldsymbol{c}=\boldsymbol{b}+\boldsymbol{c}$，则 $\boldsymbol{a}=\boldsymbol{b}$；

(3) 若 $\boldsymbol{a}\cdot\boldsymbol{c}=\boldsymbol{b}\cdot\boldsymbol{c}$，且 $\boldsymbol{c}\neq\boldsymbol{0}$，则 $\boldsymbol{a}=\boldsymbol{b}$；

(4) 若 $\boldsymbol{a}\times\boldsymbol{c}=\boldsymbol{b}\times\boldsymbol{c}$，且 $\boldsymbol{c}\neq\boldsymbol{0}$，则 $\boldsymbol{a}=\boldsymbol{b}$.

6. 用几何作图法验证下列等式：

(1) $(\boldsymbol{a}+\boldsymbol{b})+(\boldsymbol{a}-\boldsymbol{b})=2\boldsymbol{a}$；

(2) $\left(\boldsymbol{a}+\frac{1}{2}\boldsymbol{b}\right)-\left(\boldsymbol{b}+\frac{1}{2}\boldsymbol{a}\right)=\frac{1}{2}(\boldsymbol{a}-\boldsymbol{b})$.

7. 设平行四边形 $ABCD$ 的对角线向量 $\overrightarrow{AC}=\boldsymbol{a}$，$\overrightarrow{BD}=\boldsymbol{b}$，求 $\overrightarrow{AB}$，$\overrightarrow{BC}$.

8. 证明 $|\boldsymbol{a}+\boldsymbol{b}|=|\boldsymbol{a}-\boldsymbol{b}|$ 成立的充分必要条件是 $\boldsymbol{a}$ 垂直于 $\boldsymbol{b}$.

9. 设 $\boldsymbol{a}+\boldsymbol{b}+\boldsymbol{c}=\boldsymbol{0}$，且 $|\boldsymbol{a}|=|\boldsymbol{b}|=|\boldsymbol{c}|$，试证：$\boldsymbol{a}\cdot\boldsymbol{b}=\boldsymbol{b}\cdot\boldsymbol{c}=\boldsymbol{c}\cdot\boldsymbol{a}$.

10. 设 $\boldsymbol{a}+\boldsymbol{b}+\boldsymbol{c}=\boldsymbol{0}$，证明：$\boldsymbol{a}\times\boldsymbol{b}=\boldsymbol{b}\times\boldsymbol{c}=\boldsymbol{c}\times\boldsymbol{a}$.

11. 设有平行四边形 $ABCD$，且 $\overrightarrow{AD}=\boldsymbol{a}$，$\overrightarrow{AB}=\boldsymbol{b}$，求垂直于 AD 边的高向量.

12. 若向量 $\boldsymbol{a}+3\boldsymbol{b}$ 垂直于向量 $7\boldsymbol{a}-5\boldsymbol{b}$，向量 $\boldsymbol{a}-4\boldsymbol{b}$ 垂直于向量 $7\boldsymbol{a}-2\boldsymbol{b}$，求向量 $\boldsymbol{a}$ 与 $\boldsymbol{b}$

的夹角.

13. 证明不等式$|\boldsymbol{a}\cdot\boldsymbol{b}|\leqslant|\boldsymbol{a}||\boldsymbol{b}|$.

14. 若 $\boldsymbol{a}$，$\boldsymbol{b}$，$\boldsymbol{c}$ 为非零向量，且满足 $\boldsymbol{a}=\boldsymbol{b}\times\boldsymbol{c}$，$\boldsymbol{b}=\boldsymbol{c}\times\boldsymbol{a}$，$\boldsymbol{c}=\boldsymbol{a}\times\boldsymbol{b}$，试证：

$$|\boldsymbol{a}|=|\boldsymbol{b}|=|\boldsymbol{c}|=1.$$

15. 证明：(1)若 $\boldsymbol{a}\times\boldsymbol{b}+\boldsymbol{b}\times\boldsymbol{c}+\boldsymbol{c}\times\boldsymbol{a}=\boldsymbol{0}$，则 $\boldsymbol{a}$，$\boldsymbol{b}$，$\boldsymbol{c}$ 共面；

(2)若 $\boldsymbol{a}\times\boldsymbol{b}=\boldsymbol{c}\times\boldsymbol{d}$，$\boldsymbol{a}\times\boldsymbol{c}=\boldsymbol{b}\times\boldsymbol{d}$，则 $\boldsymbol{a}-\boldsymbol{d}$ 与 $\boldsymbol{b}-\boldsymbol{c}$ 共线.

16. 试证：三个向量 $\boldsymbol{a}$，$\boldsymbol{b}$，$\boldsymbol{c}$ 共面的充分必要条件是存在不全为零的实数 k_1，k_2，k_3，使得

$$k_1\boldsymbol{a}+k_2\boldsymbol{b}+k_3\boldsymbol{c}=\boldsymbol{0}.$$

§7.2　坐标系、向量的坐标

本节将介绍空间直角坐标系以及柱面坐标系和球面坐标系. 在空间直角坐标系下，把向量及其运算数量化.

§7.2.1　坐标系

初等代数中的数轴，使直线上的点与实数建立了一一对应关系，平面解析几何中的直角坐标系与极坐标系使平面上的点与二元有序数组一一对应. 为了确定空间中的一点在一定参考系中的位置，按规定的方法选取的有序数组(或一个数)称为点的**坐标**，这种规定坐标的方法称为**坐标系**. 规定坐标的方法必须使每一个点的坐标是唯一的，不同的坐标表示不同的点. 因此能使点与有序数组(或数)一一对应便可构成坐标系，通常用**网格法**与**向量法**构成坐标系，网格法多用于几何空间. 向量法便于推广到抽象的 n 维空间.

网格法　在平面直角坐标系中 $x=x_i$，$y=y_j$，x_i，y_j 为任意实数时，分别表示相互垂直的两族直线构成密布整个平面的网，平面上任意一点均是 x 与 y 分别为某实数所代表的两条直线的交点，使得二元有序数组(x, y)与平面上的点一一对应，称(x, y)为平面上点的坐标.

在极坐标系中，$\theta=\theta_i$ 是**极点** O 所引出的一族射线，$r=r_j$ 是以 O 为圆心的一族同心圆，它们构成一张网覆盖整个平面. 除极点外，平面上其他的点均是某条射线与某个圆的交点. 因而可以用二元有序数组(θ, r)确定点的位置，称为点的极坐标.

地图上的经度、纬度是球面上的坐标系，经线与纬线构成覆盖整个球面的网. 除南、北极点外，球面上的点均是某条经线与某条纬线的交点，因此可用经度与纬度确定球面上某点的位置.

向量法　在一直线上，取一个非零向量 $\boldsymbol{e}$，则直线上任意一个向量 $\boldsymbol{a}$ 与 $\boldsymbol{e}$ 共线，即存在实数 x，使得 $\boldsymbol{a}=x\boldsymbol{e}$. 若把直线上的向量的起点均定在点 O(称为**原点**)，这样给定一个实数 x 就确定一个向量. 这个向量的终点也同时确定，因此数(x)称为向量的**坐标**，也称为向量终点的坐标. 如果向量 $\boldsymbol{e}$ 为单位向量，则此直线上点的坐标与数轴一致.

平面上取一定点 O(为原点). 若以点 O 为起点的两个向量 $\boldsymbol{e}_1$，$\boldsymbol{e}_2$ 不共线，则平面上任

意一向量 $\boldsymbol{a}$ 都存在唯一确定的有序数组(x_1, x_2)，使得 $\boldsymbol{a}=x_1\boldsymbol{e}_1+x_2\boldsymbol{e}_2$. 同样，把平面上任意向量的起点均定在点 O，那么(x_1, x_2)确定向量终点的位置，所以(x_1, x_2)称为向量终点的坐标，也称为向量 $\boldsymbol{a}$ 的坐标. 如果向量 $\boldsymbol{e}_1$，$\boldsymbol{e}_2$ 为相互垂直的单位向量，则称为平面上的**正交系**，即是平面直角坐标系.

§7.2.2 空间直角坐标系

上面对直线上和平面上的坐标系作了简要的介绍，并按其构成特征分为网格法和向量法. 下面介绍空间中的三种坐标系，即空间直角坐标系、柱面坐标系和球面坐标系. 其中，空间直角坐标系既可看作是由向量法构成的坐标系，又可看作是由网格法构成的坐标系.

空间直角坐标系 首先取空间中一定点 O，作三个以 O 点为起点的两两垂直的单位向量 $\boldsymbol{i}$，$\boldsymbol{j}$，$\boldsymbol{k}$，就确定了三条以 O 点为原点的两两垂直的数轴 Ox，Oy，Oz，分别称为 x 轴、y 轴、z 轴，并依 Ox，Oy，Oz 的顺序按右手法则规定坐标轴的正向. 这样就由向量法建立了一个空间直角坐标系，如图 7.12 所示.

三条坐标轴中的任意两条数轴可以确定一个平面，称为坐标面. 其中，由 x 轴和 y 轴确定的坐标面称为 Oxy 面，由 y 轴和 z 轴确定的坐标面称为 Oyz 面，由 z 轴和 x 轴确定的坐标面称为 Ozx 面. 三个坐标面把空间分为八个部分，称为八个卦限. 以空间点的坐标(x, y, z)中 x，y，z 的正负号区别划分，可得到：第Ⅰ卦限(+++)；第Ⅱ卦限(−++)；第Ⅲ卦限(−−+)；第Ⅳ卦限(+−+)；第Ⅴ卦限(++−)；第Ⅵ卦限(−+−)；第Ⅶ卦限(−−−)；第Ⅷ卦限(+−−).

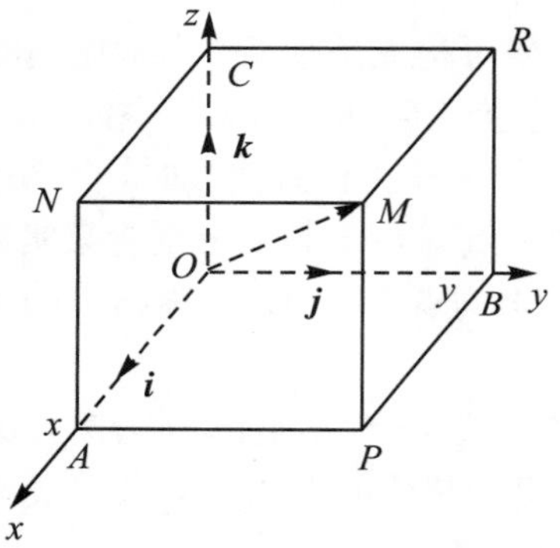

图 7.12

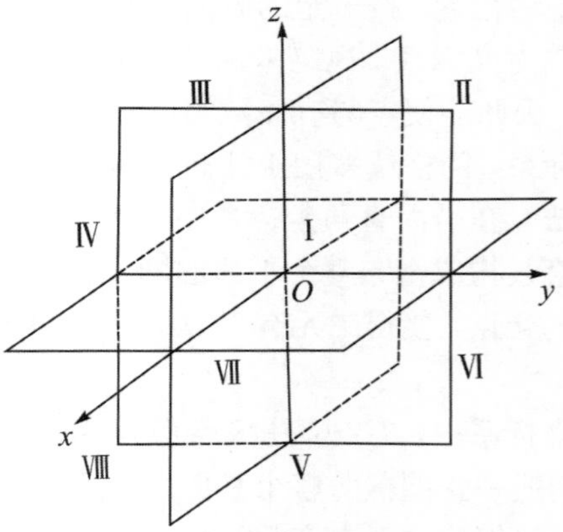

图 7.13

如图 7.13 所示，Oxy 坐标面把空间分为上、下半空间，其中，Ⅰ、Ⅱ、Ⅲ、Ⅳ卦限合称为上半空间，Ⅴ、Ⅵ、Ⅶ、Ⅷ卦限合称为下半空间. 同样也可将空间分为左半空间和右半空间，或者前半空间与后半空间.

在空间直角坐标系中，任一点 M. 以 OM 为对角线，三条坐标轴为棱作长方体 $OAPB—CNMR$，如图 7.12 所示. 其中 P、R 和 N 分别为 M 在 Oxy 面，Oyz 面，Ozx 面上的投影. 如果 M 在 x 轴、y 轴、z 轴上的投影 A、B、C 分别为 x、y、z，则约定 M 的坐标为$(x、y、z)$. 这样，空间中任一点与一个三元数组一一对应起来.

把起点在原点 O，终点为 M 的向量 $\overrightarrow{OM}$ 称为向径，则由向量加法，有

$$\overrightarrow{OM}=\overrightarrow{OA}+\overrightarrow{AP}+\overrightarrow{PM}=\overrightarrow{OA}+\overrightarrow{OB}+\overrightarrow{OC}=x\boldsymbol{i}+y\boldsymbol{j}+z\boldsymbol{k}=(x,y,z)$$

称为向量的坐标分解式，$x\boldsymbol{i}$，$y\boldsymbol{j}$ 和 $z\boldsymbol{k}$ 称为向量沿坐标轴方向的分向量. (x, y, z)称为坐标. 给了一个点，就唯一确定了一个向径和一个三元有序数组.

向径 $\overrightarrow{OM}$ 的坐标与其终点 M 的坐标一致. 以后通常不对向量的坐标和点的坐标加以区分，即 (x, y, z)既可表示点 M，也可表示向径 $\overrightarrow{OM}$.

显然，在 x 轴、y 轴、z 轴上点的坐标分别为$(x, 0, 0)$，$(0, y, 0)$，$(0, 0, z)$. 上述坐标面上点的坐标分别为$(0, y, z)$，$(x, 0, z)$，$(x, y, 0)$.

在空间直角坐标系下，任意一点 $M(x, y, z)$，则向径 $\boldsymbol{r}_M$ 或$\overrightarrow{OM}=(x, y, z)$. 点 M 与原点 O 之间的距离为

$$|\overrightarrow{OM}|=\sqrt{x^2+y^2+z^2}, \tag{7.1}$$

$\overrightarrow{OM}$与 x 轴、y 轴、z 轴正向的夹角分别为 α，β，γ，称为 $\boldsymbol{r}_M$ 的**方向角**. 方向角的余弦也叫**方向余弦**，即

$$\cos\alpha=\frac{x}{\sqrt{x^2+y^2+z^2}},\ \cos\beta=\frac{y}{\sqrt{x^2+y^2+z^2}},\ \cos\gamma=\frac{z}{\sqrt{x^2+y^2+z^2}}. \tag{7.2}$$

显然，$\cos^2\alpha+\cos^2\beta+\cos^2\gamma=1$. 记 $\boldsymbol{r}_M^0=(\cos\alpha, \cos\beta, \cos\gamma)$，其模为 1，与$\overrightarrow{OM}$的方向相同，即可用向量的方向余弦表示该向量的单位向量.

例 1　设向量 $\boldsymbol{a}=(2, 3, 6)$，求 $\boldsymbol{a}$ 的单位向量和方向余弦.

解　$|\boldsymbol{a}|=\sqrt{2^2+3^2+6^2}=7$，

$$\boldsymbol{a}^0=\frac{1}{7}(2, 3, 6)=\left(\frac{2}{7}, \frac{3}{7}, \frac{6}{7}\right),$$

$$\cos\alpha=\frac{2}{7},\ \cos\beta=\frac{3}{7},\ \cos\gamma=\frac{6}{7}.$$

例 2　求与三坐标轴夹角相等的单位向量.

解　因为 $\alpha=\beta=\gamma$，又 $\cos^2\alpha+\cos^2\beta+\cos^2\gamma=1$，所以

$$3\cos^2\alpha=1 \text{ 或 } \cos\alpha=\pm\frac{\sqrt{3}}{3},$$

则与三坐标轴夹角相等的单位向量为$\pm\left(\frac{\sqrt{3}}{3}, \frac{\sqrt{3}}{3}, \frac{\sqrt{3}}{3}\right)$.

§7.2.3　向量运算的坐标表达式

在空间直角坐标系下，设向量

$$\boldsymbol{a}=a_1\boldsymbol{i}+a_2\boldsymbol{j}+a_3\boldsymbol{k}=(a_1, a_2, a_3),$$
$$\boldsymbol{b}=b_1\boldsymbol{i}+b_2\boldsymbol{j}+b_3\boldsymbol{k}=(b_1, b_2, b_3),$$
$$\boldsymbol{c}=c_1\boldsymbol{i}+c_2\boldsymbol{j}+c_3\boldsymbol{k}=(c_1, c_2, c_3).$$

由向量的坐标及向量运算的规则可得出向量运算的坐标表达式如下：

向量加减法　$\boldsymbol{a}\pm\boldsymbol{b}=(a_1\boldsymbol{i}+a_2\boldsymbol{j}+a_3\boldsymbol{k})\pm(b_1\boldsymbol{i}+b_2\boldsymbol{j}+b_3\boldsymbol{k})$

$$=(a_1\pm b_1)\boldsymbol{i}+(a_2\pm b_2)\boldsymbol{j}+(a_3\pm b_3)\boldsymbol{k},$$

$$\boldsymbol{a} \pm \boldsymbol{b} = (a_1 \pm b_1, a_2 \pm b_2, a_3 \pm b_3). \tag{7.3}$$

数乘向量 $k\boldsymbol{a} = k(a_1\boldsymbol{i} + a_2\boldsymbol{j} + a_3\boldsymbol{k}) = ka_1\boldsymbol{i} + ka_2\boldsymbol{j} + ka_3\boldsymbol{k}$,

$$k\boldsymbol{a} = (ka_1, ka_2, ka_3). \tag{7.4}$$

向量的数量积 因为 $\boldsymbol{i} \cdot \boldsymbol{j} = \boldsymbol{j} \cdot \boldsymbol{k} = \boldsymbol{k} \cdot \boldsymbol{i} = 0$ 且 $\boldsymbol{i}^2 = \boldsymbol{j}^2 = \boldsymbol{k}^2 = 1$，所以有

$$\boldsymbol{a} \cdot \boldsymbol{b} = (a_1\boldsymbol{i} + a_2\boldsymbol{j} + a_3\boldsymbol{k}) \cdot (b_1\boldsymbol{i} + b_2\boldsymbol{j} + b_3\boldsymbol{k}),$$

$$\boldsymbol{a} \cdot \boldsymbol{b} = a_1b_1 + a_2b_2 + a_3b_3. \tag{7.5}$$

向量的向量积 因为 $\boldsymbol{i} \times \boldsymbol{j} = \boldsymbol{k}$, $\boldsymbol{j} \times \boldsymbol{k} = \boldsymbol{i}$, $\boldsymbol{k} \times \boldsymbol{i} = \boldsymbol{j}$ 且 $\boldsymbol{i} \times \boldsymbol{i} = \boldsymbol{j} \times \boldsymbol{j} = \boldsymbol{k} \times \boldsymbol{k} = \boldsymbol{0}$，所以有

$$\begin{aligned}\boldsymbol{a} \times \boldsymbol{b} &= (a_1\boldsymbol{i} + a_2\boldsymbol{j} + a_3\boldsymbol{k}) \times (b_1\boldsymbol{i} + b_2\boldsymbol{j} + b_3\boldsymbol{k}) \\ &= (a_2b_3 - a_3b_2)\boldsymbol{i} - (a_1b_3 - a_3b_1)\boldsymbol{j} + (a_1b_2 - a_2b_1)\boldsymbol{k},\end{aligned}$$

$$\boldsymbol{a} \times \boldsymbol{b} = \begin{vmatrix} a_2 & a_3 \\ b_2 & b_3 \end{vmatrix} \boldsymbol{i} - \begin{vmatrix} a_1 & a_3 \\ b_1 & b_3 \end{vmatrix} \boldsymbol{j} + \begin{vmatrix} a_1 & a_2 \\ b_1 & b_2 \end{vmatrix} \boldsymbol{k} = \begin{vmatrix} \boldsymbol{i} & \boldsymbol{j} & \boldsymbol{k} \\ a_1 & a_2 & a_3 \\ b_1 & b_2 & b_3 \end{vmatrix}. \tag{7.6}$$

向量的混合积 $[\boldsymbol{a}, \boldsymbol{b}, \boldsymbol{c}] = (\boldsymbol{a} \times \boldsymbol{b}) \cdot \boldsymbol{c}$

$$= \begin{vmatrix} a_1 & a_2 & a_3 \\ b_1 & b_2 & b_3 \\ c_1 & c_2 & c_3 \end{vmatrix}. \tag{7.7}$$

例 3 求空间中两点间的距离.

解 设任意两点 $M_1(x_1, y_1, z_1)$, $M_2(x_2, y_2, z_2)$，则

$$\overrightarrow{M_1M_2} = (x_2 - x_1, y_2 - y_1, z_2 - z_1),$$

所以两点间的距离为

$$d = |\overrightarrow{M_1M_2}| = \sqrt{(x_2 - x_1)^2 + (y_2 - y_1)^2 + (z_2 - z_1)^2}. \tag{7.8}$$

例 4 设两点 $M_1(x_1, y_1, z_1)$ 与 $M_2(x_2, y_2, z_2)$，求 M_1 与 M_2 连线中点的坐标.

解 如图 7.14 所示，设中点为 M，则 $\overrightarrow{OM} = \frac{1}{2}(\overrightarrow{OM_1} + \overrightarrow{OM_2}) = \frac{1}{2}[(x_1, y_1, z_1) + (x_2, y_2, z_2)]$.

由于向径的坐标与终点坐标相同，所以 $M\left(\frac{x_1 + x_2}{2}, \frac{y_1 + y_2}{2}, \frac{z_1 + z_2}{2}\right)$.

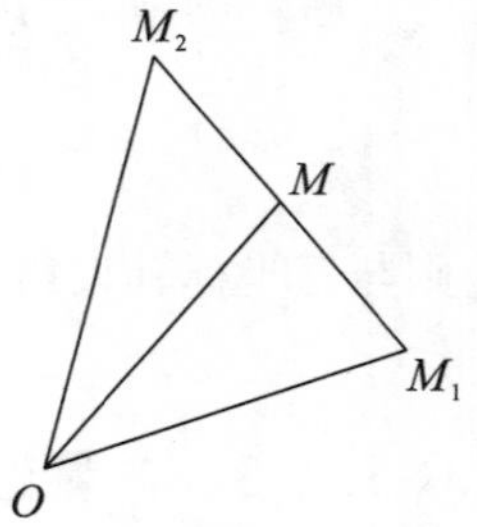

图 7.14

例 5 设两向量 $\boldsymbol{a} = (a_1, a_2, a_3)$, $\boldsymbol{b} = (b_1, b_2, b_3)$，求 $\cos\langle \boldsymbol{a}, \boldsymbol{b} \rangle$, $\mathrm{Prj}_{\boldsymbol{a}}\boldsymbol{b}$ 及 $\mathrm{Prj}_{\boldsymbol{b}}\boldsymbol{a}$.

解 因为 $\boldsymbol{a} \cdot \boldsymbol{b} = a_1b_1 + a_2b_2 + a_3b_3$，所以

$$\cos\langle \boldsymbol{a}, \boldsymbol{b} \rangle = \frac{\boldsymbol{a} \cdot \boldsymbol{b}}{|\boldsymbol{a}||\boldsymbol{b}|} = \frac{a_1b_1 + a_2b_2 + a_3b_3}{\sqrt{a_1^2 + a_2^2 + a_3^2}\sqrt{b_1^2 + b_2^2 + b_3^2}},$$

$$\mathrm{Prj}_{\boldsymbol{a}}\boldsymbol{b} = \frac{\boldsymbol{a} \cdot \boldsymbol{b}}{|\boldsymbol{a}|} = \frac{a_1b_1 + a_2b_2 + a_3b_3}{\sqrt{a_1^2 + a_2^2 + a_3^2}},$$

$$\mathrm{Prj}_{\boldsymbol{b}}\boldsymbol{a}=\frac{\boldsymbol{a}\cdot\boldsymbol{b}}{|\boldsymbol{b}|}=\frac{a_1b_1+a_2b_2+a_3b_3}{\sqrt{b_1^2+b_2^2+b_3^2}}.$$

例 6　求$(\boldsymbol{i}+2\boldsymbol{j})\times\boldsymbol{k}$.

解法一　$(\boldsymbol{i}+2\boldsymbol{j})\times\boldsymbol{k}=\boldsymbol{i}\times\boldsymbol{k}+2(\boldsymbol{j}\times\boldsymbol{k})=-\boldsymbol{j}+2\boldsymbol{i}=2\boldsymbol{i}-\boldsymbol{j}$.

解法二　$(\boldsymbol{i}+2\boldsymbol{j})\times\boldsymbol{k}=\begin{vmatrix}\boldsymbol{i}&\boldsymbol{j}&\boldsymbol{k}\\1&2&0\\0&0&1\end{vmatrix}=2\boldsymbol{i}-\boldsymbol{j}=(2,-1,0)$.

例 7　已知三角形顶点的坐标为$A(-1,2,3)$，$B(1,1,1)$，$C(0,0,5)$，试证$\triangle ABC$为直角三角形，并求$\angle B$.

解　$\overrightarrow{AB}=(2,-1,-2)$，$\overrightarrow{AC}=(1,-2,2)$，$\overrightarrow{BC}=(-1,-1,4)$.

因为$\overrightarrow{AB}\cdot\overrightarrow{AC}=2\times1+(-1)\times(-2)+(-2)\times2=2+2-4=0$，所以$\overrightarrow{AB}$与$\overrightarrow{AC}$垂直，$\triangle ABC$为直角三角形.

又因为

$$\cos\angle B=\frac{\overrightarrow{BA}\cdot\overrightarrow{BC}}{|\overrightarrow{BA}||\overrightarrow{BC}|}=\frac{(-2)\times(-1)+1\times(-1)+2\times4}{\sqrt{(-2)^2+1^2+2^2}\sqrt{(-1)^2+(-1)^2+4^2}}=\frac{\sqrt{2}}{2},$$

所以$\angle B=\frac{\pi}{4}$.

例 8　已知三角形的三顶点$A(1,0,2)$，$B(2,1,1)$，$C(0,2,4)$，求$\triangle ABC$的面积.

解　$\overrightarrow{AB}=(1,1,-1)$，$\overrightarrow{AC}=(-1,2,2)$. 所以

$$\overrightarrow{AB}\times\overrightarrow{AC}=\begin{vmatrix}\boldsymbol{i}&\boldsymbol{j}&\boldsymbol{k}\\1&1&-1\\-1&2&2\end{vmatrix}=(4,-1,3),$$

$$|\overrightarrow{AB}\times\overrightarrow{AC}|=\sqrt{4^2+(-1)^2+3^2}=\sqrt{26}.$$

所以$\triangle ABC$的面积$S=\frac{1}{2}|\overrightarrow{AB}\times\overrightarrow{AC}|=\frac{1}{2}\sqrt{26}$.

例 9　已知四面体的顶点$A(0,0,2)$，$B(3,0,5)$，$C(1,1,0)$，$D(4,1,2)$，求此四面体的体积.

解　因为$\overrightarrow{AB}=(3,0,3)$，$\overrightarrow{AC}=(1,1,-2)$，$\overrightarrow{AD}=(4,1,0)$，而

$$[\overrightarrow{AB},\overrightarrow{AC},\overrightarrow{AD}]=\begin{vmatrix}3&0&3\\1&1&-2\\4&1&0\end{vmatrix}=-3,$$

所以体积$V=\frac{1}{6}|[\overrightarrow{AB},\overrightarrow{AC},\overrightarrow{AD}]|=\frac{1}{6}\times|-3|=\frac{1}{2}$.

§7.2.4　柱面坐标系和球面坐标系

柱面坐标系　空间中一点$P(x,y,z)$，在Oxy面上投影Q的极坐标为(r,θ)即$r=$

$|OQ|$，θ 是 OQ 与 x 轴正向的夹角，z 仍然是 P 在空间直角坐标系中的 z 坐标. 显然，空间中任何一点 P 都可用三个数 r，θ，z 唯一确定，(r, θ, z)称为点 P 的柱面坐标(如图7.15所示). 这里规定：

$$0 \leqslant r < +\infty, \quad 0 \leqslant \theta \leqslant 2\pi, \quad -\infty < z < +\infty.$$

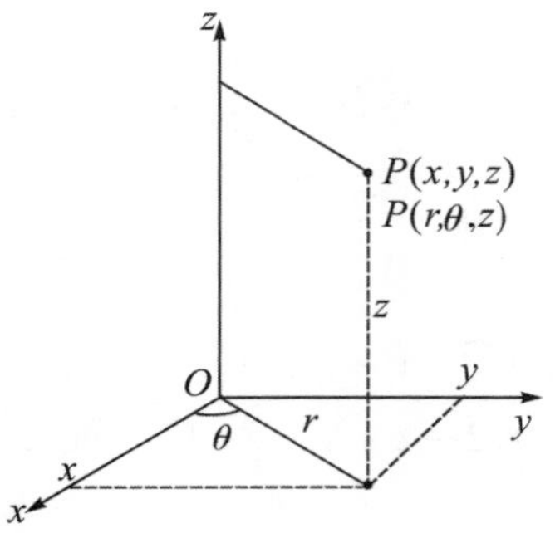

图 7.15

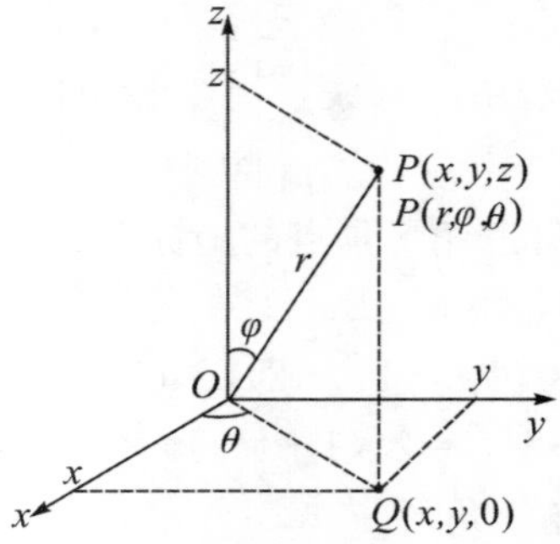

图 7.16

柱面坐标系的三组坐标面分别为：

$r = r_i$，是以 z 轴为中心轴，半径为 r 的圆柱面.

$\theta = \theta_j$，是过 z 轴的半平面.

$z = z_k$，是与 Oxy 面平行的平面.

柱面坐标(r, θ, z)与直角坐标(x, y, z)的关系为

$$\begin{cases} x = r\cos\theta, \\ y = r\sin\theta, \\ z = z. \end{cases}$$

球面坐标系　空间中一点 $P(x, y, z)$与原点 O 的距离$|OP|$为 r，向量 $\overrightarrow{OP}$ 与 z 轴正向的夹角为 φ，θ 为 $\overrightarrow{OP}$ 在 Oxy 坐标面上的投影向量 $\overrightarrow{OQ}$ 与 x 轴正向的夹角. 这样的三个数组成的有序数组(r, φ, θ)称为点 P 的球面坐标(如图 7.16 所示). 这里规定：

$$0 \leqslant r < +\infty, \quad 0 \leqslant \varphi \leqslant \pi, \quad 0 \leqslant \theta \leqslant 2\pi.$$

球面坐标系的三组坐标面分别为：

$r = r_i$，是以原点为球心，半径为 r 的球面.

$\theta = \theta_j$，是过 z 轴的半平面.

$\varphi = \varphi_k$，是以原点为顶点，z 轴为中心轴，半顶角为 φ 的圆锥面.

球面坐标(r, θ, φ)与直角坐标(x, y, z)的关系为

$$\begin{cases} x = r\sin\varphi\cos\theta, \\ y = r\sin\varphi\sin\theta, \\ z = r\cos\varphi. \end{cases}$$

空间解析几何学是建立在空间直角坐标系基础上的，所以，如果不加以说明，则给出的向量(或点)的坐标均为直角坐标系下的坐标.

习题 7－2

1. 已知两点 $A(4, \sqrt{2}, 1)$，$B(3, 0, 2)$，求向量$\overrightarrow{AB}$的模、方向余弦及方向角.

2. 求平行于向量 $\boldsymbol{a}=(6, -7, -6)$的单位向量.

3. 已知向量$\overrightarrow{AB}$的终点$B(2, -1, 7)$，且$\overrightarrow{AB}$在x轴、y轴、z轴上的投影分别为4，－4，7，求向量$\overrightarrow{AB}$的起点A的坐标.

4. 设向量$\overrightarrow{AB}$与$\boldsymbol{a}=(8, 9, -12)$同向，且点$A(2, -1, 7)$，$|\overrightarrow{AB}|=34$，求点$B$的坐标.

5. 已知向量$\boldsymbol{a}=(2, -3, 1)$，$\boldsymbol{b}=(1, -1, 3)$，$\boldsymbol{c}=(1, -2, 0)$，求：

(1)$(\boldsymbol{a}\cdot\boldsymbol{b})\boldsymbol{c}-(\boldsymbol{a}\cdot\boldsymbol{c})\boldsymbol{b}$；

(2)$(\boldsymbol{a}+\boldsymbol{b})\times(\boldsymbol{b}+\boldsymbol{c})$；

(3)$(\boldsymbol{a}\times\boldsymbol{b})\cdot\boldsymbol{c}$.

6. 判别下列向量中哪些向量共线.

$\boldsymbol{a}_1=(1, 2, 3)$，$\boldsymbol{a}_2=(1, -2, 3)$，$\boldsymbol{a}_3=(1, 0, 2)$，$\boldsymbol{a}_4=(-3, 6, -9)$，

$\boldsymbol{a}_5=(2, 0, 4)$，$\boldsymbol{a}_6=(-1, -2, -3)$，$\boldsymbol{a}_7=\left(-\frac{1}{4}, \frac{1}{2}, \frac{3}{4}\right)$，$\boldsymbol{a}_8=\left(\frac{1}{2}, -1, -\frac{3}{2}\right)$.

7. 判别下列各组向量中的$\boldsymbol{a}$，$\boldsymbol{b}$，$\boldsymbol{c}$是否共面.

(1)$\boldsymbol{a}=(0, 0, 2)$，$\boldsymbol{b}=(6, -9, 8)$，$\boldsymbol{c}=(6, -3, 3)$；

(2)$\boldsymbol{a}=(1, -2, 3)$，$\boldsymbol{b}=(3, 3, 1)$，$\boldsymbol{c}=(1, 7, -5)$；

(3)$\boldsymbol{a}=(1, -1, 2)$，$\boldsymbol{b}=(2, 4, 5)$，$\boldsymbol{c}=(3, 9, 8)$.

8. 如图 7.17 所示，已知三角形的三顶点$A(1, 1, 1)$，$B(2, 1, 4)$，$C(1, 2, 4)$.

(1)求$\triangle ABC$的面积；

(2)求$\cos\angle A$；

(3)若AC边上的高为DB，求高向量$\overrightarrow{DB}$.

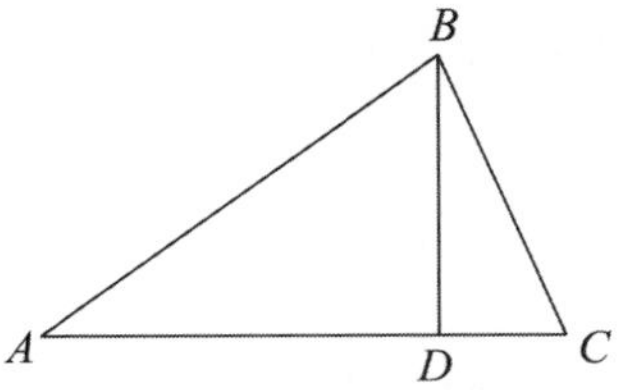

图 7.17

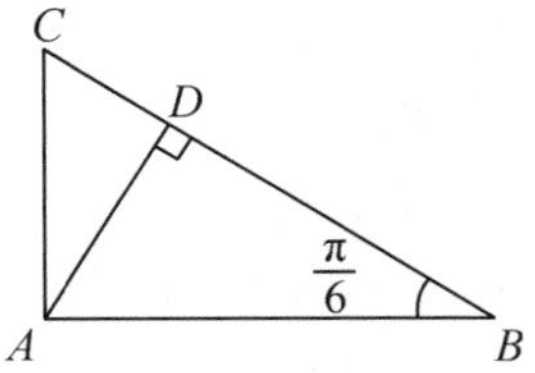

图 7.18

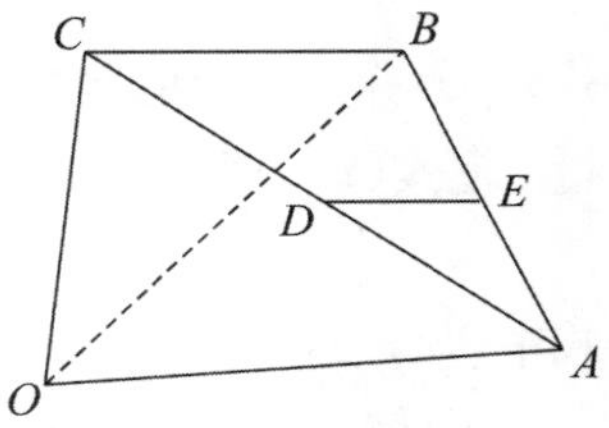

图 7.19

9. 如图 7.18 所示，$\triangle ABC$中，$\angle A=\frac{\pi}{2}$，$\angle B=\frac{\pi}{6}$，AD是BC边上的高. 设$\overrightarrow{AB}=\boldsymbol{e}_1$，$\overrightarrow{AC}=\boldsymbol{e}_2$，求$\boldsymbol{e}_1$，$\boldsymbol{e}_2$构成的坐标系下点$D$的坐标.

10. 如图 7.19 所示，四面体$O-ABC$，E，D分别是AB，AC的中点，设$\overrightarrow{OA}=\boldsymbol{e}_1$，$\overrightarrow{OB}=\boldsymbol{e}_2$，$\overrightarrow{OC}=\boldsymbol{e}_3$，求在$\boldsymbol{e}_1$，$\boldsymbol{e}_2$，$\boldsymbol{e}_3$所构成的坐标系下向量$\overrightarrow{DE}$的坐标.

11. 已知三向量$\boldsymbol{a}=(2, 3, -1)$，$\boldsymbol{b}=(1, -2, 3)$，$\boldsymbol{c}=(1, -2, -7)$，若向量$\boldsymbol{d}$分别与$\boldsymbol{a}$，$\boldsymbol{b}$垂直，且$\boldsymbol{d}\cdot\boldsymbol{c}=10$，求向量$\boldsymbol{d}$.

12. 在 Oxy 面上求垂直于向量 $\boldsymbol{a}=(5,\ -3,\ 4)$ 并与它等长的向量.

13. 设向量 $\boldsymbol{a}$ 与三坐标面的夹角分别为 φ，θ，ω，试证：

$$\cos^2\varphi+\cos^2\theta+\cos^2\omega=2.$$

14. 求点 $M(4,\ -3,\ 5)$ 到各坐标轴的距离.

15. 在 Oyz 面上，求与三点 $A(3,\ 1,\ 2)$、$B(4,\ -2,\ -2)$ 和 $C(0,\ 5,\ 1)$ 等距离的点.

16. 试证明以三点 $A(4,\ 1,\ 9)$、$B(10,\ -1,\ 6)$、$C(2,\ 4,\ 3)$ 为顶点的三角形是等腰直角三角形.

17. 设向量 $\boldsymbol{r}$ 的模是 4，它与 x 轴的夹角是 $\frac{\pi}{3}$，求 $\boldsymbol{r}$ 在 x 轴上的投影.

18. 设 $\boldsymbol{m}=3\boldsymbol{i}+5\boldsymbol{j}+8\boldsymbol{k}$，$\boldsymbol{n}=2\boldsymbol{i}-4\boldsymbol{j}-7\boldsymbol{k}$ 和 $\boldsymbol{p}=5\boldsymbol{i}+\boldsymbol{j}-4\boldsymbol{k}$，求向量 $\boldsymbol{a}=4\boldsymbol{m}+3\boldsymbol{n}-\boldsymbol{p}$ 在 x 轴上的投影及在 y 轴上的分向量.

§7.3　平面与直线

本节讨论空间中最基本的图形——平面和直线.

§7.3.1　平面方程

过一定点且与已知非零向量垂直的平面是唯一确定的，如图 7.20 所示. 这个非零向量称为平面法向量. 设定点 $M_0(x_0,\ y_0,\ z_0)$，法向量 $\boldsymbol{n}=(A,\ B,\ C)$，对平面上任意一点 $M(x,\ y,\ z)$，必有 $\overrightarrow{M_0M}$ 垂直于 $\boldsymbol{n}$，即 $\overrightarrow{M_0M}\perp\boldsymbol{n}$ 或 $\overrightarrow{M_0M}\cdot\boldsymbol{n}=0$.

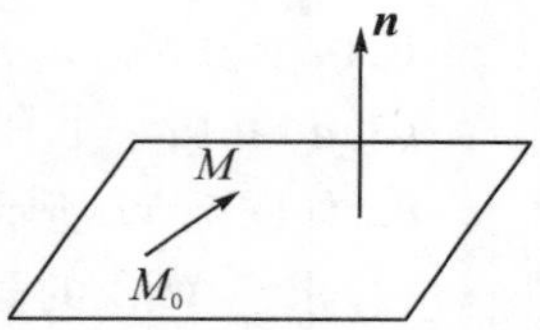

图 7.20

代入坐标，得平面方程为

$$A(x-x_0)+B(y-y_0)+C(z-z_0)=0. \tag{7.9}$$

式(7.9)称为平面的**点法式方程**. 显然，与 $\boldsymbol{n}$ 平行的所有非零向量均可作为此平面的法向量. 把式(7.9)简化得平面的**一般式方程**：

$$Ax+By+Cz+D=0. \tag{7.10}$$

式中，x，y，z 的系数所构成的向量 $\boldsymbol{n}=(A,\ B,\ C)$ 即为平面的法向量.

显然：若 $D=0$，则平面过原点；若 $A=0$ 或 $B=0$ 或 $C=0$，则平面分别平行于 x 轴、y 轴、z 轴；若 $A=D=0$ 或 $B=D=0$ 或 $C=D=0$，则平面分别过 x 轴、y 轴、z 轴.

例 1　已知不在同一直线上的三点 $A(2,\ -1,\ 4)$，$B(-1,\ 3,\ -2)$，$C(0,\ 2,\ 3)$. 求过 A，B，C 三点的平面方程.

解法一　(待定系数法)设平面方程为

$$AB+BY+CZ+D=0,$$

代入已知点的坐标，得

$$\begin{cases}2A-B+4C+D=0,\\ -A+3B-2C+D=0,\\ 2B+3C+D=0.\end{cases}$$

解方程，得 $A=-\frac{14}{15}D$，$B=-\frac{3}{5}D$，$C=\frac{1}{15}D$.

代入平面方程，消去 D，得

$$14x+9y-z-15=0.$$

解法二　(点法式)因为 $\overrightarrow{AB}=(-3,4,-6)$，$\overrightarrow{AC}=(-2,3,-1)$，

取 $\boldsymbol{n}=\overrightarrow{AB}\times\overrightarrow{AC}=(14,9,-1)$，则平面方程为 $14(x-2)+9(y+1)-(z-4)=0$，或

$$14x+9y-z-15=0.$$

一般地，不在同一直线上的三个点 $A(x_1,y_1,z_1)$，$B(x_2,y_2,z_2)$和 $C(x_3,y_3,z_3)$ 唯一确定一个平面π．设$M(x,y,z)$为该平面上任一点，则 $\overrightarrow{AM}$，$\overrightarrow{BM}$，$\overrightarrow{CM}$ 三向量共面. 其充要条件是$[\overrightarrow{AM},\overrightarrow{BM},\overrightarrow{CM}]=0$，代入坐标

$$\begin{vmatrix}x-x_1 & y-y_1 & z-z_1\\ x_2-x_1 & y_2-y_1 & z_2-z_1\\ x_3-x_1 & y_3-y_1 & z_3-z_1\end{vmatrix}=0.\tag{7.11}$$

式(7.11)称为平面的**三点式方程**.

设三点为 $A(a,0,0)$，$B(0,b,0)$，$C(0,0,c)$，也即平面与三坐标轴的交点为 a，b，c，称为平面在三坐标轴上的截距. 此时平面方程为

$$\begin{vmatrix}x-a & y & z\\ 0-a & b-0 & 0-0\\ 0-a & 0-0 & c-0\end{vmatrix}=0,$$

即 $bc(x-a)+acy+abz=0$，经整理后得

$$\frac{x}{a}+\frac{y}{b}+\frac{z}{c}=1.\tag{7.12}$$

式(7.12)称为平面的**截距式方程**.

例 2　已知平面的一般式方程为 $2x+y+z-6=0$，求此平面的点法式与截距式方程.

解　取平面上一点，令 $x_0=1$，$y_0=2$，则 $z_0=2$，即 $M_0(1,2,2)$，$\boldsymbol{n}=(2,1,1)$.

平面的点法式方程为 $2(x-1)+(y-2)+(z-2)=0$.

平面的截距式方程为 $\frac{x}{3}+\frac{y}{6}+\frac{z}{6}=1$.

例 3　求平行于平面 $6x+y+6z+5=0$ 而与三个坐标面围成的平面体体积为 1 的平面方程.

解法一　设平面为$\frac{x}{a}+\frac{y}{b}+\frac{z}{c}=1$. 由题意四面体体积为 1，有$|abc|=6$.

它与已知平面平行，则它们的法向量平行，则

$$\frac{1}{a}:6=\frac{1}{b}:1=\frac{1}{c}:6$$

联立解得 $a=1$，$b=6$，$c=1$ 或 $a=-1$，$b=-6$，$c=-1$.

所求平面方程为 $6x+y+6z=6$ 或 $6x+6y+6z=-6$.

解法二 由于所求平面与已知平面平行，设为 $6x+y+6z+D=0$. 它与坐标轴的交点为 $\left(-\frac{D}{6}, 0, 0\right)$，$(0, -D, 0)$ 和 $\left(0, 0, -\frac{D}{6}\right)$，则四面体体积 $V=\frac{1}{6}\left|\frac{-D}{6}\cdot(-D)\cdot\frac{-D}{6}\right|=6$. 解得 $D=6$ 或 $D=-6$.

从而得到所求的平面方程为 $6x+6y+6z+6=0$ 或 $6x+y+6z-6=0$.

§7.3.2 直线方程

定义 过一定点 M_0 且向量 $\overrightarrow{M_0M}$ 与已知非零向量平行的点 M 的集合或轨迹称为直线. 非零向量称为直线的**方向向量**. 如图 7.21 所示，设定点 $M_0(x_0, y_0, z_0)$，非零向量 $\boldsymbol{l}=(m, n, p)$，$M(x, y, z)$ 为直线上任意一点. 因为 $\overrightarrow{M_0M}$ 与 $\boldsymbol{l}$ 平行，所以直线方程为

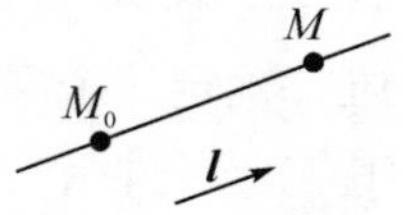

图 7.21

$$\frac{x-x_0}{m}=\frac{y-y_0}{n}=\frac{z-z_0}{p}. \tag{7.13}$$

式(7.13)称为直线的**点向式方程**，又称为直线的**对称式方程**或**标准方程**，其中 m，n，p 称为**方向数**. 显然，与 m，n，p 成比例的任何一组(不全为零的)数，均为同一直线的方向数.

在式(7.13)中令其比值为 t，则直线上的点与 t 是一一对应的，把 t 看作参数，得直线的**参数式方程**

$$x=mt+x_0, \quad y=nt+y_0, \quad z=pt+z_0. \tag{7.14}$$

若两个平面不平行时，则两个平面相交，交线是一条直线. 把两平面方程联立：

$$\begin{cases} A_1x+B_1y+C_1z+D_1=0, \\ A_2x+B_2y+C_2z+D_2=0. \end{cases} \tag{7.15}$$

表示两平面的交线，称为**交面式方程**.

例 4 已知不同的两点 $M_1(x_1, y_1, z_1)$，$M_2(x_2, y_2, z_2)$. 求过两点 M_1，M_2 的直线方程.

解 直线平行于 $\overrightarrow{M_1M_2}=(x_2-x_1, y_2-y_1, z_2-z_1)$，所以直线方程为

$$\frac{x-x_1}{x_2-x_1}=\frac{y-y_1}{y_2-y_1}=\frac{z-z_1}{z_2-z_1},$$

称为直线的**两点式方程**.

例 5 已知直线的一般式方程为 $\begin{cases} 2x-y-z=0, \\ 3x-y+2z-3=0, \end{cases}$ 求此直线的对称式与参数式方程.

解法一 先在直线上任取点 (x_0, y_0, z_0). 不妨取 $x_0=0$，则 $\begin{cases} -y_0-z_0=0, \\ -y+2z-3=0. \end{cases}$

解得 $y_0=-1$，$z_0=1$. 得点坐标为 $(0, -1, 1)$.

再取 $z_1=0$，则 $x_1=3$，$y_1=6$. 得点坐标为(3，6，0).

由两点式直线方程得 $\frac{x}{3}=\frac{y+1}{7}=\frac{z-1}{-1}$.

解法二　取直线的方向向量为

$\boldsymbol{l}=(2,\ -1,\ -1)\times(3,\ -1,\ 2)=(-3,\ -7,\ 1)$.

令 $x=0$，可取直线上一点(0，−1，1).

由点向式直线方程得 $\frac{x}{3}=\frac{y+1}{7}=\frac{z-1}{-1}$.

解法三　把 x 看作参数

$$\begin{cases}2x-y-z=0, & ①\\ 3x-y+2z-3=0. & ②\end{cases}$$

②式减①式，消去 y，得

$$x+3z-3=0,$$

即

$$\frac{x}{3}=\frac{z-1}{-1}.$$

①式乘以 2，加②式，消去 z，得 $\frac{x}{3}=\frac{y+1}{7}$，所以对称式方程为

$$\frac{x}{3}=\frac{y+1}{7}=\frac{z-1}{-1}.$$

令 $\frac{x}{3}=\frac{y+1}{7}=\frac{z-1}{-1}=t$，则可得直线的参数式方程为

$$x=3t,\quad y=7t-1,\quad z=-t+1.$$

例 6　求直线 $\begin{cases}2x-y-z=0,\\ 3x-y+2z-3=0\end{cases}$ 与平面 $x+2y-z+1=0$ 的交点坐标.

解　由例 5 知直线的参数式方程为 $x=3t$，$y=7t-1$，$z=-t+1$，代入平面方程，得

$$3t+2(7t-1)-(-t+1)+1=0.$$

解得 $t=\frac{1}{9}$. 所以交点坐标为 $\left(\frac{1}{3},\ -\frac{2}{9},\ \frac{8}{9}\right)$.

设直线 l 的交面式方程为 $\begin{cases}A_1x+B_1y+C_1z+D_1=0,\\ A_2x+B_2y+C_2z+D_2=0,\end{cases}$ 则方程

$$A_1x+B_1y+C_1z+D_1+\lambda(A_2x+B_2y+C_2z+D_2)=0$$

或

$$A_2x+B_2y+C_2z+D_2+\lambda(A_1x+B_1y+C_1z+D_1)=0$$

称为过直线 l 的**平面束方程**. 其中 λ 取不同值时，表示过直线 l 的不同平面. 在解决某些问题时用平面束方程较为简便.

例 7　求过点 $A(1,\ 0,\ 1)$ 和直线 l：$\begin{cases}zx-y+z-1=0\\ x+y-z+1=0\end{cases}$ 的平面方程.

解　(平面束方程法)设过直线 l 的平面束方程为

$$(2x-y+z-1)+\lambda(x+y-z+1)=0.$$

代入 A 点坐标可解得 $\lambda=-2$. 所以，所求平面方程为 $y-z+1=0$.

求平面方程的方法较多. 也可在直线上取一点 B，取平面的法向量 $\boldsymbol{n}=\overrightarrow{AB}\times\boldsymbol{s}$. 再由点法式得平面的方程，或在直线上取不同两点 B、C 和 A 作三点式平面方程. 比较起来，平面束方程更方便一些.

例 8 求过直线 l：$\begin{cases}x+y-z+1=0,\\ y+z=0\end{cases}$ 且垂直于平面 π ：$2x-y+2z=0$ 的平面方程.

解 过直线 l 的平面束方程为 $x+y-z+1+\lambda(y+z)=0$，即

$$x+(1+\lambda)y+(\lambda-1)z+1=0,$$

因为所求平面与已知平面 π 垂直，则两平面的法向量垂直，所以

$$(1,\ 1+\lambda,\ \lambda-1)\cdot(2,\ -1,\ 2)=0,$$

即 $2-(1+\lambda)+2(\lambda-1)=0$，解得 $\lambda=1$，代入平面束方程得所求平面方程为

$$x+2y+1=0.$$

例 9 求过点 $M(1,\ 1,\ 1)$ 且与两异面直线 l_1：$\begin{cases}y=2x\\ z=x-1\end{cases}$ 和 l_2：$\begin{cases}y=3x-4\\ z=2x-1\end{cases}$ 都相交的直线 l.

解法一 由直线的参数方程（x 作为参数），两直线上的点可设为 $A(x_1,\ 2x_1,\ x_1-1)$ 与 $B(x_2,\ 3x_2-4,\ 2x_2-1)$. 由题意，若 M，A，B 三点共线，则 $\overrightarrow{MA}\parallel\overrightarrow{MB}$，即

$$\frac{x_1-1}{x_2-1}=\frac{2x_1-1}{(3x_2-4)-1}=\frac{(x_1-1)-1}{(2x_2-1)-1},$$

解得 $x_1=0$，$x_2=0$，即 $A(0,\ 0,\ -1)$，$B(2,\ 2,\ 3)$. 所求直线方程为 $\dfrac{x-1}{1}=\dfrac{y-1}{1}=\dfrac{z-1}{2}$.

解法二 过直线 l_1 的平面束方程可改为 $\left(x-\dfrac{y}{2}\right)+\lambda_1\left(\dfrac{y}{2}-z+1\right)=0$. 代入 M 点坐标，可得 $\lambda_1=\dfrac{1}{3}$，得平面 π_1 为 $3x-2y-z-1=0$. 同样可得 M 和 l_2 所在平面 π_2 为 $2x-z-1=0$. 所以，所求直线为 $\begin{cases}3x-y-z-1=0,\\ x-z-1=0.\end{cases}$

§7.3.3 点，平面与直线间的距离

点到平面的距离.

设平面 π ：$Ax+By+Cz+D=0$ 和平面外一点 $M_0(x_0,\ y_0,\ z_0)$. 如图 7.22 所示，在平面 π 上任取一点 $M_1(x_1,\ y_1,\ z_1)$，那么向量 $\overrightarrow{M_1M_0}$ 在平面 π 的法向量 $\boldsymbol{n}$ 上的投影的绝对值为点 M_0 到平面 π 的距离，即

$$d=|\mathrm{Prj}_{\boldsymbol{n}}\overrightarrow{M_1M_0}|=\frac{|\overrightarrow{M_1M_0}\cdot\boldsymbol{n}|}{|\boldsymbol{n}|}=\frac{|Ax_0+By_0+Cz_0-(Ax_1+By_1+Cz_1)|}{\sqrt{A^2+B^2+C^2}}.$$

由于点 M_1 在平面 π 上，有 $Ax_1+By_1+Cz_1+D=0$，或

$$D=-(Ax_1+By_1+Cz_1).$$

所以点 M_0 到平面 π 的距离为

$$d=\frac{|Ax_0+By_0+Cz_0+D|}{\sqrt{A^2+B^2+C^2}}. \tag{7.16}$$

例 10　求点(1，1，1)到平面 $x+y-z+1=0$ 的距离.

解　由式(7.16)，得

$$d=\frac{|1+1-1+1|}{\sqrt{1^2+1^2+(-1)^2}}=\frac{2}{\sqrt{3}}=\frac{2}{3}\sqrt{3}.$$

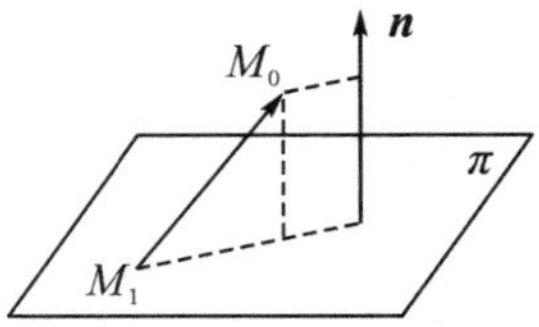

图 7.22

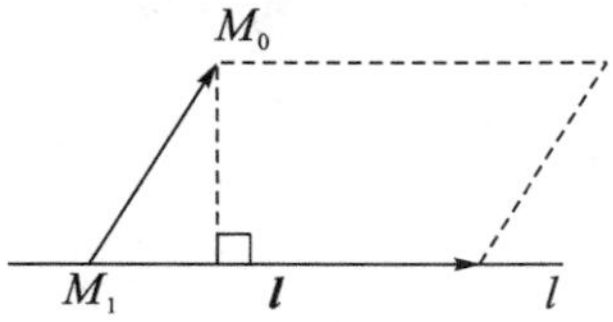

图 7.23

点到直线的距离.

设直线 l：$\frac{x-x_1}{m}=\frac{y-y_1}{n}=\frac{z-z_1}{p}$和直线 l 外一点 $M_0(x_0,\ y_0,\ z_0)$，如图 7.23 所示. 若直线上一点 $M_1(x_1,\ y_1,\ z_1)$，直线的方向向量 $\boldsymbol{l}=(m,\ n,\ p)$，则向量$\overrightarrow{M_1M_0}$与 $\boldsymbol{l}$ 所构成的平行四边形在 $\boldsymbol{l}$ 边上的高为点 M_0 到直线 l 的距离.

平行四边行的面积 $S=|\boldsymbol{l}\times\overrightarrow{M_1M_0}|$，$|\boldsymbol{l}|$为平行四边形底边边长，所以点 M_0 到直线 l 的距离公式为

$$d=\frac{|\boldsymbol{l}\times\overrightarrow{M_1M_0}|}{|\boldsymbol{l}|}.$$

异面直线间的距离.

设两异面直线 L_1 和 L_2，方向向量分别为 $\boldsymbol{l}_1$，$\boldsymbol{l}_2$，其距离为与它们都垂直相交的两交点间公垂线的长度. 为了计算方便，在 L_1 和 L_2 上任取点 $M_1\in L_1$，$M_2\in L_2$，则

$$d=|\mathrm{Prj}_{\boldsymbol{l}_1\times\boldsymbol{l}_2}\overrightarrow{M_1M_2}|=\frac{|[\boldsymbol{l}_1,\ \boldsymbol{l}_2,\ \overrightarrow{M_1M_2}]|}{|\boldsymbol{l}_1\times\boldsymbol{l}_2|}$$

这里$\boldsymbol{l}_1\times\boldsymbol{l}_2$为公垂线的方向向量. 以$\boldsymbol{l}_1$，$\boldsymbol{l}_2$，$\overrightarrow{M_1M_2}$为棱边作平行六面体，以$\boldsymbol{l}_1$与$\boldsymbol{l}_2$所在的平行四边形为底面，其上的高即为异面直线间的距离.

§7.3.4　平面与直线间位置关系

两平面位置关系. 设有两平面

$$\pi_1:A_1x+B_1y+C_1z+D_1=0,\quad \boldsymbol{n}_1=(A_1,\ B_1,\ C_1);$$

$$\pi_2:A_2x+B_2y+C_2z+D_2=0,\quad \boldsymbol{n}_2=(A_2,\ B_2,\ C_2).$$

则不难证明以下结论：

(1)两平面π_1与π_2平行$\Leftrightarrow\frac{A_1}{A_2}=\frac{B_1}{B_2}=\frac{C_1}{C_2}\neq\frac{D_1}{D_2}$(当$\frac{A_1}{A_2}=\frac{B_1}{B_2}=\frac{C_1}{C_2}=\frac{D_1}{D_2}$时，两平面重合)；

(2)两平面π_1与π_2相交$\Leftrightarrow A_1:B_1:C_1\neq A_2:B_2:C_2$；

(3)两平面π_1与π_2垂直$\Leftrightarrow A_1A_2+B_1B_2+C_1C_2=0$；

(4)两平面π_1与π_2夹角为θ，则

$$\cos\theta=\frac{|A_1A_2+B_1B_2+C_1C_2|}{\sqrt{A_1^2+B_1^2+C_1^2}\sqrt{A_2^2+B_2^2+C_2^2}}.$$

说明：两平面的夹角，取$0\leqslant\theta\leqslant\frac{\pi}{2}$.

两直线位置关系. 设两直线

$$l_1:\frac{x-x_1}{m_1}=\frac{y-y_1}{n_1}=\frac{z-z_1}{p_1},\quad \boldsymbol{l}_1=(m_1,n_1,p_1);$$

$$l_2:\frac{x-x_2}{m_2}=\frac{y-y_2}{n_2}=\frac{z-z_2}{p_2},\quad \boldsymbol{l}_2=(m_2,n_2,p_2).$$

点$M_1(x_1,y_1,z_1)$与$M_2(x_2,y_2,z_2)$分别在直线l_1与l_2上，则有以下结论：

(1)两直线l_1与l_2为异面直线$\Leftrightarrow[\boldsymbol{l}_1,\boldsymbol{l}_2,\overrightarrow{M_1M_2}]\neq 0$；

(2)两直线l_1与l_2平行$\Leftrightarrow\boldsymbol{l}_1/\!/\boldsymbol{l}_2\not\parallel\overrightarrow{M_1M_2}$(当$\boldsymbol{l}_1/\!/\boldsymbol{l}_2/\!/\overrightarrow{M_1M_2}$时，两直线$l_1$与$l_2$重合)；

(3)两直线l_1与l_2相交$\Leftrightarrow[\boldsymbol{l}_1,\boldsymbol{l}_2,\overrightarrow{M_1M_2}]=0$且$\boldsymbol{l}_1\not\parallel\boldsymbol{l}_2$；

(4)设两直线l_1与l_2的夹角为$\theta\left(\text{通常取}\ 0\leqslant\theta\leqslant\frac{\pi}{2}\right)$，则

$$\cos\theta=\frac{|\boldsymbol{l}_1\cdot\boldsymbol{l}_2|}{|\boldsymbol{l}_1||\boldsymbol{l}_2|}.$$

平面与直线位置关系. 设

直线$l:\frac{x-x_1}{m}=\frac{y-y_1}{n}=\frac{z-z_1}{p},\quad \boldsymbol{l}=(m,n,p)$；

平面$\pi:A(x-x_2)+B(y-y_2)+C(z-z_2)=0,\quad \boldsymbol{n}=(A,B,C)$.

点$M_1(x_1,y_1,z_1)$在直线l上，点$M_2(x_2,y_2,z_2)$在平面π上，则有以下结论：

(1)直线l与平面π平行$\Leftrightarrow\boldsymbol{l}\cdot\boldsymbol{n}=0$且$\boldsymbol{n}\cdot\overrightarrow{M_1M_2}\neq 0$(当$\boldsymbol{l}\cdot\boldsymbol{n}=0$且$\boldsymbol{n}\cdot\overrightarrow{M_1M_2}=0$时，直线$l$在平面$\pi$上)；

(2)直线l与平面π垂直$\Leftrightarrow\boldsymbol{l}/\!/\boldsymbol{n}$；

(3)直线l与平面π相交$\Leftrightarrow\boldsymbol{l}\cdot\boldsymbol{n}\neq 0$(通常取$0\leqslant\theta\leqslant\frac{\pi}{2}$)；

(4)设直线l与平面π的夹角为θ，则

$$\sin\theta=\frac{|\boldsymbol{l}\cdot\boldsymbol{n}|}{|\boldsymbol{l}||\boldsymbol{n}|}.$$

例 11 讨论下列两直线间的关系：

(1)$l_1:\frac{x-3}{2}=\frac{y-2}{3}=\frac{z}{4}$与$l_2:\frac{x-3}{4}=\frac{y-2}{4}=\frac{z}{5}$；

(2)$l_1:\frac{x-3}{1}=\frac{y-2}{3}=\frac{z}{5}$与$l_2:\frac{x-1}{2}=\frac{y}{6}=\frac{z}{10}$；

(3)l_1：$\dfrac{x-3}{1}=\dfrac{y-2}{3}=\dfrac{z}{5}$与 l_2：$\dfrac{x-5}{3}=\dfrac{y-2}{4}=\dfrac{z-1}{2}$；

(4)l_1：$\begin{cases}x=7z-17,\\ y=3z-1\end{cases}$与 l_2：$\begin{cases}x=4z-11,\\ y=-10z+25.\end{cases}$

解　(1)易知 $\boldsymbol{l}_1=(2,3,4)$，$\boldsymbol{l}_2=(4,4,5)$，由于 $2:3:4\neq 4:4:5$，即 $\boldsymbol{l}_1 \not\parallel \boldsymbol{l}_2$. 又直线 l_1 与 l_2 均过点$(3,2,0)$，所以 l_1 与 l_2 相交.

(2)易知 $\boldsymbol{l}_1=(1,3,5)$，$\boldsymbol{l}_2=(2,6,10)$，由于 $1:3:5=2:6:10$，即 $\boldsymbol{l}_1 \parallel \boldsymbol{l}_2$. 且直线 l_1 上的点 $M_1(3,2,0)$不在直线 l_2 上，所以 l_1 与 l_2 平行.

(3)易知 $\boldsymbol{l}_1=(1,3,5)$，$\boldsymbol{l}_2=(3,4,2)$，点 $M_1(3,2,0)$，$M_2(5,2,1)$分别在直线 l_1 与 l_2 上. $\overrightarrow{M_1M_2}=(2,0,1)$，由于

$$[\boldsymbol{l}_1,\boldsymbol{l}_2,\overrightarrow{M_1M_2}]=\begin{vmatrix}1&3&5\\3&4&2\\2&0&1\end{vmatrix}=\begin{vmatrix}-9&3&5\\-1&4&2\\0&0&1\end{vmatrix}=\begin{vmatrix}-9&3\\-1&4\end{vmatrix}=-33\neq 0,$$

所以直线 l_1 与 l_2 为异面直线.

(4)把直线方程化为对称式方程

$$l_1:\frac{x+17}{7}=\frac{y+1}{3}=\frac{z}{1},\quad l_2:\frac{x+11}{4}=\frac{y-25}{-10}=\frac{z}{1},$$

则知 $\boldsymbol{l}_1=(7,3,1)$，$\boldsymbol{l}_2=(4,-10,1)$，点 $M_1(-17,-1,0)$，$M_2(-11,25,0)$分别在直线 l_1 与 l_2 上，$\overrightarrow{M_1M_2}=(6,26,0)$. 因为

$$[\boldsymbol{l}_1,\boldsymbol{l}_2,\overrightarrow{M_1M_2}]=\begin{vmatrix}7&3&1\\4&-10&1\\6&26&0\end{vmatrix}=\begin{vmatrix}7&3&1\\-3&-13&0\\6&26&0\end{vmatrix}=0,$$

故直线 l_1 与 l_2 共面. 又 $7:3:1\neq 4:-10:1$，即 $\boldsymbol{l}_1 \not\parallel \boldsymbol{l}_2$，所以直线 l_1 与 l_2 相交.

例 12　求异面直线 l_1：$\dfrac{x}{1}=\dfrac{y}{2}=\dfrac{z}{3}$与 l_2：$x-1=y+1=z-2$ 之间的最短距离 d.

解　如图 7.24 所示.

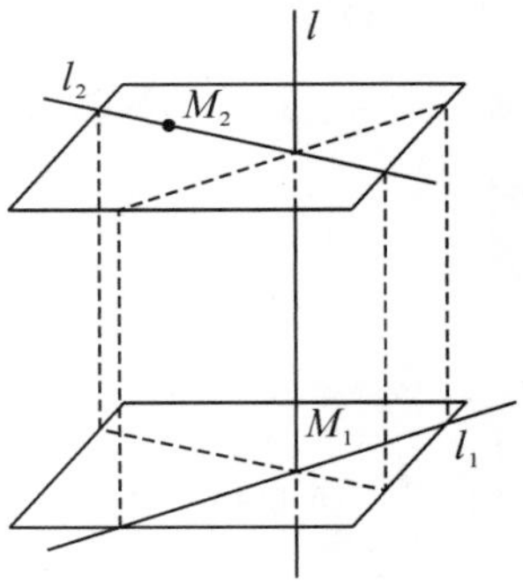

图 7.24

因为直线 l_1 的方向向量 $\boldsymbol{l}_1=(1,2,3)$，直线 l_2 的方向向量 $\boldsymbol{l}_2=(1,1,1)$，所以，公垂线的方向向量为

$$\boldsymbol{l}=\boldsymbol{l}_1\times\boldsymbol{l}_2=\begin{vmatrix}\boldsymbol{i}&\boldsymbol{j}&\boldsymbol{k}\\1&2&3\\1&1&1\end{vmatrix}=(-1,2,-1),$$

再取直线 l_1 上的点 $M_1(0,0,0)$，l_2 上的点 $M_2(1,-1,2)$.
则所求距离为

$$d=|\mathrm{Prj}_{\boldsymbol{l}}\overrightarrow{M_1M_2}|=\frac{|\overrightarrow{M_1M_2}\cdot\boldsymbol{l}|}{|\boldsymbol{l}|}$$

$$=\frac{|1\cdot(-1)+(-1)\cdot 2+2\cdot(-1)|}{\sqrt{(-1)^2+2^2+(-1)^2}}=\frac{5}{\sqrt{6}}=\frac{5}{6}\sqrt{6}.$$

例 13　求例 12 中，直线 l_1 与 l_2 的公垂线方程.

解　设公垂线 l 上任一点为 $M(x,y,z)$，由图 7.23 知$\overrightarrow{M_1M}$，$\boldsymbol{l}_1$，$\boldsymbol{l}$ 共面，且$\overrightarrow{M_2M}$，

$\boldsymbol{l}_2$，$\boldsymbol{l}$ 也共面.

$$\overrightarrow{M_1M}=(x-0,\ y-0,\ z-0)=(x,\ y,\ z),$$
$$\overrightarrow{M_2M}=(x-1,\ y+1,\ z-2),$$
$$\boldsymbol{l}_1=(1,\ 2,\ 3),\ \boldsymbol{l}_2=(1,\ 1,\ 1),\ \boldsymbol{l}=(-1,\ 2,\ -1),$$

由三向量共面的充分必要条件知

$$[\overrightarrow{M_1M},\ \boldsymbol{l}_1,\ \boldsymbol{l}]=0 \quad 和 \quad [\overrightarrow{M_2M},\ \boldsymbol{l}_2,\ \boldsymbol{l}]=0,$$

从而得

$$\begin{vmatrix} x & y & z \\ 1 & 2 & 3 \\ -1 & 2 & -1 \end{vmatrix}=0 \quad 和 \quad \begin{vmatrix} x-1 & y+1 & z-2 \\ 1 & 1 & 1 \\ -1 & 2 & -1 \end{vmatrix}=0,$$

即

$$-8x-2y+4z=0 \quad 和 \quad -3(x-1)+0(y+1)+3(z-2)=0,$$

整理得公垂线方程为 l：$\begin{cases} 4x+y-2z=0, \\ x-z+1=0. \end{cases}$

习题 7-3

1. 指出下列各平面方程所表示平面的特殊位置，并作草图.

(1)$x=0$；　(2)$3y-1=0$；　(3)$x-2z=0$；

(4)$y+z=1$；　(5)$x-\sqrt{3}y=0$；　(6)$2x-3y-6=0$；

(7)$6x+5y-z=0$；　(8)$x+y+z=1$.

2. 分别按下列条件求平面方程：

(1)平行于 Ozx 面，且过点$(2,\ -5,\ 3)$；

(2)过 z 轴和点$(-3,\ 1,\ -2)$；

(3)平行于 x 轴，且过两点 $M_1(4,\ 0,\ -2)$与 $M_2(5,\ 1,\ 7)$.

3. 求过点 $M(0,\ 2,\ 4)$且与两平面 π_1：$x+2z=1$ 与 π_2：$y-3z=2$ 均平行的直线方程.

4. 求过点$(3,\ 1,\ -2)$与直线$\dfrac{x-4}{5}=\dfrac{y+3}{2}=\dfrac{z}{1}$的平面方程.

5. 求平面 $2x-2y+z=5$ 与各坐标面的夹角的余弦.

6. 求直线 l_1：$\begin{cases} 5x-3y+3z-9=0, \\ 3x-2y+z-1=0 \end{cases}$ 与 l_2：$\begin{cases} 2x+2y-z+23=0, \\ 3x+8y+z-18=0 \end{cases}$ 的夹角的余弦.

7. 求直线 l：$\begin{cases} x+y+2z=0, \\ x-y-z=0 \end{cases}$ 与平面 π：$x-y-z+1=0$ 的夹角 φ.

8. 判别下列各组直线与平面的关系：

(1)直线 l：$\dfrac{x+3}{-2}=\dfrac{y+4}{-7}=\dfrac{z}{3}$ 与平面 π：$4x-2y-2z=3$；

(2)直线 l：$\dfrac{x}{3}=\dfrac{y}{-2}=\dfrac{z}{7}$ 与平面 π：$3x-2y+7z=8$；

(3)直线 l：$\frac{x-2}{3}=\frac{y+2}{1}=\frac{z-3}{-4}$与平面$\pi$：$x+y+z-3=0$.

9. 求点 $M(-1,2,0)$在平面π：$x+2y-z+1=0$ 上的投影点的坐标.

10. 求直线 l：$\begin{cases}2x-4y+z=0,\\3x-y-2z-9=0\end{cases}$在平面$\pi$：$4x-y+z=1$ 上的投影直线方程.

11. 求点 $P(3,-1,2)$到直线 l：$\begin{cases}x+y-z+1=0,\\2x-y+z-4=0\end{cases}$的距离.

12. 设一平面垂直于 Oxy 面，且过点 $M(1,-1,1)$到直线 l：$\begin{cases}y-z+1=0,\\x=0\end{cases}$的垂线，求此平面方程.

13. 分别按下列条件求直线方程：

(1)过点$(3,4,-4)$，直线的方向向量的方向角为$\frac{\pi}{3}$，$\frac{\pi}{4}$，$\frac{2\pi}{3}$；

(2)过点$(0,-3,2)$，且平行于两点$(3,4,-7)$与$(2,7,-6)$的连线；

(3)过点$(-1,2,1)$，且与两平面 $x+y-2z-1=0$ 和 $x+2y-z+1=0$ 平行.

14. 求下列直线的标准方程(对称式)与参数方程.

(1)$\begin{cases}x=-\frac{1}{2}z+\frac{9}{2},\\y=-\frac{1}{8}z+\frac{23}{8};\end{cases}$　　(2)$\begin{cases}x-5y+2z-1=0,\\z=2+5y;\end{cases}$

(3)$\begin{cases}x-y+z+5=0,\\5x-8y+4z+36=0.\end{cases}$

15. 已知平面内不在同一直线上的三点 A，B，C 的矢径分别为 $\boldsymbol{r}_A=\boldsymbol{a}$，$\boldsymbol{r}_B=\boldsymbol{b}$，$\boldsymbol{r}_C=\boldsymbol{c}$，试证向量 $\boldsymbol{n}=\boldsymbol{a}\times\boldsymbol{b}+\boldsymbol{b}\times\boldsymbol{c}+\boldsymbol{c}\times\boldsymbol{a}$ 为此平面的法向量.

16. 设平面π 垂直于平面 $5x-y+3z-2=0$，且与此平面的交线在 Oxy 面上，求平面 π 的方程.

17. 若直线过点 $M(-1,0,4)$，平行于平面π：$3x-4y+z-10=0$，且与直线 l：$\frac{x+1}{3}=\frac{y+3}{1}=\frac{z}{2}$相交，求此直线方程.

18. 已知直线 l_1：$x=t+1$，$y=2t-1$，$z=t$ 与直线 l_2：$x=t+2$，$y=2t-1$，$z=t+1$，求直线 l_1 与 l_2 之间的距离.

19. 已知四面体的四个顶点 $A(5,1,3)$，$B(1,6,2)$，$C(5,0,4)$，$D(4,0,6)$，求过 AB 边所作平行于 CD 边的平面方程.

§7.4　曲面与曲线

平面解析几何主要讨论平面上的曲线和二元方程，空间解析几何类似地讨论空间中的曲面或曲线，并建立其方程；或者已知曲面、曲线的方程来研究曲面、曲线的形态和性质.

§7.4.1 曲面方程的概念

定义 1 若曲面Σ与方程 $F(x, y, z)=0$ 满足以下条件：

(1)曲面Σ上任意一点的坐标满足方程 $F(x, y, z)=0$；

(2)不在曲面Σ上的点的坐标不满足方程，则称此方程 $F(x, y, z)=0$ 为曲面Σ的方程，曲面为方程表示的曲面.

例 1 求以点 $M_0(a, b, c)$为球心，半径为 R 的球面方程.

解 如图 7.25 所示，设球面上任意一点为 $M(x, y, z)$，则

$$\overrightarrow{M_0M}=\boldsymbol{r}_M-\boldsymbol{r}_{M_0}=(x-a, y-b, z-c).$$

因为$|\overrightarrow{M_0M}|=R$，即$\sqrt{(x-a)^2+(y-b)^2+(z-c)^2}=R$，所以球面方程为

$$(x-a)^2+(y-b)^2+(z-c)^2=R^2.$$

显然，球心为原点时的球面方程为

$$x^2+y^2+z^2=R^2.$$

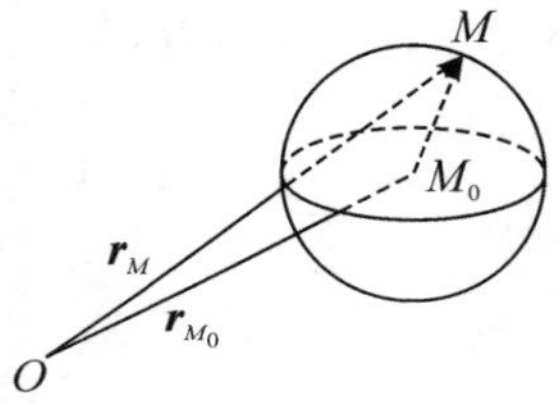

图 7.25

例 2 求与原点 O 及 $M_0(2, 3, 4)$的距离之比为 1∶2 的点的全体组成的曲面的方程.

解 设 $M(x, y, z)$是曲面上任一点. 由题意，得$\dfrac{|\overrightarrow{MO}|}{|\overrightarrow{M_0M}|}=\dfrac{1}{2}$. 代入坐标，得

$$\frac{\sqrt{x^2+y^2+z^2}}{\sqrt{(x-2)^2+(y-3)^2+(z-4)^2}}=\frac{1}{2}.$$

化简整理得$\left(x+\dfrac{2}{3}\right)^2+(y+1)^2+\left(z+\dfrac{4}{3}\right)^2=\dfrac{116}{9}$，为球心在$\left(-\dfrac{2}{3}, -1, \dfrac{4}{3}\right)$，半径为$\dfrac{2}{3}\sqrt{29}$的球面.

研究空间曲面有两个基本问题：

(1)已知曲面作为点的轨迹时，求曲面方程.

(2)已知曲面方程，即坐标间的关系式，研究曲面的形状.

建立曲面方程可以帮助我们认识曲面的特征. 当曲面方程比较复杂时，人们常常用截面法(割面法)去分析曲面的形状.

§7.4.2 旋转面方程

定义 2 曲线(或直线)绕某直线(称为旋转轴)旋转所得的曲面称为**旋转曲面**.

显然，球面、圆柱面、圆锥面都是旋转曲面. 下面我们求旋转曲面的方程.

如图 7.26 所示，若 Oyz 面上的曲线 $F(y_0, z_0)=0(x=0)$，绕 z 轴旋转所得旋转曲面为 Σ. 设曲面 Σ 上任意一点为 $M(x, y, z)$，则点 $M(x, y, z)$ 为 Oyz 面上的点 $M_0(0, y_0, z)$ 绕 z 轴旋转所得. 点 M_0 绕 z 轴旋转一周得到一个圆周，圆周上所有点满足：$z=z_0$；并且所有点到圆心 $(0, 0, z_0)$ 的距离相等，即

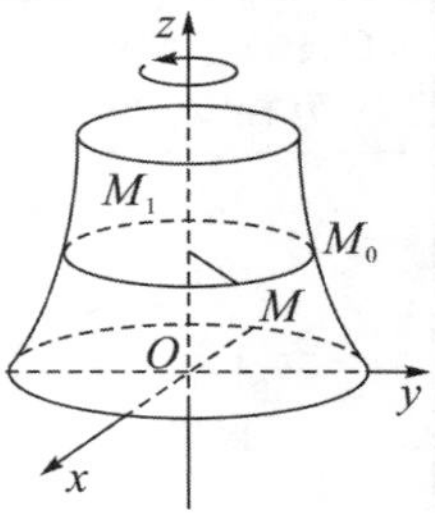

图 7.26

$$|y_0|=\sqrt{x^2+y^2}.$$

将 $z_0=z$，$y_0=\pm\sqrt{x^2+y^2}$ 代入 $F(y_0, z_0)=0$，得旋转曲面的方程为

$$F(\pm\sqrt{x^2+y^2}, z)=0.$$

同理可得曲线 $F(y_0, z_0)=0(x=0)$ 绕 y 轴旋转所得旋转曲面的方程为

$$F(y, \pm\sqrt{x^2+z^2})=0.$$

常见的 Oyz 面上的直线与二次曲线分别绕 z 轴及 y 轴旋转所得的旋转曲面方程见表 7.1.

表 7.1　常见的 Oyz 面上的直线与二次曲线分别绕 z 轴及 y 轴旋转所得的旋转曲面方程

Oyz 面上的曲线方程 $(x=0)$	绕 z 轴旋转所得的曲面与曲面方程	绕 y 轴旋转所得的曲面与曲面方程
$y=R$ 直线	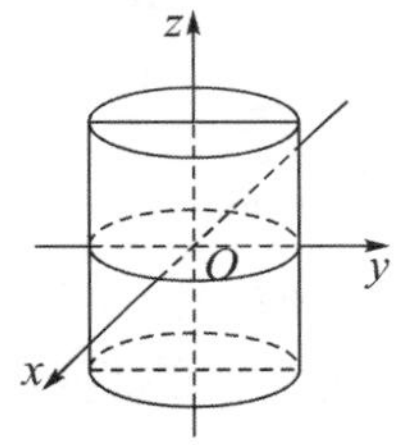 $x^2+y^2=R^2$ 圆柱面	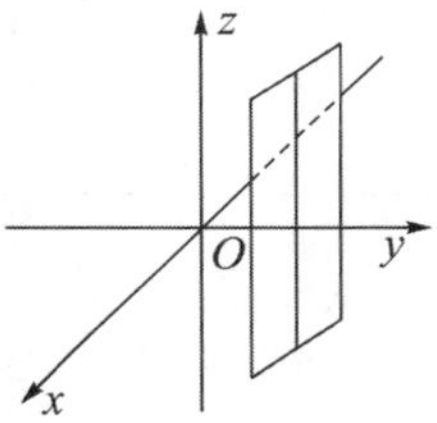 $y=R$ 平面
$y=\frac{b}{c}z$ 直线	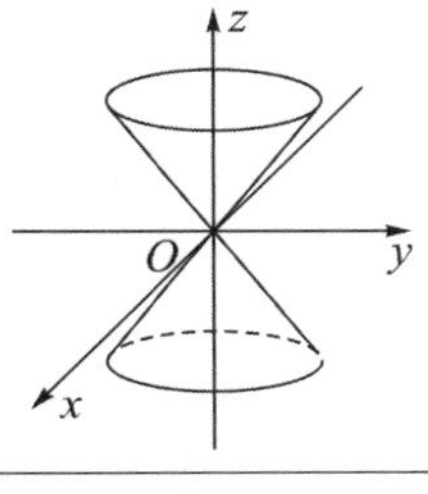 $\frac{x^2+y^2}{b^2}-\frac{z^2}{c^2}=0$ 圆锥面	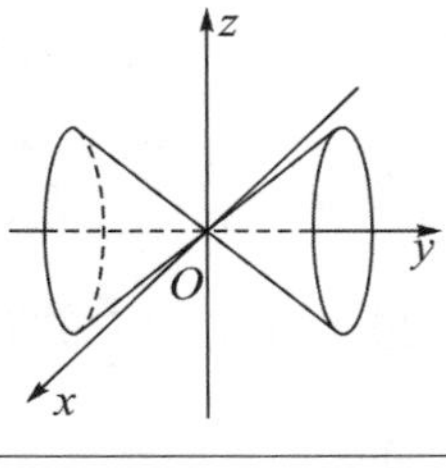 $\frac{y^2}{b^2}-\frac{x^2+z^2}{c^2}=0$ 圆锥面
$y^2+z^2=R^2$ 圆	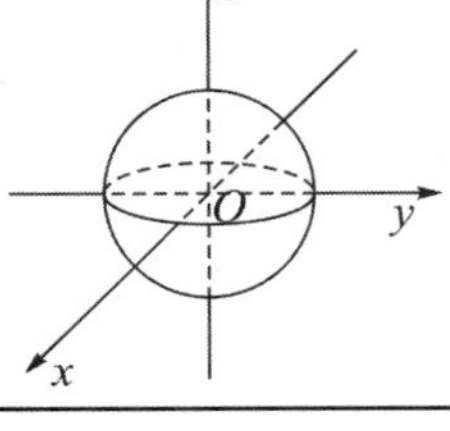 $x^2+y^2+z^2=R^2$ 球面	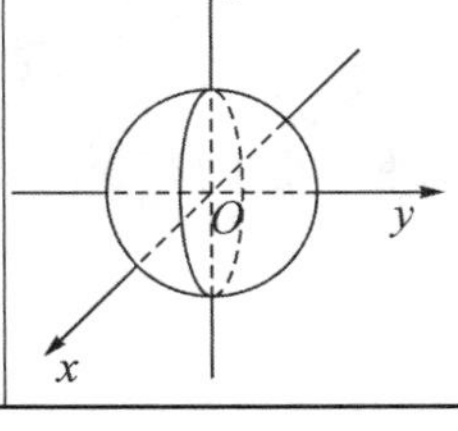 $x^2+y^2+z^2=R^2$ 球面

续表7.1

Oyz 面上的曲线方程($x=0$)	绕 z 轴旋转所得的曲面与曲面方程	绕 y 轴旋转所得的曲面与曲面方程
$\frac{y^2}{b^2}+\frac{z^2}{c^2}=1$ 椭圆	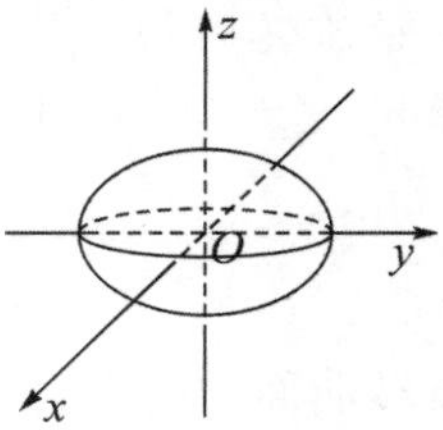 $\frac{x^2+y^2}{b^2}+\frac{z^2}{c^2}=1$ 旋转椭球面	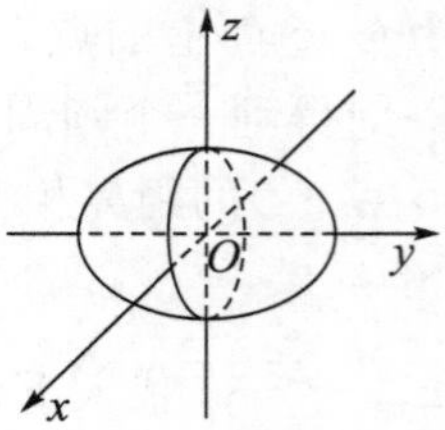 $\frac{y^2}{b^2}+\frac{x^2+z^2}{c^2}=1$ 旋转椭球面
$\frac{y^2}{b^2}-\frac{z^2}{c^2}=1$ 双曲线	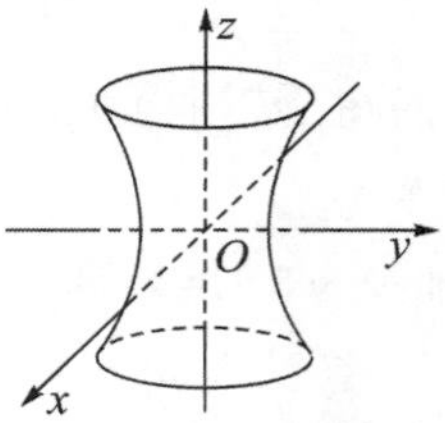 $\frac{x^2+y^2}{b^2}-\frac{z^2}{c^2}=1$ 单叶旋转双曲面	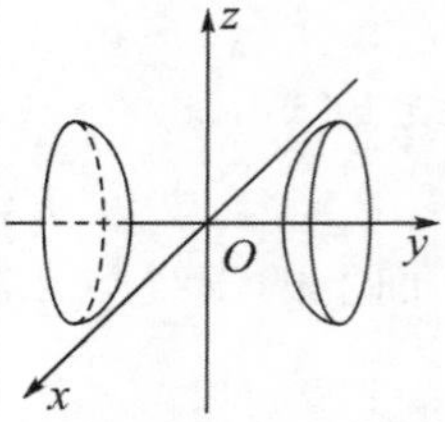 $\frac{y^2}{b^2}-\frac{x^2+z^2}{c^2}=1$ 双叶旋转双曲面
$y^2=2pz(p>0)$ 抛物线	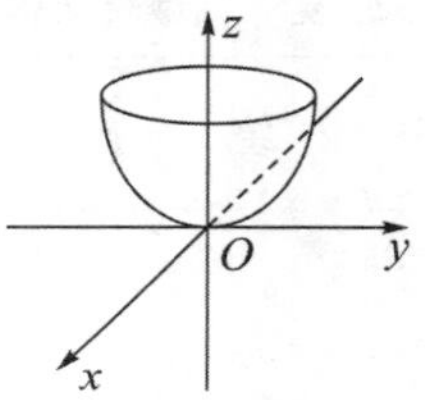 $x^2+y^2=2pz$ 旋转抛物面	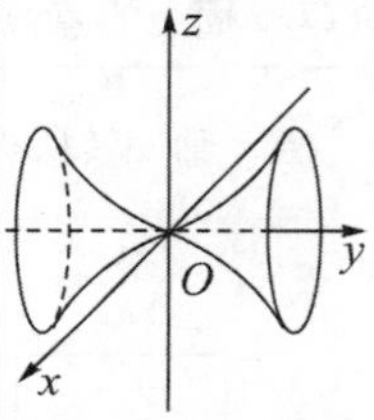 $y^2=2p\sqrt{x^2+z^2}$ $\Rightarrow y^4=4p^2(x^2+z^2)$ 喇叭面

例 3 求顶点在原点，中心轴为 z 轴，母线与 z 轴夹角为 θ 的圆锥面方程（图 7.27）.

解 在 yOz 面上直线方程为 $z_0=y_0\cot\theta$：绕 Z 轴旋转的旋转面方程为

$$z=\pm\sqrt{x^2+y^2}\cot\theta.$$

$\cot\theta=\frac{b}{a}$，整理得$\frac{x^2+y^2}{a^2}-\frac{z^2}{b^2}=0$.

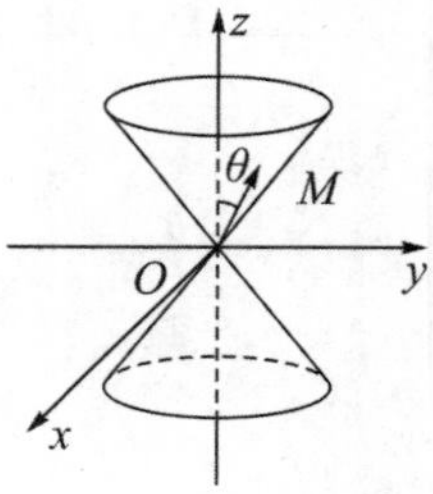

图 7.27

当 $\theta=\frac{\pi}{4}$时，得半顶角为$\frac{\pi}{4}$的圆锥面方程为 $x^2+y^2-z^2=0$. 它有上、下两个分支，而 $z=\sqrt{x^2+y^2}$ 表示上半分支圆锥面.

例 4 直线 $l:\frac{x-1}{0}=\frac{y}{1}=\frac{z}{1}$绕 z 轴旋转一周，求旋转曲面的方程.

解 由直线方程，我们有 $x_1\equiv1$，$y=z$. 它上一点$(1, y_1, z_1)$绕 z 轴旋转一周上的动点$M(x, y, z)$满足：$z=z_1$.

且

$$x_1^2+y_1^2=x^2+y^2.$$

将 $x_1=1$，$z_1=z$，$y_1^2=x^2+y^2-1$ 代入 $y_1=z_1$，得 $x^2+y^2-z^2=1$.

它表示 yOz 面上双曲线 $y_0^2-z_0^2=1$ 绕 z 轴旋转而得到的旋转双曲面.

§7.4.3　柱面和锥面

定义 3　直线与某一定曲线相交，并沿着此曲线平行移动的轨迹称为**柱面**. 该动直线称为柱面的**母线**，定曲线则称为柱面的**准线**.

例 5　求以 z 轴为中心轴，半径为 R 的圆柱面方程.

解　如图 7.28 所示，设圆柱面上任一点为 $M(x, y, z)$，则点 M 在 z 轴上的投影点为 $M_0(0, 0, z)$，由已知条件知 $|\overrightarrow{M_0M}|=R$，则 $\sqrt{x^2+y^2}=R$. 所以圆柱面方程为

$$x^2+y^2=R^2.$$

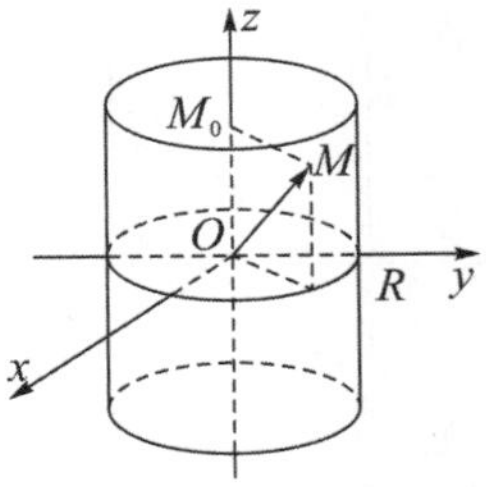

图 7.28

下面讨论准线为某坐标面上的曲线，且母线平行于与该坐标面垂直的坐标轴的柱面方程. 设 Oxy 面上的曲线方程为 $F(x, y)=0(z=0)$，则在空间，曲面方程为

$$F(x, y)=0.$$

方程中没有显含变量 z，表示 z 可取任何实数，即曲面上的点 (x, y, z) 中，z 可任意取值. 而 (x, y) 满足 $F(x, y)=0$，所以此曲面为母线平行于 z 轴，准线为 Oxy 面上的曲线 $F(x, y)=0(z=0)$ 的柱面方程. 例 6 中圆柱面 $x^2+y^2=R^2$ 为母线平行于 z 轴的柱面，准线为 Oxy 面上的圆周.

同理可得，曲面方程

$$F(y, z)=0$$

为母线平行于 x 轴，准线为 Oyz 面上的曲线 $F(y, z)=0(x=0)$ 的柱面方程.

曲面方程 $F(x, z)=0$ 则为母线平行于 y 轴，准线为 Ozx 面上的曲线 $F(x, z)=0(y=0)$ 的柱面方程.

常见的以二次曲线（椭圆、双曲线、抛物线）为准线的柱面方程及其图象见表 7.2.

表 7.2　常见的以二次曲线为准线的柱面方程及其图象

	母线平行于 z 轴	母线平行于 y 轴	母线平行于 x 轴
椭圆柱面	$\frac{x^2}{a^2}+\frac{y^2}{b^2}=1$ 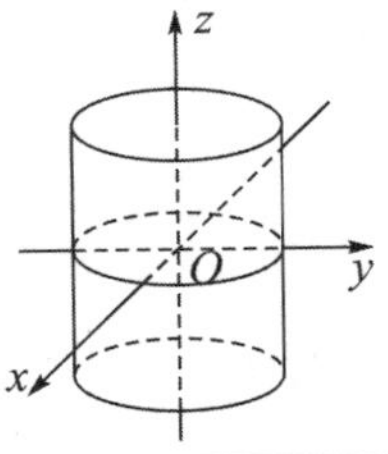	$\frac{x^2}{a^2}+\frac{z^2}{c^2}=1$ 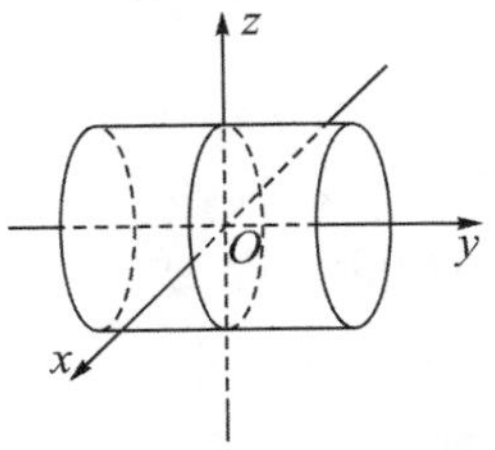	$\frac{y^2}{b^2}+\frac{z^2}{c^2}=1$ 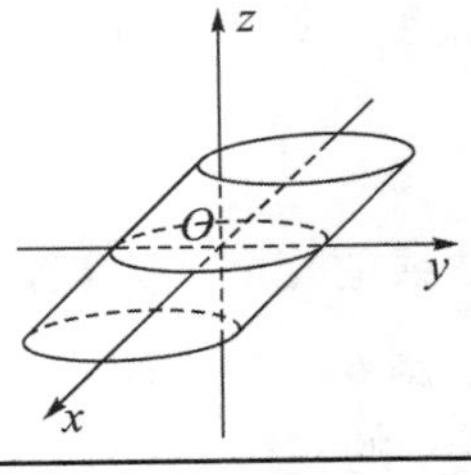

续表7.2

	母线平行于 z 轴	母线平行于 y 轴	母线平行于 x 轴
双曲柱面	$\frac{x^2}{a^2}-\frac{y^2}{b^2}=1$ 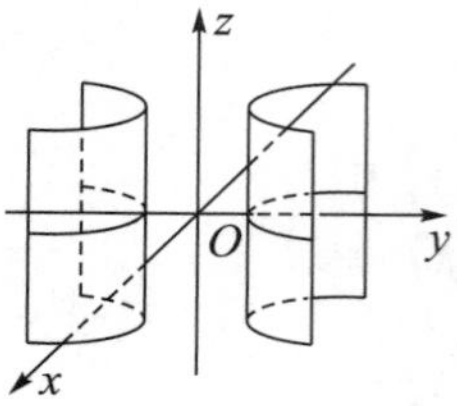	$\frac{x^2}{a^2}-\frac{z^2}{c^2}=1$ 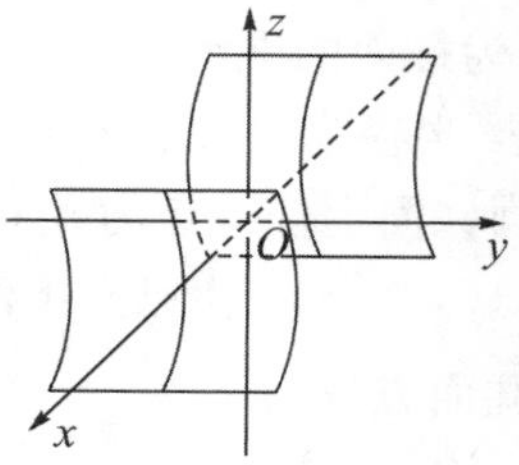	$\frac{y^2}{b^2}-\frac{z^2}{c^2}=1$ 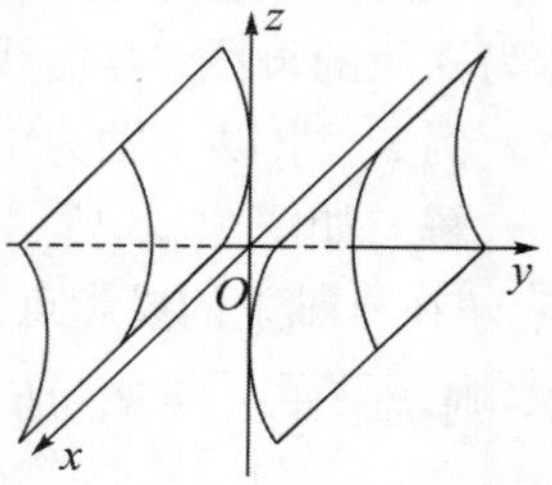
抛物柱面	$x^2=2py(p>0)$ 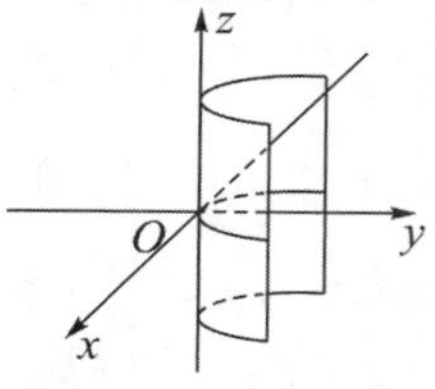	$x^2=2pz(p>0)$ 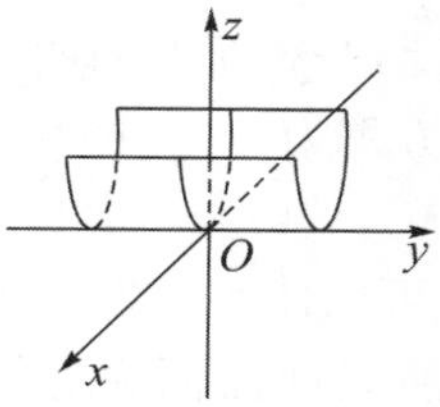	$y^2=2pz(p>0)$ 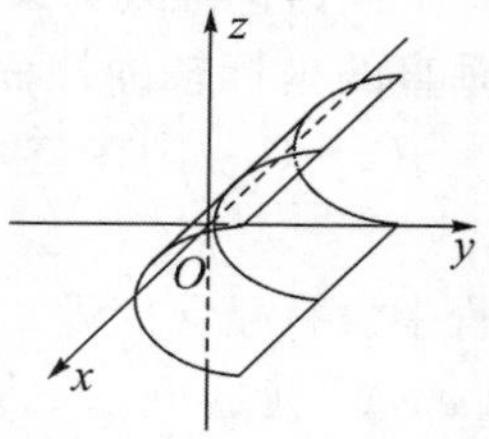

定义 4　直线保持过某一定点且与某一定曲线相交并沿此曲线运动的轨迹，称为**锥面**. 该动直线称为锥面的**母线**，定曲线称为锥面的**准线**，定点则称为锥面的**顶点**. 圆锥面为锥面的一个特例.

若方程 $F(x, y, z)=0$ 是 n 次齐次的，即

$$F(tx, ty, tz)=t^nF(x, y, z), \forall t \in \mathbf{R}.$$

如果 $M_0(x_0, y_0, z_0)$在方程的曲面上，那么原点和 M_0 所在的直线上所有点都满足曲面的方程，也在曲面上. 因此，它表示顶点在原点的锥面方程.

§7.4.4　曲线方程

设两曲面方程分别为 $F(x, y, z)=0$ 与$G(x, y, z)=0$. 若两曲面相交为曲线(或直线，点)，则方程组

$$\begin{cases}F(x, y, z)=0, \\ G(x, y, z)=0\end{cases}$$

为曲线的交面式方程，也称为**一般式方程**.

例 6　圆锥面 $x^2+y^2-z^2=0$ 与平面 π_1：$z=2$，π_2：$y=2$，π_3：$y+z=1$，π_4：$y+4z=1$ 的交线 l_1，l_2，l_3，l_4 分别为

$l_1: \begin{cases} x^2+y^2-z^2=0, \\ z=2 \end{cases}$ 是圆周；

$l_2: \begin{cases} x^2+y^2-z^2=0, \\ y=2 \end{cases}$ 是双曲线；

$l_3: \begin{cases} x^2+y^2-z^2=0, \\ y+z=1 \end{cases}$ 是抛物线；

$l_4: \begin{cases} y+4z=1, \\ x^2+y^2-z^2=0 \end{cases}$ 是椭圆.

这是平面切割圆锥面所得的几种曲线，读者可作为练习画出其图象.

例 7　中心轴分别为 z 轴与 y 轴，半径均为 R 的两个圆柱面，相交在第一卦限部分的交线如图 7.29 所示，其交线方程为

$$\begin{cases} x^2+y^2=R^2, \\ x^2+z^2=R^2. \end{cases}$$

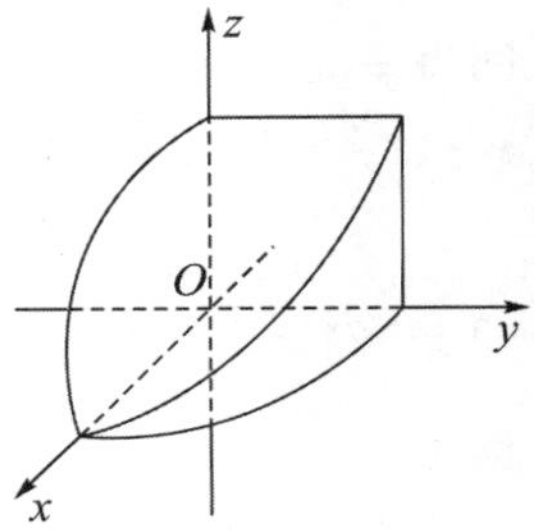

图 7.29

在物理学中，质点运动的轨迹常用参数方程来表示，曲线方程

$$\begin{cases} x=f(t), \\ y=g(t), \\ z=h(t) \end{cases}$$

称为曲线的**参数式方程**，式中 t 为参数.

例 8　参数式方程

$$\begin{cases} x=a\cos t, \\ y=a\sin t, \\ z=bt\,(a>0,\ b>0) \end{cases}$$

为圆柱面螺旋线. 如图 7.30 所示，曲线在圆柱面 $x^2+y^2=a^2$ 上，且 z 随着 t 的增加而不断增加. 曲线上的点(x, y, z)随 t 的增加，不断地绕 z 轴螺旋式上升.

参数方程$\begin{cases} x=t\cos t, \\ y=t\sin t, \\ z=t \end{cases}$称为圆锥面螺旋线，曲线上点的坐标满足方程 $x^2+y^2-z^2=0$，即曲线在圆锥面 $x^2+y^2-z^2=0$ 上，且随着 t 的增加在圆锥面上绕 z 轴螺旋上升.

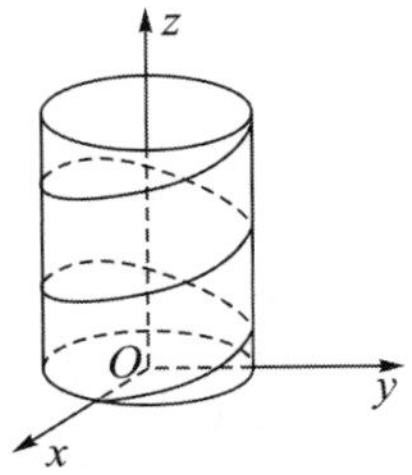

图 7.30

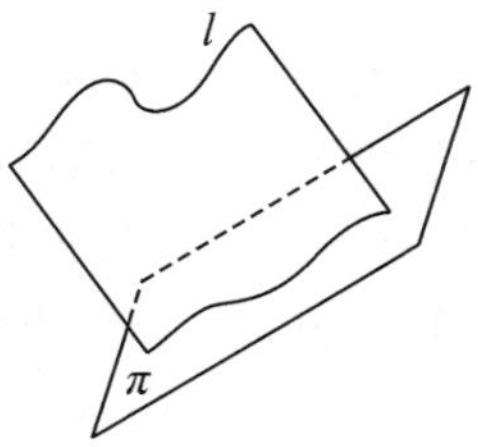

图 7.31

§7.4.5 投影曲线

空间曲线 l 向平面π 作投影，则以曲线 l 为准线作母线垂直于平面π 的柱面，称为**投影柱面**，而投影柱面与平面π 的交线称为曲线 l 在平面π 上的**投影曲线**，如图 7.31 所示.

例 9 求直线 l：$\begin{cases} x+2y-z+3=0, \\ 2x+3z-1=0 \end{cases}$在平面$\pi$ ：$x-y+z-4=0$ 上的投影直线方程.

解 准线为直线的柱面为平面，只需过直线 l 作垂直于平面π 的平面，即为投影柱面. 过直线 l 的平面束方程为

$$x+2y-z+3+\lambda(2x+3z-1)=0,$$

即$(1+2\lambda)x+2y+(3\lambda-1)z+3-\lambda=0$，法向量为$(1+2\lambda, 2, 3\lambda-1)$，平面$\pi$ 的法向量 $\boldsymbol{n}=(1, -1, 1)$与向量$(1+2\lambda, 2, 3\lambda-1)$垂直，则

$$(1, -1, 1)\cdot(1+2\lambda, 2, 3\lambda-1)=0,$$

即 $1+2\lambda-2+3\lambda-1=0$. 解得 $\lambda=\dfrac{2}{5}$，代入平面束方程，过直线 l 垂直于平面π 的平面方程为

$$\frac{9}{5}x+2y+\frac{1}{5}z+2=0,$$

整理得 $9x+10y+z+10=0$. 于是，所求投影直线方程为

$$\begin{cases} 9x+10x+z+10=0, \\ x-y+z-4=0. \end{cases}$$

例 9 只是直线在平面上的投影的一个例子，而一般空间曲线在平面上的投影复杂得多. 下面介绍工程技术上以及多元函数积分学中常用的空间曲线在坐标面上的投影.

工程制图中，把曲线在 Oxy 面上的投影称为俯视图，在 Oyz 面上的投影称为正视图，在 Ozx 面上的投影称为侧视图. 工程制图需要精确描绘出投影曲线的图象，这里我们作投影曲线的草图，但要求写出准确的投影曲线方程.

设空间曲线的交面式方程为

$$l: \begin{cases} F(x, y, z)=0, \\ G(x, y, z)=0. \end{cases}$$

如果方程组中消去 z 得到 $H(x, y)=0$，则称为母线平行于 z 轴的柱面方程. 显然，曲线在此柱面上，所以称为**曲线 l 向 Oxy 面上投影的投影柱面**，又称为**母线平行于 z 轴的投影柱面**. 曲线方程

$$\begin{cases} H(x, y)=0, \\ z=0 \end{cases}$$

称为**曲线 l 在 Oxy 面上的投影曲线方程**，如图 7.32 所示.

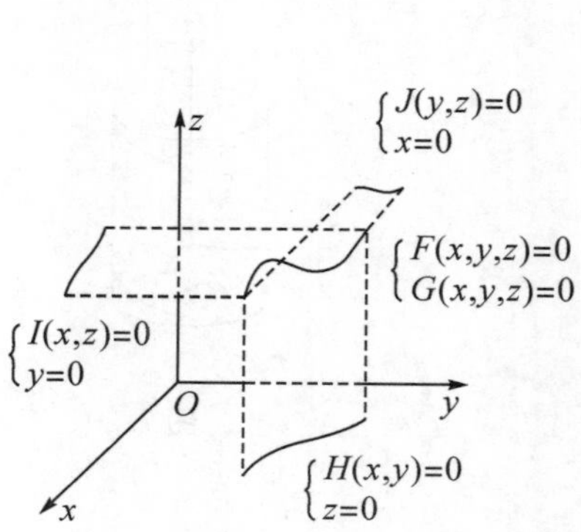

图 7.32

类似地，若在曲线 l 的方程组中消去 y 得到

$I(x, z)=0$，则称为**母线平行于 y 轴的投影柱面**. 曲线方程

$$\begin{cases} I(x, z)=0, \\ y=0 \end{cases}$$

称为**曲线 l 在 Ozx 面上的投影曲线方程.**

若在曲线 l 的方程组中消去 x 得到 $J(y, z)=0$，则称为**母线平行于 x 轴的投影柱面.** 曲线方程

$$\begin{cases} J(y, z)=0, \\ x=0 \end{cases}$$

称为**曲线 l 在 Oyz 面上的投影曲线方程.**

例 10　写出例 6 中圆锥面 $x^2+y^2-z^2=0$ 分别与下列平面的交线在 Ozx 面上的投影曲线方程：

(1) $y=2$；　　(2) $y+z=1$；　　(3) $y+4z=1$.

解　(1) 交线方程为 $\begin{cases} x^2+y^2-z^2=0, \\ y=2. \end{cases}$ 消去 y 得母线平行于 y 轴的投影柱面方程为 $x^2+2^2-z^2=0$，即 $-\dfrac{x^2}{2^2}+\dfrac{z^2}{2^2}=1$，为双曲柱面. 在 Ozx 面上的投影曲线方程为

$$\begin{cases} -\dfrac{x^2}{2^2}+\dfrac{z^2}{2^2}=1, \\ y=0. \end{cases}$$

(2) 交线方程为 $\begin{cases} x^2+y^2-z^2=0, \\ y+z=1. \end{cases}$ 消去 y 得母线平行于 y 轴的投影柱面方程为 $x^2+(1-z)^2-z^2=0$，即 $x^2=2(z-\dfrac{1}{2})$，为抛物柱面. 在 Ozx 面上的投影曲线方程为

$$\begin{cases} x^2=2\left(z-\dfrac{1}{2}\right), \\ y=0. \end{cases}$$

(3) 交线方程为 $\begin{cases} x^2+y^2-z^2=0, \\ y+4z=1. \end{cases}$ 消去 y 得母线平行于 y 轴的投影柱面方程为 $x^2+(1-4z)^2-z^2=0$，即 $x^2-8z+15z^2+1=0$，经整理得

$$\frac{x^2}{\left(\dfrac{1}{\sqrt{15}}\right)^2}+\frac{\left(z-\dfrac{4}{15}\right)^2}{\left(\dfrac{1}{15}\right)^2}=1,$$

为椭圆柱面. 在 Ozx 面上的投影曲线方程为

$$\begin{cases} \dfrac{x^2}{\left(\dfrac{1}{\sqrt{15}}\right)^2}+\dfrac{\left(z-\dfrac{4}{15}\right)^2}{\left(\dfrac{1}{15}\right)^2}=1, \\ y=0. \end{cases}$$

例 11　已知两个曲面的方程分别为 $z=2x^2+3y^2$ 与 $z=4-2x^2-y^2$. 求这两个曲面的交线在 Oxy 面上的投影曲线方程以及两个曲面所围成的立体在 Oxy 面上的投影区域.

解 曲面的交线方程为

$$\begin{cases} z = 2x^2 + 3y^2, \\ z = 4 - 2x^2 - y^2, \end{cases}$$

联立消去 z 得母线平行于 z 轴的投影柱面方程为 $x^2+y^2=1$，为圆柱面.

所以交线在 Oxy 面上的投影曲线为

$$\begin{cases} x^2 + y^2 = 1, \\ z = 0. \end{cases}$$

而投影曲线在 Oxy 面上所围成的区域，即为这两个曲面所围成的立体在 Oxy 面上的投影区域，表示如下：

$$\begin{cases} x^2 + y^2 \leqslant 1, \\ z = 0. \end{cases}$$

空间立体在坐标面上的投影区域，是后面学习计算重积分所必须掌握的知识，因此，曲线在坐标面上的投影也是本章重点要掌握的内容.

习题 7—4

1. 已知球面过原点，球心坐标为(1，−2，3)，求此球面方程.

2. 在空间直角坐标系下，下列方程表示什么图象，并作草图.

(1) $4x^2+y^2=1$；　　(2) $y^2-z^2=1$；

(3) $y^2=4x$；　　(4) $y^2=x^2$；

(5) $x^2+y^2+z^2-2x+4z+1=0$；

(6) $4x^2+y^2+z^2-4x-2y-4z+6=0$.

3. 在空间直角坐标系下，下列方程组表示什么曲线，并作图.

(1) $\begin{cases} x-y+2z=0, \\ z=0; \end{cases}$　　(2) $\begin{cases} 2x^2+3y^2=1, \\ z=1; \end{cases}$

(3) $\begin{cases} x=1, \\ y=2; \end{cases}$　　(4) $\begin{cases} x^2+y^2+z^2=16, \\ (x-1)^2+y^2+z^2=16. \end{cases}$

4. 求下列旋转曲面的方程：

(1) Ozx 面上的抛物线 $\begin{cases} z^2=5x, \\ y=0 \end{cases}$ 绕 x 轴旋转一周；

(2) Oxy 面上的双曲线 $\begin{cases} 4x^2-9y^2=36, \\ z=0 \end{cases}$ 分别绕 x 轴及 y 轴旋转一周.

5. 下列旋转曲面是什么曲面，并说明它们是由什么曲线绕哪个坐标轴旋转形成的.

(1) $\dfrac{x^2}{4}+\dfrac{y^2}{9}+\dfrac{z^2}{9}=1$；　　(2) $x^2-\dfrac{y^2}{4}+z^2=1$；

(3) $x^2-y^2-z^2=1$；　　(4) $(z-a)^2=x^2+y^2$.

6. 设准线为 $\begin{cases} 2x^2+y^2+z^2=16, \\ x^2-y^2+z^2=0, \end{cases}$ 分别求出母线平行于 x 轴及 y 轴的柱面方程.

7. 求下列曲线在给定坐标面上的投影曲线方程：

(1)曲线$\begin{cases} x^2+y^2+z^2=9, \\ x+z=1 \end{cases}$在 Ozy 面上的投影；

(2)曲线$\begin{cases} x+y+z=3, \\ x+2y=1 \end{cases}$在 Oyz 面上的投影；

(3)曲线$\begin{cases} x=a\cos\theta, \\ y=a\sin\theta, \\ z=b\theta \end{cases}$分别在三坐标面上的投影.

8. 求旋转抛物面 $z=x^2+y^2$ 与平面 $z=1$ 所围成的立体分别在三个坐标面上的投影区域，并作投影区域的图象.

9. 作下列柱面的图形.

(1)准线为$\begin{cases} 4x^2+y^2=4, \\ z=0, \end{cases}$母线的方向数为 0，1，1；

(2)准线为$\begin{cases} y=x^2, \\ z=0, \end{cases}$母线的方向数为 0，−1，1.

10. 已知准线方程为$\begin{cases} x+y-z-1=0, \\ x-y+z=0, \end{cases}$母线平行于直线 $x=y=z$. 试求此柱面方程.

11. 求以点(0，0，1)为顶点，椭圆$\begin{cases} \dfrac{x^2}{25}+\dfrac{y^2}{9}=1, \\ z=3 \end{cases}$为准线的锥面方程.

§7.5　二次曲面的标准型

三元一次方程 $Ax+By+Cz+D=0$ 表示一个平面. 一般地，三元二次方程为

$$Ax^2+By^2+Cz^2+2Dxy+2Exz+2Fyz+Gx+Hy+Iz+J=0.$$

式中，A，B，C，D，E，F，G，H，I，J 为常数，它表示的曲面称为二次曲面. 本节利用坐标变量代换将二次方程化简，对它们进行分类，从而方便讨论它们的形状和特征.

§7.5.1　坐标变换

二次方程表示的图形形态各异，下面我们先看一些例子.

例 1　二次方程 $x^2+y^2+z^2+1=0$ 在实数范围内无意义，满足此方程的点集为空集.

例 2　二次方程 $x^2+y^2+z^2-2x-4y-6z+14=0$ 经过配方后，得

$$(x-1)^2+(y-2)^2+(z-3)^2=0,$$

显然它表示点(1，2，3).

例 3　二次方程 $x^2+y^2+z^2-xy-xz-yz=0$ 在等式两端同乘以 2 后，得

$$(x-y)^2+(y-z)^2+(x-z)^2=0,$$

即 $x=y=z$. 表示过原点且平行于向量(1，1，1)的直线.

例 4　二次方程 $x^2+4y^2+9x^2-4xy+6xz-12yz+4x-8y+12z+3=0$ 可化为

$(x-2y+3z)^2+4(x-2y+3z)+3=0$. 再分解因式，得

$$(x-2y+3z+1)(x-2y+3z+3)=0,$$

所以此二次方程表示两个平面，其方程分别为

$$x-2y+3z+1=0 \quad 和 \quad x-2y+3z+3=0,$$

是两个平行平面.

例 5 二次方程 $4x^2+9y^2+36z^2-8x-18y-72z+13=0$ 经配方后，得

$$4(x-1)^2+9(y-1)^2+36(z-1)^2=36,$$

即

$$\frac{(x-1)^2}{3^2}+\frac{(y-1)^2}{2^2}+(z-1)^2=1.$$

如果令 $x_1=x-1$，$y_1=y-1$，$z_1=z-1$，则得到方程

$$\frac{{x_1}^2}{3^2}+\frac{{y_1}^2}{2^2}+{z_1}^2=1.$$

表示椭球面. 进一步，令

$$x_1=3x_2,\ y_1=2y_2,\ z_1=z_2,$$

则 ${x_2}^2+{y_2}^2+{z_2}^2=1$ 为球面.

例 6 二次方程 $x^2-y^2+4x+8y-2z=0$ 经配方后，得

$$(x+2)^2-(y-4)^2=2(z-6).$$

如果令 $X=x+2$，$Y=y-4$，$Z=x-6$，则得到方程

$$Z=\frac{X^2}{2}-\frac{Y^2}{2}.$$

例 7 二次方程 $z=xy$，如果令

$$\begin{cases} x=\frac{\sqrt{2}}{2}(X-Y), \\ y=\frac{\sqrt{2}}{2}(X+Y), \\ z=Z, \end{cases}$$

用矩阵表示为

$$\begin{bmatrix} x \\ y \\ z \end{bmatrix}=\begin{bmatrix} \frac{\sqrt{2}}{2} & -\frac{\sqrt{2}}{2} & 0 \\ \frac{\sqrt{2}}{2} & \frac{\sqrt{2}}{2} & 0 \\ 0 & 0 & 1 \end{bmatrix}\begin{bmatrix} X \\ Y \\ Z \end{bmatrix},$$

则方程变为 $Z=\frac{1}{2}(X^2-Y^2)$. 与例 6 化为同一个方程.

从上面的例子可以看出，二次方程比一次方程表示的几何图象更为广泛、复杂. 通过某种变量代换把原方程化为简单形式，这种特殊的代换称为**坐标变换**. 即把原坐标系下任意点的坐标(x, y, z)变换为新坐标系下该点的坐标(X, Y, Z). 坐标系是人为选取的，选取适当的坐标系将对问题的解决带来很大的方便，因此坐标变换是解析几何学中的重要内容之一.

坐标旋转　坐标系 $O-xyz$ 保持原点不动，以原点 O 为轴心，三坐标轴仍然保持相对的位置(两两正交)而同时转动，得到新坐标系 $O-x'y'z'$. 在线性代数中我们知道，其变换公式可表示为

$$\begin{bmatrix} x \\ y \\ z \end{bmatrix} = \begin{bmatrix} a_{11} & a_{12} & a_{13} \\ a_{21} & a_{22} & a_{23} \\ a_{31} & a_{32} & a_{33} \end{bmatrix} \begin{bmatrix} x' \\ y' \\ z' \end{bmatrix}.$$

式中矩阵是标准正交阵，可将二次方程化简，并且保持曲面的形状不变.

平面解析几何中的坐标旋转如图 7.33 所示，坐标系 $O-xy$ 与 $O-x'y'$，设旋转角为 θ，则任意一点 M 在 $O-xy$ 下的坐标为 $M(x, y)$，在 $O-x'y'$ 下的坐标为 (x', y')，不难得出变换公式为

$$\begin{cases} x = x'\cos\theta - y'\sin\theta, \\ y = x'\sin\theta + y'\cos\theta. \end{cases}$$

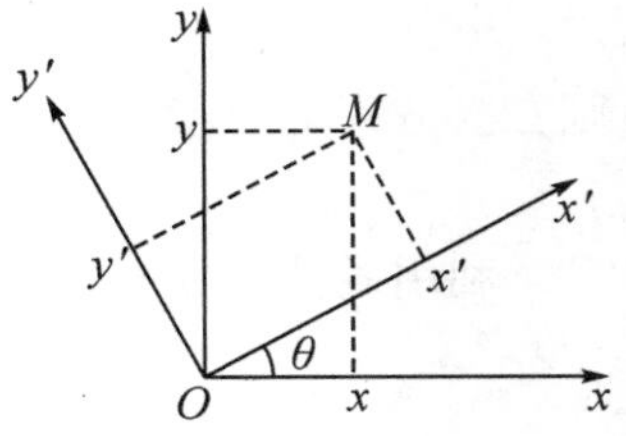

图 7.33

该公式又称为平面旋转公式. 当 $\theta = \frac{\pi}{4}$ 时，旋转公式为

$$\begin{cases} x = \frac{\sqrt{2}}{2}(x' - y'), \\ y = \frac{\sqrt{2}}{2}(x' + y'). \end{cases}$$

在例 7 中，令

$$\begin{cases} x = \frac{\sqrt{2}}{2}(X - Y), \\ y = \frac{\sqrt{2}}{2}(X + Y), \\ z = Z \end{cases}$$

为坐标旋转，保持原点不动，z 轴(自转)不动，x 轴与 y 轴同时绕 z 轴逆时针旋转 $\frac{\pi}{4}$.

坐标平移　若空间直角坐标系 $O-xyz$，把原点 O 移到点 $O'(a, b, c)$，坐标轴也同时平行移动，便得到新坐标系 $O'-x'y'z'$，所以称为坐标平移. 可用向量建立两坐标系之间的**坐标平移公式**

$$\begin{cases} x' = x - a, \\ y' = y - b, \\ z' = z - c, \end{cases}$$

坐标原点平移到点$(-2, 4, 6)$. 在例 7 中，令

$$\begin{cases} X = x - 1, \\ Y = y - 2, \\ Z = z + 1 \end{cases}$$

为坐标平移，坐标原点平移到点$(1, 2, -1)$.

尺度变换　二次方程经过恰当的坐标旋转和平移变换后，若系数不是 ± 1，可进一步令 $x = k_1 x_1$，$y = k_2 y_1$，$z = k_3 z_1$，将系数标准化. 这种变换称为尺度变换. 其几何意义是将

曲面沿坐标轴方向进行拉伸或压缩(旋转变换、平移变换不改变曲面的形状).

*例 8 把二次方程

$$x^2+2y^2+2z^2-4yz-2x+2\sqrt{2}y+6\sqrt{2}z+5=0$$

化为标准型，并判别方程表示什么曲面.

解 方程左端二次项 $x^2+2y^2+2z^2-4yz$ 为线性代数中讨论的二次型. 设

$$\boldsymbol{A}=\begin{bmatrix}1&0&0\\0&2&-2\\0&-2&2\end{bmatrix},\boldsymbol{X}_0=\begin{bmatrix}x\\y\\z\end{bmatrix},\boldsymbol{B}=(-2,2\sqrt{2},6\sqrt{2}),$$

则二次方程可表示为

$$\boldsymbol{X}_0^{\mathrm{T}}\boldsymbol{A}\boldsymbol{X}_0+\boldsymbol{B}\boldsymbol{X}_0+5=0.$$

利用线性代数中化二次型为标准型的方法，$\boldsymbol{A}$ 的特征方程为 $|(\boldsymbol{A}-\lambda\boldsymbol{E})|=0$，即

$$\begin{vmatrix}1-\lambda&0&0\\0&2-\lambda&-2\\0&-2&2-\lambda\end{vmatrix}=0,$$

得特征值 $\lambda_1=1$，$\lambda_2=0$，$\lambda_3=4$.

即 $x_1^2+4z_1^2-2x_1+8y_1-4z_1+5=0$，

由于含有一次项，再配方作坐标平移，令

$$\begin{cases}x_1-1=x_2,\\y_1+\dfrac{3}{8}=y_2,\\z_1-\dfrac{1}{2}=z_2,\end{cases}$$

则此二次曲面化简为 $y_2=-\dfrac{1}{8}(x_2^2+4z_2^2)$，为椭圆抛物面.

若令

$$\begin{cases}x_2=x_3,\\-8y_2=y_3,\\2z_2=z_3,\end{cases}$$

则有 $y_3=x_3^2+z_3^2$，表示旋转椭圆面.

我们不仅可以利用正交变换消去二次方程中的交叉项，也可以用配方法来进行化简.

例 9 把下面的二次曲面

$$x^2+2y^2+3z^2+2xy+2xz+4yz-2x+2z=0$$

化为标准型，并判别此方程表示什么曲面.

解 (配方法)不妨先选 x 为主元，消去 xy，xz 项，则

$$(x+y+z)^2+y^2+2z^2+2yz-2x+2z=0,$$

再消去 yz 项，得

$$(x+y+z)^2+(y+z)^2+z^2+2z=0.$$

作可逆线性变换 $\begin{cases}X=x+y+z\\Y=y+z\\Z=z\end{cases}$ 或 $\begin{cases}x=X-Y\\y=Y-Z\\z=Z\end{cases}$，得 $X^2+Y^2+Z^2-2X+2Y+2Z=0$，

有一次项，再配方，得

$$(X-1)^2+(Y+1)^2+(Z+1)^2=3.$$

作坐标平移变换$\begin{cases}x=X-1\\y=Y+1\\z=Z+1\end{cases}$，得标准型为 $x^2+y^2+z^2=3$.

它表示空间中的一个球面，而原方程表示一个椭球面.

§7.5.2　二次曲面的标准型

下面主要利用二次方程中二次型部分(二次型)的特征值的符号进行分类. 可将二次曲面分为 9 类.

(1)**椭球面**$\frac{x^2}{a^2}+\frac{y^2}{b^2}+\frac{z^2}{c^2}=1$，其中，三个系数都相等为球面，有两个系数相等为旋转椭球面.

(2)**椭圆锥面**$\frac{x^2}{a^2}+\frac{y^2}{b^2}-\frac{z^2}{c^2}=0$，其中，$a=b$ 时为绕 z 轴旋转的旋转圆锥面.

(3)**单叶双曲面**$\frac{x^2}{a^2}+\frac{y^2}{b^2}-\frac{z^2}{c^2}=1$，其中，$a=b$ 时为绕 z 轴旋转的单叶旋转双曲面.

(4)**双叶双曲面** $-\frac{x^2}{a^2}+\frac{y^2}{b^2}-\frac{z^2}{c^2}=1$，其中，$a=c$ 时为绕 y 轴旋转的双叶旋转双曲面.

(5)**椭圆抛物面**$\frac{x^2}{a^2}+\frac{y^2}{b^2}=z$，其中，$a=b$ 时为绕 z 轴旋转的旋转抛物面.

(6)**双曲抛物面**$\frac{x^2}{a^2}-\frac{y^2}{b^2}=z$.

(7)**椭圆柱面**$\frac{x^2}{a^2}+\frac{y^2}{b^2}=1$，其中，$a=b$ 时为圆柱面.

(8)**双曲柱面**$\frac{x^2}{a^2}-\frac{y^2}{b^2}=1$.

(9)**抛物柱面** $x^2=2py$.

这些类型曲面中，除第 6 类双曲抛物面外前面都作了介绍. 下面用截痕法来认识方程 $\frac{x^2}{a^2}-\frac{y^2}{b^2}=z$ 所表示的图象.

(1)用平行于 Oxy 面的平面去截割，平面方程为 $z=k$. 当 $k=0$ 时，交线为

$$\begin{cases}\frac{x^2}{a^2}-\frac{y^2}{b^2}=0,\\ z=0,\end{cases}$$

在 Oxy 面上截痕为两条相交直线，即

$$y=\frac{b}{a}x \quad 和 \quad y=-\frac{b}{a}x.$$

当 $k=c^2>0$ 时，交线为

$$\begin{cases}\dfrac{x^2}{(ac)^2}-\dfrac{y^2}{(bc)^2}=1,\\ z=c^2,\end{cases}$$

在上半空间的截痕为双曲线，且相应于 x 轴为实轴，y 轴为虚轴.

当 $k=-c^2<0$ 时，交线为

$$\begin{cases}-\dfrac{x^2}{(ac)^2}+\dfrac{y^2}{(bc)^2}=1,\\ z=-c^2,\end{cases}$$

在下半空间的截痕为双曲线，且相应于 x 轴为虚轴，y 轴为实轴.

(2)用平行于 Oyz 面的平面去截割，平面方程为 $x=k$. 交线为

$$\begin{cases}z-\left(\dfrac{k}{a}\right)^2=-\dfrac{y^2}{b^2},\\ x=k,\end{cases}$$

为 $x=k$ 平面上开口向下的抛物线. 特别地，当 $k=0$ 时，为 Oyz 面上顶点在原点的抛物线.

(3)用平行于 Ozx 面的平面去截割，平面方程为 $y=k$. 交线为

$$\begin{cases}z+\left(\dfrac{k}{b}\right)^2=\dfrac{x^2}{a^2},\\ y=k,\end{cases}$$

为 $y=k$ 平面上开口向上的抛物线. 特别地，当 $k=0$ 时，为 Ozx 面上顶点在原点的抛物线. 曲面 $\dfrac{x^2}{a^2}-\dfrac{y^2}{b^2}=z$ 称为双曲抛物面，如图 7.34 所示，其图象形似马鞍，又称为马鞍面.

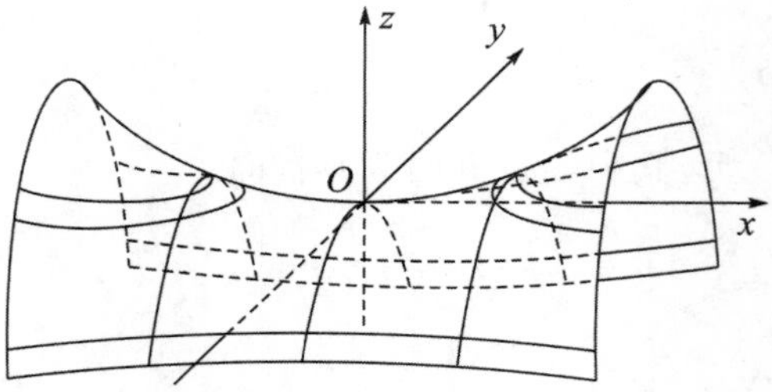

图 7.34

习题 7—5

1. 下列方程表示什么曲面，并作草图.

(1) $\dfrac{x^2}{9}+\dfrac{y^2}{4}+z^2=1$；　　(2) $\dfrac{x^2}{4}+\dfrac{y^2}{9}-z=0$；

(3) $16x^2+4y^2-z^2=64$；　　(4) $x^2-y-z^2=0$.

2. 下列方程表示什么曲线：

(1) $\begin{cases}x^2+4y^2+9z^2=36.\\ x=3;\end{cases}$　　(2) $\begin{cases}x^2-4y^2+z^2=25,\\ x=-3;\end{cases}$

(3) $\begin{cases} y^2+z^2-4x+8=0, \\ y=4; \end{cases}$　　(4) $\begin{cases} \dfrac{y^2}{9}-\dfrac{z^2}{4}=1, \\ x-2=0. \end{cases}$

3. 考察曲面 $x^2-2y^2-z^2=1$ 被下列平面所截的截痕，说明是什么曲线.

(1) $z=0$；　(2) $y=0$；　(3) $x=2$.

4. 画出下列各组曲面所围成的立体图形：

(1) $\dfrac{x}{3}+\dfrac{y}{2}+z=1$，$x=0$，$y=0$，$z=0$；

(2) $z=x^2+y^2$，$x=0$，$y=0$，$z=0$，$x+y=1$；

(3) $z=\sqrt{x^2+y^2}$，$z=\sqrt{R^2-x^2-y^2}\,(R>0)$；

(4) $x^2+y^2=2x$，$z=0$，$z=1$；

(5) $z=\sqrt{R^2-x^2-y^2}$，$z=R-\sqrt{R^2-x^2-y^2}$；

(6) $z=xy$，$x^2+y^2=2x$，$z=0$.

5. 求过两曲面 $x^2+y^2+4z^2=1$ 与 $x^2-y^2-z^2=0$ 的交线，母线平行于 z 轴的柱面方程.

6. 已知球面过点(0，−3，1)，且在 Oxy 面上的截痕为曲线 $\begin{cases} x^2+y^2=16, \\ z=0. \end{cases}$ 求此球面方程.

7. 求曲面 $\dfrac{x^2}{16}+\dfrac{y^2}{4}-\dfrac{z^2}{5}=1$ 与平面 $x-2z+3=0$ 的交线在 Oxy 面上的投影柱面与投影曲线方程.

8. 利用坐标平移把下列二次方程化为标准型，并说明是什么曲面.

(1) $x^2-y^2+4x+8y-2z=0$；

(2) $4x^2-y^2+4z^2-8x+4y+8z+4=0$；

(3) $x^2+z^2-4x-4z+4=0$；

(4) $x^2+y^2-z^2-4y+2z=0$.

9. 二次方程 $x^2+z^2=m(y^2+z^2)+1$（m 为常数）表示什么曲面？

10. 空间直角坐标系 $O-xyz$ 下的点 $A(-3,4,1)$，$B(2,-3,-5)$，$C(6,7,-3)$，坐标平移后新坐标原点为 $O'(2,4,-1)$ 时，求在新坐标系 $O'-x'y'z'$ 下，A，B，C 三点的坐标.

11. 曲面上任意一点 $M(x,y,z)$ 到原点的距离等于它到平面 $z=4$ 的距离，求此曲面方程，并说明是什么曲面.

12. 设一动直线，始终保持与直线 l_1 共面，且与直线 l_2 共面，并与平面 π 平行.

直线 l_1：$\dfrac{x-2}{1}=\dfrac{y}{-1}=\dfrac{z-4}{4}$，

直线 l_2：$\dfrac{x-1}{1}=\dfrac{y+1}{-1}=\dfrac{z}{0}$，

平面 π：$x-y-4=0$，

求此动直线运动的轨迹，并说明是什么曲面.

总复习题 7

A 组

一、填空题

1. 向量 $\boldsymbol{a}=(-2,3,t)$，$\boldsymbol{b}=(s,-6,2)$. 若 $\boldsymbol{a}$ 与 $\boldsymbol{b}$ 共线，则 $t=$____________，$s=$____________. 若 $\boldsymbol{a}$ 与 $\boldsymbol{b}$ 垂直，则 t 与 s 应当满足关系式____________.

2. 已知两向量 $\boldsymbol{a}$ 与 $\boldsymbol{b}$ 的夹角 $\theta=\dfrac{2}{3}\pi$，且 $|\boldsymbol{a}|=3$，$|\boldsymbol{b}|=4$，则

$\boldsymbol{a}\cdot\boldsymbol{b}=$____________；$(3\boldsymbol{a}-2\boldsymbol{b})(\boldsymbol{a}+2\boldsymbol{b})=$____________；

$(\boldsymbol{a}\times\boldsymbol{b})^2=$____________；$[(\boldsymbol{a}+\boldsymbol{b})\times(2\boldsymbol{a}-\boldsymbol{b})]^2=$____________.

3. 已知$\triangle ABC$ 的顶点 $A(2,-5,3)$，$\overrightarrow{AB}=(4,1,2)$，$\overrightarrow{BC}=(3,-2,5)$，则点 B 的坐标为________，点 C 的坐标为________，$\cos\angle A=$________.

4. 过点 $A(0,0,1)$，$B(3,0,0)$且与 Oxy 面夹角为$\dfrac{\pi}{3}$的平面方程为____________.

5. 过点$(-1,0,4)$，平行于平面 $3x-4y+z-10=0$ 且与直线$\dfrac{x+1}{1}=\dfrac{y-3}{1}=\dfrac{z}{2}$相交的直线方程为____________.

二、选择题

6. 向量运算的下列等式中正确的是(　　).

A. $(\boldsymbol{a}\times\boldsymbol{b})\cdot\boldsymbol{c}=(\boldsymbol{b}\times\boldsymbol{c})\cdot\boldsymbol{a}$　　B. $(\boldsymbol{a}\cdot\boldsymbol{b})\boldsymbol{c}=\boldsymbol{a}(\boldsymbol{b}\cdot\boldsymbol{c})$

C. $(\boldsymbol{a}\cdot\boldsymbol{b})^2=|\boldsymbol{a}|^2|\boldsymbol{b}|^2$　　D. $(\boldsymbol{a}\times\boldsymbol{b})\times\boldsymbol{c}=\boldsymbol{a}\times(\boldsymbol{b}\times\boldsymbol{c})$

7. 下列各组向量中共面的是(　　).

A. $\boldsymbol{a}=(2,3,1)$，$\boldsymbol{b}=(1,-1,3)$，$\boldsymbol{c}=(1,9,-12)$

B. $\boldsymbol{a}=(1,1,1)$，$\boldsymbol{b}=(0,1,1)$，$\boldsymbol{c}=(1,0,0)$

C. $\boldsymbol{a}=(3,-2,1)$，$\boldsymbol{b}=(2,1,2)$，$\boldsymbol{c}=(3,-1,2)$

D. $\boldsymbol{a}=(1,1,0)$，$\boldsymbol{b}=(1,0,1)$，$\boldsymbol{c}=(0,1,1)$

8. 下列曲面中不是旋转曲面的是(　　).

A. $z=x^2+y^2$　　B. $\dfrac{x^2}{2}+\dfrac{y^2}{3}-\dfrac{z^2}{2}=0$

C. $\dfrac{x^2}{2}+\dfrac{y^2}{3}+\dfrac{z^2}{2}=1$　　D. $x^2=2y^2-z^2$

9. 下列直线中在 Oxy 面上的是(　　).

A. $\dfrac{x-1}{1}=\dfrac{y-2}{2}=\dfrac{z-3}{0}$　　B. $\dfrac{x}{0}=\dfrac{y}{2}=\dfrac{z}{1}$

C. $x=y=z$　　D. $\dfrac{x+1}{1}=\dfrac{y+3}{2}=\dfrac{z}{0}$

10. 下列论断中正确的是(　　).

A. 若 $\boldsymbol{a}\cdot\boldsymbol{b}=0$，则 $\boldsymbol{a}$，$\boldsymbol{b}$ 至少有一个为零向量

B. 二次方程如果表示平面，那么必定是两个平面

C. π_1，π_2，π_3为三个互不平行的平面，则它们的法向量 $\boldsymbol{n}_1$，$\boldsymbol{n}_2$，$\boldsymbol{n}_3$ 不共面

D. 点(1，-1，0)到直线$\begin{cases} x=z-3, \\ y=2x-3 \end{cases}$的垂线在平面$\pi$：$5x+5y+3z=0$ 上

三、计算题

11. 已知$|\boldsymbol{a}|=2$，$|\boldsymbol{b}|=3$，$\langle \boldsymbol{a}, \boldsymbol{b} \rangle=\frac{\pi}{3}$，求$|2\boldsymbol{a}-\boldsymbol{b}|$.

12. 单位向量 $\boldsymbol{a}^0$ 与 x 轴、y 轴的夹角均为$\frac{\pi}{3}$，与 z 轴的夹角为钝角，向量 $\boldsymbol{b}=2\boldsymbol{j}-\boldsymbol{k}$，求 $\boldsymbol{a}^0 \cdot \boldsymbol{b}$ 与 $\boldsymbol{a}^0 \times \boldsymbol{b}$.

13. 求点 $M(1, 0, -1)$到直线 l：$\begin{cases} x-y=3, \\ 3x+y+2z+7=0 \end{cases}$的距离.

14. 求平行于平面 $2x+y+2z+5=0$ 且与三坐标面围成的四面体的体积等于 1 的平面方程.

15. 求两平面π_1：$x+2y-z-1=0$ 与π_2：$x+2y+z+1=0$ 的角平分面方程.

16. 求过直线$\begin{cases} 4x+2y+3z=6, \\ 2x+y=0 \end{cases}$且与球面 $x^2+y^2+z^2=4$ 相切的平面方程.

17. 一动点到两平面 $x+y-z-1=0$ 与 $x+y+z+1=0$ 距离的平方和等于 1. 求此动点的轨迹，并说明是什么曲面.

18. 已知点 $A(1, 0, 0)$，$B(0, 1, 1)$，试求过 A，B 两点的直线绕 z 轴旋转一周所得的旋转曲面方程，并说明是什么曲面.

四、证明题

19. 设 $\boldsymbol{a}$，$\boldsymbol{b}$，$\boldsymbol{c}$ 为非零向量，且 $\boldsymbol{a}=\boldsymbol{b}\times\boldsymbol{c}$，$\boldsymbol{b}=\boldsymbol{c}\times\boldsymbol{a}$，$\boldsymbol{c}=\boldsymbol{a}\times\boldsymbol{b}$. 试证：

$$|\boldsymbol{a}|+|\boldsymbol{b}|+|\boldsymbol{c}|=3.$$

20. 椭球面$\frac{x^2}{a^2}+\frac{y^2}{b^2}+\frac{z^2}{c^2}=1$. 若 $0<a<b<c$，试证：存在过 y 轴的平面，使得与椭球面的交线为一个圆.

B 组

一、填空题

1. 设$|\boldsymbol{a}|=1$，$|\boldsymbol{b}|=2$，且两向量夹角为$\frac{\pi}{4}$，则$\lim\limits_{t\to 0}\frac{|\boldsymbol{a}+t\boldsymbol{b}|-1}{t}=$__________.

2. 设$|\boldsymbol{a}+\boldsymbol{b}|=|\boldsymbol{a}-\boldsymbol{b}|$，$\boldsymbol{a}=(3, -5, 8)$，$\boldsymbol{b}=(-1, 1, z)$，则 $z=$__________.

3. 设$|\boldsymbol{a}|=\sqrt{3}$，$|\boldsymbol{b}|=1$，$\langle \boldsymbol{a}, \boldsymbol{b} \rangle=\frac{\pi}{6}$，则向量 $\boldsymbol{a}+\boldsymbol{b}$ 与 $\boldsymbol{a}-\boldsymbol{b}$ 的夹角为__________.

4. 已知向量 $\boldsymbol{a}$，$\boldsymbol{b}$ 的夹角等于$\frac{\pi}{3}$，且$|\boldsymbol{a}|=2$，$|\boldsymbol{b}|=5$，则$(\boldsymbol{a}-2\boldsymbol{b})\cdot(\boldsymbol{a}+3\boldsymbol{b})=$______.

5. 点 $M(3, -1, 2)$到直线$\begin{cases} x+y-z+1=0, \\ 2x-y+z-4=0 \end{cases}$的距离为__________.

二、选择题

6. 设二次型为 $f(x_1, x_2, x_3)=x_1^2+x_2^2+x_3^2+4x_1x_2+4x_1x_3+4x_2x_3$，则在空间直角坐标系下 $f(x_1, x_2, x_3)=2$ 表示的二次曲面为(　　).

(A)单叶双曲面　　(B)双叶双曲面

(C)椭球面　　(D)柱面

7. 设直线方程为 $\begin{cases}A_1x+B_1y+C_1z+D_1=0\\B_2y+D_2=0\end{cases}$ 且 $A_1, B_1, C_1, D_1, B_2, D_2\neq0$，则直线(　　).

(A)过原点　　(B)平行于 z 轴

(C)垂直于 y 轴　　(D)平行于 x 轴

8. 曲面 $z^2+xy-yz-5x=0$ 与直线 $\frac{x}{-1}=\frac{y-5}{3}=\frac{z-10}{7}$ 的交点是(　　).

(A)(1, 2, 3), (2, −1, −4)　　(B)(1, 2, 3)

(C)(2, 3, 4)　　(D)(2, −1, −4)

9. 已知球面经过(0, −3, 1)且与 Oxy 面交成圆周 $\begin{cases}x^2+y^2=16\\z=0\end{cases}$，则此球面的方程是(　　).

(A)$x^2+y^2+z^2+6z+16=0$　　(B)$x^2+y^2+z^2-16z=0$

(C)$x^2+y^2+z^2-6z+16=0$　　(D)$x^2+y^2+z^2+6z-16=0$

10. 下列方程中所示曲面是双叶旋转双曲面的是(　　).

(A)$x^2+y^2+z^2=1$　　(B)$x^2+y^2=4z$

(C)$x^2-\frac{y^2}{4}+z^2=1$　　(D)$\frac{x^2+y^2}{9}-\frac{z^2}{16}=-1$

三、计算题

11. 设$(\boldsymbol{a}+3\boldsymbol{b})\perp(7\boldsymbol{a}-5\boldsymbol{b})$，$(\boldsymbol{a}-4\boldsymbol{b})\perp(7\boldsymbol{a}-2\boldsymbol{b})$，求夹角$\langle\boldsymbol{a}, \boldsymbol{b}\rangle$.

12. 设$|\boldsymbol{a}|=4$，$|\boldsymbol{b}|=3$，$\langle\boldsymbol{a}, \boldsymbol{b}\rangle=\frac{\pi}{6}$，求以 $\boldsymbol{a}+2\boldsymbol{b}$ 和 $\boldsymbol{a}-3\boldsymbol{b}$ 为边的平行四边形的面积.

13. 求过点 $M(2, 1, 3)$ 与直线 L：$\frac{x+1}{3}=\frac{y-1}{2}=\frac{z}{-1}$ 垂直相交的直线方程.

14. 求直线 L：$\begin{cases}2x-y+z-1=0\\x+y-z+1=0\end{cases}$ 在平面 π：$x+2y-z=0$ 上的投影直线的方程.

15. 求点(−1, −4, 3)并与直线 L_1：$\begin{cases}2x-4y+z=1\\x+3y=-5\end{cases}$，$L_2$：$\begin{cases}x=2+4t\\y=-1-t\\z=-3+2t\end{cases}$ 都垂直的直线方程.

16. 求通过三平面：$2x+y-z-2=0$，$x-3y+z+z=0$ 和 $x+y+z-3=0$ 的交点，且平行于平面 $x+y+2z=0$ 的平面方程.

17. 求过直线 $\begin{cases}x+5y+z=0\\x-z+4=0\end{cases}$ 与平面 $x-4y-8z+12=0$ 组成 $\frac{\pi}{4}$ 角的平面方程.

18. 设 $\boldsymbol{a}=(2, -1, -2)$，$\boldsymbol{b}=(1, 1, z)$，问 z 为何值时$\langle\boldsymbol{a}, \boldsymbol{b}\rangle$最小？并求出此最

小值.

19. 设 $\boldsymbol{a}=(2,\ -3,\ 1)$，$\boldsymbol{b}=(1,\ -2,\ 3)$，$\boldsymbol{c}=(2,\ 1,\ 2)$，向量 $\boldsymbol{r}$ 满足 $\boldsymbol{r}\perp\boldsymbol{a}$，$\boldsymbol{r}\perp\boldsymbol{b}$，$\mathrm{Prj}_{\boldsymbol{c}}\boldsymbol{r}=14$，求 $\boldsymbol{r}$.

20. 求平行于平面 $3x+2y+6z=5$，且与三个坐标所围成的四面体体积为一个单位的平面方程.

21. 直线 L：$\dfrac{x-1}{0}=\dfrac{y}{1}=\dfrac{z}{1}$绕 z 轴旋转一周，求旋转曲面的方程.

22. 设 $\boldsymbol{a}=(-1,\ 3,\ 2)$，$\boldsymbol{b}=(2,\ -3,\ -4)$，$\boldsymbol{c}=(-3,\ 12,\ 6)$，证明三向量 $\boldsymbol{a}$，$\boldsymbol{b}$，$\boldsymbol{c}$ 共面，并用 $\boldsymbol{a}$ 和 $\boldsymbol{b}$ 表示 $\boldsymbol{c}$.

23. 已知动点 $M(x,\ y,\ z)$到 Oxy 平面的距离与点 M 到点$(1,\ -1,\ 2)$的距离相等，求点 M 的轨迹的方程.

24. 求过点$(-1,\ 0,\ 4)$且平行于平面 $3x-4y+z-10=0$，又与直线$\dfrac{x+1}{1}=\dfrac{y-3}{1}=\dfrac{z}{2}$相交的直线的方程.

25. 已知点 $A(1,\ 0,\ 0)$及点 $B(0,\ 2,\ 1)$，试在 z 轴上求一点 C，使$\triangle ABC$ 的面积最小.

26. 求曲线$\begin{cases} z=2-x^2-y^2, \\ z=(x-1)^2+(y-1)^2 \end{cases}$在 Oxy 面上的投影曲线的方程.

第 8 章　多元函数微分学

上册中我们讨论的函数是只有一个自变量的一元函数．但在许多实际问题中，经常出现一个变量依赖多个变量变化的情形，这就需要讨论多元函数．本章在一元函数微分学的基础上研究多元函数微分学及其应用．由于从一元函数推广到二元函数会产生新的问题，我们将着重研究二元函数的微分学及其应用，进而推广到三元乃至多元函数．

§8.1　多元函数的概念

§8.1.1　平面点集

在讨论一元函数时，一些概念、理论和方法都基于实数集 $\mathbf{R}$ 中点集、区间、邻域等概念．为了把一元函数推广到多元函数，需要把这些概念推广．

在平面上引入直角坐标系后，平面上的点 P 与一个二元数组 (x,y) 一一对应起来以后视为等同，二元数组 (x,y) 的全体集合 $\mathbf{R}^2=\mathbf{R}\times\mathbf{R}=\{(x,y)\mid x\in\mathbf{R},y\in\mathbf{R}\}$ 表示平面．平面上具有某种性质 $\mathbf{P}$ 的点的集合，称为平面点集，记作

$$E=\{(x,y)\mid(x,y)\text{具有性质 }\mathbf{P}\}.$$

例如，平面上以原点为中心，半径为 r 的圆周上所有点的集合是

$$C=\{(x,y)\mid x^2+y^2=r^2\}.$$

该圆周内所有点的集合是

$$C_0=\{(x,y)\mid x^2+y^2<r^2\}.$$

在平面 $\mathbf{R}^2$ 上，任意两点 $P_1(x_1,y_1)$，$P_2(x_2,y_2)$ 的距离为

$$d(P_1,P_2)=|P_1P_2|=\sqrt{(x_1-x_2)^2+(y_1-y_2)^2}.$$

如果以 P 点表示 (x,y)，$|OP|$ 表示 P 点到原点 O 的距离，那么集合 C_0 也可表示为

$$C_0=\{P\mid |OP|<r\}.$$

邻域　设 $P_0(x_0,\ y_0)$ 为一定点，与 P_0 的距离小于 $\delta(\delta>0)$ 的点的集合，构成 P_0 的 δ **圆形邻域**，记为

$$U(P_0,\ \delta)=\{(x,\ y)\mid \sqrt{(x-x_0)^2+(y-y_0)^2}<\delta\}.$$

以点 $P_0(x_0,\ y_0)$ 为中心，2δ 为边长的正方形内的点的集合构成 P_0 的 δ **方形邻域**，记为 $\{(x,\ y)\mid |x-x_0|<\delta,\ |y-y_0|<\delta\}$．以后我们考虑邻域，不管它的大小和形状，这是

因为在圆形邻域内可以作一个方形邻域，一个方形邻域内可以作一个圆形邻域. 邻域默认指圆形邻域.

下面用邻域来描述点和点集的关系.

内点　设 E 是平面点集. 点 $P(x, y)\in E$，如果存在 $P(x, y)$ 的一个 δ 邻域 $U(P, \delta)$，使 $U(P, \delta)\subset E$，则称 P 是 E 的**内点**(如图 8.1 中的点 P_1).

外点　设 $P(x, y)\notin E$，如果存在 $P(x, y)$的一个 δ 邻域 $U(P, \delta)$，使 $U(P, \delta)$中无 E 的点，则称 P 是 E 的**外点**(如图 8.1 中的点 P_2).

聚点　设 E 是平面点集，$P(x, y)$是平面上的一点，如果 $P(x, y)$的任何 δ 邻域 $U(P, \delta)$内至少含有 E 中一个异于 P 的点，则称 P 是 E 的**聚点**. 聚点可属于 E，也可不属于 E.

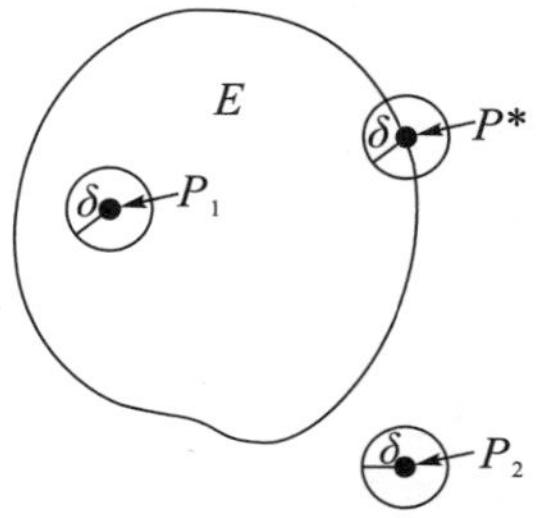

图 8.1

边界点　设 $P(x, y)$是平面上的一点，如果 $P(x, y)$的任何 δ 邻域 $U(P, \delta)$内，既有点属于 E，又有点不属于 E，则称点 $P(x, y)$是 E 的**边界点**. E 的边界点全体构成 E 的**边界**(如图 8.1 中的点 P^* 所示). 边界点可属于 E，也可不属于 E.

例 1　设 $E=\{(x, y)|0<x^2+y^2<1\}$，E 是以原点为圆心的单位圆内除原点外的点集(如图 8.2 所示). E 中所有点都是 E 的内点，单位圆周 $x^2+y^2=1$ 上的点都是 E 的边界点. 单位圆外，满足 $x^2+y^2>1$ 的点是 E 的外点. 原点是 E 的聚点，也是边界点. 由此可见，聚点可以不属于 E.

根据点集所属点的特征，我们定义一些重要的点集概念.

开集和闭集　如果 E 的所有点都是 E 的内点，则称 E 为**开集**. 如果 E 的所有边界点都在 E 内，则称 E 为**闭集**.

区域　如果 E 中任意两点可用包含于 E 的折线连接起来，称 E 是**连通**的. 连通的开集称为**开区域**. 开区域加上其边界称为**闭区域**.

有界集和无界集　如果存在原点 O 的某个邻域 $U(O, \delta)$使集 $E\subset U(O, \delta)$，则称 E 是**有界集**；反之，称 E 是**无界集**.

例 2　设 $E=\{(x, y)|1\leqslant x^2+y^2<4\}$，$E$ 是以原点为圆心，半径分别是 1 与 2 的两个圆周之间的圆环内部和半径为 1 的圆周上的所有点. 显然，满足 $1<x^2+y^2<4$ 的所有点 (x, y)为 E 的内点，满足 $x^2+y^2<1$ 或 $x^2+y^2>4$ 的点(x, y)为 E 的外点，而满足 $x^2+y^2=1$ 或 $x^2+y^2=4$ 的点(x, y)为 E 的边界点. 但 $x^2+y^2=1$ 上的点属于 E，而$x^2+y^2=4$ 上的点不属于 E(如图 8.3 所示).

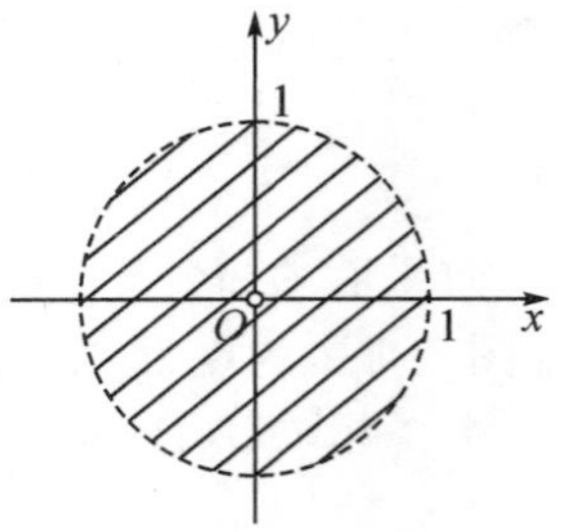

图 8.2

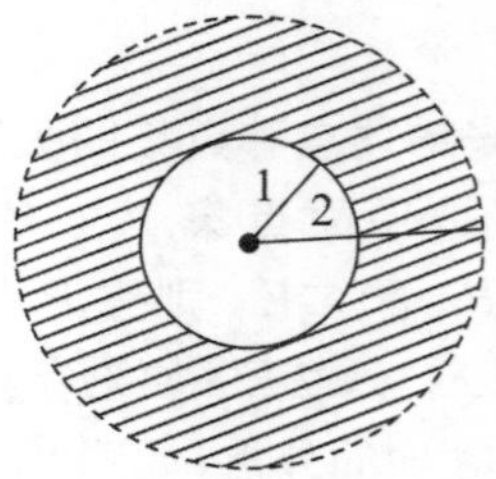

图 8.3

n 维空间*　设 n 为一正整数，n 元有序数组 $(x_1, x_2, \cdots, x_n)$ 全体构成的集合用 $\mathbf{R}^n$ 表示. 当 $n=2$ 时即为平面点集. $\mathbf{R}^n$ 中元素 $(x_1, x_2, \cdots, x_n)$ 也可以用一个字母 $\boldsymbol{x}$ 表示，即 $\boldsymbol{x}=(x_1, x_2, \cdots, x_n)$. 当所有 $x_i(i=1,2,\cdots,n)$ 都为 0 时，这个元素称为 $\mathbf{R}^n$ 中的零元，记为 $\boldsymbol{O}$ 或 O.

为了在集合 $\mathbf{R}^n$ 中的元素之间建立联系，在 $\mathbf{R}^n$ 中定义线性运算.

设 $\boldsymbol{x}=(x_1, x_2, \cdots, x_n)$，$\boldsymbol{y}=(y_1, y_2, \cdots, y_n)$ 为 $\mathbf{R}^n$ 中任两个元素，$\lambda \in \mathbf{R}$. 规定

$$\boldsymbol{x}+\boldsymbol{y}=(x_1+y_1, x_2+y_2, \cdots, x_n+y_n),$$

$$\lambda \boldsymbol{x}=(\lambda x_1, \lambda x_2, \cdots, \lambda x_n).$$

这样定义了线性运算的集合 $\mathbf{R}^n$ 称为 **n 维空间**.

$\mathbf{R}^n$ 中，两个点的距离记为 $d(\boldsymbol{x}, \boldsymbol{y})$，

$$d(\boldsymbol{x}, \boldsymbol{y})=\sqrt{(x_1-y_1)^2+(x_2-y_2)^2+\cdots+(x_n-y_n)^2}.$$

点 $\boldsymbol{x}$ 到原点 O 的距离 $d(O, \boldsymbol{x})$ 也记为 $\|\boldsymbol{x}\|$ 或 $|\boldsymbol{x}|$，即

$$\|\boldsymbol{x}\|=\sqrt{x_1{}^2+x_2{}^2+\cdots+x_n{}^2}.$$

类似地，我们也可定义 $\mathbf{R}^n$ 中的邻域的概念. 设 δ 为一任意正实数，$\mathbf{R}^n$ 中点 $\boldsymbol{x}=(x_1, x_2, \cdots, x_n)$ 的 δ 邻域为

$$U(\boldsymbol{x}, \delta)=\{\boldsymbol{y} \in \mathbf{R}^n \mid d(\boldsymbol{x}, \boldsymbol{y})<\delta\}.$$

以邻域为基础，可以定义内点、聚点以及开集、区域等概念.

§8.1.2　多元函数的概念

在很多实际问题中，我们经常会遇到多个变量之间的依赖关系.

例 3　1 mol 理想气体的体积 V 与绝对温度 T 和压强 p 之间的关系为

$$p=R\frac{T}{V},$$

其中，R 为正常数，当 V，T 在集合 $\{(V,T) \mid V>0, T>0\}$ 内取一定值时，p 的对应值也就确定了.

例 4　平行四边形的面积 A 由它的相邻两边之长 a，b 和夹角 θ 决定，即

$$A=ab\sin\theta.$$

由题意可知，当 a，b，θ 在集合 $\{(a,b,\theta) \mid a>0,\ b>0,\ 0<\theta<\pi\}$ 内取一定值时，面积 A 也就确定了.

例 3 和例 4 都具有三个变量，其中一个变量依其余变量的变化而变化. 去掉变量的具体意义，取其共性，对照一元函数的定义，可以概括出多元函数的定义.

定义　设 D 为平面点集，$\mathbf{R}$ 为实数集，若存在法则 f，使得对于 D 中任意点 $P(x, y)$，都有 $\mathbf{R}$ 中的唯一实数 z 与之相对应，则称 f 是定义在集合 D 上的**二元函数**，记为

$$z=f(P) \quad 或 \quad z=f(x, y),$$

x，y 称为**自变量**，z 称为**因变量**，平面集合 D 为函数 f 的**定义域**，函数值构成的集合称为函数 f 的**值域**，记为 $f(D)=\{z \mid z=f(x, y), (x, y)\in D\}\subset \mathbf{R}$.

类似地，可以定义三元函数，四元函数，…，n 元函数. 二元及二元以上的函数称为**多元函数**.

设 $z=f(x, y)$的定义域为 Oxy 平面上的区域 D，对于 D 内任一点 P，其坐标为 (x, y)，按照 $z=f(x, y)$，有空间中的一点 $M(x, y, z)$与之对应，当点 $P(x, y)$在 D 内变化时，点 $M(x, y, z)$在空间变化，其轨迹是一张曲面，即是函数 $z=f(x, y)$的图形.

例如，函数 $z=\sqrt{R^2-x^2-y^2}$，其定义域为坐标面 Oxy 上的圆面$\{x^2+y^2\leqslant R^2\}$，这个函数的图形是中心在原点，半径为 R 的上半球面(如图 8.4 所示). 如函数 $z=x^2+y^2$，其定义域是全平面，函数的图形是位于坐标面 Oxy 上方的旋转抛物面(如图 8.5 所示).

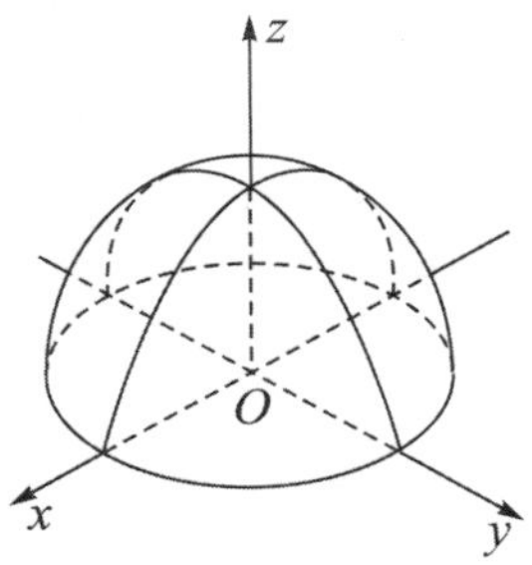

图 8.4

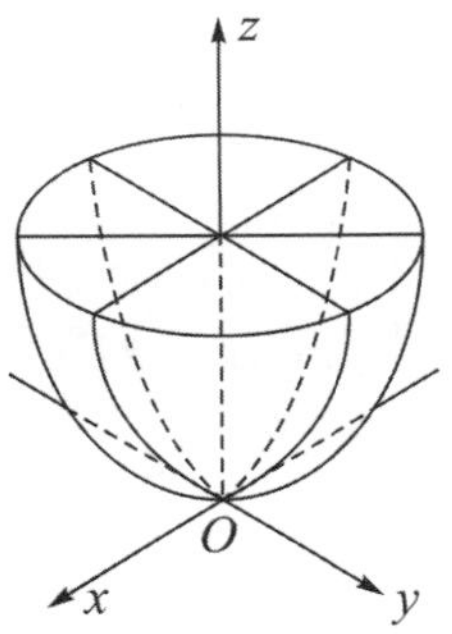

图 8.5

§8.1.3　区域的表示

建立了坐标系后，二维平面或三维空间中的点和一个有序二元数组或三元数组一一对应起来，平面或空间区域可以用其坐标变量满足某种特征来表示. 在一些实际应用中，人们需要知道在一个区域中坐标变量的范围. 与一维数轴不同的是，通常一个坐标变量的变化范围与另外的坐标变量有关. 下面我们讨论区域表示的一些方法.

例 5　如图 8.6 所示，在平面 Oxy 上，到原点 O 的距离不大于 $a(a>0)$的点的集合 E 可表示为

$$E=\{(x,y)\in \boldsymbol{R}^2 \mid x^2+y^2\leqslant a^2\}.$$

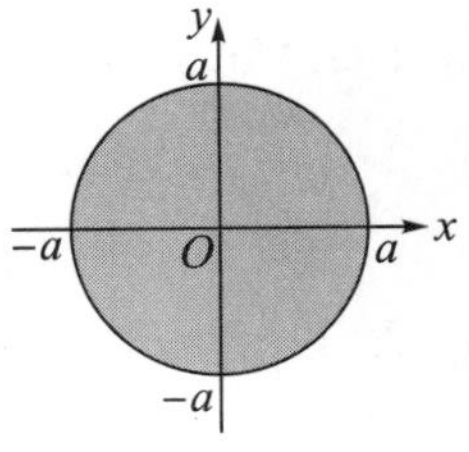

图 8.6

在考虑一个变量 y 的变化范围时，大家会发现坐标 y 的范围

不是固定的，其与 x 有关. 因此，我们通常先考虑区域中一个变量的范围. 在 E 中，$\{x \mid -a \leqslant x \leqslant a\}$.

注意，在数轴上它表示一区间，在平面上它表示一个带形区域(如图 8.7 所示).

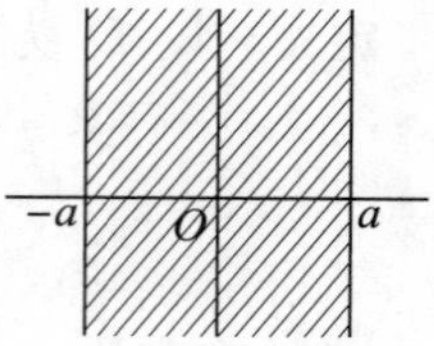

图 8.7

如图 8.8 所示，给定 $x(-a \leqslant x \leqslant a)$时，过 x 轴上 x 点作垂线与区域E 的边界相交于A、B 两点，线段 AB 上所有点都在E 中. x 坐标都相同，y 的变化范围为 $y \in [-\sqrt{a^2-x^2},\ \sqrt{a^2-x^2}]$，因此

$$E=\{(x,y) \mid -a \leqslant x \leqslant a,\ -\sqrt{a^2-x^2} \leqslant y \leqslant \sqrt{a^2-x^2}\}.$$

这样的区域称为 X－**型区域**. 类似地，Y－**型区域**为

$$\{(x,y) \mid -a \leqslant y \leqslant a,\ -\sqrt{a^2-y^2} \leqslant x \leqslant \sqrt{a^2-y^2}\}.$$

如果考虑极坐标 $x=r\cos\theta, y=r\sin\theta$，则

$$E=\{(r,\theta) \mid r \leqslant a,\ 0 \leqslant \theta < 2\pi\}.$$

大家想想还有其他表示方法吗?

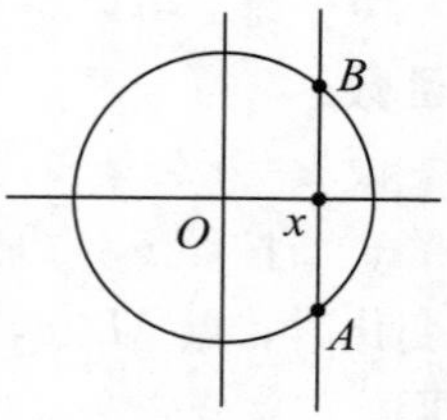

图 8.8

习题 8－1

1. 求下列函数的定义域 D，并画出 D 的图形.

(1)$z=\sqrt{\dfrac{x^2+y^2-x}{2x-x^2-y^2}}$；　　(2)$z=\ln(y^2-4x+8)$；

(3)$z=\dfrac{1}{\sqrt{x+y}}+\dfrac{1}{\sqrt{x-y}}$；　　(4)$z=\arcsin\dfrac{x^2+y^2}{4}$.

2. 用不等式组表示下列曲线围成的区域 D，并画出图形.

(1)D 由 $y=\dfrac{1}{x}$，$y=x$，$x=2$ 围成；

(2)D 由 $y^2=2x$，$x-y=4$ 围成；

(3)D 由 $y=2x$，$y=2$，$y=\dfrac{8}{x}$围成.

3. 设圆锥的高为 h，母线长为 l，将圆锥的体积 V 表示为h，l 的函数.

4. 灌溉水渠的横断面是一等腰梯形，梯形的腰长为 y，下底(小于上底)长为 x，渠深为 h，求水渠横断面面积的函数表达式.

5. (1)已知 $f(x,\ y)=x^2-y^2$，求 $f\left(x+y,\ \dfrac{y}{x}\right)$；

(2)已知 $f\left(x+y,\ \dfrac{y}{x}\right)=x^2-y^2$，求 $f(x,\ y)$.

6. 试证函数 $F(x,\ y)=\ln x\ln y$ 满足关系式

$$F(xy,\ uv)=F(x,\ u)+F(x,\ v)+F(y,\ u)+F(y,\ v).$$

7. 设 $z=f(x+y)+x-y$，当 $x=0$ 时，$z=y^2$，求函数 $f(x)$及 z.

§8.2　多元函数的极限和连续性

本节把一元函数的极限推广到多元函数的极限：多重极限和多次极限．与一元函数类似，我们利用多重极限来讨论多元函数的连续性及其性质．

§8.2.1　多元函数的极限

下面我们考虑当 $x\to x_0$，$y\to y_0$，即动点 $P(x, y)$ 趋近于定点 $P_0(x_0, y_0)$ 时，函数变化的趋势．

定义 1　设函数 $z=f(x, y)$ 的定义域为 D，$P_0(x_0, y_0)$ 是其聚点，如果对于任意给定的正数 ε，总存在正数 δ，使得对于满足不等式 $0<\rho=|PP_0|=\sqrt{(x-x_0)^2+(y-y_0)^2}<\delta$ 的一切点 $P(x,y)\in D$，都有 $|f(x,y)-A|<\varepsilon$ 成立，则称 A 为函数 $z=f(x,y)$ 当 $P\to P_0$ 时的**极限**，记为

$$\lim_{P\to P_0} f(x,y)=A.$$

由于 $P\to P_0$ 等价于 $\rho\to 0$ 或 $x\to x_0$ 且 $y\to y_0$，该极限也可表示为

$$\lim_{\rho\to 0} f(x,y)=A \text{ 或} \lim_{\substack{x\to x_0\\ y\to y_0}} f(x,y)=A \text{ 或} \lim_{(x,y)\to(x_0,y_0)} f(x,y)=A.$$

要注意的是，这是一个极限过程，称为二重极限．

四则运算法则　二元函数的极限运算法则与一元函数类似．设 $\lim\limits_{P\to P_0} f(x,y)=A$，$\lim\limits_{P\to P_0} g(x,y)=B$，则

(1) $\lim\limits_{P\to P_0}[f(x,y)\pm g(x,y)]=A\pm B$；

(2) $\lim\limits_{P\to P_0}[f(x,y)\cdot g(x,y)]=A\cdot B$；

(3) $\lim\limits_{P\to P_0}\dfrac{f(x,y)}{g(x,y)}=\dfrac{A}{B}$，其中 $\lim\limits_{P\to P_0} g(x,y)\neq 0$.

例 1　设 $f(x,y)=xy\sin\dfrac{1}{x^2+y^2}$．证明：$\lim\limits_{(x,y)\to(0,0)} f(x,y)=0$.

证明　$f(x,y)$ 的定义域为 $D=\{(x,y)\mid(x,y)\neq 0\}$．原点 $O(0,0)$ 没有定义，但为 D 的聚点．因为

$$|f(x,y)-0|=|(x^2+y^2)\sin\frac{1}{2x^2+y^2}-0|\leqslant|x^2+y^2|,$$

则 $\forall\varepsilon>0$，取 $\delta=\sqrt{\varepsilon}$，则当 (x,y) 满足

$$0<\sqrt{(x-0)^2+(y-0)^2}=\sqrt{x^2+y^2}<\delta$$

时，都有 $|f(x,y)-0|<\varepsilon$．由极限的定义可得

$$\lim_{(x,y)\to(0,0)} f(x,y)=0.$$

如果表达式中有 $\sqrt{x^2+y^2}$，xy 这些因子，也可以用极坐标变换．

令 $x=\rho\cos\theta, y=\rho\sin\theta$，则 $f(x,y)$ 变为

$$F(\rho,\theta)=f(\rho\cos\theta,\rho\sin\theta)=\rho^2\sin\frac{1}{\rho^2}\sin\theta\cos\theta.$$

对 $\forall\theta\in\mathbf{R}$，$\sin\frac{1}{\rho^2}\sin\theta\cos\theta$ 没有极限但是有界的.

因此，

$$\lim_{(x,y)\to(0,0)}f(x,y)=\lim_{\rho\to0}F(\rho,\theta)=0.$$

一般地，我们可以在定点 (x_0,y_0) 处建立极坐标，重极限要求动点到定点的距离 ρ 充分小时就能保证 $|f(x,y)-A|$ 可以任意小. 即 $|f(x,y)-A|$ 表示为 $\rho^k\cdot\varphi(\rho,\theta)$ 形式，若 $k>0$ 且 $\varphi(\rho,\theta)$ 对任意的 ρ，θ 是有界的，则重极限存在，否则重极限不存在.

例 2 (1)计算 $\lim\limits_{(x,y)\to(0,a)}\dfrac{\sin xy}{x}$（$a$ 为常数）；　(2) $\lim\limits_{\substack{x\to0\\y\to0}}\dfrac{\int_0^{x+y}\sin t^2\,\mathrm{d}t}{x^2+y^2}$.

解 (1)因为 $x\to0$，$y\to a$ 时，$xy\to0$，所以

$$\lim_{(x,y)\to(0,a)}\frac{\sin xy}{x}=\lim_{(x,y)\to(0,a)}y\frac{\sin xy}{xy}=a.$$

(2)因为 $(x+y)^2\leqslant4(x^2+y^2)$，所以 $-2\sqrt{x^2+y^2}\leqslant x+y\leqslant2\sqrt{x^2+y^2}$，则

$$\int_0^{-2\sqrt{x^2+y^2}}\sin t^2\,\mathrm{d}t\leqslant\int_0^{x+y}\sin t^2\,\mathrm{d}t\leqslant\int_0^{2\sqrt{x^2+y^2}}\sin t^2\,\mathrm{d}t.$$

而

$$\lim_{\substack{x\to0\\y\to0}}\frac{\int_0^{2\sqrt{x^2+y^2}}\sin t^2\,\mathrm{d}t}{x^2+y^2}\xlongequal{u=x^2+y^2}\lim_{u\to0^+}\frac{\int_0^{2\sqrt{u}}\sin t^2\,\mathrm{d}t}{u}=\lim_{u\to0}\frac{\sin4u}{\sqrt{u}}=0,$$

同理

$$\lim_{\substack{x\to0\\y\to0}}\frac{\int_0^{-2\sqrt{x^2+y^2}}\sin t^2\,\mathrm{d}t}{x^2+y^2}=0,$$

由夹逼定理

$$\lim_{\substack{x\to0\\y\to0}}\frac{\int_0^{x+y}\sin t^2\,\mathrm{d}t}{x^2+y^2}=0.$$

值得注意的是，一元函数的极限定义中，动点 x 趋于定点 x_0 时只有左、右两个方向，而二元函数的极限定义中，动点 (x,y) 趋于定点 (x_0,y_0) 的方向是任意的. 即使点 (x,y) 沿着某些特殊的路径，例如沿着平行于坐标轴的直线或某条曲线趋于点 (x_0,y_0) 时，对应的函数无限接近于某一确定常数，也不能断定函数的极限就一定存在，但如果点 (x,y) 沿不同的轨迹趋于定点 (x_0,y_0)，函数的极限取不同的值，则可以肯定函数在该点的极限一定不存在.

例 3 考察函数

$$f(x,y)=\frac{xy}{x^2+y^2},\quad x^2+y^2\neq0.$$

当 $(x,y)\to(0,0)$ 时重极限是否存在?

解 因为在 x 轴上，$f(x,0)=0$，故当点 (x,y) 沿 x 轴趋于 $(0,0)$ 时，有

$$\lim_{x\to0}f(x,0)=0.$$

同样，在 y 轴上，$f(0, y)=0$，故当点 (x, y) 沿 y 轴趋于 $(0, 0)$ 时，有

$$\lim_{y\to 0} f(0, y)=0.$$

虽然沿两条特殊路径函数 $f(x, y)$ 都趋于 0，但 $\lim\limits_{(x, y)\to(0, 0)} f(x, y)$ 不存在. 因为在直线簇 $y=kx$ 上，

$$f(x, y)=\frac{kx^2}{x^2+k^2x^2}=\frac{k}{1+k^2},$$

所以，沿着 $y=kx$，

$$\lim_{\substack{y=kx\\ x\to 0}} f(x, y)=\lim_{x\to 0}\frac{k}{1+k^2}=\frac{k}{1+k^2}.$$

其值随 k 值变化，但极限存在则必唯一，故该重极限不存在.

例 4　求极限 $\lim\limits_{\substack{x\to 0\\ y\to 0}}\dfrac{xy}{y-x^2}$.

解　如果考虑方程 $y=kx^n\ (n>2)$，则

$$\lim_{\substack{x\to 0\\ y=kx^n}}\frac{xy}{y-x^2}=\lim_{x\to 0}\frac{kx^{n+1}}{kx^n-x^2}=0.$$

极限都存在，也就是有无穷多种路径使得极限都存在且相等，但重极限存在吗？事实上，如果考虑路径 $y=x^2+kx^3$（当 $x\to 0$ 时，$y\to 0$ 且有定义），则 $\lim\limits_{\substack{x\to 0\\ y=x^2+kx^3}}\dfrac{xy}{y-x^2}=\dfrac{1}{k}$.

与 k 取值有关，重极限不存在.

二次极限*　设函数 $z=f(x, y)$ 的定义域为 D，$P_0(x_0, y_0)$ 是其聚点，先把一个变量 x 看作常数，对另一变量 y 求极限，得变量 x 的函数，再对变量 x 求极限，称为**二次极限**，表示为

$$\lim_{x\to x_0}\lim_{y\to y_0} f(x, y).$$

也可以先把变量 y 看作常数，对变量 x 求极限，得变量 y 的函数，再对变量 y 求极限，即另一个二次极限为

$$\lim_{y\to y_0}\lim_{x\to x_0} f(x, y).$$

例如，

$$\lim_{x\to 0}\lim_{y\to 0}(x^2+y^2)\sin\frac{1}{x^2+y^2}=\lim_{x\to 0}x^2\sin\frac{1}{x^2}=0,$$

$$\lim_{y\to 0}\lim_{x\to 0}(x^2+y^2)\sin\frac{1}{x^2+y^2}=\lim_{y\to 0}y^2\sin\frac{1}{y^2}=0.$$

对于二元函数，二重极限存在与二次极限存在之间并没有必然关系. 二次极限存在，二重极限可以不存在，例如，

$$\lim_{x\to 0}\lim_{y\to 0}\frac{x^2y}{x^4+y^2}=\lim_{x\to 0}0=0 \text{ 但} \lim_{\substack{x\to 0\\ y\to 0}}\frac{x^2y}{x^4+y^2}\text{不存在.}$$

二重极限存在，二次极限可以不存在，例如，

$$\lim_{\substack{x\to 0\\ y\to 0}}\left(x\sin\frac{1}{y}+y\sin\frac{1}{x}\right)=0 \text{ 但} \lim_{x\to 0}\lim_{y\to 0}\left(x\sin\frac{1}{y}+y\sin\frac{1}{x}\right)\text{不存在.}$$

一个二次极限存在，另一个二次极限可以不存在，例如，

$\lim\limits_{y\to 0}\lim\limits_{x\to 0} x\sin\dfrac{1}{y}=0$ 但$\lim\limits_{x\to 0}\lim\limits_{y\to 0} x\sin\dfrac{1}{y}$不存在.

一般地，如果二重极限与二次极限都存在，则它们一定相等.

二元函数的二重极限可以推广到 n 元函数的 n 重极限.

定义 2 设 n 元函数 $f(P)$的定义域为点集 D，P_0 是其聚点，如果对于任意给定的正数 ε，总存在正数 δ，使得对于满足不等式 $0<\rho=|PP_0|<\delta$ 的一切点 $P\in D$，都有$|f(P)-A|<\varepsilon$ 成立，则称 A 为 n 元函数 $f(P)$当 $P\to P_0$ 时的**极限**，记为

$$\lim_{P\to P_0} f(P)=A \quad 或 \quad \lim_{\rho\to 0} f(P)=A.$$

n 重极限计算方法与二重极限计算方法类似.

§8.2.2 二元函数的连续性

将一元函数连续的定义进行推广，可以得到二元函数连续的概念.

定义 3 设函数 $z=f(x,y)$在点 $P_0(x_0,y_0)$的某个邻域内有定义，如果

$$\lim_{(x,y)\to(x_0,y_0)} f(x,y)=f(x_0,y_0),$$

则称函数 $z=f(x,y)$在点 $P_0(x_0,y_0)$**连续**.

若函数 $f(x,y)$在区域 D 内的每一点都连续，且在区域的边界点也连续，则称函数 $z=f(x,y)$在闭区域 D 上连续. **初等函数在定义域的内点处是连续的.**

例 5 设

$$f(x,y)=\begin{cases} xy\dfrac{x^2-y^2}{x^2+y^2}, & (x,y)\neq(0,0), \\ 0, & (x,y)=(0,0), \end{cases}$$

讨论 $f(x,y)$的连续性.

初等函数 $xy\dfrac{x^2-y^2}{x^2+y^2}$的定义域 $D_1=\boldsymbol{R}^2\backslash\{(0,0)\}$，原点外所有点都是 D_1 的内点，因此 $f(x,y)$在 D_1 上都连续. 下面按定义讨论在分界点 $O(0,0)$处的连续性.

解 任意给定正数 $\varepsilon>0$，取 $\delta=\sqrt{\varepsilon}$. 当

$$\rho=\sqrt{(x-0)^2+(y-0)^2}=\sqrt{x^2+y^2}<\delta,$$

即 $x^2+y^2<\delta^2=\varepsilon$ 时，

$$\begin{aligned}|f(x,y)-f(0,0)|=|f(x,y)|&=|xy|\frac{x^2-y^2}{x^2+y^2} \\ &\leqslant|xy|\leqslant x^2+y^2<\delta^2=\varepsilon.\end{aligned}$$

根据定义，$f(x,y)$在原点处连续，所以分段函数 $f(x,y)$在 $\boldsymbol{R}^2$ 上连续.

例 6 讨论函数

$$f(x,y)=\begin{cases} \dfrac{xy}{x^2+y^2}, & x^2+y^2\neq 0, \\ 0, & x^2+y^2=0 \end{cases}$$

在点(0,0)处的连续性.

解　因为取 $y=kx$ 时，

$$\lim_{x\to 0}f(x,y)=\lim_{\substack{x\to 0\\ y=kx}}\frac{kx^2}{x^2+k^2x^2}=\frac{k}{1+k^2},$$

其值随 k 的不同而变化，则在(0,0)处重极限不存在.

所以，函数在(0,0)处不连续.

一元连续函数的运算性质及复合函数的连续性定理，对二元连续函数也成立.

定理 1　设 $u=u(x,y)$，$v=v(x,y)$都在点(x_0,y_0)处连续，且 $u(x_0,y_0)=u_0$，$v(x_0,y_0)=v_0$；又 $z=f(u,v)$在点(u_0,v_0)处连续，则复合函数 $z=f[u(x,y),v(x,y)]$在点(x_0,y_0)处连续.

闭区间上连续的一元函数的性质可以推广到有界闭区域上的二元连续函数.

最值定理　若函数 $f(x,y)$在有界闭区域 D 上连续，则它在 D 上必有最大值和最小值，即在闭区域 D 上存在两点 $P_1(x_1,y_1)$和 $P_2(x_2,y_2)$，对 D 上任意一点(x,y)，有

$$f(x_1,y_1)\leqslant f(x,y)\leqslant f(x_2,y_2),$$

这里 $f(x_1,y_1)$，$f(x_2,y_2)$分别是 $f(x,y)$在闭区域 D 上的最小值和最大值.

有界性定理　若函数 $f(x,y)$在有界闭区域 D 上连续，则它在 D 上有界，即存在 $M>0$，对 D 上任意一点(x,y)，有

$$|f(x,y)|\leqslant M.$$

介值定理　若函数 $f(x,y)$在有界闭区域 D 上连续，M 与 m 分别是 $f(x,y)$在 D 上的最大值和最小值，则对 M 与 m 间的任意数 C，在 D 中至少存在一点 $P(x_0,y_0)$，使

$$f(x_0,y_0)=C.$$

习题 8—2

1. 证明下列函数的极限是否存在. 若存在，则计算函数的极限.

(1) $\lim\limits_{\substack{x\to 0\\ y\to 0}}\dfrac{x^2y}{x^4+y^2}$；　(2) $\lim\limits_{\substack{x\to +\infty\\ y\to +\infty}}\left(\dfrac{xy}{x^2+y^2}\right)^{x^2}$.

2. 求下列函数的极限：

(1) $\lim\limits_{\substack{x\to 0\\ y\to 0}}\dfrac{\sin(x^2+y^2)}{x^2+y^2}$；　(2) $\lim\limits_{\substack{x\to 1\\ y\to 3}}\dfrac{xy}{\sqrt{xy+1}-1}$；

(3) $\lim\limits_{\substack{x\to 0\\ y\to 0}}(1+\sin xy)^{\frac{1}{xy}}$；　(4) $\lim\limits_{(x,y)\to(0,1)}\dfrac{1-xy}{x^2+y^2}$；

(5) $\lim\limits_{(x,y)\to(1,0)}\dfrac{\ln(x+e^y)}{\sqrt{x^2+y^2}}$；　(6) $\lim\limits_{(x,y)\to(0,0)}\dfrac{xy}{\sqrt{2-e^{xy}}-1}$；

(7) $\lim\limits_{(x,y)\to(2,0)}\dfrac{\tan(xy)}{y}$；　(8) $\lim\limits_{(x,y)\to(0,0)}\dfrac{1-\cos(x^2+y^2)}{(x^2+y^2)e^{x^2y^2}}$.

3. 证明下列极限不存在：

(1) $\lim\limits_{(x,y)\to(0,0)}\dfrac{x+y}{x-y}$；　(2) $\lim\limits_{(x,y)\to(0,0)}\dfrac{x^2y^2}{x^2y^2+(x-y)^2}$.

4. 函数 $z=\dfrac{y^2+2x}{y^2-2x}$ 在何处是间断的?

§8.3 偏导数

§8.3.1 偏导数的定义

二元函数 $z=f(x, y)$ 中，x，y 是两个独立的变量，取互不依赖的改变量 Δx，Δy，这时函数的改变量 $\Delta z=f(x_0+\Delta x, y_0+\Delta y)-f(x_0, y_0)$ 与 Δx，Δy 有关. 由于自变量的增多，因变量和其自变量的关系要比一元函数复杂. 以一元函数导数为基础，我们对多元函数只考虑一个变量改变，而其他变量不变，引入偏导数的概念.

定义 1 设函数 $z=f(x, y)$ 在点 $P(x_0, y_0)$ 的某个邻域内有定义，固定 $y=y_0$，给 x_0 一个改变量 Δx，z 关于 x_0 的改变量 $\Delta_x z=f(x_0+\Delta x, y_0)-f(x_0, y_0)$ 称为关于自变量 x 的**偏增量**. 如果极限

$$\lim_{\Delta x\to 0}\frac{\Delta_x z}{\Delta x}=\lim_{\Delta x\to 0}\frac{f(x_0+\Delta x, y_0)-f(x_0, y_0)}{\Delta x}$$

存在，则称此极限为函数 $f(x, y)$ 在点 $P(x_0, y_0)$ 关于 x 的**偏导数**，记为

$$f'_x(x_0, y_0),\quad \left.\frac{\partial f}{\partial x}\right|_{\substack{x=x_0\\ y=y_0}},\quad \left.\frac{\partial z}{\partial x}\right|_{\substack{x=x_0\\ y=y_0}},\quad \left.z'_x\right|_{\substack{x=x_0\\ y=y_0}}，\text{或 } f'_1(x_0,y_0).$$

同样，固定 $x=x_0$，给 y_0 一个改变量 Δy，如果 z 关于自变量 y 的偏增量

$$\Delta_y z=f(x_0, y_0+\Delta y)-f(x_0, y_0)$$

与 Δy 比值的极限

$$\lim_{\Delta y\to 0}\frac{\Delta_y z}{\Delta y}=\lim_{\Delta y\to 0}\frac{f(x_0, y_0+\Delta y)-f(x_0, y_0)}{\Delta y}$$

存在，则称此极限为函数 $f(x, y)$ 在点 $P(x_0, y_0)$ 关于 y 的**偏导数**，记为

$$f'_y(x_0, y_0),\quad \left.\frac{\partial f}{\partial y}\right|_{\substack{x=x_0\\ y=y_0}},\quad \left.\frac{\partial z}{\partial y}\right|_{\substack{x=x_0\\ y=y_0}},\quad \left.z'_y\right|_{\substack{x=x_0\\ y=y_0}}，\text{或 } f'_2(x_0,y_0).$$

这里下标 1 和 2 表示法则 f 的第一个变量 x 和第二个变量 y.

如果 $z=f(x, y)$ 在 $P_0(x_0,y_0)$ 的两个偏导数都存在，则称函数在这点**可导**.

如果函数 $z=f(x, y)$ 在区域 $D_1\subset D$ 内每一点都有偏导数 $f'_x(x,y)$，则对应了 D_1 上的**偏导函数** $f'_x(x, y)$. 如果函数 $z=f(x,y)$ 在区域 $D_2\subset D$ 内每一点都有偏导数 $f'_y(x, y)$，则对应了 D_2 上的**偏导函数** $f'_y(x,y)$. 偏导函数也称为偏导数，仍是 $D_i(i=1,2)$ 上的二元函数.

由偏导数的定义可知，多元函数对一个自变量求偏导数时，把其他自变量看作常数.

例 1 $f(x, y)=xy+x^2+y^3$，求 $\dfrac{\partial f}{\partial x}$，$\dfrac{\partial f}{\partial y}$，并求 $f'_x(0, 1)$，$f'_x(1, 0)$，$f'_y(0, 2)$，

$f'_y(2, 0)$.

解　$f(x,y)$的定义域是$\boldsymbol{R}^2$，求$\dfrac{\partial f}{\partial x}$时，把 y 看成常数，由求导法则得

$$\frac{\partial f}{\partial x} = y + 2x,$$

求$\dfrac{\partial f}{\partial y}$时，把 x 看成常数，由求导法则得

$$\frac{\partial f}{\partial y} = x + 3y^2,$$

它们的定义域都为$\boldsymbol{R}^2$，即 $f(x,y)$在$\boldsymbol{R}^2$ 偏导数都存在，在$\boldsymbol{R}^2$ 上可导.

于是 $f'_x(0, 1)=1$，$f'_x(1, 0)=2$. $f'_y(0, 2)=12$，$f'_y(2, 0)=2$.

例 2　设三元函数 $u=\ln(x+y^2+z^3)$，求 u'_x，u'_y，u'_z.

解　同二元函数的情形一样，有

$$u'_x = \frac{1}{x+y^2+z^3},\quad u'_y = \frac{2y}{x+y^2+z^3},\quad u'_z = \frac{3z^2}{x+y^2+z^3}.$$

例 3　气体的状态方程为 $P=\dfrac{RT}{V}$，证明：$\dfrac{\partial P}{\partial V}\cdot\dfrac{\partial V}{\partial T}\cdot\dfrac{\partial T}{\partial P}=-1$.

证明　把 T 看作常数，即在温度 T 不变的等温过程中，压力 P 关于体积 V 的偏导数为

$$P'_V = \left(\frac{RT}{V}\right)'_V = -\frac{RT}{V^2}.$$

由 $P=\dfrac{RT}{V}$可得 $V=\dfrac{RT}{P}$，把压力 P 看作常数，体积 V 关于温度 T 的偏导数为

$$V'_T = \left(\frac{RT}{P}\right)'_T = \frac{R}{P}.$$

同样地，由 $P=\dfrac{PT}{V}$可得 $T=\dfrac{PV}{R}$. 把 V 看作常数，有$\dfrac{\partial T}{\partial P}=\dfrac{V}{R}$.

所以$\dfrac{\partial P}{\partial V}\cdot\dfrac{\partial V}{\partial T}\cdot\dfrac{\partial V}{\partial P}=-\dfrac{RT}{V^2}\cdot\dfrac{R}{P}\cdot\dfrac{V}{R}=-1$.

这里三个二元函数只是因变量和自变量的地位发生了变化，都满足同一个方程，因此互为反函数. 多元函数反函数求偏导的结果与一元函数不同. 同时，偏导符号$\dfrac{\partial P}{\partial V}$是一个整体，不能分开.

例 4　已知函数 $f(x,y)=\begin{cases}(x^2+y^2)\sin\dfrac{1}{x^2+y^2}, & (x,y)\neq(0,0),\\ 0, & (x,y)=(0,0).\end{cases}$

求 f'_x，并讨论偏导数的连续性.

解　当$(x,y)\neq(0,0)$（初等函数的内点处一般用法则求导)时，

$$\frac{\partial f}{\partial x}(x,y)=2x\sin\frac{1}{x^2+y^2}-\frac{2x}{x^2+y^2}\cos\left(\frac{1}{x^2+y^2}\right).$$

当$(x,y)=(0,0)$（不是内点，分界点处只能用定义求导)时，

$$\frac{\partial f}{\partial x}(0,0)=\lim_{\Delta x\to 0}\frac{f(0+\Delta x,0)-f(0,0)}{\Delta x}=\lim_{\Delta x\to 0}\frac{\Delta x^2\sin\dfrac{1}{\Delta x^2}}{\Delta x}=0.$$

所以 $\dfrac{\partial f}{\partial x}(x,y)=\begin{cases}2x\sin\dfrac{1}{x^2+y^2}-\dfrac{2x}{x^2+y^2}\cos\left(\dfrac{1}{x^2+y^2}\right), & (x,y)\neq(0,0),\\ 0, & (x,y)=(0,0).\end{cases}$

又因为 $\lim\limits_{\substack{x\to 0\\ y=kx\to 0}}\dfrac{\partial f}{\partial x}(x,y)=\lim\limits_{\substack{x\to 0\\ y=kx\to 0}}\left(2x\sin\dfrac{1}{x^2+kx^2}-\dfrac{2x}{x^2+kx^2}\cos\dfrac{1}{x^2+kx^2}\right)$不存在.

所以，偏导函数 f'_x 在点(0,0)不连续；当$(x,y)\neq(0,0)$时是连续的.

由函数表达式的对称性可得偏导函数 f'_y 在点(0,0)处不连续；当$(x,y)\neq(0,0)$时是连续的.

§8.3.2 偏导数的几何意义

下面讨论二元函数 $z=f(x,y)$在点(x_0,y_0)处偏导数的几何意义. 设 $M_0=M(x_0,y_0,f(x_0,y_0))$为曲面 $z=f(x,y)$上的一点，过 M_0 作平面 $y=y_0$，与曲面的交线为曲线 $z=f(x,y_0)$，其导数$\dfrac{\mathrm{d}}{\mathrm{d}x}f(x,y_0)\big|_{x=x_0}$即为二元函数 $z=f(x,y)$的偏导数 $f'_x(x_0,y_0)$，它是曲线在点 M_0 的切线 M_0T_x 对 x 轴的斜率(即切线 M_0T_x 与 x 轴正向所成倾角 α 的正切). 同理，偏导数 $f'_y(x_0,y_0)$是曲面被平面 $x=x_0$ 所截成的曲线在点 M_0 的切线 M_0T_y 对 y 轴的斜率(如图 8.9 所示).

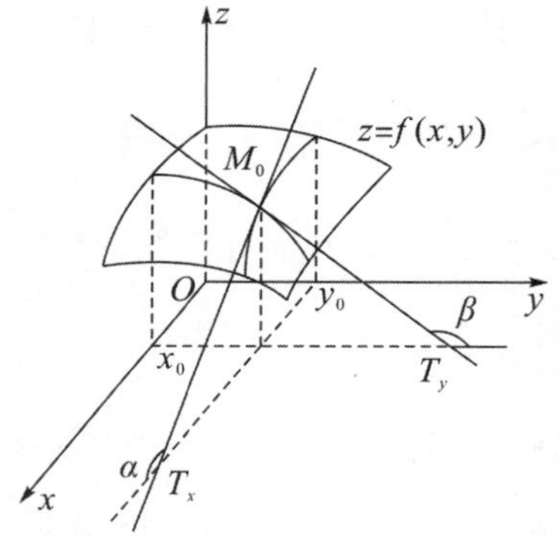

图 8.9

需要注意的是，一元函数在某点可导，则它在该点必然连续. 但对于多元函数来说，即使某点各偏导数都存在，也不能保证函数在该点连续. 例如，函数

$$z=f(x,y)=\begin{cases}\dfrac{xy}{x^2+y^2}, & (x,y)\neq(0,0),\\ 0, & (x,y)=(0,0)\end{cases}$$

在点(0, 0)对 x 及对 y 的偏导数均存在且为零，但函数在点(0, 0)处并不连续.

§8.3.3　高阶偏导数

与一元函数的高阶导数类似，多元函数也有高阶偏导数. 函数 $z=f(x, y)$的偏导数

$$z'_x=\frac{\partial f(x, y)}{\partial x}, \quad z'_y=\frac{\partial f(x, y)}{\partial y}$$

仍是 x, y 的二元函数. 如果这两个函数关于自变量 x 和 y 的偏导数也存在，这些偏导数称为**函数 $z=f(x, y)$的二阶偏导数**. 对二元函数$\frac{\partial z}{\partial x}$中的变量 x 求偏导数，$\frac{\partial}{\partial x}\left(\frac{\partial z}{\partial x}\right)$是 $z=f(x, y)$的一个二阶偏导数，记为$\frac{\partial^2 z}{\partial x^2}$，二元函数的二阶偏导数共有四个，记为

$$\frac{\partial}{\partial x}\left(\frac{\partial z}{\partial x}\right)=\frac{\partial^2 z}{\partial x^2}=z''_{xx}, \quad \frac{\partial}{\partial y}\left(\frac{\partial z}{\partial x}\right)=\frac{\partial^2 z}{\partial x \partial y}=z''_{xy},$$

$$\frac{\partial}{\partial x}\left(\frac{\partial z}{\partial y}\right)=\frac{\partial^2 z}{\partial y \partial x}=z''_{yx}, \quad \frac{\partial}{\partial y}\left(\frac{\partial z}{\partial y}\right)=\frac{\partial^2 z}{\partial y^2}=z''_{yy},$$

式中，z''_{xx}，z''_{yy}称为**二阶纯偏导数**，z''_{xy}和 z''_{yx}称为**二阶混合偏导数**.

同理可定义更高阶的偏导数，即

$$\frac{\partial}{\partial x}\left(\frac{\partial^2 z}{\partial x^2}\right)=\frac{\partial^3 z}{\partial x^3}, \quad \frac{\partial}{\partial y}\left(\frac{\partial^2 z}{\partial x^2}\right)=\frac{\partial^3 z}{\partial x^2 \partial y}, \quad \cdots$$

$z=f(x, y)$的 $n-1$ 阶偏导数的偏导数称为 $z=f(x, y)$ 的 n **阶偏导数**. 我们把二阶及其二阶以上的偏导数统称为**高阶偏导数**.

例 5　求 $z=x\mathrm{e}^x\sin y$ 的二阶偏导数.

解　$\frac{\partial z}{\partial x}=\mathrm{e}^x\sin y+x\mathrm{e}^x\sin y=(1+x)\mathrm{e}^x\sin y$,

$\frac{\partial^2 z}{\partial x^2}=\mathrm{e}^x\sin y+(1+x)\mathrm{e}^x\sin y=(2+x)\mathrm{e}^x\sin y$,

$\frac{\partial^2 z}{\partial x \partial y}=(1+x)\mathrm{e}^x\cos y$, $\frac{\partial z}{\partial y}=x\mathrm{e}^x\cos y$,

$\frac{\partial^2 z}{\partial y^2}=-x\mathrm{e}^x\sin y$, $\frac{\partial^2 z}{\partial y \partial x}=\mathrm{e}^x\cos y+x\mathrm{e}^x\cos y=(1+x)\mathrm{e}^x\cos y$.

例 6　求 $z=x^4+y^4-4x^2y^3$ 的二阶偏导数.

解　$\frac{\partial z}{\partial x}=4x^3-8xy^3$, $\quad \frac{\partial^2 z}{\partial x^2}=12x^2-8y^3$,

$\frac{\partial^2 z}{\partial x \partial y}=-24xy^2$, $\quad \frac{\partial z}{\partial y}=4y^3-12x^2y^2$,

$\frac{\partial^2 z}{\partial y^2}=12y^2-24x^2y$, $\quad \frac{\partial^2 z}{\partial y \partial x}=-24xy^2$.

以上两例中$\frac{\partial^2 z}{\partial x \partial y}=\frac{\partial^2 z}{\partial y \partial x}$，即这些函数的二阶混合偏导数与求导的顺序无关，这个结果并非偶然. 这一性质是否适应于所有函数呢？回答是否定的，例如函数

$$f(x, y)=\begin{cases} xy\dfrac{x^2-y^2}{x^2+y^2}, & x^2+y^2 \neq 0, \\ 0, & x=0, y=0. \end{cases}$$

由偏导数的定义，有

$$f'_x(0,0)=\lim_{\Delta x\to 0}\frac{f(\Delta x,0)-f(0,0)}{\Delta x}=0,$$

$$f'_y(0,0)=\lim_{\Delta y\to 0}\frac{f(0,\Delta y)-f(0,0)}{\Delta y}=0,$$

$$f'_x(0,y)=\lim_{\Delta x\to 0}\frac{f(\Delta x,y)-f(0,y)}{\Delta x}=\lim_{\Delta x\to 0}\frac{(\Delta x)y\dfrac{(\Delta x)^2-y^2}{(\Delta x)^2+y^2}}{\Delta x}=-y,$$

$$f'_y(x,0)=\lim_{\Delta y\to 0}\frac{f(x,\Delta y)-f(x,0)}{\Delta y}=\lim_{\Delta y\to 0}\frac{x(\Delta y)\dfrac{x^2-(\Delta y)^2}{x^2+(\Delta y)^2}}{\Delta y}=x.$$

因此

$$f''_{xy}(0,0)=\lim_{\Delta y\to 0}\frac{f'_x(0,\Delta y)-f'_x(0,0)}{\Delta y}=\lim_{\Delta y\to 0}\frac{-\Delta y}{\Delta y}=-1,$$

$$f''_{yx}(0,0)=\lim_{\Delta x\to 0}\frac{f'_y(\Delta x,0)-f'_y(0,0)}{\Delta x}=\lim_{\Delta x\to 0}\frac{\Delta x}{\Delta x}=1.$$

于是
$$f''_{xy}(0,0)\neq f''_{yx}(0,0).$$
这说明该函数在原点(0，0)处的两个混合偏导数 $f''_{xy}(0,0)$ 与 $f''_{yx}(0,0)$ 都存在但不相等.

那么一个函数具有什么条件时，它的二阶混合偏导数与求导的顺序无关呢？

定理 若函数 $f(x,y)$ 在点 $P(x_0,y_0)$ 的邻域 G 内有连续的二阶偏导数 $f''_{xy}(x,y)$ 和 $f''_{yx}(x,y)$，则

$$f''_{xy}(x_0,y_0)=f''_{yx}(x_0,y_0),$$

即二阶混合偏导数在连续的条件下与求导次序无关. 证明从略.

这一结果可推广到 n 元函数的高阶偏导数.

例 7 验证函数 $z=\ln\sqrt{x^2+y^2}$ 满足方程

$$\frac{\partial^2 z}{\partial x^2}+\frac{\partial^2 z}{\partial y^2}=0.$$

证明 因为
$$z=\ln\sqrt{x^2+y^2}=\frac{1}{2}\ln(x^2+y^2),$$

所以
$$\frac{\partial z}{\partial x}=\frac{x}{x^2+y^2},\quad \frac{\partial z}{\partial y}=\frac{y}{x^2+y^2},$$

$$\frac{\partial^2 z}{\partial x^2}=\frac{(x^2+y^2)-x\cdot 2x}{(x^2+y^2)^2}=\frac{y^2-x^2}{(x^2+y^2)^2},$$

$$\frac{\partial^2 z}{\partial y^2}=\frac{(x^2+y^2)-y\cdot 2y}{(x^2+y^2)^2}=\frac{x^2-y^2}{(x^2+y^2)^2}.$$

因此
$$\frac{\partial^2 z}{\partial x^2}+\frac{\partial^2 z}{\partial y^2}=\frac{y^2-x^2}{(x^2+y^2)^2}+\frac{x^2-y^2}{(x^2+y^2)^2}=0.$$

例 8 证明函数 $u=\dfrac{1}{r}$ 满足方程

$$\frac{\partial^2 u}{\partial x^2}+\frac{\partial^2 u}{\partial y^2}+\frac{\partial^2 u}{\partial z^2}=0,$$

式中，$r=\sqrt{x^2+y^2+z^2}$.

证明
$$\frac{\partial u}{\partial x}=-\frac{1}{r^2}\frac{\partial r}{\partial x}=-\frac{1}{r^2}\cdot\frac{x}{r}=-\frac{x}{r^3},$$
$$\frac{\partial^2 u}{\partial x^2}=-\frac{1}{r^3}+\frac{3x}{r^4}\cdot\frac{\partial r}{\partial x}=-\frac{1}{r^3}+\frac{3x^2}{r^5}.$$

由于函数关于自变量的对称性，所以
$$\frac{\partial^2 u}{\partial y^2}=-\frac{1}{r^3}+\frac{3y^2}{r^5},\quad \frac{\partial^2 u}{\partial z^2}=-\frac{1}{r^3}+\frac{3z^2}{r^5}.$$

因此 $$\frac{\partial^2 u}{\partial x^2}+\frac{\partial^2 u}{\partial y^2}+\frac{\partial^2 u}{\partial z^2}=-\frac{3}{r^3}+\frac{3(x^2+y^2+z^2)}{r^5}=-\frac{3}{r^3}+\frac{3r^2}{r^5}=0.$$

例 7 和例 8 中的两个方程都称为**拉普拉斯(Laplace)方程**，它是数理方法、微分方程等后续课程中极为重要的方程.

习题 8−3

1. 求下列函数的偏导数：

(1) $w=x^2+y^2+z^2-xyz$；　(2) $z=\ln\frac{y}{x}$；

(3) $z=\frac{x+y}{x-y}$；　(4) $z=4^{3x+4y}$；

(5) $z=e^{-x}\sin y$；　(6) $z=\sin(xy)+\cos^2(xy)$；

(7) $z=\arctan\frac{x+y}{1-xy}$；　(8) $u=x^{\frac{y}{z}}$；

(9) $u=\arctan(x-y)^z$；　(10) $u=\frac{1}{\sqrt{x^2+y^2+z^2}}$.

2. 设 $f(x, y)=\sqrt{x^4-\sin^2 y}$，求 $f'_x(1, 0)$，$f'_y(1, 0)$.

3. 设 $z=\ln(\sqrt{x}+\sqrt{y})$，试证：
$$x\frac{\partial z}{\partial x}+y\frac{\partial z}{\partial y}=\frac{1}{2}.$$

4. 验证函数 $u=y^{\frac{y}{x}\sin\frac{y}{x}}$ 满足方程
$$x^2\frac{\partial u}{\partial x}+xy\frac{\partial u}{\partial y}=yu\sin\frac{y}{x}.$$

5. 求下列函数的二阶偏导数：

(1) $z=x^{2y}$；

(2) $z=\sin^2(ax+by)$　(a，b 均为常数)；

(3) $z=\arctan\frac{y}{x}$.

6. 设 $f(x, y, z)=xy^2+yz^2+zx^2$，求 $f''_{xx}(0, 0, 1)$，$f''_{yz}(0, -1, 0)$及 $f''_{zx}(1, 0, 2)$.

7. 设 $u=\sqrt{x^2+y^2+z^2}$，证明：$\frac{\partial^2 u}{\partial x^2}+\frac{\partial^2 u}{\partial y^2}+\frac{\partial^2 u}{\partial z^2}=\frac{2}{u}$.

8. 设 $z=\arccos\sqrt{\frac{x}{y}}$，验证：

$$\frac{\partial^2 z}{\partial x\partial y}=\frac{\partial^2 z}{\partial y\partial x}.$$

9.验证：

(1)$y=e^{-km^2}\sin nx$ 满足$\frac{\partial y}{\partial t}=k\frac{\partial^2 y}{\partial x^2}$；

(2)$r=\sqrt{x^2+y^2+z^2}$满足$\frac{\partial^2 r}{\partial x^2}+\frac{\partial^2 r}{\partial y^2}+\frac{\partial^2 r}{\partial z^2}=\frac{2}{r}$.

§8.4 全微分及其应用

§8.4.1 全微分的定义

如果一元函数 $y=f(x)$在点 x_0 处的导数 $f'(x_0)$存在，则函数 $y=f(x)$在点 x_0 的增量 Δy 可以表示为

$$\Delta y=f(x_0+\Delta x)-f(x_0)=f'(x_0)\Delta x+o(\Delta x).$$

式中，$o(\Delta x)$表示当 $\Delta x\to 0$ 时较 Δx 高阶的无穷小，$dy=f'(x_0)\Delta x$ 是函数 $y=f(x)$在点 x_0 处增量的线性部分，称为在这点处的微分. 当 Δx 很小时，可以用 dy 近似地表示增量 Δy. 对于二元函数也有类似的讨论.

在实际问题中，常常需要知道多元函数所有自变量改变时函数的全面变化情况，即对二元函数，当自变量 x，y 同时取得微小改变量 Δx，Δy 时，对应的函数改变量 Δz 与自变量的改变量 Δx，Δy 之间有什么样的依赖关系？这就需要引入全微分的概念.

例如，矩形金属板的面积 z 与其长 x 和宽 y 的关系为 $z=xy$，如果金属板受热时 x，y 产生增量 Δx，Δy，对应面积的增量为 Δz，则

$$\Delta z=(x+\Delta x)(y+\Delta y)-xy=y\Delta x+x\Delta y+\Delta x\Delta y.$$

式中，$y\Delta x+x\Delta y$ 是 Δx，Δy 的线性函数. 当 $\Delta x\to 0$，$\Delta y\to 0$ 或 $\rho=\sqrt{(\Delta x)^2+(\Delta y)^2}\to 0$ 时，

$$\Delta x\Delta y\leqslant\frac{1}{2}(\Delta x^2+\Delta y^2)=\frac{1}{2}\rho^2$$

是比 ρ 高阶的无穷小，记为 $o(\rho)$.

因此，Δz 分解为关于 Δx，Δy 的线性部分(称线性主部)和关于 Δx，Δy 的高阶无穷小两部分. 当 Δx，Δy 很小时，常略去 $\Delta x\Delta y$，以 $y\Delta x+x\Delta y$ 近似表达 Δz.

定义 1 当 $z=f(x,y)$的自变量 x，y 在点(x_0,y_0)处分别取得改变量 Δx，Δy 时，如果全增量

$$\Delta z=f(x_0+\Delta x,y_0+\Delta y)-f(x_0,y_0)=A\Delta x+B\Delta y+o(\rho),$$

式中，A，B 是与 Δx，Δy 无关的常数. $\rho=\sqrt{(\Delta x)^2+(\Delta y)^2}$，则称 $f(x,y)$在点(x_0,y_0)处**可微**，并称线性主部 $A\Delta x+B\Delta y$ 为 $z=f(x,y)$在点(x_0,y_0)处的**全微分**，记为

$$dz=A\Delta x+B\Delta y.$$

如果函数 $f(x, y)$ 在区域 D 内的所有点 (x_0, y_0) 的全微分都存在，则称此函数在 D **内可微**.

下面我们讨论二元函数可微与连续、可微与偏导数存在(即可导)的关系，进而解决全微分的计算问题.

定理 1　若 $z=f(x, y)$ 在点 (x_0, y_0) 处可微，则它在点 (x_0, y_0) 处连续.

证明　要证 $f(x, y)$ 在点 (x_0, y_0) 处连续，就是要证

$$\lim_{(\Delta x, \Delta y)\to(0, 0)}[f(x_0+\Delta x, y_0+\Delta y)-f(x_0, y_0)]=0.$$

已知 $z=f(x, y)$ 在 (x_0, y_0) 处可微，所以当

$$\rho=\sqrt{(\Delta x)^2+(\Delta y)^2}\to 0$$

时，有

$$\Delta z=f(x_0+\Delta x, y_0+\Delta y)-f(x_0, y_0)=A\Delta x+B\Delta y+o(\rho),$$

从而有

$$\lim_{(\Delta x, \Delta y)\to(0, 0)}\Delta z=0.$$

即函数在点 (x_0, y_0) 处连续.

定理 2(必要条件)　若 $z=f(x, y)$ 在点 (x_0, y_0) 处可微，则它在点 (x_0, y_0) 处的各偏导数都存在，且

$$dz=f'_x(x_0, y_0)dx+f'_y(x_0, y_0)dy.$$

证明　由假设

$$\Delta z=A\Delta x+B\Delta y+o(\rho).$$

特别地，当 $\Delta y=0$ 时，上式也成立，有

$$\Delta_x z=A\Delta x+o(|\Delta x|)\quad(\Delta x\to 0),$$

所以

$$\lim_{\Delta x\to 0}\frac{\Delta_x z}{\Delta x}=\lim_{\Delta x\to 0}\left(A+\frac{o(|\Delta x|)}{\Delta x}\right)=A,$$

即

$$f'_x(x_0, y_0)=A.$$

同理得

$$f'_y(x_0, y_0)=B.$$

因此

$$dz=f'_x(x_0, y_0)\Delta x+f'_y(x_0, y_0)\Delta y.$$

特别地，当 $f(x, y)=x$ 时，因为 $f'_x(x, y)=1$，$f'_y(x, y)=0$，故有 $dx=\Delta x$. 同理，当 $f(x, y)=y$ 时，有 $dy=\Delta y$，即自变量的微分与自变量的改变量相等，因此，若 $z=f(x, y)$ 在点 (x, y) 处可微，则有

$$dz=f'_x(x, y)dx+f'_y(x, y)dy=\frac{\partial z}{\partial x}dx+\frac{\partial z}{\partial y}dy.\tag{8.1}$$

这个定理说明在可微的前提下，用偏导数作为 dx，dy 的系数，就可以把全微分表示出来. 但给定的函数在一点处是否可微却不能由这一公式确定，因为偏导数存在时函数并不一定连续，当然更不能保证全微分存在. 但偏导数若具备一定条件，就可保证函数的可微性.

定理 3(函数可微的充分条件)　设函数 $z=f(x, y)$ 在点 (x, y) 的某一邻域偏导数 $f'_x(x, y)$，$f'_y(x, y)$ 存在且连续，则函数 $z=f(x, y)$ 在点 (x, y) 处可微.

证明　$\Delta z=f(x+\Delta x, y+\Delta y)-f(x, y)$

$$=[f(x+\Delta x, y+\Delta y)-f(x+\Delta x, y)]+[f(x+\Delta x, y)-f(x, y)],$$

由于 $f'_x(x, y)$ 及 $f'_y(x, y)$ 在 (x, y) 及其附近存在且连续，所以当 Δx，Δy 充分小时，应

用微分中值定理可得

$$\Delta z = f'_y(x+\Delta x, y+\theta_1\Delta y)\Delta y + f'_x(x+\theta_2\Delta x, y)\Delta x,$$

式中，$0<\theta_1<1$，$0<\theta_2<1$.

因为 $f'_x(x, y)$ 及 $f'_y(x, y)$ 在点 (x, y) 处连续，所以

$$f'_y(x+\Delta x, y+\theta_1\Delta y) = f'_y(x, y)+\alpha,$$
$$f'_x(x+\theta_2\Delta x, y) = f'_x(x, y)+\beta.$$

当 $\Delta x\to 0$，$\Delta y\to 0$ 时，$\alpha\to 0$，$\beta\to 0$，

$$\begin{aligned}\Delta z &= f'_x(x, y)\Delta x + f'_y(x, y)\Delta y + \beta\Delta x + \alpha\Delta y\\ &= f'_x(x, y)\Delta x + f'_y(x, y)\Delta y + o(\rho).\end{aligned}$$

根据定义，$z=f(x, y)$ 在点 (x, y) 处可微.

例 1 求 $z=x^2+y^2$ 的全微分.

解 函数的定义域 $D=\boldsymbol{R}^2$，由求导法则，得

$$\frac{\partial z}{\partial x}=2x,\quad \frac{\partial z}{\partial y}=2y,$$

均为 $\boldsymbol{R}^2$ 上的连续函数，所以在 $\boldsymbol{R}^2$ 上可微，且

$$dz=2x\,dx+2y\,dy.$$

例 2 求 $u=xy^2z^3$ 的全微分.

解 函数的定义域 $D=\boldsymbol{R}^3$，由求导法则，得

$$\frac{\partial u}{\partial x}=y^2z^3,\quad \frac{\partial u}{\partial y}=2xyz^3,\quad \frac{\partial u}{\partial z}=3xy^2z^2,$$

均为 $\boldsymbol{R}^3$ 上的连续函数，所以在 $\boldsymbol{R}^3$ 上可微，且

$$du = y^2z^3dx+2xyz^3dy+3xy^2z^2dz = yz^2(yz\,dx+2xz\,dy+3xy\,dz).$$

例 3 讨论函数 $f(x,y)=\begin{cases} xy\sin\dfrac{1}{\sqrt{x^2+y^2}}, & (x,y)\neq(0,0),\\ 0, & (x,y)=(0,0).\end{cases}$

的偏导数存在与连续性以及可微性.

解 因为 $f'_x(0,0)=\lim\limits_{\Delta x\to 0}\dfrac{f(\Delta x,0)-f(0,0)}{\Delta x}=\lim\limits_{\Delta x\to 0}\dfrac{0-0}{\Delta x}=0$，

所以 $f'_x(x,y)=\begin{cases} y\sin\dfrac{1}{\sqrt{x^2+y^2}}-\dfrac{x^2y}{\sqrt{(x^2+y^2)^3}}\cos\dfrac{1}{\sqrt{x^2+y^2}}, & (x,y)\neq(0,0),\\ 0, & (x,y)=(0,0).\end{cases}$

当 $(x,y)\neq(0,0)$ 时，$f'_x(x,y)$ 连续，但

$$\lim_{(x,y)\to(0,0)} f'_x(x,y)=\lim_{\substack{y=x\\ x\to 0}}\left(x\sin\frac{1}{\sqrt{2}|x|}-\frac{x^3}{2\sqrt{2}|x|^3}\cos\frac{1}{\sqrt{2}|x|}\right)$$

不存在，从而 $f'_x(x,y)$ 在 $(0,0)$ 处不连续.

由函数表达式的对称性，$f'_y(x,y)$ 在 $\boldsymbol{R}^2$ 上存在，当 $(x,y)\neq(0,0)$ 时，$F'_y(x,y)$ 连续，但在 $(0,0)$ 处不连续. 由可微的充分条件，当 $(x,y)\neq(0,0)$ 时，$F(x,y)$ 是可微的. 在点 $(x,y)=(0,0)$ 处不满足充分条件，可微性只能用定义判断.

$$\lim_{\rho\to0}\frac{\Delta f(0,0)-f'_x(0,0)\Delta x-f'_y(0,0)\Delta y}{\rho}$$

$$=\lim_{\rho\to0}\frac{\Delta x\cdot\Delta y}{\sqrt{\Delta x^2+\Delta y^2}}\sin\frac{1}{\sqrt{\Delta x^2+\Delta y^2}}=\lim_{\rho\to0}\rho\cos\theta\sin\theta\sin\frac{1}{\rho}=0.$$

由可微的定义知 $f(x,y)$ 在点 $(0,0)$ 处可微，且 $f(0,0)=0$.

多元函数连续可导，可微的关系

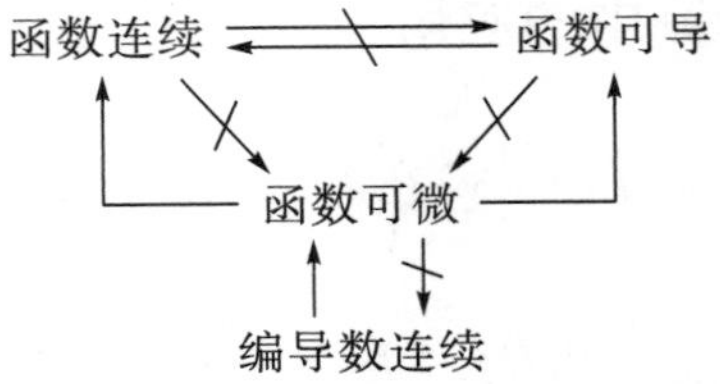

设 $z=f(x,y)$ 的定义域为 D，在 $D_1\subset D$ 内每点都可微，则对 D_1 内的任意点 $P(x,y)$，都对应唯一的微分，称为微分函数或微分，即

$$dz(x,y)=f'_x(x,y)dx+f'_y(x,y)dy$$

是定义在 D_1 上的二元函数(把 dx,dy 看作常数).

和一元函数类似，二元函数有相应的四则微分法则. 设 $f(x,y)$ 和 $g(x,y)$ 都在 (x,y) 处可微，c 为常数，则

$$d(c)=0;\qquad d[f\pm g]=df\pm dg;$$

$$d[f\cdot g]=g\cdot df+f\cdot dg;\qquad d\left(\frac{f}{g}\right)=\frac{g\cdot df-f\cdot dg}{g^2}.$$

二元函数的微分定义和求微分的法则可推广到三元及三元以上函数. 例如，三元函数 $u=f(x,y,z)$ 在 $(x,y,z)\in D$ 上可微，则

$$du=\frac{\partial u}{\partial x}dx+\frac{\partial u}{\partial y}dy+\frac{\partial u}{\partial z}dz.$$

多元函数的全微分等于它的各个偏微分之和，称全微分符合叠加原理.

例 4　设 $z=f(x,y)$ 在 $\boldsymbol{R}^2$ 上有连续的偏导数，且 $dz=(2x+3x^2y^3)dx+(2y+3x^3y^2)dy$. 求 $f(x,y)$ 的表达式.

解　由全微分 $f(x,y)=\frac{\partial f}{\partial x}\cdot dx+\frac{\partial f}{\partial y}\cdot dy$，可知

$$\begin{cases}\dfrac{\partial f}{\partial x}=2x+3x^2y^3,\\ \dfrac{\partial f}{\partial y}=2y+3x^3y^2.\end{cases}$$

因为 f 对 x 求偏导，是把 y 看作常数，所以

$$f(x,y)=\int(2x+3x^2y^3)dx=x^2+x^3y^3+c(y),$$

式中，$c(y)$ 是 y 的任意可导函数，代入第二个等式，得

$$\frac{\partial f}{\partial y}=3x^3y^2+c'(y)=2y+3x^3y^2.$$

可得 $c'(y)=2y$，即 $c(y)=y^2+c$.

所以 $f(x,y)=x^2+y^2+x^3\cdot y^3+c$.

若 $f(x,y)$ 有二阶连续偏导数，令 $df(x,y)=P(x,y)dx+Q(x,y)dy$，则

$$\frac{\partial P}{\partial y}=\frac{\partial Q}{\partial x}.$$

解微分方程 $(2x+3x^2y^3)dx+(2y+3x^3y^2)dy=0$，因为左边是某个函数的全微分，这个方程也叫全微分方程，其通解为 $x^2+y^2+x^3y^3=C$.

§8.4.2 全微分在近似计算中的应用

由以上讨论可知，若函数 $z=f(x, y)$ 在点 (x_0, y_0) 处可微，则函数的全增量可以表示为

$$\begin{aligned}\Delta z &= f(x_0+\Delta x, y_0+\Delta y)-f(x_0, y_0)\\ &\approx f'_x(x_0, y_0)\Delta x+f'_y(x_0, y_0)\Delta y,\end{aligned} \tag{8.2}$$

或

$$f(x_0+\Delta x, y_0+\Delta y)\approx f(x_0, y_0)+f'_x(x_0, y_0)\Delta x+f'_y(x_0, y_0)\Delta y. \tag{8.3}$$

式(8.2)、(8.3)可以用来计算 Δz 和 $f(x_0+\Delta x, y_0+\Delta y)$ 的近似值，式(8.2)还可以用来估计误差.

(1)计算函数的近似值.

例 5 厚度为 0.1 cm，内高为 20 cm，内半径为 4 cm 的无盖圆桶，如图 8.10、图 8.11 所示，求其外壳体积的近似值.

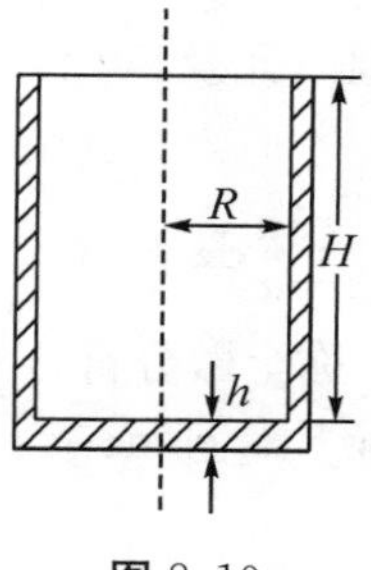

图 8.10

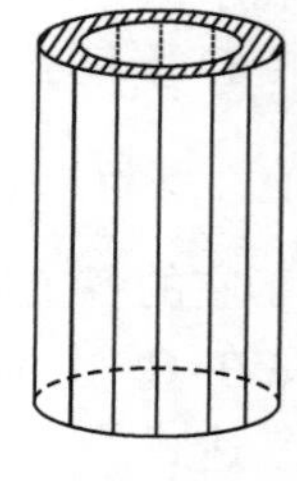

图 8.11

解 记圆桶外壳厚度为 h，内高为 H，内半径为 R，则外壳体积为

$$V=\pi(R+h)^2(H+h)-\pi R^2H.$$

因此，该体积 V 就是函数

$$z=\pi R^2H$$

在 $R=4$，$H=20$ 处，当 $\Delta R=h=0.1$，$\Delta H=h=0.1$ 时的全增量 Δz. 所以

$$\begin{aligned}V=\Delta z\approx dz&=\left.\frac{\partial z}{\partial R}\right|_{(4, 20)}\Delta R+\left.\frac{\partial z}{\partial H}\right|_{(4, 20)}\Delta H\\ &=2\pi RH\big|_{(4, 20)}\times 0.1+\pi R^2\big|_{(4, 20)}\times 0.1\\ &=160\pi\times 0.1+16\pi\times 0.1=17.6\pi\approx 55.3.\end{aligned}$$

故所求外壳的近似体积 $V\approx 55.3(cm^3)$.

例 6 计算 $\ln(\sqrt[3]{1.03}+\sqrt[4]{0.98}-1)$ 的近似值.

解 取二元函数 $f(x, y)=\ln(\sqrt[3]{x}+\sqrt[4]{y}-1)$.

令 $x_0=1$，$\Delta x=0.03$；$y_0=1$，$\Delta y=-0.02$. 于是由式(8.3)可得

$$\ln(\sqrt[3]{1.03}+\sqrt[4]{0.98}-1)=f(x_0+\Delta x,\ y_0+\Delta y)$$
$$\approx f(x_0,\ y_0)+f'_x(x_0,\ y_0)\Delta x+f'_y(x_0,\ y_0)\Delta y,$$

而

$$f(x_0,\ y_0)=f(1,\ 1)=0,$$
$$f'_x(x_0,\ y_0)=f'_x(1,\ 1)=\frac{1}{3},$$
$$f'_y(x_0,\ y_0)=f'_y(1,\ 1)=\frac{1}{4},$$

所以

$$\ln(\sqrt[3]{1.03}+\sqrt[4]{0.98}-1)\approx\frac{1}{3}\times 0.03-\frac{1}{4}\times 0.02=0.005.$$

(2)误差估计.

已知 x，y 的最大绝对误差(绝对误差限)是 $\Delta^* x$，$\Delta^* y$，问由 $z=f(x,\ y)$来计算 z 时，误差多大?

当 x，y 分别有误差 Δx，Δy 时，z 的误差为

$$\Delta z=f(x+\Delta x,\ y+\Delta y)-f(x,\ y)\approx\frac{\partial z}{\partial x}\Delta x+\frac{\partial z}{\partial y}\Delta y,$$

因此

$$|\Delta z|\approx\left|\frac{\partial z}{\partial x}\Delta x+\frac{\partial z}{\partial y}\Delta y\right|\leqslant\left|\frac{\partial z}{\partial x}\right||\Delta x|+\left|\frac{\partial z}{\partial y}\right||\Delta y|$$
$$\leqslant\left|\frac{\partial z}{\partial x}\right|\Delta^* x+\left|\frac{\partial z}{\partial y}\right|\Delta^* y,$$

即 z 的最大绝对误差为

$$\Delta^* z=\left|\frac{\partial z}{\partial x}\right|\Delta^* x+\left|\frac{\partial z}{\partial y}\right|\Delta^* y,$$

而最大相对误差为

$$\delta^* z=\frac{\Delta^* z}{|z|}=\left|\frac{1}{z}\frac{\partial z}{\partial x}\right|\Delta^* x+\left|\frac{1}{z}\frac{\partial z}{\partial y}\right|\Delta^* y.$$

例 7　用秒摆测重力加速度 g，测量的结果为：摆长 $l=100\pm 0.1$ cm，周期 $T=2\pm 0.004$ s，问由于 l 与 T 的误差所引起的 g 的误差是多大?

解　因 $g=\frac{4\pi^2 l}{T^2}$，所以

$$\mathrm{d}g=4\pi^2\left(\frac{\mathrm{d}l}{T^2}-\frac{2l}{T^3}\mathrm{d}T\right),$$
$$|\mathrm{d}g|\leqslant 4\pi^2\left(\left|\frac{\mathrm{d}l}{T^2}\right|+\left|\frac{2l}{T^3}\right|\cdot|\mathrm{d}T|\right)$$
$$=4\pi^2\left(\frac{0.1}{4}+\frac{200}{8}\times 0.004\right)$$
$$=0.5\pi^2(\mathrm{cm/s^2}).$$

即所测得的 g 的误差不超过 $0.5\pi^2\ \mathrm{cm/s^2}$.

习题 8−4

1. 填空.

(1) $f(x,y)$ 在点 (x,y) 处可微是 $f(x,y)$ 在该点连续的________条件. $f(x,y)$ 在点 (x,y) 处连续是 $f(x,y)$ 在该点可微的________条件.

(2) $z=f(x,y)$ 在点 (x,y) 处的偏导数 $\frac{\partial z}{\partial x}$ 及 $\frac{\partial z}{\partial y}$ 存在是 $f(x,y)$ 在该点可微的________条件；$z=f(x,y)$ 在点 (x,y) 处可微是函数在该点的偏导数 $\frac{\partial z}{\partial x}$ 及 $\frac{\partial z}{\partial y}$ 存在的________条件.

(3) $z=f(x,y)$ 的偏导数 $\frac{\partial z}{\partial x}$ 及 $\frac{\partial z}{\partial y}$ 在点 (x,y) 处存在且连续是 $f(x,y)$ 在该点可微的________条件.

(4) 函数 $z=f(x,y)$ 的两个二阶混合偏导数 $\frac{\partial^2 z}{\partial x\partial y}$ 及 $\frac{\partial^2 z}{\partial y\partial x}$ 在区域 D 内连续是这两个二阶混合偏导数在 D 内相等的________条件.

2. 求下列函数的全微分：

(1) $z=x^2y^2$；　　(2) $z=\sqrt{\frac{x}{y}}$；

(3) $z=\mathrm{e}^{x+2y}$；　　(4) $z=\ln(x^2+3y^2)$；

(5) $z=xy+\frac{x}{y}$；　　(6) $z=\mathrm{e}^{\frac{y}{x}}$；

(7) $u=\sqrt{x^2+y^2+z^2}$；　　(8) $z=\arctan\frac{x+y}{1-xy}$.

3. 求函数 $z=\ln\sqrt{1+x^2+y^2}$ 在点(1, 1)处的全微分.

4. 当 $x=2$，$y=-1$，$\Delta x=0.02$，$\Delta y=-0.01$ 时，试求函数 $z=x^2y^3$ 的全增量和全微分.

5. 当 $x=1$，$y=1$，$\Delta x=0.15$，$\Delta y=0.1$ 时，试求函数 $z=\mathrm{e}^{xy}$ 的全微分.

6. 利用全微分计算近似值.

(1) $\sqrt{(1.02)^3+(1.97)^3}$；

(2) $(1.04)^{2.03}$.

7. 证明：$z=\varphi(x)\psi(y)$ 满足方程 $z\frac{\partial^2 z}{\partial x\partial y}=\frac{\partial z}{\partial x}\frac{\partial z}{\partial y}$（$\varphi(x)$，$\psi(y)$ 可微）.

8. 证明：$z=\ln(\mathrm{e}^x+\mathrm{e}^y)$ 满足方程

$$\frac{\partial^2 z}{\partial x^2}\frac{\partial^2 z}{\partial y^2}-\left(\frac{\partial^2 z}{\partial x\partial y}\right)^2=0.$$

9. 当扇形的中心角 $\alpha=60°$ 增加 $\Delta\alpha=1°$ 时，为了使扇形的面积保持不变，应当把扇形的半径从 $R=20$ cm 减少多少？

10. 有一用水泥和沙砌成的无盖长方体水池，它的外形长 5 m、宽 4 m、高 3 m，它的四壁及底的厚度均为 20 cm，试求所需水泥和沙的体积的近似值.

§8.5　多元复合函数求导法则

§8.5.1　链式法则

实际问题中常常需要计算复合函数的偏导数. 本节将一元复合函数的求导法则推广到多元复合函数的情形. 同样地，多元复合函数求导法则在多元函数微分学中也起着重要的作用. 下面按照不同的复合情形，分别讨论.

例如 $V=\frac{RT}{P}$(R 为常数)，考虑变量 P，T 都随时间变化，即 $P=P(t)$，$T=T(t)$时，V 就通过中间变量 P，T 成为 t 的复合函数，即

$$V(t)=\frac{RT(t)}{P(t)},$$

求 V 对 t 的变化率，就是求复合函数的导数.

定理 1　设 $x=x(t)$，$y=y(t)$都在点 $t=t_0$ 处可导. 函数 $z=f(x,y)$在对应的点 $(x_0,y_0)=(x(t_0),y(t_0))$处可微，则复合函数

$$z=f[x(t),\ y(t)]$$

在 $t=t_0$ 处可导，且

$$\left.\frac{\mathrm{d}z}{\mathrm{d}t}\right|_{t=t_0}=\left.\frac{\partial z}{\partial x}\right|_{(x_0,y_0)}\left.\frac{\mathrm{d}x}{\mathrm{d}t}\right|_{t=t_0}+\left.\frac{\partial z}{\partial y}\right|_{(x,y_0)}\left.\frac{\mathrm{d}y}{\mathrm{d}t}\right|_{t=t_0}. \tag{8.4}$$

证明　当 t 有一个改变量 Δt 时，$x=x(t)$，$y=y(t)$分别有改变量 Δx，Δy，而 Δx，Δy 对应的 z 有改变量 Δz，由于 $z=f(x,\ y)$可微，则

$$\Delta z=\mathrm{d}z+o(\rho)=\frac{\partial z}{\partial x}\Delta x+\frac{\partial z}{\partial y}\Delta y+o(\rho),$$

式中，$\rho=\sqrt{(\Delta x)^2+(\Delta y)^2}$. 由此

$$\frac{\Delta z}{\Delta t}=\frac{\partial z}{\partial x}\frac{\Delta x}{\Delta t}+\frac{\partial z}{\partial y}\frac{\Delta y}{\Delta t}+\frac{o(\rho)}{\Delta t}, \tag{8.5}$$

式中，$\frac{o(\rho)}{\Delta t}=\frac{o(\rho)}{\rho}\cdot\frac{\rho}{\Delta t}=\frac{o(\rho)}{\rho}\sqrt{\left(\frac{\Delta x}{\Delta t}\right)^2+\left(\frac{\Delta y}{\Delta t}\right)^2}\to 0$(当 $\Delta t\to 0$ 时).

当 $\Delta t\to 0$ 时，$\frac{\Delta x}{\Delta t}$与$\frac{\Delta y}{\Delta t}$分别取极限$\frac{\mathrm{d}x}{\mathrm{d}t}$与$\frac{\mathrm{d}y}{\mathrm{d}t}$，对式(8.5)的两端取极限

$$\lim_{\Delta t\to 0}\frac{\Delta z}{\Delta t}=\frac{\partial z}{\partial x}\frac{\mathrm{d}x}{\mathrm{d}t}+\frac{\partial z}{\partial y}\frac{\mathrm{d}y}{\mathrm{d}t},$$

即复合函数 $z=f(u(t),v(t))$在 t_0 处可导，且

$$\frac{\mathrm{d}z}{\mathrm{d}t}=\frac{\partial z}{\partial x}\frac{\mathrm{d}x}{\mathrm{d}t}+\frac{\partial z}{\partial y}\frac{\mathrm{d}y}{\mathrm{d}t}.$$

证毕.

同样的方法，可推广到有多个中间变量的情形. 设 $z=z(u,v,w)=z(u(t),v(t),$

$w(t)$)，则在类似的条件下，有公式

$$\frac{dz}{dt}=\frac{\partial z}{\partial u}\frac{du}{dt}+\frac{\partial z}{\partial v}\frac{dv}{dt}+\frac{\partial z}{\partial w}\frac{dw}{dt}. \tag{8.6}$$

特别地，若 $y=y(x)$，则 $z=z(x, y)=z[x, y(x)]$，于是

$$\frac{dz}{dx}=\frac{\partial z}{\partial x}+\frac{\partial z}{\partial y}\frac{dy}{dx}.$$

式中，导数$\frac{dz}{dx}$称为全导数. 我们要注意全导数$\frac{dz}{dx}$和偏导数$\frac{\partial z}{\partial x}$的含义和区别. $\frac{\partial z}{\partial x}$表示 z 是 x,y 的二元函数，把 y 看作常数，只让 x 变化的偏导数. 而$\frac{dz}{dx}$表示 z 是 x 的复合函数，复合后是一元函数，要把 y 作为 x 的函数. x 变化时 y 也变化，即复合后一元函数的导数.

例 1 $z=x^2-y^2$，$x=\sin t$，$y=\cos t$，求$\frac{dz}{dt}$.

解 因为自变量为 t，x，y 是中间变量，z 是 t 的复合函数，且

$$\frac{\partial z}{\partial x}=2x=2\sin t, \quad \frac{\partial z}{\partial y}=-2y=-2\cos t,$$

$$\frac{dx}{dt}=\cos t, \quad \frac{dy}{dt}=-\sin t.$$

所以

$$\begin{aligned}\frac{dz}{dt}&=\frac{\partial z}{\partial x}\frac{dx}{dt}+\frac{\partial z}{\partial y}\frac{dy}{dt}=2\sin t\cos t+(-2\cos t)(-\sin t)\\&=4\sin t\cos t=2\sin 2t.\end{aligned}$$

实际上，

$$z=x^2-y^2=-(\cos^2 t-\sin^2 t)=-\cos 2t,$$

$$\frac{dz}{dt}=2\sin 2t.$$

两者结果一致.

例 2 设 $w=u^2+uv+v^2$，$u=x^2$，$v=2x+1$，求$\frac{dw}{dx}$.

解

$$\begin{aligned}\frac{dw}{dx}&=\frac{\partial w}{\partial u}\frac{du}{dx}+\frac{\partial w}{\partial v}\frac{dv}{dx}\\&=(2u+v)\cdot 2x+(u+2v)\cdot 2\\&=4x^3+6x^2+10x+4.\end{aligned}$$

例 3 设 $u=\frac{y}{x}$，$y=\sqrt{1-x^2}$，求$\frac{du}{dx}$.

解

$$\frac{\partial u}{\partial x}=-\frac{y}{x^2}, \quad \frac{\partial u}{\partial y}=\frac{1}{x},$$

$$\frac{dy}{dx}=-\frac{x}{\sqrt{1-x^2}}=-\frac{x}{y},$$

$$\frac{du}{dx}=\frac{\partial u}{\partial x}+\frac{\partial u}{\partial y}\frac{dy}{dx}=-\frac{y}{x^2}+\frac{1}{x}\left(-\frac{x}{y}\right)=-\frac{x^2+y^2}{x^2y}=-\frac{1}{x^2\sqrt{1-x^2}}.$$

当自变量是两个时，如何计算复合函数的偏导数呢？

定理 2　设函数 $x=u(s,t)$，$y=v(s,t)$的偏导数$\frac{\partial x}{\partial s}$，$\frac{\partial y}{\partial s}$，$\frac{\partial x}{\partial t}$，$\frac{\partial y}{\partial t}$在点$(s,t)$处都存在，而函数 $z=f(x,y)$在对应于(s,t)的点(x,y)处可微，则复合函数 $z=f[u(s,t),v(s,t)]$对于 s，t 的偏导数存在，且

$$\frac{\partial z}{\partial s}=\frac{\partial f}{\partial x}\frac{\partial x}{\partial s}+\frac{\partial f}{\partial y}\frac{\partial y}{\partial s},$$

$$\frac{\partial z}{\partial t}=\frac{\partial f}{\partial x}\frac{\partial x}{\partial t}+\frac{\partial f}{\partial y}\frac{\partial y}{\partial t}.$$

本定理证明方法与定理 1 类似，例如对 s 求偏导数时，视 t 为常量，实质上就是定理 1 的情形，只是相应地把导数符号换成偏导数符号.

设函数 $u=u(x,y)$，$v=v(x,y)$在(x_0,y_0)处可导，函数 $z=f(x,u,v)$在对应点(x_0,u_0,v_0)可微，则复合函数 $z=f[x,u(x,y),v(x,y)]$对于 x，y 的偏导数存在，且

$$\frac{\partial z}{\partial x}=\frac{\partial f}{\partial x}+\frac{\partial f}{\partial u}\cdot\frac{\partial u}{\partial x}+\frac{\partial f}{\partial v}\cdot\frac{\partial v}{\partial x},$$

$$\frac{\partial z}{\partial y}=\frac{\partial f}{\partial u}\cdot\frac{\partial u}{\partial y}+\frac{\partial f}{\partial v}\cdot\frac{\partial v}{\partial y}.$$

这里要注意偏导数$\frac{\partial z}{\partial x}$的含义，没有复合时$\frac{\partial z}{\partial x}$表示三元函数 $z=f(x,u,v)$把 u、v 看作常数对 x 求偏导；有复合时，复合后 $z=f[x,u(x,y),v(x,y)]=z(x,y)$是关于 x、y 的二元函数，这时$\frac{\partial z}{\partial x}$表示把 y 看作常数(中间变量 u、v 随 x 变化而变化)，对 x 求偏导. 为了避免混淆，我们作一些约定：如果没有复合关系，是直接函数，则$\frac{\partial z}{\partial x}=\frac{\partial f}{\partial x}$，即 $z=f$；如果有复合关系，则一定要先复合，复合后再求导. 本情形中有复合关系，因此先复合后 z 是 x、y 的二元函数，$z\neq f$，因此$\frac{\partial z}{\partial x}\neq\frac{\partial f}{\partial x}$.

一般地，一个法则 f 给了以后，它的自变量及分量的位置不变. 为了方便，我们可以用数字下标表示分量的位置. 相应地，记

$$f'_1=\frac{\partial f}{\partial x},\ f'_2=\frac{\partial f}{\partial u},\ f'_3=\frac{\partial f}{\partial v}$$

以及

$$f''_{11}=\frac{\partial^2 f}{\partial x^2},\ f''_{12}=\frac{\partial^2 f}{\partial x\partial u},\ f''_{13}=\frac{\partial^2 f}{\partial u^2},\text{ 等等.}$$

如果变量间复合关系比较复杂，我们也可以画出变量的关系图：

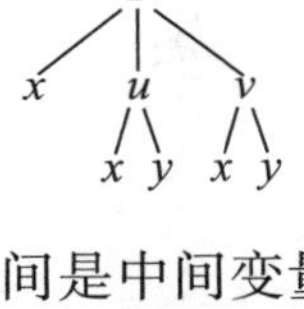

上边是因变量，下边是自变量，中间是中间变量. 如果多层复合也类似. 上面关系图中，x 既是中间变量，也是自变量. 由链式法则，有

$$\frac{\partial z}{\partial x}=f_1'+f_2'\cdot u_x+f_3'\cdot v_x,$$

$$\frac{\partial z}{\partial y}=f_2'\cdot u_y+f_3'\cdot v_y.$$

求复合函数的偏导数时要注意：弄清函数的复合关系；对某个自变量求偏导数，要经过一切相关的中间变量而归结到该自变量.

例 4　求 $z=(x^2+y^2)^{xy}$ 的偏导数.

解　引进中间变量 $u=x^2+y^2$，$v=xy$，则 $z=u^v$，$e^{v\ln u}$，z 是 x，y 的复合函数.

$$\frac{\partial z}{\partial u}=vu^{v-1},\quad \frac{\partial z}{\partial v}=u^v\ln u,$$

$$\frac{\partial u}{\partial x}=2x,\quad \frac{\partial u}{\partial y}=2y,\quad \frac{\partial v}{\partial x}=y,\quad \frac{\partial v}{\partial y}=x.$$

因此，

$$\begin{aligned}\frac{\partial z}{\partial x}&=vu^{v-1}2x+u^vy\ln u\\&=(x^2+y^2)^{xy}\left[\frac{2x^2y}{x^2+y^2}+y\ln(x^2+y^2)\right],\\\frac{\partial z}{\partial y}&=vu^{v-1}2y+u^vx\ln u\\&=(x^2+y^2)^{xy}\left[\frac{2xy^2}{x^2+y^2}+x\ln(x^2+y^2)\right].\end{aligned}$$

例 5　若 $z=f(x,y)$，$x=r\cos\theta$，$y=r\sin\theta$，证明：

$$\left(\frac{\partial z}{\partial r}\right)^2+\left(\frac{1}{r}\frac{\partial z}{\partial \theta}\right)^2=\left(\frac{\partial z}{\partial x}\right)^2+\left(\frac{\partial z}{\partial y}\right)^2.$$

证明　因为

$$\frac{\partial z}{\partial r}=\frac{\partial z}{\partial x}\frac{\partial x}{\partial r}+\frac{\partial z}{\partial y}\frac{\partial y}{\partial r}=\frac{\partial z}{\partial x}\cos\theta+\frac{\partial z}{\partial y}\sin\theta,$$

$$\frac{\partial z}{\partial \theta}=\frac{\partial z}{\partial x}\frac{\partial x}{\partial \theta}+\frac{\partial z}{\partial y}\frac{\partial y}{\partial \theta}=-\frac{\partial z}{\partial x}r\sin\theta+\frac{\partial z}{\partial y}r\cos\theta,$$

所以

$$\begin{aligned}&\left(\frac{\partial z}{\partial r}\right)^2+\left(\frac{1}{r}\frac{\partial z}{\partial \theta}\right)^2\\&=\left(\frac{\partial z}{\partial x}\cos\theta+\frac{\partial z}{\partial y}\sin\theta\right)^2+\left(-\frac{\partial z}{\partial x}\sin\theta+\frac{\partial z}{\partial y}\cos\theta\right)^2\\&=\left(\frac{\partial z}{\partial x}\right)^2\cos^2\theta+2\frac{\partial z}{\partial x}\frac{\partial z}{\partial y}\sin\theta\cos\theta+\left(\frac{\partial z}{\partial y}\right)^2\sin^2\theta+\\&\quad\left(\frac{\partial z}{\partial x}\right)^2\sin^2\theta-2\frac{\partial z}{\partial x}\frac{\partial z}{\partial y}\sin\theta\cos\theta+\left(\frac{\partial z}{\partial y}\right)^2\cos^2\theta.\end{aligned}$$

合并同类项，并利用 $\sin^2\theta+\cos^2\theta=1$，即得

$$\left(\frac{\partial z}{\partial r}\right)^2+\left(\frac{1}{r}\frac{\partial z}{\partial \theta}\right)^2=\left(\frac{\partial z}{\partial x}\right)^2+\left(\frac{\partial z}{\partial y}\right)^2.$$

例 6　设 $z=e^u\sin v$，其中 $u=xy$，$v=x+y$，求$\frac{\partial z}{\partial x}$，$\frac{\partial z}{\partial y}$.

解　$\frac{\partial z}{\partial x}=\frac{\partial z}{\partial u}\frac{\partial u}{\partial x}+\frac{\partial z}{\partial v}\frac{\partial v}{\partial x}=e^u y\sin v+e^u\cos v=e^{xy}[y\sin(x+y)+\cos(x+y)]$，

$\frac{\partial z}{\partial y}=\frac{\partial z}{\partial u}\frac{\partial u}{\partial y}+\frac{\partial z}{\partial v}\frac{\partial v}{\partial y}=e^u x\sin v+e^u\cos v=e^{xy}[x\sin(x+y)+\cos(x+y)]$.

例 7　设 $z=f[x^2+y^2,\ \sin(xy)]$，其中 f 为可微函数，求$\frac{\partial z}{\partial x}$，$\frac{\partial z}{\partial y}$.

解　本题给出的函数没有具体的表达式，这类函数称为抽象函数. 求抽象复合函数的偏导数，可以先设中间变量. 令 $u=x^2+y^2$，$v=\sin(xy)$，则 $z=f(u,v)$.

由复合函数的偏导数链式法则有

$$\frac{\partial z}{\partial x}=\frac{\partial f}{\partial u}\frac{\partial u}{\partial x}+\frac{\partial f}{\partial v}\frac{\partial v}{\partial x}=2x\frac{\partial f}{\partial u}+y\cos(xy)\frac{\partial f}{\partial v}=2xf'_u+y\cos(xy)f'_v,$$

$$\frac{\partial z}{\partial y}=\frac{\partial f}{\partial u}\frac{\partial u}{\partial y}+\frac{\partial f}{\partial v}\frac{\partial v}{\partial y}=2y\frac{\partial f}{\partial u}+x\cos(xy)\frac{\partial f}{\partial v}=2yf'_u+x\cos(xy)f'_v.$$

更方便地可用数字下标表示分量的位置，相应地链式法则为外法则对每个分量求偏导，每个分量再对自变量求导或求偏导. 因此，它们乘积的和：

$$\frac{\partial z}{\partial x}=f'_1\cdot\frac{\partial}{\partial x}(x^2+y^2)+f'_2\cdot\frac{\partial}{\partial x}(\sin xy)=2xf'_1+y\cos(xy)f'_2.$$

$$\frac{\partial z}{\partial y}=f'_1\cdot\frac{\partial}{\partial y}(x^2+y^2)+f'_2\cdot\frac{\partial}{\partial y}(\sin xy)=2yf'_1+x\cos(xy)f'_2.$$

例 8　设 $z=f(x^2y)$，f 为可微函数，求$\frac{\partial z}{\partial x}$，$\frac{\partial z}{\partial y}$.

解　令 $u=x^2y$，则 $z=f(u)$，

$$\frac{\partial z}{\partial x}=f'(u)\frac{\partial u}{\partial x}=2xyf'(x^2y),$$

$$\frac{\partial z}{\partial y}=f'(u)\frac{\partial u}{\partial y}=x^2f'(x^2y).$$

例 9　设 $z=xf\left(\frac{x}{y},\ \frac{y}{x}\right)$，$f$ 为可微函数，求$\frac{\partial z}{\partial x}$，$\frac{\partial z}{\partial y}$.

解　令 $u=\frac{x}{y}$，$v=\frac{y}{x}$，则 $z=xf(u,v)$，

$$\begin{aligned}\frac{\partial z}{\partial x}&=f\left(\frac{x}{y},\ \frac{y}{x}\right)+x\left[f'_u\frac{1}{y}+f'_v\left(-\frac{y}{x^2}\right)\right]\\&=f\left(\frac{x}{y},\ \frac{y}{x}\right)+\frac{x}{y}f'_u-\frac{y}{x}f'_v,\end{aligned}$$

$$\frac{\partial z}{\partial y}=x\left[f'_u\left(-\frac{x}{y^2}\right)+f'_v\frac{1}{x}\right]=-\frac{x^2}{y^2}f'_u+f'_v.$$

例 10　设 $z=f(x,\ x\cos y)$，f 为可微函数，求$\frac{\partial z}{\partial x}$，$\frac{\partial z}{\partial y}$.

解　令 $v=x\cos y$，则 $z=f(x,v)$，

$$\frac{\partial z}{\partial x}=\frac{\partial f}{\partial x}+f'_v\cos y=f'_x+f'_v\cos y,$$

$$\frac{\partial z}{\partial y}=f'_v(-x\sin y)=-xf'_v\sin y.$$

§8.5.2 复合函数的高阶偏导

应用中，常常需要计算复合函数的高阶偏导. 以二元函数和二元函数复合的情形为例，讨论求高阶偏导的方法.

设 $u=u(x,y)$，$v=v(x,y)$都在点(x,y)处具有二阶或高阶偏导数. $z=f(u,v)$在相应点(u,v)处具有连续的二阶或高阶偏导数，则

$$\frac{\partial z}{\partial x}=\frac{\partial f}{\partial u}\cdot\frac{\partial u}{\partial x}+\frac{\partial f}{\partial v}\cdot\frac{\partial v}{\partial x}=f'_1\cdot u'_x+f'_2\cdot v'_x,$$

式中，$\frac{\partial f}{\partial u}=f'_1$ 是法则 $f(u,v)$对中间变量(法则 f 的自变量)u 求导，偏函数$\frac{\partial f}{\partial u}$是 u、v 的函数. 因为有复合关系，因此$\frac{\partial f}{\partial u}$也是自变量 x,y 的复合函数

$$\frac{\partial f}{\partial u}=f'_1[u(x,y),v(x,y)].$$

它对 x 和 y 的偏导数为

$$\frac{\partial}{\partial x}\left(\frac{\partial f}{\partial u}\right)=f''_{11}\cdot u'_x+f''_{12}\cdot v'_x=\frac{\partial}{\partial x}(f'_1),$$

$$\frac{\partial}{\partial y}\left(\frac{\partial f}{\partial u}\right)=f''_{11}\cdot u'_y+f''_{12}\cdot v'_y=\frac{\partial}{\partial y}(f'_2).$$

同样

$$\frac{\partial}{\partial x}\left(\frac{\partial f}{\partial v}\right)=f''_{21}\cdot u'_x+f''_{22}\cdot v'_x,$$

$$\frac{\partial}{\partial y}\left(\frac{\partial f}{\partial v}\right)=f''_{21}\cdot u'_y+f''_{22}\cdot v'_y.$$

所以

$$\frac{\partial^2 z}{\partial x^2}=\frac{\partial}{\partial x}\left(\frac{\partial z}{\partial x}\right)=\frac{\partial}{\partial x}(f'_1\cdot u'_x+f'_2\cdot v'_x)$$
$$=(f''_{11}\cdot u'_x+f''_{12}\cdot v'_x)\cdot u'_x+f'_1\cdot u''_{xx}+(f''_{21}\cdot u'_x+f''_{22}\cdot v'_x)\cdot v'_x+f'_2\cdot v''_{xx}.$$

因为二阶偏导存在且连续，有 $f''_{12}=f''_{21}$，所以

$$\frac{\partial^2 z}{\partial x^2}=f''_{11}\cdot u'^2_x+2f''_{12}\cdot u'_xv'_x+f''_{22}\cdot v'^2_x+f'_1\cdot u''_{xx}+f'_2\cdot u''_{xx}.$$

其他的二阶偏导和高阶偏导类似，不再一一列举.

例 11 设 $v=xy+u$，$u=u(x,y)$，求 v'_x，v'_y，v''_{xx}，v''_{xy}，v''_{yy}.

解 v 既直接与 x，y 有关，也通过 u 与 x，y 有关，因此

$$v'_x=\frac{\partial v}{\partial x}=y+\frac{\partial u}{\partial x},\quad v'_y=\frac{\partial v}{\partial y}=x+\frac{\partial u}{\partial y},$$

$$v''_{xx}=\frac{\partial^2 v}{\partial x^2}=\frac{\partial^2 u}{\partial x^2},\quad v''_{xy}=\frac{\partial^2 v}{\partial x\partial y}=1+\frac{\partial^2 u}{\partial x\partial y},\quad v''_{yy}=\frac{\partial^2 v}{\partial y^2}=\frac{\partial^2 u}{\partial y^2}.$$

例 12　设 $u=f(x+y+z,xyz)$，f 具有二阶连续偏导数. 求$\frac{\partial u}{\partial x}\cdot\frac{\partial^2 u}{\partial x^2}\cdot\frac{\partial^2 u}{\partial x\partial z}$.

解

$$\begin{aligned}\frac{\partial u}{\partial x}&=f_1'\cdot\frac{\partial}{\partial x}(x+y+z)+f_2'\cdot\frac{\partial}{\partial x}(xyz)\\&=f_1'+yz\cdot f_2',\end{aligned}$$

$$\begin{aligned}\frac{\partial^2 u}{\partial x^2}&=\frac{\partial}{\partial x}(f_1')+yz\,\frac{\partial}{\partial x}(f_2')\\&=f_{11}''+yz\cdot f_{12}''+yz\cdot(f_{21}''+yz\cdot f_{22}'')\\&=f_{11}''+2yzf_{12}''+y^2z^2f_{22}'',\end{aligned}$$

$$\begin{aligned}\frac{\partial^2 u}{\partial x\partial z}&=\frac{\partial}{\partial z}(f_1'+yz\cdot f_2')\\&=f_{11}''+xy\cdot f_{12}''+yf_2'+yz\cdot(f_{21}''+xyf_{22}'')\\&=f_{11}''+(xy+yz)f_{21}''+xy^2zf_{22}''+yf_2'.\end{aligned}$$

说明:复合函数 $z=f[u(x,y),v(x,y)]$和 $f_1'[(x,y),v(x,y)]$(这里 f_1' 表示法则 f 对 u 的偏导数)有相同的分量关系. 如果求出$\frac{\partial}{\partial x}(f)=f_1'+yz\cdot f_2'$，则得到$\frac{\partial}{\partial x}(f_1')=f_{11}''+yzf_{12}''$，也是符合链式法则的.

例 13　设 $z=f(x,y)$，具有二阶连续偏导数. 证明变换 $x=\xi+\eta$，$y=\xi-3\eta$ 将方程 $\frac{\partial^2 z}{\partial x^2}-2\frac{\partial^2 z}{\partial x\partial y}-3\frac{\partial^2 z}{\partial y^2}=0$ 化为$\frac{\partial^2 z}{\partial\xi\partial\eta}=0$，并求方程的解 $z(x,y)$.

证明　设 $z=f(x,y)=f[x(\xi,\eta),y(\xi,\eta)]=z(\xi,\eta)$.

$$\frac{\partial z}{\partial\xi}=f_1'\cdot\frac{\partial x}{\partial\xi}+f_2'\cdot\frac{\partial x}{\partial\xi}=f_1'+f_2',$$

$$\begin{aligned}\frac{\partial^2 z}{\partial\xi\partial\eta}&=\frac{\partial}{\partial\eta}(f_1'+f_2')=f_{11}''\cdot\frac{\partial x}{\partial\eta}+f_{12}''\cdot\frac{\partial y}{\partial\eta}+f_{21}''\cdot\frac{\partial x}{\partial\eta}+f_{22}''\cdot\frac{\partial y}{\partial\eta}\\&=f_{11}''-3f_{12}''+f_{21}''-3f_{22}''.\end{aligned}$$

由 $f_{21}''=f_{12}''$及已知条件，得$\frac{\partial^2 z}{\partial\xi\partial\eta}=0$.

则$\frac{\partial z}{\partial\eta}=\varphi(\xi)$，$z=\int\varphi(\xi)\mathrm{d}\xi=\Phi(\xi)+\psi(\eta)$.

这里 Φ，ψ 是任意的可导函数，所以方程的解为

$$z=\Phi\left(\frac{3x+y}{4}\right)+\psi\left(\frac{x-y}{4}\right).$$

§8.5.3　全微分形式不变性

与一元函数的一阶微分形式不变性类似，多元函数的全微分也具有形式不变性.

设 $z=f(u,v)$具有连续偏导数，则全微分 $\mathrm{d}z=\frac{\partial z}{\partial u}\mathrm{d}u+\frac{\partial z}{\partial v}\mathrm{d}v$.

当 $u=u(x,y)$，$v=v(x,y)$可微时，复合函数 $z=f[u(x,y),v(x,y)]=z(x,y)$ 可微，

$$\begin{aligned}dz &= \frac{\partial z}{\partial x}dx + \frac{\partial z}{\partial y}dy = \left(\frac{\partial z}{\partial u}\cdot\frac{\partial u}{\partial x} + \frac{\partial z}{\partial v}\cdot\frac{\partial v}{\partial x}\right)dx + \left(\frac{\partial z}{\partial u}\cdot\frac{\partial u}{\partial y} + \frac{\partial z}{\partial v}\cdot\frac{\partial v}{\partial y}\right)dy\\ &= \frac{\partial z}{\partial u}\left(\frac{\partial u}{\partial x}dx + \frac{\partial u}{\partial y}dy\right) + \frac{\partial z}{\partial v}\left(\frac{\partial v}{\partial x}dx + \frac{\partial v}{\partial y}dy\right) = \frac{\partial z}{\partial u}du + \frac{\partial z}{\partial v}dv.\end{aligned}$$

全微分形式不变形的实质是一个多元函数无论是对自变量的全微分还是对中间变量的全微分，全微分形式是一样的，从而微分时不必先考虑变量的地位(求导时必须要考虑变量的地位). 但复合函数对自变量的二阶微分与它对中间变量的二阶微分未必相同，因此二(高)阶微分不再具有不变性.

在应用中，我们可以先求多元函数的一阶偏导数，再得到一阶全微分，也可以先求一阶全微分，再根据微分与偏导的关系得出所有的一阶偏导数. 由于二阶及更高阶微分不具有不变性，因此不能通过二阶及更高阶微分来求函数的二阶及更高阶偏导数.

例 14 设 $u=f(x+y+z,\ xyz)$，f 具有连续偏导数，求$\frac{\partial u}{\partial x}$，$\frac{\partial u}{\partial y}$和$\frac{\partial u}{\partial z}$.

解
$$\begin{aligned}du &= f'_1\cdot d(x+y+z) + f'_2\cdot d(xyz)\\ &= f'_1\cdot(dx+dy+dz) + f'_2\cdot(xydz + xzdy + yzdx)\\ &= (f'_1 + yzf'_2)dx + (f'_1 + xzf'_2)dy + (f'_1 + xyf'_2)dz\end{aligned}$$

所以 $\frac{\partial u}{\partial x} = f'_1 + yzf'_2$，$\frac{\partial u}{\partial y} = f'_1 + xzf'_2$，$\frac{\partial u}{\partial z} = f'_1 + xyf'_2$.

例 15 已知 $e^{-xy} - 2z + e^z = 0$，求$\frac{\partial z}{\partial x}$和$\frac{\partial z}{\partial y}$.

解 方程两边微分得

$$e^{-xy}\cdot d(-xy) + 2dz + e^z dz = 0,$$

整理，得

$$dz = \frac{ye^{-xy}}{e^z - 2}dx + \frac{xe^{-xy}}{e^z - 2}dy,$$

所以

$$\frac{\partial z}{\partial x} = \frac{ye^{-xy}}{e^z - 2},\ \frac{\partial z}{\partial y} = \frac{xe^{-xy}}{e^z - 2}.$$

习题 8—5

1. 设 $z=\frac{v}{u}$，$u=\ln x$，$v=e^x$，求$\frac{dz}{dx}$.

2. 设 $z=\arcsin(x-y)$，而 $x=3t$，$y=4t^3$，求$\frac{dz}{dt}$.

3. 设 $u=\arctan\frac{s}{t}$，$s=x+y$，$t=x-y$，求$\frac{\partial u}{\partial x}$，$\frac{\partial u}{\partial y}$.

4. 求下列函数的一阶偏导数，其中 f 具有连续的偏导数.

(1)$z=f(x^2-y^2,\ xy)$；　(2)$u=f\left(\frac{x}{y},\ \frac{y}{z}\right)$；

(3)$u=f(x,\ xy,\ xyz)$；　(4)$u=f(x^2+xy+xyz)$.

5. 设 $z=xy+xF(u)$，$u=\frac{y}{x}$，证明：

$$x\frac{\partial z}{\partial x}+y\frac{\partial z}{\partial y}=z+xy.$$

6. 设 $z=\frac{y}{f(x^2-y^2)}$，证明：$\frac{1}{x}\frac{\partial z}{\partial x}+\frac{1}{y}\frac{\partial z}{\partial y}=\frac{z}{y^2}$.

7. 设 $z=f(x^2+y^2)$，其中 f 具有二阶导数，求$\frac{\partial^2 z}{\partial x^2}$，$\frac{\partial^2 z}{\partial x\partial y}$，$\frac{\partial^2 z}{\partial y^2}$.

8. 求下列函数的$\frac{\partial^2 z}{\partial x^2}$，$\frac{\partial^2 z}{\partial x\partial y}$，$\frac{\partial^2 z}{\partial y^2}$(其中 f 具有二阶连续偏导数).

(1) $z=f(xy,y)$；　　(2) $z=f\left(x,\frac{x}{y}\right)$；

(3) $z=f(xy^2,x^2y)$；　　(4) $z=f(\sin x,\ \cos y,\ \mathrm{e}^{x+y})$.

9. 设 $u=f(x,y)$的所有二阶偏导数连续，而

$$x=\frac{s-\sqrt{3}t}{2},\quad y=\frac{\sqrt{3}s+5}{2},$$

证明
$$\left(\frac{\partial u}{\partial x}\right)^2+\left(\frac{\partial u}{\partial y}\right)^2=\left(\frac{\partial u}{\partial s}\right)^2+\left(\frac{\partial u}{\partial t}\right)^2$$

及
$$\frac{\partial^2 u}{\partial x^2}+\frac{\partial^2 u}{\partial y^2}=\frac{\partial^2 u}{\partial s^2}+\frac{\partial^2 u}{\partial t^2}.$$

§8.6　隐函数的求导法则

一元函数微分学已经涉及了隐函数的概念，并给出了由方程 $F(x,\ y)=0$ 所确定的隐函数的求导方法，但并不是任何方程 $F(x,\ y)=0$ 都能确定隐函数，如方程 $x^2+y^4+z^2+1=0$ 就不能确定任何隐函数. 因而我们首先要考虑隐函数存在性问题，进而用复合函数求导法则计算隐函数的导数.

§8.6.1　由一个方程确定的隐函数

定理 1　设函数 $F(x,\ y)$在点$(x_0,\ y_0)$的某一邻域 D 内具有连续的偏导数，且满足

$$F(x_0,\ y_0)=0,\ F'_y(x_0,\ y_0)\neq 0,$$

则存在 $\delta>0$，在区间 $I=(x_0-\delta,\ x_0+\delta)$内能唯一确定一个单值连续且具有连续导数的函数 $y=f(x)$满足 $y_0=f(x_0)$，并且有

$$f'(x)=-\frac{F'_x}{F'_y}.$$

事实上，由于方程 $F(x,\ y)=0$ 确定了 y 为 x 的一元函数，方程两端对 x 求导，得

$$F'_x(x,\ y)+F'_y(x,\ y)y'=0,$$

所以，当 $F'_y\neq 0$(称为非退化条件)，有

$$y'=\frac{\mathrm{d}y}{\mathrm{d}x}=-\frac{F'_x(x,\ y)}{F'_y(x,\ y)}.\tag{8.7}$$

同样，如果 $F'_x(x,\ y)\neq 0$，也可求出由方程 $F(x,\ y)=0$ 所确定的函数 $x=x(y)$的导

数，即

$$x' = \frac{\mathrm{d}x}{\mathrm{d}y} = -\frac{F'_y(x, y)}{F'_x(x, y)}. \tag{8.8}$$

例 1 验证方程 $x^2+y^2=1$ 在点(0,1)的某邻域内确定一个单值可导的函数 $y=f(x)$，满足 $f(0)=1$. 但在(1,0)处呢?

解 令 $F(x,y)=x^2+y^2-1$，有

$$F'_x=2x,\ F'_y=2y.$$

因为 $F(0,1)=0$，且 $F'_y(0,1)=2\neq0$，由隐函数定理知在点(0,1)的某邻域内存在唯一函数. 实际上，我们有 $y=\sqrt{1-x^2}$.

但 $F'_y(1,0)=0$，不满足隐函数定理条件. 事实上，在点(1,0)的某邻域内，当 $x>1$ 时，方程无意义，当 $x<1$ 时，一个 x 却与两个 $y_1=\sqrt{1-x^2}$ 和 $y_2=-\sqrt{1-x^2}$ 对应，不是唯一的.

例 2 已知 $\ln\sqrt{x^2+y^2}=\arctan\frac{y}{x}$，求$\frac{\mathrm{d}y}{\mathrm{d}x}$，$\frac{\mathrm{d}^2y}{\mathrm{d}x}$.

解 两边同时对 x 求导，注意 y 是 x 的函数.

$$\frac{1}{2}\cdot\frac{2x+2y\cdot y'}{x^2+y^2}=\frac{xy-y}{x^2+y^2},$$

当 $y\neq x$ 时，有 $y'=\frac{\mathrm{d}y}{\mathrm{d}x}=\frac{x+y}{x-y}$,

$$\begin{aligned}\frac{\mathrm{d}^2y}{\mathrm{d}x^2}&=\frac{(1+y')(x-y)-(x+y)(1-y')}{(x-y)^2}\\&=\frac{-2y+2xy'}{(x-y)^2}=\frac{2x^2+2y^2}{(x-y)^3}.\end{aligned}$$

下面讨论多个自变量的情形.

定理 2 设函数 $F(x_1, x_2, \cdots, x_n, y)$在点 $M(x_1^0, x_2^0, \cdots, x_n^0, y^0)$的某一邻域内有连续偏导数，满足下列条件：

$$F(x_1^0, x_2^0, \cdots, x_n^0, y^0)=0,\ F'_y(x_1^0, x_2^0, \cdots, x_n^0, y^0)\neq0.$$

则方程 $F(x_1,x_2,\cdots,x_n,y)=0$ 在点$(x_1^0, x_2^0, \cdots, x_n^0)$的某一邻域内，能确定唯一一个单值连续且具有连续偏导数的函数 $y=f(x_1, x_2, \cdots, x_n)$，使得 $y^0=f(x_1^0, x_2^0, \cdots, x_n^0)$，并有

$$\frac{\partial y}{\partial x_i}=-\frac{F'_{x_i}}{F'_y}\quad (i=1, 2, \cdots, n). \tag{8.9}$$

由条件,方程两边微分，得

$$F'_1\cdot\mathrm{d}x_1+\cdots+F'_n\cdot\mathrm{d}x_n+F'_y\cdot\mathrm{d}y=0.$$

当 $F'_y\neq0$ 时，

$$\mathrm{d}y=-\frac{F'_1}{F'_y}\mathrm{d}x_1-\cdots-\frac{F'_n}{F'_y}\mathrm{d}x_n.$$

由微分和偏导数关系，得公式(8.9).

作为一个特例，我们考虑 $F(x,y,z)=0$ 的情形. 设 $F(x,y,z)$具有连续偏导数.

根据复合函数微分法，将方程分别对 x 和 y 求导，得

$$F'_x(x, y, z)+F'_z(x, y, z)z'_x=0$$

及

$$F'_y(x, y, z)+F'_z(x, y, z)z'_y=0,$$

所以，当 $F'_z\neq 0$ 时，有

$$z'_x=-\frac{F'_x(x, y, z)}{F'_z(x, y, z)}, \quad z'_y=-\frac{F'_y(x, y, z)}{F'_z(x, y, z)}. \tag{8.10}$$

例 3　求由方程

$$\frac{x^2}{a^2}+\frac{y^2}{b^2}+\frac{z^2}{c^2}=1$$

所确定的函数 z 的偏导数.

解

$$\frac{x^2}{a^2}+\frac{y^2}{b^2}+\frac{z^2}{c^2}-1=0.$$

由复合函数微分法，得

$$\frac{2x}{a^2}+\frac{2z}{c^2}z'_x=0, \quad z'_x=-\frac{c^2x}{a^2z};$$

$$\frac{2y}{b^2}+\frac{2z}{c^2}z'_y=0, \quad z'_y=-\frac{c^2y}{b^2z}.$$

例 4　求由方程 $e^z-z^2-x^2-y^2=0$ 确定的隐函数 $z=z(x, y)$ 的偏导数 $\frac{\partial z}{\partial x}$，$\frac{\partial z}{\partial y}$.

解　令

$$F(x, y, z)=e^z-x^2-y^2-z^2.$$

于是

$$F'_x=-2x, \quad F'_y=-2y, \quad F'_z=e^z-2z,$$

$$\frac{\partial z}{\partial x}=-\frac{F'_x}{F'_z}=\frac{2x}{e^z-2z}, \quad \frac{\partial z}{\partial y}=-\frac{F'_y}{F'_z}=\frac{2y}{e^z-2z}.$$

例 5　设 $f(x-y, y-z)=0$ 确定隐函数 $z=z(x, y)$，证明：

$$\frac{\partial z}{\partial x}+\frac{\partial z}{\partial y}=1.$$

证明　因为需求 z 对 x、y 的偏导数，我们将方程两边微分，得

$$f'_1\cdot dx-f'_1\cdot dy+f'_2\cdot dy-f'_2\cdot dz=0,$$

整理，得

$$dz=\frac{f'_1}{f'_2}dx+\left(1-\frac{f'_1}{f'_2}\right)dy.$$

所以

$$\frac{\partial z}{\partial x}+\frac{\partial z}{\partial y}=\frac{f'_1}{f'_2}+1-\frac{f'_1}{f'_2}=1.$$

§8.6.2　由方程组 $\begin{cases}F(x, y, u, v)=0\\G(x, y, u, v)=0\end{cases}$ 确定的隐函数

定理 3　设函数 $F(x, y, u, v)$，$G(x, y, u, v)$ 在点 $P(x_0, y_0, u_0, v_0)$ 的某一邻域内有连续的偏导数，且 $F(x_0, y_0, u_0, v_0)=0$，$G(x_0, y_0, u_0, v_0)=0$，以及雅可比行列

式 $J=\begin{vmatrix} F'_u & F'_v \\ G'_u & G'_v \end{vmatrix}_P \neq 0$，则方程组 $\begin{cases} F(x,y,u,v)=0 \\ G(x,y,u,v)=0 \end{cases}$ 在点 $P(x_0,\ y_0,u_0,v_0)$ 的某邻域内能确定唯一的一组单值连续且具有连续偏导数的函数.

$$u=u(x,\ y),\quad v=v(x,\ y),$$

它满足:$u_0=u(x_0,\ y_0)$，$v_0=v(x_0,\ y_0)$，并有

$$u'_x=-\frac{1}{J}\begin{vmatrix} F'_x & F'_v \\ G'_x & G'_v \end{vmatrix},\quad u'_y=-\frac{1}{J}\begin{vmatrix} F'_y & F'_v \\ G'_y & G'_v \end{vmatrix},$$

$$v'_x=-\frac{1}{J}\begin{vmatrix} F'_u & F'_x \\ G'_u & G'_x \end{vmatrix},\quad v'_y=-\frac{1}{J}\begin{vmatrix} F'_u & F'_y \\ G'_u & G'_y \end{vmatrix}.$$

由函数关于自变量的偏导数所构成的行列式称为**雅可比行列式**. 例如定理 3 中行列式 $\begin{vmatrix} F'_u & F'_v \\ G'_u & G'_v \end{vmatrix}$ 就是函数 F, G 关于变量 u, v 的雅可比行列式，记为 $\frac{\partial(F,\ G)}{\partial(u,\ v)}$，即

$$\frac{\partial(F,\ G)}{\partial(u,\ v)}=\begin{vmatrix} F'_u & F'_v \\ G'_u & G'_v \end{vmatrix}.$$

雅可比行列式有下列性质:

$$\frac{\partial(F,\ G)}{\partial(u,\ v)}=\frac{\partial(F,\ G)}{\partial(x,\ y)}\frac{\partial(x,\ y)}{\partial(u,\ v)}. \tag{8.11}$$

这个性质可视为复合函数 $y=f(x)$, $x=u(t)$ 求导公式 $\frac{\mathrm{d}y}{\mathrm{d}t}=\frac{\mathrm{d}y}{\mathrm{d}x}\frac{\mathrm{d}x}{\mathrm{d}t}$ 的推广.

$$\frac{\partial(x,\ y)}{\partial(u,\ v)}\frac{\partial(u,\ v)}{\partial(x,\ y)}=1,\quad \frac{\partial(x,\ y)}{\partial(u,\ v)}=\frac{1}{\dfrac{\partial(u,\ v)}{\partial(x,\ y)}}. \tag{8.12}$$

这个性质可视为反函数导数公式 $\frac{\mathrm{d}y}{\mathrm{d}x}\frac{\mathrm{d}x}{\mathrm{d}y}=1$ 的推广. 设方程组

$$\begin{cases} F(x,\ y,\ z)=0, \\ G(x,\ y,\ z)=0 \end{cases} \tag{8.13}$$

确定了 y, z 为 x 的函数，则每一个方程都可看作是 x 的复合函数. 式(8.13)两端对 x 求导，有

$$\begin{cases} F'_x+F'_yy'+F'_zz'=0, \\ G'_x+G'_yy'+G'_zz'=0. \end{cases}$$

当 y', z' 的系数所组成的行列式

$$J=\begin{vmatrix} F'_y & F'_z \\ G'_y & G'_z \end{vmatrix}\neq 0$$

时，从这个线性方程组可解得

$$y'=-\frac{1}{J}\begin{vmatrix} F'_x & F'_z \\ G'_x & G'_z \end{vmatrix},\quad z'=-\frac{1}{J}\begin{vmatrix} F'_y & F'_x \\ G'_y & G'_x \end{vmatrix}.$$

因此

$$y'(x)=-\frac{\dfrac{\partial(F,\ G)}{\partial(x,\ z)}}{\dfrac{\partial(F,\ G)}{\partial(y,\ z)}},\quad z'(x)=-\frac{\dfrac{\partial(F,\ G)}{\partial(y,\ x)}}{\dfrac{\partial(F,\ G)}{\partial(y,\ z)}}.$$

设方程组

$$\begin{cases} F(x, y, u, v) = 0, \\ G(x, y, u, v) = 0 \end{cases}$$

确定了一对函数 $u=u(x, y)$，$v=v(x, y)$. 该方程组对 x 求导，可以求得 u'_x，v'_x；同样，该方程组对 y 求导，可求得 u'_y，v'_y.

当方程组中的方程多于两个时，要求出该方程组所确定的函数的偏导数(或导数)，解代数方程组即可.

例 6　设 x，y 为自变量，$u=u(x, y)$，$v=v(x, y)$为由方程组

$$\begin{cases} x^2+y^2-uv=0, \\ xy-u^2+v^2=0 \end{cases}$$

所确定的函数，求$\dfrac{\partial u}{\partial x}$，$\dfrac{\partial v}{\partial x}$.

解　方程组对 x 求导(把 y 看作常数)，得

$$\begin{cases} 2x-v\dfrac{\partial u}{\partial x}-u\dfrac{\partial v}{\partial x}=0, \\ y-2u\dfrac{\partial u}{\partial x}+2v\dfrac{\partial v}{\partial x}=0, \end{cases}$$

联立求解，得

$$\frac{\partial u}{\partial x}=\frac{4xv+uy}{2(u^2+v^2)},\qquad \frac{\partial v}{\partial x}=\frac{4xu-vy}{2(u^2+v^2)}.$$

方程组对 y 求导，即可求得$\dfrac{\partial u}{\partial y}$，$\dfrac{\partial v}{\partial y}$.

例 7　设 $x=r\cos\theta$，$y=r\sin\theta$，求$\dfrac{\partial r}{\partial x}$，$\dfrac{\partial \theta}{\partial x}$，$\dfrac{\partial r}{\partial y}$，$\dfrac{\partial \theta}{\partial y}$.

解法一　两式对 x 求导，得

$$\begin{cases} 1=\cos\theta\dfrac{\partial r}{\partial x}-r\sin\theta\dfrac{\partial \theta}{\partial x}, \\ 0=\sin\theta\dfrac{\partial r}{\partial x}+r\cos\theta\dfrac{\partial \theta}{\partial x}, \end{cases}$$

联立求解，得

$$\frac{\partial r}{\partial x}=\cos\theta,\qquad \frac{\partial \theta}{\partial x}=-\frac{\sin\theta}{r}.$$

两式对 y 求导，得

$$\begin{cases} 0=\cos\theta\dfrac{\partial r}{\partial y}-r\sin\theta\dfrac{\partial \theta}{\partial y}, \\ 1=\sin\theta\dfrac{\partial r}{\partial y}+r\cos\theta\dfrac{\partial \theta}{\partial y}, \end{cases}$$

联立求解，得

$$\frac{\partial r}{\partial y}=\sin\theta,\qquad \frac{\partial \theta}{\partial y}=\frac{\cos\theta}{r}.$$

解法二　用微分法，由 $x=r\cos\theta$，$y=r\sin\theta$，得

$$\begin{cases} \mathrm{d}x=\cos\theta\mathrm{d}r-r\sin\theta\mathrm{d}\theta, \\ \mathrm{d}y=\sin\theta\mathrm{d}r+r\cos\theta\mathrm{d}\theta, \end{cases}$$

联立求解，得

$$\mathrm{d}r=\cos\theta\mathrm{d}x+\sin\theta\mathrm{d}y,$$

$$d\theta=-\frac{\sin\theta}{r}dx+\frac{\cos\theta}{r}dy,$$

所以

$$\frac{\partial r}{\partial x}=\cos\theta,\quad \frac{\partial r}{\partial y}=\sin\theta,$$

$$\frac{\partial \theta}{\partial x}=-\frac{\sin\theta}{r},\quad \frac{\partial \theta}{\partial y}=\frac{\cos\theta}{r}.$$

习题 8-6

1. 设 $\sin y+e^x-xy^2=0$，求$\frac{dy}{dx}$.

2. 设 $\ln\sqrt{x^2+y^2}=\arctan\frac{y}{x}$，求$\frac{dy}{dx}$.

3. 设 $x+2y+z-2\sqrt{xyz}=0$，求$\frac{\partial z}{\partial x}$及$\frac{\partial z}{\partial y}$.

4. 设$\frac{x}{z}=\ln\frac{z}{y}$，求$\frac{\partial z}{\partial x}$及$\frac{\partial z}{\partial y}$.

5. 设 $2\sin(x+2y-3z)=x+2y-3z$，证明：$\frac{\partial z}{\partial x}+\frac{\partial z}{\partial y}=1$.

6. 设 $x=x(y,z)$，$y=y(x,z)$，$z=z(x,y)$都是由方程 $F(x,y,z)=0$ 所确定的具有连续偏导数的函数，证明

$$\frac{\partial x}{\partial y}\cdot\frac{\partial y}{\partial z}\cdot\frac{\partial z}{\partial x}=-1.$$

7. 设 $\Phi(u,v)$具有连续偏导数，证明由方程 $\Phi(cx-az,cy-bz)=0$ 所确定的函数 $z=f(x,y)$满足 $a\frac{\partial z}{\partial x}+b\frac{\partial z}{\partial y}=c$.

8. 设 $e^z-xyz=0$，求$\frac{\partial^2 z}{\partial x^2}$.

9. 设 $z^3-3xyz=a^3$，求$\frac{\partial^2 z}{\partial x\partial y}$.

10. 求由下列方程组所确定的函数的导数或偏导数：

(1)设$\begin{cases}z=x^2+y^2,\\x^2+2y^2+3z^2=20,\end{cases}$ 求$\frac{dy}{dx}$，$\frac{dz}{dx}$；

(2)设$\begin{cases}x+y+z=0,\\x^2+2y^2+z^2=1,\end{cases}$ 求$\frac{dx}{dz}$，$\frac{dy}{dz}$；

(3)设$\begin{cases}u=f(ux,v+y),\\v=g(u-x,v^2y),\end{cases}$其中 f,g 具有一阶连续偏导数，求$\frac{\partial u}{\partial x}$，$\frac{\partial v}{\partial x}$；

(4)设$\begin{cases}x=e^u+u\sin v,\\y=e^u-u\cos v,\end{cases}$求$\frac{\partial u}{\partial x}$，$\frac{\partial u}{\partial y}$，$\frac{\partial v}{\partial x}$，$\frac{\partial v}{\partial y}$.

11. 证明：由方程

$$f(x-az,y-bz)=0\quad(a,b\text{ 为常数})$$

所确定的函数 $z=z(x,y)$满足方程

$$a\frac{\partial z}{\partial x}+b\frac{\partial z}{\partial y}=1.$$

§8.7　微分学在几何中的应用

§8.7.1　空间曲线的切线与法平面

设空间曲线 Γ 的参数方程为

$$\begin{cases}x=x(t),\\y=y(t),\\z=z(t).\end{cases}$$

其中，$x(t)$，$y(t)$，$z(t)$在 $t=t_0$ 处可导. 给 t 一个改变量 Δt，曲线上与 t_0 及 $t_0+\Delta t$ 对应的点分别为 $M_0(x_0,\ y_0,\ z_0)$及 $M(x_0+\Delta x,\ y_0+\Delta y,\ z_0+\Delta z)$，其中，

$$x_0=x(t_0),\quad y_0=y(t_0),\quad z_0=z(t_0),$$

$$x_0+\Delta x=x(t_0+\Delta t),\quad y_0+\Delta y=y(t_0+\Delta t),\quad z_0+\Delta z=z(t_0+\Delta t).$$

曲线 Γ 的割线 M_0M 的方程为

$$\frac{x-x_0}{\Delta x}=\frac{y-y_0}{\Delta y}=\frac{z-z_0}{\Delta z}.$$

当 M 沿曲线趋于 M_0 时，割线 M_0M 的极限位置就是曲线在点 M_0 处的**切线**.

用 Δt 除割线方程的分母，并令 $\Delta t\to 0$，即得曲线在点 P_0 处的**切线方程**为

$$\frac{x-x_0}{x'(t_0)}=\frac{y-y_0}{y'(t_0)}=\frac{z-z_0}{z'(t_0)}.$$

切线的方向向量称为曲线的**切向量**，向量 $\boldsymbol{T}=(x'(t_0),\ y'(t_0),\ z'(t_0))$就是曲线 Γ 在 M_0 点的一个切向量.

通过点 M_0 而与点 M_0 处切线垂直的平面称为曲线在该点的**法平面**. 法平面方程为

$$x'(t_0)(x-x_0)+y'(t_0)(y-y_0)+z'(t_0)(z-z_0)=0.$$

它是通过点 M_0 而以 $\boldsymbol{T}$ 为法向量的平面.

例 1　求曲线 $x=t$，$y=t^2$，$z=t^3$ 在点(1，1，1)处的切线及法平面方程.

解
$$x'_t=1,\quad y'_t=2t,\quad z'_t=3t^2.$$

对应于点(1，1，1)的参数 $t=1$，所以

$$x'_t\big|_{t=1}=1,\quad y'_t\big|_{t=1}=2,\quad z'_t\big|_{t=1}=3.$$

切线方程为

$$\frac{x-1}{1}=\frac{y-1}{2}=\frac{z-1}{3}.$$

法平面方程为

$$(x-1)+2(y-1)+3(z-1)=0,$$

即
$$x+2y+3z=6.$$

特别地，如果曲线方程的形式为

$$y = y(x), \quad z = z(x),$$

即两直柱面的交线，可把 x 作为参数，则曲线在 (x_0, y_0, z_0) 的切线方程为

$$\frac{x - x_0}{1} = \frac{y - y_0}{y'(x_0)} = \frac{z - z_0}{z'(x_0)}.$$

法平面方程为

$$(x - x_0) + y'(x_0)(y - y_0) + z'(x_0)(z - z_0) = 0.$$

若空间曲线 Γ 用隐函数形式表示，即设曲线 Γ 是两曲面的交线

$$\begin{cases} F(x, y, z) = 0, \\ G(x, y, z) = 0. \end{cases}$$

设该方程组在点 $M_0(x_0, y_0, z_0)$ 的邻域内满足 § 8.6.2 中定理 3 的条件，确定了函数

$$y = y(x), \quad z = z(x).$$

为了求 $\frac{\mathrm{d}y}{\mathrm{d}x}$，$\frac{\mathrm{d}z}{\mathrm{d}x}$，将方程组对 x 求导，得

$$\begin{cases} \dfrac{\partial F}{\partial x} + \dfrac{\partial F}{\partial y}\dfrac{\mathrm{d}y}{\mathrm{d}x} + \dfrac{\partial F}{\partial z}\dfrac{\mathrm{d}z}{\mathrm{d}x} = 0, \\ \dfrac{\partial G}{\partial x} + \dfrac{\partial G}{\partial y}\dfrac{\mathrm{d}y}{\mathrm{d}x} + \dfrac{\partial G}{\partial z}\dfrac{\mathrm{d}z}{\mathrm{d}x} = 0. \end{cases}$$

当 $\left.\frac{\partial(F, G)}{\partial(y, z)}\right|_{P_0} \neq 0$ 时，由以上两个方程解出

$$\frac{\mathrm{d}y}{\mathrm{d}x} = \frac{\dfrac{\partial(F, G)}{\partial(z, x)}}{\dfrac{\partial(F, G)}{\partial(y, z)}}, \quad \frac{\mathrm{d}z}{\mathrm{d}x} = \frac{\dfrac{\partial(F, G)}{\partial(x, y)}}{\dfrac{\partial(F, G)}{\partial(y, z)}}.$$

由上述特别情形，可得曲线在点 $P_0(x_0, y_0, z_0) = P_0$ 处的切线方程为

$$\frac{x - x_0}{\left.\dfrac{\partial(F,G)}{\partial(y,z)}\right|_{P_0}} = \frac{y - y_0}{\left.\dfrac{\partial(F,G)}{\partial(z,x)}\right|_{P_0}} = \frac{z - z_0}{\left.\dfrac{\partial(F,G)}{\partial(x,y)}\right|_{P_0}}.$$

法平面方程为

$$\left.\frac{\partial(F, G)}{\partial(y, z)}\right|_{P_0}(x - x_0) + \left.\frac{\partial(F, G)}{\partial(z, x)}\right|_{P_0}(y - y_0) + \left.\frac{\partial(F, G)}{\partial(x, y)}\right|_{P_0}(z - z_0) = 0.$$

§ 8.7.2 曲面的切平面与法线

定义 如果曲面上过点 M_0 的任一曲线 Γ 的切线都在同一平面上，则称这个平面为曲面在点 M_0 处的**切平面**. 过点 M_0 而与切平面垂直的直线称为曲面在点 M_0 处的**法线**.

设曲面的一般方程为

$$F(x, y, z) = 0, \tag{8.14}$$

设 $M_0(x_0, y_0, z_0)$ 为曲面上一点，函数 $F(x, y, z)$ 的偏导数 F'_x，F'_y，F'_z 连续，在曲面上通过 M_0 任作一曲线 Γ，其参数方程为

$$x = x(t), \quad y = y(t), \quad z = z(t). \tag{8.15}$$

因曲线(8.15)完全在曲面(8.14)上，所以有恒等式

$$F[x(t),\ y(t),\ z(t)] \equiv 0,$$

此式对 t 求导数，在 $t=t_0$ 处得

$$F'_x(x_0,\ y_0,\ z_0)x'_0 + F'_y(x_0,\ y_0,\ z_0)y'_0 + F'_z(x_0,\ y_0,\ z_0)z'_0 = 0. \tag{8.16}$$

式(8.16)表示向量 $\boldsymbol{n}=\{F'_x(x_0,\ y_0,\ z_0),\ F'_y(x_0,\ y_0,\ z_0),\ F'_z(x_0,\ y_0,\ z_0)\}$与曲线(8.15)的切线的方向向量 $\boldsymbol{s}=\{x'_0,\ y'_0,\ z'_0\}$垂直. 因为曲线(8.15)是曲面上通过点 M_0 的任意一条曲线，所以在曲面上过点 M_0 的一切曲线的切线都在同一平面上，故此平面就是曲面在点 M_0 处的切平面. 该切平面通过点 $M_0(x_0,\ y_0,\ z_0)$，且以向量 $\boldsymbol{n}=\{F'_x(x_0,\ y_0,\ z_0),\ F'_y(x_0,\ y_0,\ z_0),\ F'_z(x_0,\ y_0,\ z_0)\}$为法向量，所以其方程为

$$F'_x(x_0,\ y_0,\ z_0)(x-x_0) + F'_y(x_0,\ y_0,\ z_0)(y-y_0) + F'_z(x_0,\ y_0,\ z_0)(z-z_0) = 0. \tag{8.17}$$

通过点 P_0 而垂直于切平面(8.17)的直线称为曲面在该点的法线，其方程为

$$\frac{x-x_0}{F'_x(x_0,\ y_0,\ z_0)} = \frac{y-y_0}{F'_y(x_0,\ y_0,\ z_0)} = \frac{z-z_0}{F'_z(x_0,\ y_0,\ z_0)}. \tag{8.18}$$

如果曲面为 $z=f(x,\ y)$在 $P_0(x_0, y_0)$处可微，令 $F(x,\ y,\ z)=f(x,\ y)-z$，可以取曲面在$(x_0,\ y_0,\ z_0)$处的法向量 $\boldsymbol{n}=\{f'_x(x_0,\ y_0),\ f'_y(x_0,\ y_0),\ -1\}$，故法线方程为

$$\frac{x-x_0}{f'_x(x_0,\ y_0)} = \frac{y-y_0}{f'_y(x_0,\ y_0)} = \frac{z-z_0}{-1}.$$

切平面方程为

$$f'_x(x_0,\ y_0)(x-x_0) + f'_y(x_0,\ y_0)(y-y_0) = z-z_0.$$

注意到上式的左端正好是函数 $z=f(x,\ y)$在点$(x_0,\ y_0)$处的全微分，而右端是切平面上点的竖坐标的增量，因此，函数 $z=f(x,\ y)$在点$(x_0,\ y_0)$处的全微分的几何意义是曲面$z=f(x,\ y)$在点$(x_0,\ y_0)$处的切平面的竖坐标的增量. 设法线方向上，$\cos\gamma>0$，则法线的方向余弦为

$$\cos\alpha = \frac{-f'_x}{\sqrt{1+f'^2_x+f'^2_y}},$$

$$\cos\beta = \frac{-f'_y}{\sqrt{1+f'^2_x+f'^2_y}},$$

$$\cos\gamma = \frac{1}{\sqrt{1+f'^2_x+f'^2_y}}.$$

例 2　求球面 $x^2+y^2+z^2=14$ 在点(1, 2, 3)处的切平面及法线方程.

解　令 $F(x,\ y,\ z)=x^2+y^2+z^2-14$,

$$F'_x = 2x,\quad F'_y = 2y,\quad F'_z = 2z,$$

$$F'_x(1,\ 2,\ 3) = 2,\quad F'_y(1,\ 2,\ 3) = 4,\quad F'_z(1,\ 2,\ 3) = 6,$$

所以在点(1, 2, 3)处此球面的切平面方程为

$$2(x-1)+4(y-2)+6(z-3)=0,$$

或

$$x+2y+3z=14.$$

法线方程为

$$\frac{x-1}{2} = \frac{y-2}{4} = \frac{z-3}{6},$$

或
$$\frac{x-1}{1}=\frac{y-2}{2}=\frac{z-3}{3}.$$

习题 8－7

1. 求曲线 $x=t^2$，$y=1-t$，$z=t^3$ 在点(1，0，1)处的切线与法平面方程.

2. 求曲线 $x=t-\sin t$，$y=1-\cos t$，$z=4\sin\dfrac{t}{2}$在点$\left(\dfrac{\pi}{2}-1,\ 1,\ 2\sqrt{2}\right)$处的切线与法平面方程.

3. 求曲线 $x=t$，$y=t^2$，$z=t^3$ 上的点，使在该点处的切线平行于已知平面 $x+2y+z=4$.

4. 求曲面 $e^z-z+xy=3$ 在点(2，1，0)处的切平面及法线方程.

5. 求曲面 $z=2x^2+4y^2$ 在点(2，1，12)处的切平面及法线方程.

6. 求椭球面 $x^2+2y^2+3z^2=21$ 上平行于平面 $x+4y+6z=0$ 的切平面方程.

7. 在椭球面$\dfrac{x^2}{a^2}+\dfrac{y^2}{b^2}+\dfrac{z^2}{c^2}=1$ 上什么点处，椭球面的法线与坐标轴成等角？

8. 试证曲面$\sqrt{x}+\sqrt{y}+\sqrt{z}=\sqrt{a}\,(a>0)$上任意点处的切平面在各坐标轴上的截距之和等于 a.

9. 在曲面 $z=xy$ 上求一点，使该点处的切平面平行于平面 $x+3y+z+9=0$.

10. 证明曲面 $x+2y-\ln z+4=0$ 和 $x^2-xy-8x+z+5=0$ 在点(2，－3，1)处相切(即有公共切平面).

11. 求曲线$\begin{cases}x^2+y^2+z^2-3x=0,\\ 2x-3y+5z-4=0\end{cases}$在点(1,1,1)处的切线及法平面方程.

12. 求曲面 $ax^2+by^2+cz^2=1$ 在点(x_0,y_0,z_0)处的切平面及法线方程.

13. 求椭球面 $x^2+2y^2+z^2=1$ 上平行于平面 $x-y+2z=0$ 的切平面方程.

14. 求旋转椭球面 $3x^2+y^2+z^2=16$ 上点(－1，－2，3)处的切平面与 xOy 面的夹角的余弦.

§8.8 方向导数及梯度

在§8.3 中讨论了函数 $z=f(x,y)$的偏导数$\dfrac{\partial z}{\partial x}$，$\dfrac{\partial z}{\partial y}$，它们是函数沿着坐标轴方向的变化率. 本节讨论函数 $z=f(x,y)$沿任意确定方向的变化率，以及沿什么方向函数的变化率最大.

§8.8.1 方向导数

设函数 $z=f(x,y)$在点 $P(x,y)$的某邻域内有定义，l 是从 P 引出的一条射线. $Q(x+\Delta x,\ y+\Delta y)$是 l 上任意一点(如图 8.12 所示). 点 P 与 Q 之间的距离为 $\rho=$

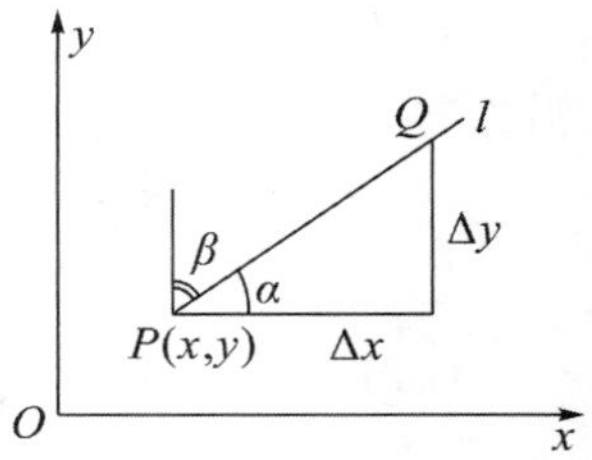

图 8.12

$\sqrt{(\Delta x)^2+(\Delta y)^2}$，于是函数的改变量为 $f(x+\Delta x,\ y+\Delta y)-f(x,\ y)$，它与 P，Q 两点间距离的比

$$\frac{f(x+\Delta x,\ y+\Delta y)-f(x,\ y)}{\rho} \tag{8.19}$$

表示函数 $z=f(x,\ y)$在点 P 处沿 l 方向的平均变化率．当 $\rho\to 0^+$ 时，式(8.19)的极限为函数$z=f(x,\ y)$在点 P 处沿方向 l 的**方向导数**，记作

$$\frac{\partial f}{\partial l}=\frac{\partial z}{\partial l}=\lim_{\rho\to 0^+}\frac{f(x+\Delta x,\ y+\Delta y)-f(x,\ y)}{\rho}.$$

因为 ρ 大于零，所以上式仅只是单侧极限.

定理　如果函数 $z=f(x,\ y)$在点 $P(x,\ y)$处可微，则函数 $z=f(x,\ y)$在点 P 沿任一射线 l 的方向导数都存在，且

$$\frac{\partial z}{\partial l}=\frac{\partial z}{\partial x}\cos\alpha+\frac{\partial z}{\partial y}\cos\beta, \tag{8.20}$$

式中，$\cos\alpha$，$\cos\beta$ 是方向 l 的方向余弦.

证明　因为 $z=f(x,\ y)$在点 P 处可微，所以函数的改变量为

$$\Delta z=f(x+\Delta x,\ y+\Delta y)-f(x,\ y)=\frac{\partial z}{\partial x}\Delta x+\frac{\partial z}{\partial y}\Delta y+o(\rho), \tag{8.21}$$

对任意的 Δx，Δy 成立．因此，在特殊的方向 l 上，式(8.21)必成立，等式两端同除以 $\rho=\sqrt{(\Delta x)^2+(\Delta y)^2}$，得

$$\frac{\Delta z}{\rho}=\frac{\partial z}{\partial x}\frac{\Delta x}{\rho}+\frac{\partial z}{\partial y}\frac{\Delta y}{\rho}+\frac{o(\rho)}{\rho}.$$

如果方向 l 的方向余弦为 $\cos\alpha$，$\cos\beta$，则

$$\Delta x=\rho\cos\alpha,\qquad \Delta y=\rho\cos\beta,$$

所以

$$\frac{\Delta z}{\rho}=\frac{\partial z}{\partial x}\cos\alpha+\frac{\partial z}{\partial y}\cos\beta+\frac{o(\rho)}{\rho}.$$

令 $\rho\to 0^+$，得

$$\frac{\partial z}{\partial l}=\lim_{\rho\to 0^+}\frac{\Delta z}{\rho}=\frac{\partial z}{\partial x}\cos\alpha+\frac{\partial z}{\partial y}\cos\beta.$$

方向导数的概念和计算公式(8.20)可以推广到三元函数的情形(如图 8.13 所示)．如果函数$u=f(x,\ y,\ z)$在空间一点 $P(x,\ y,\ z)$沿着方向 l 的方向余弦为 $\cos\alpha$，$\cos\beta$，$\cos\gamma$，则定义

$$\frac{\partial u}{\partial l}=\lim_{\rho\to 0^+}\frac{f(x+\Delta x,\ y+\Delta y,\ z+\Delta z)-f(x,\ y,\ z)}{\rho},$$

式中，$\rho=\sqrt{(\Delta x)^2+(\Delta y)^2+(\Delta z)^2}$，为其方向导数，且

$$\Delta x=\rho\cos\alpha,\qquad \Delta y=\rho\cos\beta,\qquad \Delta z=\rho\cos\gamma.$$

当函数 $u=f(x,\ y,\ z)$在点 $P(x,\ y,\ z)$处可微时，函数在点 $P(x,\ y,\ z)$处沿方向 l 的方向导数为

$$\frac{\partial u}{\partial l}=\frac{\partial u}{\partial x}\cos\alpha+\frac{\partial u}{\partial y}\cos\beta+\frac{\partial u}{\partial z}\cos\gamma.$$

例 1 设 $f(x, y, z)=ax+by+cz$，方向 l 上的方向余弦为 $\cos\alpha$，$\cos\beta$，$\cos\gamma$，于是沿方向 l 的平均变化率为

$$\frac{\Delta f}{\rho}=\frac{1}{\rho}(a\rho\cos\alpha+b\rho\cos\beta+c\rho\cos\gamma)=a\cos\alpha+b\cos\beta+c\cos\gamma.$$

所以
$$\frac{\partial f}{\partial l}=a\cos\alpha+b\cos\beta+c\cos\gamma.$$

可见，一次函数 f 沿方向 l 的导数不因点的位置而变化，同时还可看出，函数沿不同方向的方向导数一般是不同的.

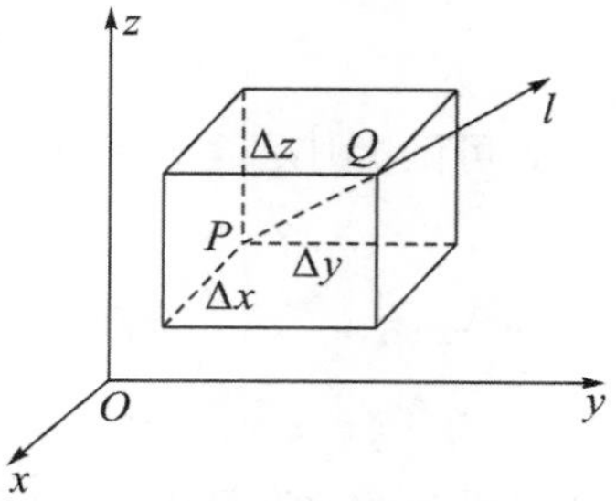

图 8.13

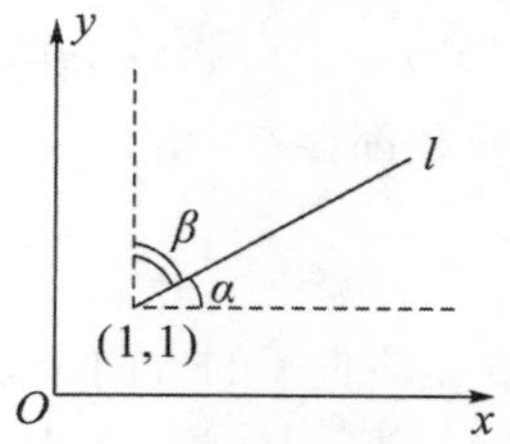

图 8.14

例 2 设函数 $z=x^2y$，l 是由点(1，1)出发与 x 轴、y 轴的正方向所成夹角分别为 $\alpha=\frac{\pi}{6}$, $\beta=\frac{\pi}{3}$的一条射线(如图 8.14 所示)，求$\frac{\partial z}{\partial l}$.

解 $\left.\frac{\partial z}{\partial x}\right|_{(1,1)}=2xy\Big|_{(1,1)}=2$，$\left.\frac{\partial z}{\partial y}\right|_{(1,1)}=x^2\Big|_{(1,1)}=1$.

$$\frac{\partial z}{\partial l}=\left.\frac{\partial z}{\partial x}\right|_{(1,1)}\cos\frac{\pi}{6}+\left.\frac{\partial z}{\partial y}\right|_{(1,1)}\cos\frac{\pi}{3}=2\frac{\sqrt{3}}{2}+\frac{1}{2}\approx 2.232.$$

若 $\alpha=\frac{\pi}{4}$, $\beta=\frac{\pi}{4}$，则

$$\frac{\partial z}{\partial l}=2\cos\frac{\pi}{4}+\cos\frac{\pi}{4}=\sqrt{2}+\frac{\sqrt{2}}{2}\approx 2.121.$$

若 $\alpha=\frac{\pi}{3}$, $\beta=\frac{\pi}{6}$，则

$$\frac{\partial z}{\partial l}=2\cos\frac{\pi}{3}+\cos\frac{\pi}{6}=1+\frac{\sqrt{3}}{2}\approx 1.866.$$

由此可见，沿不同方向，方向导数不同.

例 3 求 $u=3x^2+2y^2+z^2$ 在点 $M_0(1, 2, -1)$处沿 $\boldsymbol{l}=8\boldsymbol{i}-\boldsymbol{j}+4\boldsymbol{k}$ 的方向导数.

解

$$\left.\frac{\partial u}{\partial x}\right|_{M_0}=6x\,|_{M_0}=6,\quad \left.\frac{\partial u}{\partial y}\right|_{M_0}=4y\,|_{M_0}=8,\quad \left.\frac{\partial u}{\partial z}\right|_{M_0}=2z\,|_{M_0}=-2.$$

$$\cos\alpha=\frac{8}{\sqrt{8^2+(-1)^2+4^2}}=\frac{8}{9},\quad \cos\beta=-\frac{1}{9},\quad \cos\gamma=\frac{4}{9}.$$

$$\left.\frac{\partial u}{\partial l}\right|_{M_0}=\left.\frac{\partial u}{\partial x}\right|_{M_0}\cos\alpha+\left.\frac{\partial u}{\partial y}\right|_{M_0}\cos\beta+\left.\frac{\partial u}{\partial z}\right|_{M_0}\cos\gamma$$

$$= 6 \times \frac{8}{9} + 8 \times \left(-\frac{1}{9}\right) + (-2) \times \frac{4}{9} = \frac{32}{9}.$$

当函数是分段函数时，其在分段点处一般不可微，我们通常按照定义来求方向导数.

例 4　设 $f(x,y,z)=\begin{cases} \dfrac{xy^2+2yz^2}{x^2+y^2+z^2}, & (x,y,z)\neq(0,0,0), \\ 0, & (x,y,z)=(0,0,0) \end{cases}$ 向量 $\boldsymbol{l}=(1,2,2)$. 求方向导数 $\left.\dfrac{\partial f}{\partial \boldsymbol{l}}\right|_{(0,0,0)}$.

解　过点(0,0,0)以 $\boldsymbol{l}$ 为方向的直线(射线)的参数方程是 $x=t, y=2t, z=2t\ (t\geqslant 0)$. 故按方向导数定义

$$\left.\frac{\partial f}{\partial \boldsymbol{l}}\right|_{(0,0,0)} = \lim_{t\to 0+}\frac{f(t,2t,2t)}{\rho} = \lim_{t\to 0+}\frac{20t^3}{27t^3} = \frac{20}{27}.$$

§8.8.2　梯度

方向导数描述了函数在一点沿某一方向的变化率，从空间或平面上一点出发，可以引无穷多条射线，因此函数在一点有无穷多个方向导数. 在实际问题的研究中，往往需要知道沿着什么方向函数的变化率最大. 例如一块长方形的金属板，四个顶点的坐标分别是(1, 1), (5, 1), (1, 3), (5, 3). 在坐标原点处有一火焰，它使金属板受热. 假定金属板上任意一点处的温度与该点到原点的距离成反比. 在(3, 2)处有一只蚂蚁，问这只蚂蚁应沿什么方向爬行才能最快到达较凉快的地点？这是一个求方向导数最值问题，也是本节研究的主要问题.

设 $u(x, y, z)$是一函数，对于一个确定的常数 C，方程

$$u(x, y, z) = C$$

在几何上表示一个曲面，称为**等量面**.

设 $P(x, y, z)$是等量面上任意一点，函数 $u(x, y, z)$在 P 点有连续的偏导数，它的法线向量为

$$\boldsymbol{g} = \left.\frac{\partial u}{\partial x}\right|_P \boldsymbol{i} + \left.\frac{\partial u}{\partial y}\right|_P \boldsymbol{j} + \left.\frac{\partial u}{\partial z}\right|_P \boldsymbol{k}, \tag{8.22}$$

式中，$\left.\dfrac{\partial u}{\partial x}\right|_P$，$\left.\dfrac{\partial u}{\partial y}\right|_P$，$\left.\dfrac{\partial u}{\partial z}\right|_P$ 是点 P 处三个偏导数的值.

设 l 为由 $P(x, y, z)$引出的任意一条射线，其方向余弦为 $\cos\alpha$，$\cos\beta$，$\cos\gamma$，则 $u(x, y, z)$沿 l 的方向导数为

$$\frac{\partial u}{\partial l} = \frac{\partial u}{\partial x}\cos\alpha + \frac{\partial u}{\partial y}\cos\beta + \frac{\partial u}{\partial z}\cos\gamma.$$

令 $\boldsymbol{l}^0$ 为方向 l 的单位向量，即

$$\boldsymbol{l}^0 = \cos\alpha\boldsymbol{i} + \cos\beta\boldsymbol{j} + \cos\gamma\boldsymbol{k},$$

于是

$$\begin{aligned}\frac{\partial u}{\partial l} &= \left(\frac{\partial u}{\partial x}\boldsymbol{i} + \frac{\partial u}{\partial y}\boldsymbol{j} + \frac{\partial u}{\partial z}\boldsymbol{k}\right)\cdot(\cos\alpha\boldsymbol{i} + \cos\beta\boldsymbol{j} + \cos\gamma\boldsymbol{k}) \\ &= \boldsymbol{g}\cdot\boldsymbol{l}^0 = |\boldsymbol{g}|\cos\langle\boldsymbol{g}, \boldsymbol{l}^0\rangle.\end{aligned}$$

当 $\cos\langle \boldsymbol{g}, \boldsymbol{l}^0 \rangle = 1$ 时，$\dfrac{\partial u}{\partial l}$有最大值，即当 $\boldsymbol{l}^0$ 与 $\boldsymbol{g}$ 的方向一致时，$\dfrac{\partial u}{\partial l} = |\boldsymbol{g}|$为最大值. 也就是说，$u(x, y, z)$沿向量 $\boldsymbol{g}$ 方向的变化率最大，其数值就是向量 $\boldsymbol{g}$ 的模. 称向量

$$\boldsymbol{g} = \frac{\partial u}{\partial x}\boldsymbol{i} + \frac{\partial u}{\partial y}\boldsymbol{j} + \frac{\partial u}{\partial z}\boldsymbol{k}$$

为数量函数 $u(x, y, z)$的**梯度**，记为 $\mathbf{grad}u$，即

$$\mathbf{grad}u = \frac{\partial u}{\partial x}\boldsymbol{i} + \frac{\partial u}{\partial y}\boldsymbol{j} + \frac{\partial u}{\partial z}\boldsymbol{k} = \left(\frac{\partial u}{\partial x}, \frac{\partial u}{\partial y}, \frac{\partial u}{\partial z}\right), \tag{8.23}$$

它的模是

$$|\mathbf{grad}u| = \sqrt{\left(\frac{\partial u}{\partial x}\right)^2 + \left(\frac{\partial u}{\partial y}\right)^2 + \left(\frac{\partial u}{\partial z}\right)^2}.$$

对比式(8.22)可知，每一点处 $\mathbf{grad}u$ 的方向与过该点的等量面上该点的法向量相同.

梯度的性质如下：

(1)两个函数代数和的梯度等于各函数梯度的代数和，即

$$\mathbf{grad}(u_1 \pm u_2) = \mathbf{grad}u_1 \pm \mathbf{grad}u_2.$$

(2)$\mathbf{grad}(u_1u_2) = u_1\mathbf{grad}u_2 + u_2\mathbf{grad}u_1$.

因为
$$\mathbf{grad}_x(u_1u_2) = \frac{\partial(u_1u_2)}{\partial x} = u_1\frac{\partial u_2}{\partial x} + u_2\frac{\partial u_1}{\partial x},$$
$$\mathbf{grad}_y(u_1u_2) = \frac{\partial(u_1u_2)}{\partial y} = u_1\frac{\partial u_2}{\partial y} + u_2\frac{\partial u_1}{\partial y},$$
$$\mathbf{grad}_z(u_1u_2) = \frac{\partial(u_1u_2)}{\partial z} = u_1\frac{\partial u_2}{\partial z} + u_2\frac{\partial u_1}{\partial z}.$$

即等式两端的向量在各坐标轴上的投影分别相等.

(3)$\mathbf{grad}F(u) = F'(u)\mathbf{grad}u$.

例 5 求 $\mathbf{grad}(\boldsymbol{a} \cdot \boldsymbol{r})$，其中，$\boldsymbol{a} = a_x\boldsymbol{i} + a_y\boldsymbol{j} + a_z\boldsymbol{k}$ 是一常向量，而 $\boldsymbol{r} = x\boldsymbol{i} + y\boldsymbol{j} + z\boldsymbol{k}$ 是点的向径.

解 因为
$$F = \boldsymbol{a} \cdot \boldsymbol{r} = xa_x + ya_y + za_z,$$
所以
$$\mathbf{grad}(\boldsymbol{a} \cdot \boldsymbol{r}) = \frac{\partial F}{\partial x}\boldsymbol{i} + \frac{\partial F}{\partial y}\boldsymbol{j} + \frac{\partial F}{\partial z}\boldsymbol{k} = a_x\boldsymbol{i} + a_y\boldsymbol{j} + a_z\boldsymbol{k} = \boldsymbol{a}.$$

例 6 试求函数 $u = f(x, y, z) = xy^2 + yz^3$ 在点 $P(2, -1, 1)$处的梯度.

解

$$\left.\frac{\partial f}{\partial x}\right|_P = y^2|_P = 1,$$
$$\left.\frac{\partial f}{\partial y}\right|_P = (2xy + z^3)|_P = -3,$$
$$\left.\frac{\partial f}{\partial z}\right|_P = 3yz^2|_P = -3.$$

所求函数的梯度为

$$\mathbf{grad}f|_P = \boldsymbol{i} - 3\boldsymbol{j} - 3\boldsymbol{k} = (1, -3, -3).$$

最后回到梯度概念开始处提出的那个问题.

设金属板上任一点(x, y)处的温度 $T(x, y)=\frac{k}{\sqrt{x^2+y^2}}$，$k$ 是常数，温度变化最剧烈的方向是梯度所指方向，计算

$$\mathbf{grad}T=-\frac{kx}{(x^2+y^2)^{3/2}}\boldsymbol{i}-\frac{ky}{(x^2+y^2)^{3/2}}\boldsymbol{j},$$

所以

$$\mathbf{grad}T(3, 2)=\frac{-3k}{13^{3/2}}\boldsymbol{i}-\frac{2k}{13^{3/2}}\boldsymbol{j}.$$

其单位向量$\frac{3}{\sqrt{13}}\boldsymbol{i}+\frac{2}{\sqrt{13}}\boldsymbol{j}$ 所指的方向是温度由热变冷变化最剧烈的方向(其反方向则是由冷变热). 蚂蚁虽然不懂梯度，但凭它的感觉细胞的反馈信号，它将沿这个方向逃跑.

习题 8—8

1. 求函数 $z=x^2+y^2$ 在点$(1,2)$处沿从点$(1,2)$到点$(2,2+\sqrt{3})$的方向的方向导数.

2. 求函数 $z=\ln(x+y)$在抛物线 $y^2=4x$ 上点$(1,2)$处，沿着这条抛物线在该点处偏向 x 轴正向的切线方向的方向导数.

3. 求函数 $z=1-\left(\frac{x^2}{a^2}+\frac{y^2}{b^2}\right)$在点$\left(\frac{a}{\sqrt{2}},\frac{b}{\sqrt{2}}\right)$处沿曲线$\frac{x^2}{a^2}+\frac{y^2}{b^2}=1$ 在这点的内法线方向的方向导数.

4. 求函数 $u=xy^2+z^3-xyz$ 在点$(1,1,2)$处沿方向角为 $\alpha=\frac{\pi}{3},\beta=\frac{\pi}{4},\lambda=\frac{\pi}{3}$的方向的方向导数.

5. 求函数 $u=xyz$ 在点$(5,1,2)$处沿从点$(5,1,2)$到点$(9,4,14)$的方向的方向导数.

6. 求函数 $u=x^2+y^2+z^2$ 在曲线 $x=t$，$y=t^2$，$z=t^3$ 上点$(1,1,1)$处，沿曲线在该点的切线正方向(对应于 t 增大的方向)的方向导数.

7. 求函数 $u=x+y+z$ 在球面 $x^2+y^2+z^2=1$ 上点(x_0,y_0,z_0)处，沿球面在该点的外法线方向的方向导数.

8. 设 $f(x,y,z)=x^2+2y^2+3z^2+xy+3x-2y-6z$，求 $\mathbf{grad}f(0,0,0)$及 $\mathbf{grad}f(1,1,1)$.

9. 求 $u=x^2-xy+y^2$ 在点$(1,1)$处沿向量 $\boldsymbol{l}=(\cos\alpha, \sin\alpha)$的方向导数，并求：

(1)在什么方向上方向导数有最大值；

(2)在什么方向上方向导数有最小值；

(3)在什么方向上方向导数是零；

(4)u 在点$(1,1)$处的梯度.

10. 设 $f(x,y)=\begin{cases}\frac{x^2y}{x^2+y^2}\arctan\frac{1}{x^2+y^2}, & (x,y)\neq(0,0),\\ 0, & (x,y)=(0,0).\end{cases}$

(1)讨论函数 $f(x,y)$在点$(0,0)$处的连续性和可微性.

(2)求函数 $f(x,y)$在点$(0,0)$处沿方向 $\boldsymbol{l}=(1,\sqrt{3})$的方向导数.

*§8.9 二元函数的泰勒展开

上册中一元函数的泰勒公式：若函数 $f(x)$ 在含有 x_0 的某个区间 (a,b) 内具有直到 $(n+1)$ 阶的导数，则对 $\forall x\in(a,b)$．有

$$f(x)=f(x_0)+f'(x_0)(x-x_0)+\frac{f''(x_0)}{2!}(x-x_0)^2+\cdots+$$
$$\frac{f^{(n)}(x_0)}{n!}(x-x_0)^n+\frac{f^{(n+1)}(\xi)}{(n+1)!}(x-x_0)^{n+1},$$

这里的 ξ 是介于 x 和 x_0 之间的某个值，利用泰勒公式，我们可用一个 n 次多项式来近似表述函数 $f(x)$，且误差是当 $x\to x_0$ 时比 $(x-x_0)^n$ 更高阶的无穷小．对多元函数而言，无论是出于理论还是实际计算的目的，都有必要考虑用多个变量的多项式来近似逼近一个给定的多元函数，并能具体地估算出误差大小来．下面以二元函数为例，将一元函数的泰勒公式推广到多元函数的情形．

定理 设 $f(x,y)$ 在点 (x_0,y_0) 的某邻域 D 内有直到 $(n+1)$ 阶的连续偏导数，(x_0+h,y_0+k) 为此邻域内任一点，则有

$$f(x_0+h,y_0+k)=f(x_0,y_0)+\left(h\frac{\partial}{\partial x}+k\frac{\partial}{\partial y}\right)f(x_0,y_0)$$
$$=\frac{1}{2!}\left(h\frac{\partial}{\partial x}+k\frac{\partial}{\partial y}\right)^2 f(x_0,y_0)+\cdots+$$
$$\frac{1}{n!}\left(h\frac{\partial}{\partial x}+k\frac{\partial}{\partial y}\right)^n f(x_0,y_0)+R_n, \tag{8.24}$$

这里 $R_n=\dfrac{1}{(n+1)!}\left(h\dfrac{\partial}{\partial x}+k\dfrac{\partial}{\partial y}\right)^{n+1}f(x_0+\theta h,y_0+\theta k)$，$(0<\theta<1)$．

其中记号

$$\left(h\frac{\partial}{\partial x}+k\frac{\partial}{\partial y}\right)f(x_0,y_0)=hf'_x(x_0,y_0)+kf'_y(x_0,y_0),$$
$$\left(h\frac{\partial}{\partial x}+k\frac{\partial}{\partial y}\right)^m f(x_0,y_0)=\sum_{i=0}^{m}\mathrm{C}_m^i h^i k^{m-i}\left.\frac{\partial^m f}{\partial x^i\partial y^{m-i}}\right|_{(x_0,y_0)},\quad m=1,2,\cdots,n.$$

证明 考虑一元函数 $\Phi(t)=f(x_0+ht,y_0+kt)$，在 $[0,1]$ 内有直到 $(n+1)$ 阶导数．由多元复合函数的求导法则，得

$$\Phi'(t)=hf'_x(x_0+ht,y_0+kt)+kf'_y(x_0+ht,y_0+kt)$$
$$=\left(h\frac{\partial}{\partial x}+k\frac{\partial}{\partial y}\right)f(x_0+ht,y_0+kt),$$
$$\Phi''(t)=h^2f''_{xx}(x_0+ht,y_0+kt)+2hkf''_{xy}(x_0+ht,y_0+kt)+$$
$$k^2f''_{yy}(x_0+ht,y_0+kt)$$
$$=\left(h\frac{\partial}{\partial x}+k\frac{\partial}{\partial y}\right)^2 f(x_0+ht,y_0+kt),$$

……

$$\Phi^{(n)}(t)=\left(h\frac{\partial}{\partial x}+k\frac{\partial}{\partial y}\right)^n f(x_0+ht,y_0+kt).$$

将 $\Phi(0)=f(x_0,y_0)$，$\Phi(1)=f(x_0+h,y_0+k)$ 及上面求得的 $\Phi(t)$ 直到 n 阶导数在 $t=0$ 的值，以及 $\Phi^{(n+1)}(t)$ 在 $t=\theta$ 的值代入一元函数 $\Phi(t)$ 的泰勒公式

$$\Phi(t)=\Phi(0)+\Phi'(0)+\frac{1}{2!}\Phi''(0)+\cdots+\frac{1}{n!}\Phi^{(n)}(0)+\frac{1}{(n+1)!}\Phi^{(n+1)}(\theta)\quad(0<\theta<1).$$

即得公式(8.24)．证毕.

公式(8.24)称为二元函数 $f(x,y)$ 在点 (x_0,y_0) 处的 n 阶泰勒公式，R_n 称为拉格朗日型余项，由公式的条件可知各 $(n+1)$ 阶偏导数绝对值在点 (x_0,y_0) 的某一邻域内都不超过某一正常数 M．当 $\rho=\sqrt{h^2+k^2}\to 0$ 时，令 $h=\rho\cos\theta,k=\rho\sin\theta$，有下面的误差估计式：

$$|R_n|\leqslant\frac{M}{(n+1)!}(|h|+|k|)^{n+1}=\frac{M}{(n+1)!}\rho^{n+1}(|\cos\alpha|+|\sin\alpha|)^{n+1}=\frac{(\sqrt{2})^{n+1}}{(n+1)!}M\rho^{n+1}.$$

因此，当 $\rho\to 0$ 时，误差 $|R_n|$ 是 ρ^n 的高阶无穷小.

当 $n=0$ 时，公式(8.24)为二元函数的拉格朗日中值公式

$$\begin{aligned}f(x_0+h,y_0+k)-f(x_0,y_0)&=\left(h\frac{\partial}{\partial x}+k\frac{\partial}{\partial y}\right)f(x_0+\theta h,y_0+\theta k)\\&=hf'_x(x_0+\theta h,y_0+\theta k)+kf'_y(x_0+\theta h,y_0+\theta k)\quad(0<\theta<1).\end{aligned}\tag{8.25}$$

当 $n=1$ 时，公式(8.24)为

$$\begin{aligned}f(x_0+h,y_0+k)=&f(x_0,y_0)+hf'_x(x_0,y_0)+kf'_y(x_0,y_0)+\frac{1}{2}[h^2f''_{xx}(x_0+\theta h,y_0+\theta k)\\&+2hkf''_{xy}(x_0+\theta h,y_0+\theta k)+k^2f''_{yy}(x_0+\theta h,y_0+\theta k)]\quad(0<\theta<1).\end{aligned}\tag{8.26}$$

下节中，这个公式用于证明多元函数极值存在的判定定理.

在泰勒公式(8.24)中，如果取 $x_0=0,y_0=0$，即为 n 阶麦克劳林公式

$$\begin{aligned}f(x,y)=&f(0,0)+\left(x\frac{\partial}{\partial x}+y\frac{\partial}{\partial y}\right)f(0,0)+\frac{1}{2!}\left(x\frac{\partial}{\partial x}+y\frac{\partial}{\partial y}\right)^2 f(0,0)+\cdots+\\&\frac{1}{n!}\left(x\frac{\partial}{\partial x}+y\frac{\partial}{\partial y}\right)^n f(0,0)+\frac{1}{(n+1)!}\left(x\frac{\partial}{\partial x}+y\frac{\partial}{\partial y}\right)^{n+1} f(\theta x,\theta y)\quad(0<\theta<1).\end{aligned}\tag{8.27}$$

例 1　求函数 $f(x,y)=e^{x+y}$ 的麦克劳林公式.

解　因为 $\dfrac{\partial^m f}{\partial x^i\partial y^{m-i}}=e^{x+y}$，即 e^{x+y} 的各阶偏导数都是 e^{x+y}，则 $\dfrac{\partial^m}{\partial x^i\partial y^{m-i}}f(0,0)=1$.

所以

$$e^{x+y}=1+(x+y)+\frac{1}{2!}(x+y)^2+\cdots+\frac{1}{n!}(x+y)^n+\frac{1}{(n+1)!}(x+y)^{n+1}e^{\theta x+\theta y}\quad(0<\theta<1).$$

求函数泰勒展开式时，可以先求各阶偏导数，再代入公式(8.24)或(8.27)直接展开；也可以对一些已知函数的展开式通过变量替换和恒等变形间接展开.

例 2　求函数 $f(x,y)=\ln(1+x+y)$ 的麦克劳林公式.

解　令 $t=x+y$，因为

$$\ln(1+t)=t-\frac{1}{2}t^2+\cdots+\frac{(-1)^{n-1}}{n}t^n+\frac{(-1)^n}{n+1}\frac{t^{n+1}}{(1+\theta t)^{n+1}}\quad(0<\theta<1).$$

所以

$$\ln(1+x+y)=(x+y)-\frac{1}{2}(x+y)^2+\cdots+\frac{(-1)^{n-1}}{n}(x+y)^n+\frac{(-1)^n(x+y)^{n+1}}{(n+1)(1+\theta x+\theta y)^{n+1}}\quad(0<\theta<1).$$

*习题 8—9

1. 求函数 $f(x,y)=2x^2-xy-y^2-6x-3y+5$ 在点 $(1,-2)$ 处的泰勒公式.
2. 求函数 $f(x,y)=e^x\ln(1+y)$ 在点 $(0,0)$ 处的三阶泰勒公式.
3. 求函数 $f(x,y)=\sin x\sin y$ 在点 $\left(\frac{\pi}{4},\frac{\pi}{4}\right)$ 处的二阶泰勒公式.
4. 利用函数 $f(x,y)=x^y$ 的三阶泰勒公式，计算 $1.1^{1.02}$ 的近似值.

§8.10　多元函数的极值和最值

§8.10.1　多元函数的极值

在实际问题中，往往会遇到计算多元函数在给定区域上的极值和最值问题. 与一元函数类似，多元函数的最值问题与极值问题有密切联系，因而首先要研究多元函数的极值，我们将以二元函数为对象进行讨论.

定义　设函数 $z=f(x,y)$ 在点 (x_0,y_0) 的某邻域内有定义，对于该邻域内异于 (x_0,y_0) 的点 (x,y)：若满足不等式 $f(x,y)\leqslant f(x_0,y_0)$，则称函数在点 (x_0,y_0) 处取得**极大值**；若满足不等式 $f(x,y)\geqslant f(x_0,y_0)$，则称函数在点 (x_0,y_0) 处取得**极小值**. 极大值、极小值统称为**极值**. 使函数取得极值的点称为**极值点**.

例 1　函数 $z=1-x^2-y^2$(如图 8.15 所示)在点(0, 0)处的值为 1，而在点(0, 0)某邻域内的函数值恒小于 1，故在点(0, 0)处函数取得极大值，其值为 1.

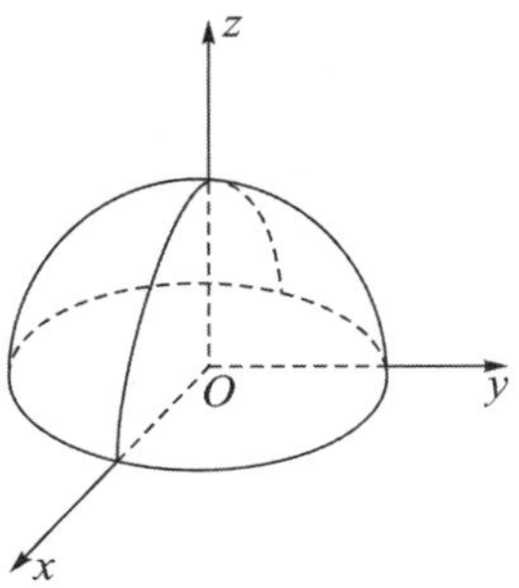

图 8.15

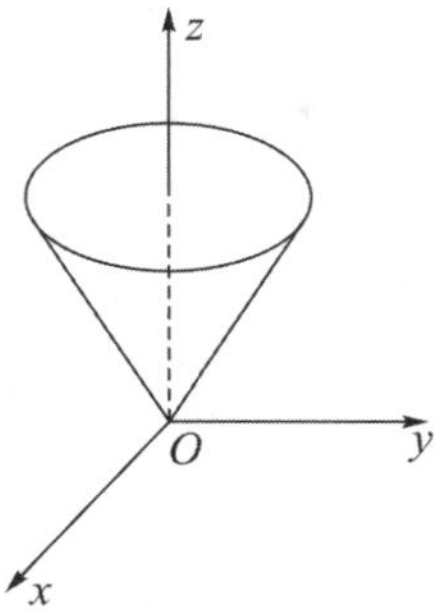

图 8.16

如果 $f(x,y)$ 在 $P_0(x_0,y_0)$ 取得极值，当 $y=y_0$ 时，$z=F(x)=f(x,y_0)$. $z=f(x,y_0)$ 在 $x=x_0$ 处也取得极值，于是利用一元函数的结果，在 P_0 处应该有

$$F'(x)\Big|_{x_0}=\frac{\partial f}{\partial x}\Big|_{p_0}=0.$$

定理 1(极值存在的必要条件)　如果函数 $z=f(x,y)$ 的偏导数 $f'_x(x,y)$，$f'_y(x,y)$ 在点 (x_0,y_0) 处都存在，且在 $P(x_0,y_0)$ 处取得极值，则必有 $f'_x(x_0,y_0)=0$，$f'_y(x_0,y_0)=0$.

使 $f'_x(x_0,y_0)=0$，$f'_y(x_0,y_0)=0$ 同时成立的点 (x_0,y_0) 称为函数 $z=f(x,y)$ 的**驻点**. 而且，若 $f(x,y)$ 在驻点处可微，则有一张平行于 Oxy 面的切平面 $z=f(x_0,y_0)=z_0$.

例 2　函数 $z=\sqrt{x^2+y^2}$ (如图 8.16 所示)在点(0,0)处值为 0，而在点(0,0)处某邻域内函数值恒大于 0，因此函数在点(0,0)处取极小值，其值为 0.(原点连续，但不可导).

例 3　函数 $z=xy$ 在点(0,0)处有 $\frac{\partial z}{\partial x}(0,0)=\frac{\partial z}{\partial y}(0,0)=0$，点(0,0)是驻点(而且有一个水平切平面 $z=0$). 但在点(0,0)的任一邻域内，函数可取到正值，也可取到负值，从而这个驻点不是极值点.

两个偏导数都为 0 只是取极值的必要条件，下面讨论取极值的充分条件.

定理 2(极值存在的充分条件)　设函数 $z=f(x,y)$ 在点 (x_0,y_0) 的某邻域内有连续的二阶偏导数，(x_0,y_0) 为驻点，设 $A=f''_{xx}, B=f''_{xy}, C=f''_{yy}$，

(1)若 $B^2-AC<0$，则 f 在点 (x_0,y_0) 处取得极值.

当 $A>0$ 时取极大值，当 $A<0$ 时取极小值.

(2)若 $B^2-AC>0$，$f(x_0,y_0)$ 一定不是极值.

(3)若 $B^2-AC=0$，是退化情形，还需其他条件判定.

证明　设 $(x_0+\Delta x, y_0+\Delta y)$ 是驻点 (x_0,y_0) 邻域中任一点，令 $\Delta x=ht, \Delta y=kt$，则一元函数 $\Phi(t)=f(x_0+ht, y_0+kt)$ 在 $t=0$ 处有二阶连续导数，有

$$\Delta\Phi(0)=\Phi(t)-\Phi(0)=\Phi'(0)t+\frac{1}{2}\Phi''(0)t^2+o(t^2).$$

由多元复合函数的求导法则，得

$$\Phi'(0)=hf'_x(x_0,y_0)+kf'_y(x_0,y_0)=0.$$

$$\begin{aligned}\Phi''(0)&=h^2f''_{xx}(x_0,y_0)+2hkf''_{xy}(x_0,y_0)+k^2f''_{yy}(x_0,y_0)\\&=\frac{1}{2}(Ah^2+2Bhk+Ck^2)t^2.\end{aligned}$$

因此，

$$\Delta z(x_0,y_0)=\frac{1}{2}(Ah^2+2Bhk+Ck^2)t^2+o(t^2).$$

当 $t\to 0$，上式中二次项不为 0 时，二次项的符号决定 Δz 的符号.

下面我们分情形讨论：

(1) 当 $AC-B^2>0$ 时，$Ah^2+2Bhk+Ck^2=\frac{1}{A}\left[\left(h+\frac{B}{A}k\right)^2+(AC-B^2)k^2\right]$.

如果 $A>0$，则对任意的 (h,k)，上式都大于 0，即驻点是极小值点；

如果 $A<0$，则对任意的 (h,k)，上式都小于 0，即驻点是极大值点.

(2) 当 $AC-B^2<0$ 时，$Ah^2+2Bhk+Ck^2=\frac{1}{A}\left[\left(h+\frac{B}{A}k\right)^2+(AC-B^2)k^2\right]$.

对某些 (h,k) 为正，对某些 (h,k) 为负，驻点一定不是极值点

(3) 当 $AC-B^2=0$ 时，是退化情形，还需进一步的条件才能判断. 证毕.

在《线性代数》中，$F(h,k)=Ah+2Bhk+Ck^2$ 可表示为 $(h,k)\begin{bmatrix}A & B\\ B & C\end{bmatrix}\begin{bmatrix}h\\ k\end{bmatrix}$. 这里二阶方阵 $\begin{bmatrix}A & B\\ B & C\end{bmatrix}$，即 $\begin{bmatrix}f''_{xx} & f''_{xy}\\ f''_{xy} & f''_{xy}\end{bmatrix}$ 称为 $z=f(x,y)$ 的**黑塞**(Hesse)**矩阵**. 若当 $(h,k)\neq 0$ 时都有 $F(x,y)>0(<0)$，称为新二次型是正(负)定的. 相应地，把对应的黑塞矩阵也称为正(负)定的. 对于三元或 n 元函数极值充分条件判别，利用相应的黑塞矩阵的正定性判断更方便一些.

当二元函数可导时，求二元函数极值的问题可以归纳成以下几个步骤：

(1) 令所有偏导数 $f'_x(x,y)$，$f'_y(x,y)$ 都等于 0，即解方程组

$$\begin{cases}f'_x(x,y)=0,\\ f'_y(x,y)=0,\end{cases}$$

得驻点.

(2) 对每一驻点 (x_0,y_0) 求出二阶偏导数的值：

$$A=f''_{xx}(x_0,y_0),\quad B=f''_{xy}(x_0,y_0),\quad C=f''_{yy}(x_0,y_0).$$

(3) 由极值充分判定条件分别讨论所有驻点处是否取得极值，若取得极值，进一步指出取极值大(小)值，最后再算出极大(小)值即可.

如果根据应用问题的实际背景可以判断函数有极值，而驻点唯一，则可直接计算.

与一元函数类似，多元函数在偏导数不存在的点也可能有极值. 例如，函数

$$z=\sqrt{x^2+y^2}$$

表示上半圆锥面. 顶点 $O(0,0)$ 是函数的极小值点. 但它在顶点处不可导.

例 4　求函数 $z=x^2-xy+y^2-2x+y$ 的极值.

解　令

$$\begin{cases}\dfrac{\partial z}{\partial x}=2x-y-2=0,\\[2mm] \dfrac{\partial z}{\partial y}=-x+2y+1=0,\end{cases}$$

解方程组，得驻点 $x=1$，$y=0$. 在点 (1, 0) 处求得

$$A=\frac{\partial^2 z}{\partial x^2}=2,\quad B=\frac{\partial^2 z}{\partial x\partial y}=-1,\quad C=\frac{\partial^2 z}{\partial y^2}=2.$$

因为 $B^2-AC=1-4=-3<0$，且 $A=2>0$，根据定理 1，函数在点(1，0)处取极小值，极小值为 -1.

例 5　确定函数 $f(x,y)=x^3-y^3+3x^2+3y^2-9x$ 的极值点.

解　令 $\begin{cases}3x^2+6x-9=0,\\-3y^2+6y=0,\end{cases}$ 解方程组求得四个驻点(1，0)，(1，2)，(−3，0)，(−3，2). 又求出二阶导数 $f''_{xx}=6x+6$，$f''_{xy}=0$，$f''_{yy}=-6y+6$，在点(1，0)，$B^2-AC=-12\times6<0$，$A=12>0$，故函数在点(1，0)处取极小值，其值为 $f(1,0)=-5$.

在点(1，2)，$B^2-AC=12\times6>0$，函数在点(1，2)处不取极值.

在点(−3，0)，$B^2-AC=12\times6>0$，函数在点(−3，0)处不取极值.

在点(−3，2)，$B^2-AC=-12\times6<0$，$A=-12<0$，由定理 2，函数在点(−3，2)处取极大值 $f(-3,2)=31$.

例 6　求由方程 $x^2+y^2+z^2-2x+2y-4z-10=0$ 确定的 $z=f(x,y)$ 的极值.

解　将方程两边分别对 x,y 求偏导 $\begin{cases}2x+2z\cdot z'_x-2-4z'_x=0,\\2y+2z\cdot z'_y-2-4z'_y=0.\end{cases}$

由必要条件 $z'_x=z'_y=0$，与原方程联立求解，得驻点为 $P(1,-1)$，$z_1=-2$，$z_2=6$.

将上面的方程组再分别对 x，y 求偏导数，

$$A=z''_{xx}|_P=\frac{1}{2-z},\quad B=z''_{xy}|_P=0,\quad C=z''_{yy}|_P=\frac{1}{2-z}.$$

当 $z_1=-2$ 时，$AC-B^2>0$，$A=\frac{1}{4}>0$，则 $z=f(1,-1)=-2$ 为极小值；

当 $z_2=6$ 时，$AC-B^2>0$，$A=-\frac{1}{4}<0$，则 $z=f(1,-1)=6$ 为极大值.

§8.10.2　二元函数的最值

与一元函数类似，也可求二元函数的最大值和最小值.

设函数 $z=f(x,y)$ 在有界闭区域上连续，则 $f(x,y)$ 在 D 上必然取得它的最大值与最小值. 具体计算方法是：将 $f(x,y)$ 在 D 内的所有极值及 $f(x,y)$ 在 D 的边界上的最大值及最小值作比较，取其中最大的与最小的，即为所要求的最值.

例 7　求二元函数 $z=f(x,y)=x^2y(4-x-y)$ 在 $x=0,y=0$ 和 $x+y=6$ 围成的闭区域 D(如图 8.17 所示)上的最值.

解　$f(x,y)$ 在闭区域 D 上连续，一定有最大值和最小值.

先求在开区域 $D°$ 上的驻点

令 $\begin{cases}\dfrac{\partial f}{\partial x}=2xy(4-x-y)-x^2y=0,\\[2mm]\dfrac{\partial f}{\partial y}=x^2(4-x-y)-x^2y=0.\end{cases}$

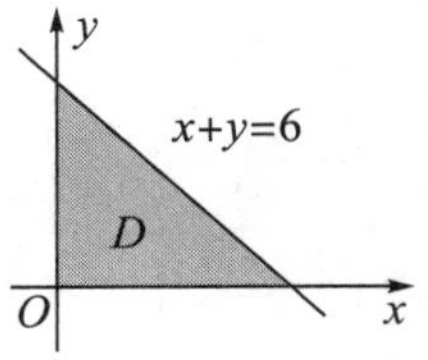

图 8.17

解方程组，得在 $D°$ 内有唯一驻点(2,1)，且 $f(2,1)=4$.

再考虑 $f(x,y)$ 在 D 的边界上的情形.

当 $x=0$ 或 $y=0$ 时，$F(x,y)=0$.

当 $x+y=6$ 时，即 $y=6-x$，代入 $f(x,y)$，得

$$F(x)=f(x,6-x)=-2x^2(6-x)$$

令 $F'(x)=4x(x-6)+2x^2=0$，

解得驻点 $x=0$(已考虑)，$x=4$，这时 $F(4)=f(4,2)=-64$.

比较后，可知 $f(2,1)=4$ 是最大值，$f(4,2)=-64$ 是最小值.

例 8 某厂用铁板制造一个体积为 8 m^3 的有盖长方体水箱，则当长、宽与高为何值时用料最省.

解 设水箱长为 x m，宽为 y m，则高为 $\frac{8}{xy}$ m. 所用的铁板即水箱表面积

$$A=2\left(xy+\frac{8x}{xy}+\frac{8y}{xy}\right)=2xy+\frac{16}{y}+\frac{16}{x}.$$

令 $\begin{cases}\dfrac{\partial A}{\partial x}=2y-\dfrac{16}{x^2}=0,\\ \dfrac{\partial A}{\partial y}=2x-\dfrac{16}{y^2}=0,\end{cases}$

解方程组，得 $x=2$，$y=2$.

根据题意可知，水箱表面积一定有最小值，而函数只有唯一一个驻点. 因此，函数在驻点处取得最小值，即长、宽和高都是 2 m 时表面积最小，为 24 m^2.

该例说明体积一定的长方体中，立方体的表面积最小. 如果要制造一个无盖的水箱，长、宽和高如何设计，使其表面积最小?

例 9 将一长度为 a 的细杆分为三段，试问如何分才能使三段长度的乘积最大.

解 令 x 表示第一段的长度，y 表示第二段的长度，则第三段的长度为 $a-x-y$. 三段长度的乘积为

$$z=f(x,y)=xy(a-x-y).$$

$f'_x=ay-2xy-y^2$，$f'_y=ax-x^2-2xy$.

令 $f'_x=f'_y=0$，解方程组

$$\begin{cases}ay-2xy-y^2=0,\\ ax-x^2-2xy=0,\end{cases}$$

得四个驻点 $(0,0)$，$\left(\frac{a}{3},\frac{a}{3}\right)$，$(0,a)$ 及 $(a,0)$. 除 $\left(\frac{a}{3},\frac{a}{3}\right)$ 外其余三个点不合题意，舍去.

又

$$f''_{xx}(x,y)=-2y,\quad f''_{xy}(x,y)=a-2x-2y,\quad f''_{yy}(x,y)=-2x.$$

在点 $\left(\frac{a}{3},\frac{a}{3}\right)$，$B^2-AC=\left(-\frac{a}{3}\right)^2-\left(-\frac{2}{3}a\right)\left(-\frac{2}{3}a\right)=-\frac{a^2}{3}<0$，根据定理 2，函数在点 $\left(\frac{a}{3},\frac{a}{3}\right)$ 处取极大值.

即将细杆三等分时，三段长度的乘积最大. 最大值为 $f(\frac{a}{3},\frac{a}{3})=\frac{a^3}{27}$.

§8.10.3　条件极值——拉格朗日乘数法

在研究极值问题时，对于函数的自变量，除限制在函数的定义域内以外，没有其他附加条件，这样的极值称为无条件极值. 但是在一些实际问题中，函数的极值问题还需要对自变量附加约束条件. 约束条件往往需要函数的自变量间满足一定的关系式. 例如，求闭区域 D 上的连续函数 $f(x, y)$在其定义域边界 $\varphi(x, y)$上的极值，边界曲线就是对自变量 x，y 的约束条件，对自变量附加约束条件的极值问题称为条件极值.

例如，求表面积为 a^2 而体积最大的长方体. 若用 x，y，z 分别表示长方体的长、宽、高，V 表示其体积，则该问题实际上就是在附加条件

$$2xy + 2yz + 2zx = a^2$$

的限制下，求函数

$$V = xyz$$

的最大值.

又如，在平面上，求由原点到曲线 $\varphi(x, y)=0$ 的最短距离. 任取曲线上一点(x,y)，它到原点的距离为 $d=\sqrt{x^2+y^2}$. 这个问题是要求距离函数 $d=\sqrt{x^2+y^2}$ 在(x,y)限制在曲线上时的最小值. 这类问题叫作求**条件极值**. 下面讨论函数 $z=f(x,y)$在条件 $\varphi(x,y)=0$ 下的极值.

设函数 $f(x, y)$，$\varphi(x, y)$在(x_0, y_0)附近具有连续偏导数，且 $\varphi'_x(x, y)$，$\varphi'_y(x, y)$不同时为 0(如 $\varphi'_y(x, y)\neq 0$)，将 y 视为由隐函数方程 $\varphi(x, y)=0$ 确定的 x 的函数 $y=\psi(x)$，于是二元函数的条件极值问题就化为一元函数 $z=f[x, \psi(x)]$的无条件极值问题，因此在极值点处必须满足一元函数极值存在的必要条件：

$$\frac{\mathrm{d}z}{\mathrm{d}x} = 0,$$

而

$$\frac{\mathrm{d}z}{\mathrm{d}x} = f'_x(x, y) + f'_y(x, y)\frac{\mathrm{d}y}{\mathrm{d}x},$$

由方程 $\varphi(x,y)=0$ 所确定的隐函数 $y=y(x)$求导，得

$$\frac{\mathrm{d}y}{\mathrm{d}x} = -\frac{\varphi'_x(x, y)}{\varphi'_y(x, y)},$$

所以

$$\frac{\mathrm{d}z}{\mathrm{d}x} = f'_x(x, y) - \frac{\varphi'_x(x, y)}{\varphi'_y(x, y)}f'_y(x, y).$$

极值点的坐标必须满足方程

$$f'_x(x, y)\varphi'_y(x, y) - f'_y(x, y)\varphi'_x(x, y) = 0 \tag{8.28}$$

当然，x，y 还满足约束条件

$$\varphi(x, y) = 0. \tag{8.29}$$

将方程(8.28)、(8.29)联立解出(x, y)，即得可能的极值点.

如果我们考虑二元函数

$$F(x, y)=f(x, y)+\lambda\varphi(x, y),$$

其中，$\lambda\in\mathbf{R}$，其取极值的必要条件是

$$\begin{cases}F'_x(x, y) = f'_x(x, y) + \lambda\varphi'_x(x, y) = 0,\\ F'_y(x, y) = f'_y(x, y) + \lambda\varphi'_y(x, y) = 0.\end{cases}$$

因此

$$\begin{cases}f'_x(x, y)+\lambda\varphi'_x(x, y)=0,\\ f'_y(x, y)+\lambda\varphi'_y(x, y)=0.\end{cases}$$

上式中消去 λ，得到与式(8.28)相同的结果. 从而有：

拉格朗日乘数法 为了求函数 $f(x, y)$(称为**目标函数**)在条件 $\varphi(x, y)=0$(称为**约束条件**)限制下的极值，可用一常数 λ 乘 $\varphi(x, y)$后与 $f(x, y)$相加，得**拉格朗日函数**

$$F(x, y, \lambda) = f(x, y) + \lambda\varphi(x, y).$$

写出 $F(x, y)$无条件极值的必要条件为

$$\begin{cases}f'_x(x, y) + \lambda\varphi'_x(x, y) = 0,\\ f'_y(x, y) + \lambda\varphi'_y(x, y) = 0,\\ \varphi(x,y) = 0.\end{cases} \tag{8.30}$$

解方程组，得 x，y，这样的 x，y 就是原问题驻点的坐标. 至于是否为最值点，在实际问题中往往可以根据物理和几何背景得出结论.

以上所讲的方法叫作**拉格朗日乘数法**，λ 叫作**拉格朗日乘数**. 这种方法还可以推广.

在两个条件 $G(x, y, z)=0$，$H(x, y, z)=0$ 的限制下，求函数 $F(x, y, z)$的极值.

作出拉格朗日函数

$$L(x, y, z, \lambda_1, \lambda_2) = F(x, y, z) + \lambda_1 G(x, y, z) + \lambda_2 H(x, y, z).$$

写出 $L(x, y, z)$无条件极值的必要条件：

$$\begin{cases}L'_x(x, y, z) = 0,\\ L'_y(x, y, z) = 0,\\ L'_z(x, y, z) = 0,\\ G(x, y, z) = 0,\\ H(x, y, z) = 0.\end{cases} \tag{8.31}$$

解出 x，y，z，即得驻点的坐标(x, y, z).

(3)求 n 元函数 $f(x_1, x_2, \cdots, x_n)$在 $m(m<n)$个附加条件 $\varphi_1(x_1, x_2, \cdots, x_n)=0$，$\varphi_2(x_1, x_2, \cdots, x_n)=0$，…，$\varphi_m(x_1, x_2, \cdots, x_n)=0$ 下的极值.

用常数 $\lambda_1, \lambda_2, \cdots, \lambda_m$ 依次乘 $\varphi_1, \varphi_2, \cdots, \varphi_m$，作出拉格朗日函数

$$L(x_1, x_2, \cdots, x_n, \lambda_1, \lambda_2, \cdots, \lambda_m) = f + \lambda_1\varphi_1 + \lambda_2\varphi_2 + \cdots + \lambda_m\varphi_m.$$

求偏导，

$$\begin{cases}\dfrac{\partial L}{\partial x_1} = \dfrac{\partial f}{\partial x_1} + \lambda_1\dfrac{\partial \varphi_1}{\partial x_1} + \lambda_2\dfrac{\partial \varphi_2}{\partial x_1} + \cdots + \lambda_m\dfrac{\partial \varphi_m}{\partial x_1},\\ \dfrac{\partial L}{\partial x_2} = \dfrac{\partial f}{\partial x_2} + \lambda_1\dfrac{\partial \varphi_1}{\partial x_2} + \lambda_2\dfrac{\partial \varphi_2}{\partial x_2} + \cdots + \lambda_m\dfrac{\partial \varphi_m}{\partial x_2},\\ \cdots\cdots\\ \dfrac{\partial L}{\partial x_n} = \dfrac{\partial f}{\partial x_n} + \lambda_1\dfrac{\partial \varphi_1}{\partial x_n} + \lambda_2\dfrac{\partial \varphi_2}{\partial x_n} + \cdots + \lambda_m\dfrac{\partial \varphi_m}{\partial x_n}.\end{cases} \tag{8.32}$$

令$\dfrac{\partial L}{\partial x_i}=0(i=1,2,\cdots,n)$，得

$$\begin{cases}\dfrac{\partial f}{\partial x_1}+\lambda_1\dfrac{\partial \varphi_1}{\partial x_1}+\cdots=0,\\ \dfrac{\partial f}{\partial x_2}+\lambda_1\dfrac{\partial \varphi_1}{x_2}+\cdots=0,\\ \cdots\cdots\\ \dfrac{\partial f}{\partial x_n}+\lambda_1\dfrac{\partial \varphi_1}{\partial x_n}+\cdots=0.\end{cases}$$

将方程组(8.32)中的 n 个方程与附加条件联立，消去 λ_1，λ_2，…，λ_m，解出 x_1，x_2，…，x_n，它们即是驻点的坐标.

例 10　求表面积为 a^2 而体积最大的长方体.

解　设长方体三棱的长分别为 x，y，z，则体积为

$$f(x,y,z)=xyz.$$

约束条件为

$$\varphi(x,y,z)=2xy+2yz+2zx-a^2=0.$$

令函数

$$F(x,y,z,\lambda)=xyz+\lambda(2xy+2yz+2zx-a^2)$$

的一阶偏导数为 0，得

$$\begin{cases}yz+2\lambda(y+z)=0,\\ xz+2\lambda(z+x)=0,\\ xy+2\lambda(x+y)=0,\\ 2xy+2yz+2zx-a^2=0.\end{cases}$$

由前三式得 $x=y=z$，代入约束条件得

$$x=y=z=\frac{a}{\sqrt{6}}.$$

即当三棱的长度相等时，长方体的体积最大.

例 11　试分已知的正数 a 为三个正数 x，y，z 之和，使

$$f(x,y,z)=x^\alpha y^\beta z^\gamma$$

为最大，这里 α，β，γ 是三个已知的正数(如图 8.18 所示).

解法一　考虑约束条件是

$$x+y+z=a(x>0,\ y>0,\ z>0,a>0).$$

由它确定的点集是平面 $x+y+z=a$ 位于第一卦限中的部分，即图中有阴影的三角形，它是一个开集，而 $f(x,y,z)$是连续的，故必在其上的某点达到最大值.

作拉格朗日函数

$$L(x,y,z,\lambda)=x^\alpha y^\beta z^\gamma-\lambda(x+y+z-a).$$

由极值的必要条件，得

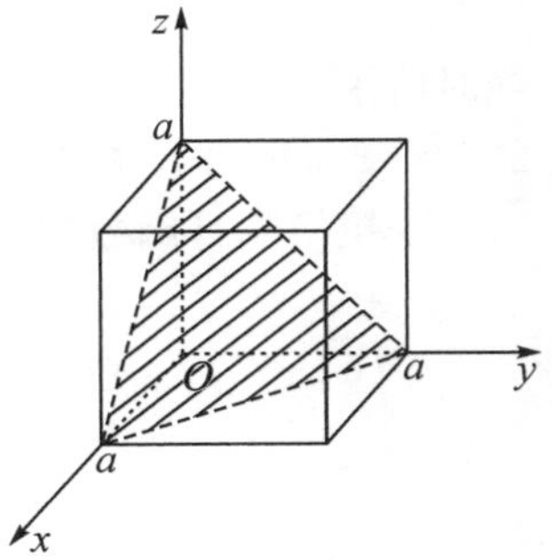

图 8.18

$$\begin{cases}\alpha x^{\alpha-1}y^{\beta}z^{\gamma}-\lambda=0,\\ \beta x^{\alpha}y^{\beta-1}z^{\gamma}-\lambda=0,\\ \gamma x^{\alpha}y^{\beta}z^{\gamma-1}-\lambda=0.\end{cases}$$

化简前三个方程，得

$$\frac{x}{\alpha}=\frac{y}{\beta}=\frac{z}{\gamma}.$$

代入约束条件

$$x+y+z-a=0,$$

得

$$x=\frac{a\alpha}{\alpha+\beta+\gamma},\quad y=\frac{a\beta}{\alpha+\beta+\gamma},\quad z=\frac{a\gamma}{\alpha+\beta+\gamma}.$$

即当 x，y，z 与 α，β，γ 之间的关系如上式时，$x^{\alpha}y^{\beta}z^{\gamma}$ 的值最大.

拉格朗日乘数法的优点是不需要先求解约束条件，而且找到的极值点是一致的.

为了保证拉格朗日函数可导以及方便计算，通常对目标函数加以变形改造，即复合一个严格单调的函数.

解法二 作拉格调日函数

$$L(x,y,z,\lambda)=\ln(x^{\alpha}y^{\beta}z^{\gamma})-\lambda(x+y+z-\alpha).$$

由极值必要条件，得

$$\begin{cases}\dfrac{\alpha}{x}-\lambda=0,\\ \dfrac{\beta}{y}-\lambda=0,\\ \dfrac{\gamma}{z}-\lambda=0,\\ x+y+z-a=0.\end{cases}$$

得唯一解

$$x=\frac{a\alpha}{\alpha+\beta+\gamma},\ y=\frac{a\beta}{\alpha+\beta+\gamma},\ z=\frac{a\gamma}{\alpha+\beta+\gamma},$$

所以，所求的最大值为$\dfrac{a^{\alpha+\beta+\gamma}\alpha^{\alpha}\beta^{\beta}\gamma^{\gamma}}{(\alpha+\beta+\gamma)^{\alpha+\beta+\gamma}}$.

例 12 求抛物线 $y=x^2$ 到直线 $x-y-2=0$ 的最短距离.

解 设抛物线上的点为(x,y)，它到直线 $x-y-2=0$ 的距离 $d=\dfrac{|x-y-2|}{\sqrt{2}}$.（由于绝对值函数$|x|$在极小值点 $x=0$ 处连续不可导，我们加以变形.）问题化为求 $f(x,y)=2d^2=(x-y-2)^2$ 在条件 $\varphi(x,y)=y-x^2=0$ 下的最小值问题.

令拉格朗日函数为

$$F(x,y,\lambda)=(x-y-2)^2+\lambda(y-x^2),$$

令 $F(x,y,\lambda)$对 x，y，λ 的偏导数为零，即

$$\begin{cases}2(x-y-2)-2\lambda x=0,\\ -2(x-y-2)+\lambda=0,\\ y-x^2=0,\end{cases}$$

解之得

$$x=\frac{1}{2},\quad y=\frac{1}{4}.$$

由题意，最短距离是存在的，故在抛物线上点$\left(\frac{1}{2},\frac{1}{4}\right)$到直线的距离最短，即

$$d=\frac{\left|\frac{1}{2}-\frac{1}{4}-2\right|}{\sqrt{2}}=\frac{7}{4\sqrt{2}}.$$

例 13　已知 $z=f(x,y)$满足 $dz=2xdx-4ydy$，$f(0,0)=5$.

(1)求 $f(x,y)$；(2)求 $f(x,y)$在 $D=\{x^2+4y^2\leqslant 4\}$上的最值.

解　(1)因为 $dz=2xdx-4ydy=d(x^2-2y^2+C)$，$f(0,0)=5$.

所以 $z=f(x,y)=x^2-2y^2+5$.

(2)令 $f'_x=2x=0$，$f'_y=4y=0$，得在 D 内部有驻点(0,0).

再作拉格朗日函数 $z=F(x,y)=(x^2-2y^2+5)+\lambda(x^2+4y^2-4)$，

由
$$\begin{cases}F'_x=2(1+\lambda)x=0,\\F'_y=4(2\lambda-1)y=0,\\x^2+4y^2-4=0.\end{cases}$$

得驻点(0,1),(0,−1)(2,0),(−2,0),

$f(0,1)=3$，$f(0,-1)=3$，$f(0,0)=5$，$f(2,0)=9$，$f(-2,0)=9$.

所以最大值是 9，最小值是 3.

习题 8－10

1. 求下列函数的极值：

(1)$z=x^3+3xy^2-15x+y^3-15y$；

(2)$z=1-(x^2+y^2)^{2/3}$；

(3)$z=e^{2x}(x+y^2+2y)$.

2. 求函数 $u=x^2+xy+y^2+x-y+1$ 在 $y=x+2$，$x=0$，$y=0$ 所围成的闭区域上的最大值和最小值.

3. 求函数 $f(x,y)=x^2-y^2$ 在圆域 $x^2+y^2\leqslant 4$ 上的最大值与最小值.

4. 在椭圆 $x^2+4y^2=4$ 上求一点，使其到直线 $2x+3y-6=0$ 的距离为最近.

5. 求内接于椭球面$\frac{x^2}{a^2}+\frac{y^2}{b^2}+\frac{z^2}{c^2}=1$，且体积最大的长方体的棱长.

6. 经过点(1，1，1)的所有平面中，哪一个平面与坐标面在第一卦限所围的立体的体积最小？并求此最小体积.

7. 横断面为半圆形的柱形张口浴盆，表面积为 S，怎样才能使此盆有最大容积？

8. 在平面 xOy 上求一点，使它到 $x=0$，$y=0$ 及 $x+2y-16=0$ 三直线的距离的平方之和为最小.

9. 将周长为 $2p$ 的矩形绕它的一边旋转而构成一个圆柱体. 问矩形的边长各为多少时，可使圆柱体的体积为最大？

10. 求内接于半径为 a 的球且有最大体积的长方体.

11. 抛物面 $z=x^2+y^2$ 被平面 $x+y+z=1$ 截成一椭圆，求这个椭圆上的点到原点的距离的最大值与最小值.

12. 设有一圆板占有平面闭区域 $\{(x,y)\mid x^2+y^2\leqslant 1\}$. 该圆板被加热，以致在点 (x,y) 的温度是 $T=x^2+2y^2-x$. 求该圆板的最热点和最冷点.

总复习题 8

A 组

一、填空题

1. $\lim\limits_{\substack{x\to 0\\ y\to 0}}\dfrac{20x^3+17y^3}{x^2+y^2}=$__________.

2. 设 $z=\ln\sqrt{x^2+y^2}-\arctan\dfrac{y}{x}$，则 $\left.\dfrac{\partial z}{\partial x}\right|_{x=2,\ y=1}=$__________.

3. 设 $z=x^y(x>0,\ x\neq 1)$，则 $\mathrm{d}z=$__________.

4. 曲面 $z=2x^y$ 上点 $(1,0,2)$ 处的切平面方程为__________.

5. 函数 $f(x,y)=x^2y$ 在点 $(1,1)$ 处方向导数的最大值为__________.

二、选择题

6. $\lim\limits_{\substack{x\to 0\\ y\to 0}}(x^2+y^2)^{x^2y^2}=$（　　）.

A. 0　　B. 1　　C. 2　　D. e

7. 函数 $f(x,y)$ 在点 (x_0,y_0) 处连续，且两个偏导数 $f_x(x_0,y_0)$，$f_y(x_0,y_0)$ 存在是 $f(x,y)$ 在该点处可微的（　　）.

A. 充分条件，但不是必要条件　　B. 必要条件，但不是充分条件

C. 充分必要条件　　D. 既不是充分条件，也不是必要条件

8. 设 $z=f(x,v)$，$v=v(x,y)$，其中 f，v 具有二阶连续偏导数，则 $\dfrac{\partial^2 z}{\partial y^2}=$（　　）.

A. $\dfrac{\partial^2 f}{\partial v\partial y}\cdot\dfrac{\partial v}{\partial y}+\dfrac{\partial f}{\partial v}\cdot\dfrac{\partial^2 v}{\partial y^2}$　　B. $\dfrac{\partial f}{\partial v}\cdot\dfrac{\partial^2 v}{\partial y^2}$

C. $\dfrac{\partial^2 f}{\partial v^2}\left(\dfrac{\partial v}{\partial y}\right)^2+\dfrac{\partial f}{\partial v}\cdot\dfrac{\partial^2 v}{\partial y^2}$　　D. $\dfrac{\partial^2 f}{\partial v^2}\cdot\dfrac{\partial v}{\partial y}+\dfrac{\partial f}{\partial v}\cdot\dfrac{\partial^2 v}{\partial y^2}$

9. 曲面 $xyz=a^3(a>0)$ 的切平面与三个坐标面所围成的四面体的体积 $V=$（　　）.

A. $\dfrac{3}{2}a^3$　　B. $3a^3$　　C. $\dfrac{9}{2}a^3$　　D. $6a^3$

10. 二元函数 $z=3(x+y)-x^3-y^3$ 的极值点是（　　）.

A. $(1,2)$　　B. $(1,-2)$　　C. $(-1,2)$　　D. $(-1,-1)$

三、计算题

11. 设 $z=f\left(\dfrac{y^2}{x}\right)$，计算 $2\dfrac{\partial z}{\partial x}+\dfrac{y}{x}\dfrac{\partial z}{\partial y}$.

12. 设 $z=(x^2+y^2)\mathrm{e}^{-\arctan\frac{y}{x}}$，求 $\mathrm{d}z$.

13. 设 $z=e^{xy}\arctan(x+y)$，求$\frac{\partial z}{\partial x},\frac{\partial z}{\partial y}$.

14. 设 $u=f(x,y,z)$，而 $y=\varphi(x,t)$，$t=\varphi(x,z)$，求$\frac{\partial u}{\partial x}$.

15. 求函数 $z=xe^{2y}$ 在点 $P(1,0)$ 沿从 P 到点 $Q(2,-1)$ 方向的方向导数.

四、解答题

16. 设 $z=z(x,y)$ 由 $e^z+x^2+y+xz=3$ 确定，求$\left.\frac{\partial z}{\partial x}\right|_{(1,1)}$，$\left.\frac{\partial^2 z}{\partial x^2}\right|_{(1,1)}$.

17. 求曲面 $3x^2+y^2-z^2=3z$ 在点 $M(1,1,1)$ 处的切平面和法线方程.

18. 设 $z=z(x,y)$ 是由 $x^2-6xy+10y^2-2yz-z^2+18=0$ 确定的函数，求 $z=z(x,y)$ 的极值点和极值.

19. 设 $f(x,y)=\begin{cases}(x^2+y^2)\sin\frac{1}{x^2+y^2}, & (x,y)\neq(0,0),\\ 0, & (x,y)=(0,0).\end{cases}$ 试求 $f''_{xy}(0,0)$，$f''_{yx}(0,0)$.

20. 设 $z=z(x,y)$ 是由方程 $ax^2+by^2+cz^2=1$ 所确定的隐函数，求$\frac{\partial^2 z}{\partial x^2},\frac{\partial^2 z}{\partial x\partial y},\frac{\partial^2 z}{\partial y^2}$.

B 组

一、填空题

1. 设 $z=\arctan^2(x^2-y)$，则$\left.\frac{\partial z}{\partial x}\right|_{(1,0)}=$__________.

2. 函数 $u=x^2+2y^2+3z^3+3x-2y$ 的梯度为0的点是__________.

3. 二元函数 $z=f(u,v)$ 具有二阶连续偏导数，$u=x$，$v=x-2y$，则$\frac{\partial^2 z}{\partial y^2}=$__________.

4. 曲面 $z=x^2+2y^2$ 在点(1,1,3)处的切平面方程是__________.

5. 设方程 $e^z+x+y+z-1=0$ 确定的隐函数为 $z=z(x,y)$，计算 $dz|_{0,0}=$__________.

二、选择题

6. 曲面 $z=2x^3-y^2$ 在点(1,1,1)处的切平面方程是(　　).

A. $6x-2y-z-3=0$　　B. $6x-2y-z=0$

C. $2x+3y=5$　　D. $x+y+z=3$

7. 曲线$\begin{cases}z=xy\\ x+y+z=3\end{cases}$上点(1,1,1)处的切线方程为__________.

A. $\frac{x-1}{1}=\frac{y-1}{1}=\frac{z-1}{0}$　　B. $\frac{x-1}{1}=\frac{y-1}{-1}=\frac{z-1}{0}$

C. $\frac{x-1}{1}=\frac{y-1}{1}=\frac{z-1}{-1}$　　D. $\frac{x-1}{1}=\frac{y-1}{-1}=\frac{z-1}{-1}$

8. 已知函数 $f(x,y)$ 在点(0,0)的某个邻域内连续，且

$$\lim_{(x,y)\to(0,0)}\frac{f(x,y)-xy}{(x^2+y^2)}=1,$$

则下述四个选项中正确的是(　　).

A. 点(0,0)不是 $f(x,y)$ 的极值点；

B. 点(0,0)是 $f(x,y)$ 的极大值点；

C. 点(0,0)是 $f(x,y)$的极小值点；

D. 根据所给条件无法判断(0,0)是否为 $f(x,y)$的极值点.

9. 选择下述题中给出的四个结论中一个正确的结论：

设函数 $f(x,y)$在点(0,0)的某邻域内有定义，且 $f_x(0,0)=3, f_y(0,0)=-1$,则有

A. $dz|_{(0,0)}=3dx-dy$

B. 曲面 $z=f(x,y)$在点$(0,0,f(0,0))$处的一个法向量为$(3,-1,1)$

C. 曲线$\begin{cases} z=f(x,y), \\ y=0 \end{cases}$在点$(0,0,f(0,0))$处的一个切向量为$(1,0,3)$

D. 曲线$\begin{cases} z=f(x,y), \\ y=0 \end{cases}$在点$(0,0,f(0,0))$处的一个切向量为$(3,0,1)$

10. 已知二元函数 $f(x,y)=x^2\sin(x+y)$，计算$\left.\frac{\partial^2 f}{\partial x \partial y}\right|_{(\pi,0)}=($　　$)$.

A. 2π　　B. -2π　　C. $1+\pi$　　D. 0

三、计算题

11. 设 $z=(u,x,y)$，$u=xe^y$，其中 f 具有连续的二阶偏导数，求$\frac{\partial^2 z}{\partial x \partial y}$.

12. 设 $f(x,y)=\int_0^{xy} e^{xt^2} dt$，求$\left.\frac{\partial^2 f}{\partial x \partial y}\right|_{(1,1)}$.

13. 设 $x=e^u\cos v$，$y=e^u\sin v$，$z=uv$，试求$\frac{\partial z}{\partial x}$和$\frac{\partial z}{\partial y}$.

14. 设 f,g 均可微，$z=f(xy,\ln x+g(xy))$，求 $x\frac{\partial z}{\partial x}-y\frac{\partial z}{\partial y}$.

15. 设 $z=x\varphi(xy,y^2)$，其中 φ 具有二阶连续偏导数，求$\frac{\partial^2 z}{\partial x \partial y}$.

16. 设 $z=x\arctan(xy)$，求 $\mathbf{grad}z|_{(1,1)}$.

四、解答题

17. 求由方程 $x^2+y^2+z^2-2x+2y-4z-10=0$ 确定的 $z=f(x,y)$的极值.

18. 设 $z=\frac{u}{y}+e^{-ux}+f(u)$，而中间变量 u 满足关系式 $xe^{-ux}-f'(u)=\frac{1}{y}$，其中 $u(x,y)$和 $f(u)$均为可微函数，试求：使等式$\frac{\partial z}{\partial x}=\frac{\partial z}{\partial y}$成立的 $u(x,y)$.

19. 常量 a,b 取何值时，变换 $\xi=x+ay, \eta=x+by$ 可将方程$\frac{\partial^2 u}{\partial x^2}+4\frac{\partial^2 u}{\partial x \partial y}+3\frac{\partial^2 u}{\partial y^2}=0$ 化简为$\frac{\partial^2 u}{\partial \xi \partial \eta}=0$.

20. 设 x 轴正向到方向 z 的转角为 φ，求函数 $f(x,y)=x^2-xy+y^2$ 在点(1,1)处沿方向 z 的方向导数，并分别确定转角 φ，使这个导数(1)有最大值；(2)有最小值；(3)等于零.

五、应用题

21. 求平面$\frac{x}{3}+\frac{y}{4}+\frac{z}{5}=1$ 和柱面 $x^2+y^2=1$ 的交线上与 Oxy 平面距离最短的点.

22. 求内接于椭球面$\frac{x^2}{a^2}+\frac{y^2}{b^2}+\frac{z^2}{c^2}=1$，且体积最大的长方体.

23. 在第一卦限内作椭球面$\frac{x^2}{a^2}+\frac{y^2}{b^2}+\frac{z^2}{c^2}=1$的切平面，使该切平面与三坐标面所围成的四面体的体积最小，求这个切平面的切点，并求此最小体积.

24. 已知函数 $f(x,y)=x+y+xy$,曲线 $C:x+y+xy=3$，求 $f(x,y)$在曲线 C 上的最大方向导数.

六、证明题

25. 设

$$f(x,y)=\begin{cases}\dfrac{x^2y^2}{(x^2+y^2)^{3/2}}, & x^2+y^2\neq 0,\\ 0, & x^2+y^2=0.\end{cases}$$

证明：$f(x,y)$在点$(0,0)$处连续且偏导数存在，但不可微分.

26. 设 $z=z(x,y)$有连续的二阶偏导数并满足$\frac{\partial^2 z}{\partial x^2}-4\frac{\partial^2 z}{\partial x\partial x}+3\frac{\partial^2 z}{\partial y^2}=0$，作变量替换 $u=3x+y,v=x+y$，证明$\frac{\partial^2 z}{\partial u\partial v}=0$.

27. 设 $F(x,y,z)$有连续偏导数，求曲面 $F\left(\frac{z}{y},\frac{x}{z},\frac{y}{x}\right)=0$ 上任一点 M_0 处切平面方程，并证明切平面过定点.

第 9 章　重积分及其应用

在上册一元函数积分学中我们知道，定积分是一元函数在区间上某种确定形式的和的极限. 本书第 9 章和第 10 章是多元函数积分学的内容，将这种和式的极限的概念和计算方法推广到定义在平面或空间区域、曲线及曲面上多元函数的情形，得到重积分、曲线积分及曲面积分. 本章主要介绍重积分的概念、计算方法和技巧以及它们的应用.

§9.1　二重积分的概念与性质

§9.1.1　二重积分的概念

1. 曲顶柱体的体积

观察图 9.1 这类空间立体图形，它们的底面是一片有界平面区域，侧面是与底面垂直的柱面，顶面是位于底面之上包含在柱面内的一张曲面(侧面可能收缩成一条闭曲线，如图 9.1(b)所示)，称为曲顶柱体. 通常建立如图9.2所示的空间直角坐标系，曲顶柱体的底面是在 Oxy 面上的闭区域D，侧面是以 D 的边界曲线为准线而母线平行于z 轴的直柱面，顶面是在 D 上的连续函数 $z=f(x, y)$所表示的曲面.

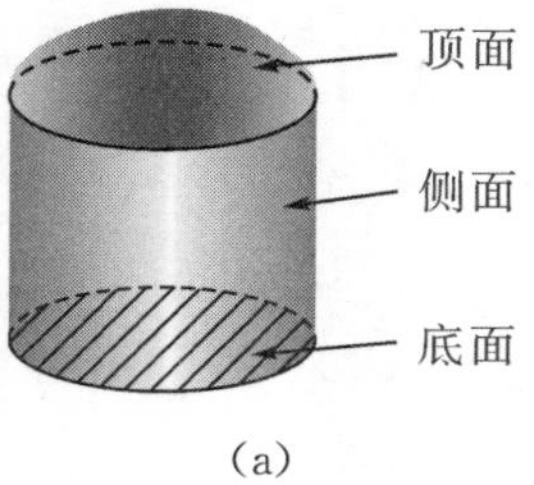

(a)

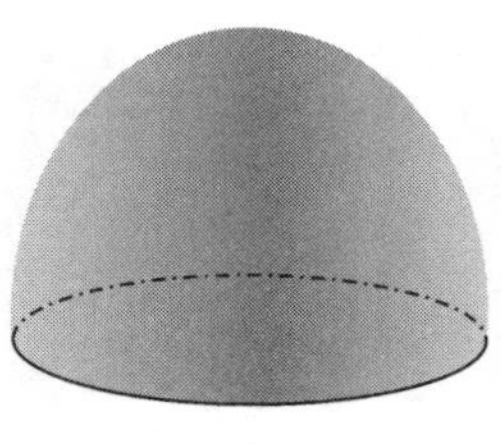
(b)

图 9.1

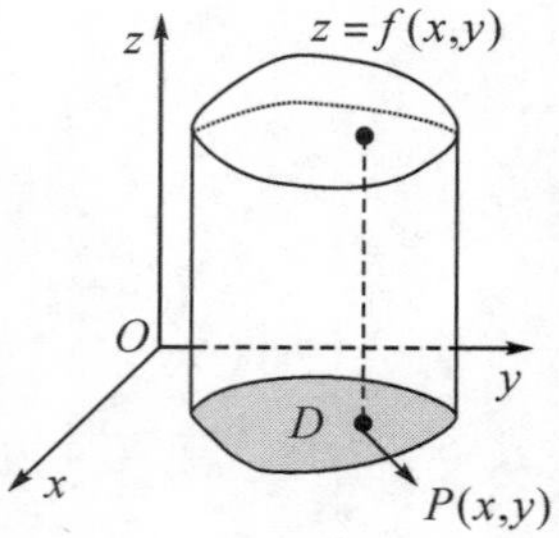

图 9.2

平顶柱体的高是不变的，其体积＝底面面积×高. 但对于曲顶柱体，当点$P(x, y)$在区域 D 上变动时，高度 $f(x, y)$是变化的，不能直接用平顶柱体的体积公式来计算曲顶柱体的体积. 与求曲边梯形的面积类似，我们用“分割求和取极限”即“元素法”的思想来计算曲顶柱体的体积.

例 1　估计以 Oxy 面上矩形区域 $D:0\leqslant x\leqslant 2, 0\leqslant y\leqslant 2$ 为底面，二元函数 $z=16-x^2-2y^2$ 表示的曲面为顶面的曲顶柱体 Ω 的体积(如图 9.3 所示).

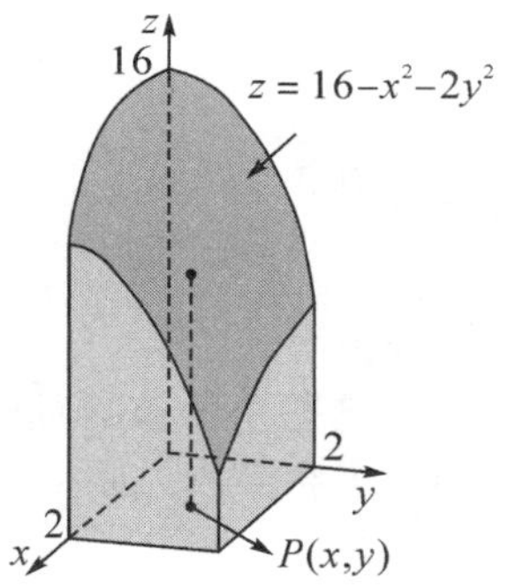

图 9.3

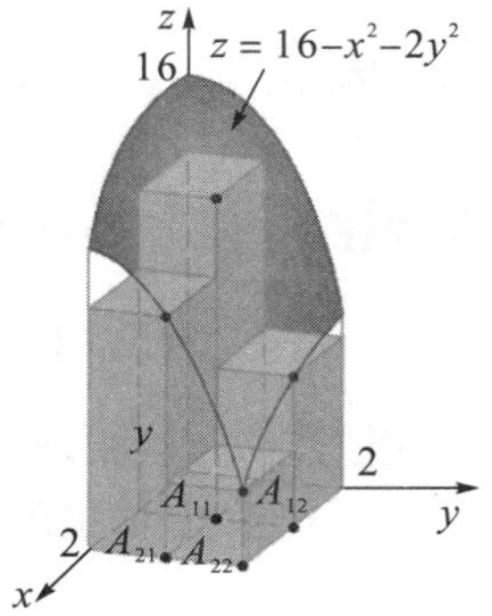

图 9.4

解　如图 9.4 所示，把曲顶柱体 Ω 分成 4 个小曲顶柱体，它们的底面是边长为 1 的正方形. 用底面正方形右上端点对应的函数值为高作 4 个小长方体. 这 4 个小长方体的体积近似地认为是曲顶柱体 Ω 的体积，即

$$
\begin{aligned}
V &\approx \sum_{i=1}^{2}\sum_{j=1}^{2} f(x_i, y_j)\Delta A_{ij} \\
&= f(1,1)\Delta A_{11}+f(1,2)\Delta A_{12}+f(2,1)\Delta A_{21}+f(2,2)\Delta A_{22} \\
&= 13\times 1+7\times 1+10\times 1+4\times 1=34.
\end{aligned}
$$

为了得到更接近的或误差更小的体积值，我们把分割加细. 图 9.5 表明了当把曲顶柱体 Ω 分成 16、64 和 256 个小曲顶柱体时，按底面正方形右上端点对应的函数值为高作长方体的总体积. 下一节我们将通过计算得到它体积的精确值为 48.

(a)$m=n=4$, $V\approx 41.5$

(b)$m=n=8$, $V\approx 44.875$

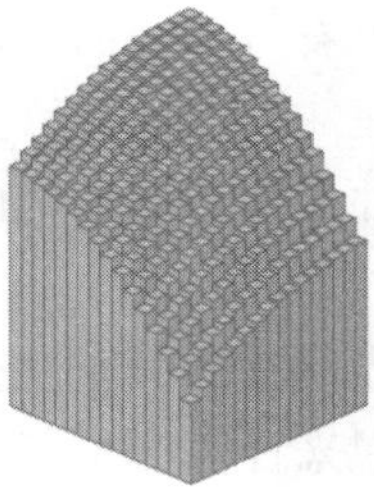

(c)$m=n=16$, $V\approx 46.46875$

图 9.5

练习　用这些 4，16，…，4^n 个小正方形的左下端点对应的函数值为高，估计 Ω 的体积.

一般地，我们用“元素法”的思想建立二重积分来计算曲顶柱体 Ω 的体积. 如图 9.6 所示，先用一组曲线网把底面 D 分成 n 个小闭区域

$$\Delta\sigma_1, \Delta\sigma_2, \cdots, \Delta\sigma_n.$$

为了方便，这里 $\Delta\sigma_i$ 表示第 i 个小区域，也表示这个小区域的面积，并把区域 $\Delta\sigma_i$ 内任两点间距离的最大值称为该区域的直径 $\lambda_i(1\leqslant i\leqslant n)$. 再以这些小区域 $\Delta\sigma_i$ 的边界曲线为准线

作母线平行于 z 轴的柱面，相应地把 Ω 分为 n 块细曲顶柱体$\Delta\Omega_1,\Delta\Omega_2,\cdots,\Delta\Omega_n$. 当每个区域$\Delta\sigma_i$的直径很小时，连续函数 $f(x,y)$在$\Delta\sigma_i$上变化也很小，可以近似地看作是不变的：在$\Delta\sigma_i$中任取一点(ξ_i,η_i)，以这点函数值 $f(\xi_i,\eta_i)$作为细曲顶柱体$\Delta\Omega_i$平均的高度，即把$\Delta\Omega_i$近似地看作细平顶柱体. 因此，细曲顶柱体$\Delta\Omega_i$的体积为

$$\Delta V_i \approx f(\xi_i,\eta_i)\Delta\sigma_i \quad (i=1,2,\cdots,n).$$

把所有 n 块细平顶柱体体积的和近似地作为曲顶柱体 Ω 的体积，即

$$V \approx \sum_{i=1}^{n} f(\xi_i,\ \eta_i)\Delta\sigma_i.$$

为了得到曲顶柱体体积的精确值，我们将分割加细，当这些小区域的直径中的最大值(记作 λ)趋于零时，取上式和的极限，该极限就是曲顶柱体 Ω 的体积，即

$$V = \lim_{\lambda\to 0}\sum_{i=1}^{n} f(\xi_i,\ \eta_i)\Delta\sigma_i.$$

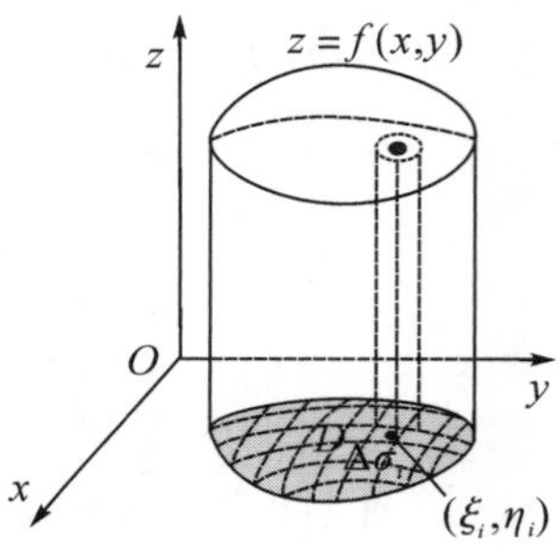

图 9.6

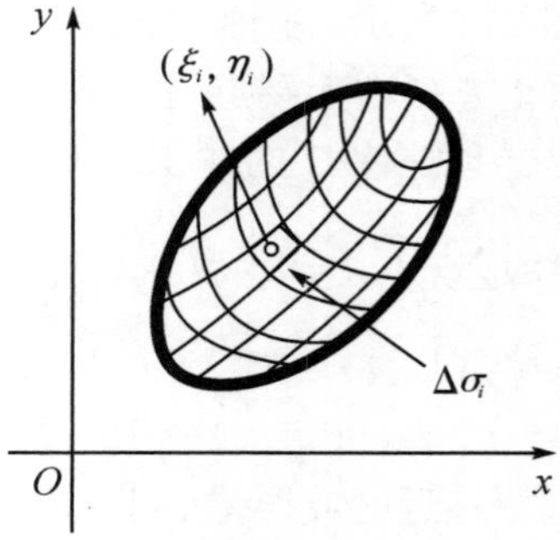

图 9.7

2. 平面薄片的质量

设有一平面薄片占有 Oxy 面上的闭区域D，如图 9.7 所示，它在点$(x,\ y)$处的面密度为$\rho(x,\ y)$，这里$\rho(x,\ y)\geqslant 0$且在 D 上连续. 现在计算该薄片的质量M.

如果薄片是均匀的，即面密度为常数，则

薄片的质量 = 面密度 × 薄片的面积.

但是当薄片的面密度变化时，不能直接用上面的公式来计算它的质量. 我们仍用“元素法”的思想来计算非均匀薄片的质量. 如图 9.7 所示，用一组曲线网把 D 分成n 块小薄片

$$\Delta\sigma_1,\ \Delta\sigma_2,\ \cdots,\ \Delta\sigma_n.$$

当小薄片$\Delta\sigma_i$的直径很小时，连续函数$\rho(x,\ y)$在$\Delta\sigma_i$上变化很小，可以近似地把这个小薄片看作是均匀的：在$\Delta\sigma_i$中任取一点$(\xi_i,\ \eta_i)$，用这一点的面密度$\rho(\xi_i,\ \eta_i)$作为这个小薄片平均的面密度，因此，小薄片$\Delta\sigma_i$的质量为

$$\Delta M_i \approx \rho(\xi_i,\ \eta_i)\Delta\sigma_i \quad (i=1,\ 2,\cdots,n).$$

把所有 n 个小薄片质量的和近似地作为平面薄片的质量，即

$$M \approx \sum_{i=1}^{n}\rho(\xi_i,\ \eta_i)\Delta\sigma_i.$$

同样地，我们将分割加细，当这些小区域的直径中的最大值$\lambda\to 0$时，取上式和的极限，其极限就是平面薄片的质量，即

$$M = \lim_{\lambda \to 0} \sum_{i=1}^{n} \rho(\xi_i, \eta_i) \Delta\sigma_i.$$

上面两个问题的实际背景虽然不同，但所求的量都可归结为同一类型的和的极限. 一般地，我们研究这种极限问题并引入二重积分的定义.

定义　设 $f(x, y)$是平面有界闭区域 D 上的有界函数. 将闭区域 D 任意分成 n 个小闭区域$\Delta\sigma_1$，$\Delta\sigma_2$，…，$\Delta\sigma_n$，其中$\Delta\sigma_i$表示第 i 个小区域，也表示它的面积($i=1,2,\cdots,n$). 在每个$\Delta\sigma_i$上任取一点(ξ_i, η_i)，作和

$$\sum_{i=1}^{n} f(\xi_i, \eta_i) \Delta\sigma_i.$$

如果当所有小闭区域的直径的最大值 λ 趋于零时，这和的极限总存在且相等，则称此极限为函数$f(x, y)$在闭区域 D 上的二重积分，记作$\iint\limits_D f(x, y)\mathrm{d}\sigma$，即

$$\iint\limits_D f(x, y)\mathrm{d}\sigma = \lim_{\lambda \to 0} \sum_{i=1}^{n} f(\xi_i, \eta_i) \Delta\sigma_i. \tag{9.1}$$

式中，D 为积分区域，x，y 为积分变量，$f(x, y)$称为被积函数，$\mathrm{d}\sigma$ 为面积元素，$f(x, y)\mathrm{d}\sigma$ 称为被积表达式，$\sum\limits_{i=1}^{n} f(\xi_i, \eta_i) \Delta\sigma_i$ 称为积分和.

在定义中，闭区域 D 的划分是任意的. 为了方便，在直角坐标系下常用平行于坐标轴的直线网来划分. 设矩形闭区域$\Delta\sigma_i$的边长为 Δx_i 和 Δy_i，则 $\Delta\sigma_i = \Delta x_i \Delta y_i$. 因此，我们把面积元素 $\mathrm{d}\sigma$ 记作 $\mathrm{d}x\mathrm{d}y$，称为平面直角坐标系下的面积元素. 相应地，二重积分记作

$$\iint\limits_D f(x, y)\mathrm{d}x\mathrm{d}y.$$

当 $f(x, y)$在闭区域 D 上连续时，式(9.1)右端的积分和的极限是存在的，即连续函数 $f(x, y)$在区域 D 上可积. 以后我们总假定函数 $f(x, y)$在闭区域 D 上连续或分片连续.

一般地，如果 $f(x, y) \geqslant 0$，被积函数 $f(x, y)$可解释为曲顶柱体在底面上的点(x, y)对应顶面上的点(x,y,z)处的竖坐标或者高，因此二重积分的几何意义就是曲顶柱体的体积. 如果 $f(x, y)$是负的，柱体就在 Oxy 面的下方，二重积分的绝对值仍等于柱体的体积，但二重积分的值是负的. 如果把 Oxy 面上方的柱体的体积取为正数，Oxy 面下方的柱体的体积取为负数，则 $f(x, y)$在 D 上的二重积分就等于这些柱体的体积的代数和.

§9.1.2　二重积分的性质

由于定积分和二重积分都是一类确定形式的和的极限，它们有类似的性质.

性质 1(线性运算性质)　设 $f(x,y)$，$g(x,y)$在闭区域 D 上可积，c_1，c_2为常数，则

$$\iint\limits_D [c_1 f(x, y) + c_2 g(x, y)]\mathrm{d}\sigma = c_1\iint\limits_D f(x, y)\mathrm{d}\sigma + c_2\iint\limits_D g(x, y)\mathrm{d}\sigma.$$

性质 2(积分区域可加性)　如果闭区域 D 被有限条曲线分为有限个部分闭区域，则在 D 上的二重积分等于在各部分闭区域上的二重积分的和.

例如，闭区域 D 分为两个无公共内点的闭区域 D_1 与 D_2，则

$$\iint_D f(x,y)\mathrm{d}\sigma=\iint_{D_1} f(x,y)\mathrm{d}\sigma+\iint_{D_2} f(x,y)\mathrm{d}\sigma.$$

性质 3　如果在闭区域 D 上有 $f(x,y)=1$，σ 为 D 的面积，则

$$\sigma=\iint_D 1\cdot\mathrm{d}\sigma=\iint_D \mathrm{d}\sigma.$$

性质 4(单调性)　如果在闭区域 D 上，总有 $f(x,y)\leqslant g(x,y)$，则有

$$\iint_D f(x,y)\mathrm{d}\sigma\leqslant\iint_D g(x,y)\mathrm{d}\sigma.$$

特别地，因为 $-|f(x,y)|\leqslant f(x,y)\leqslant|f(x,y)|$，所以

$$\left|\iint_D f(x,y)\mathrm{d}\sigma\right|\leqslant\iint_D |f(x,y)|\mathrm{d}\sigma.$$

性质 5(估值不等式)　设 M，m 分别是 $f(x,y)$ 在闭区域 D 上的最大值和最小值，σ 为 D 的面积，则有

$$m\sigma\leqslant\iint_D f(x,y)\mathrm{d}\sigma\leqslant M\sigma.$$

由上面的不等式可以得到

$$m\leqslant\frac{1}{\sigma}\iint_D f(x,y)\mathrm{d}\sigma\leqslant M,$$

数值 $\frac{1}{\sigma}\iint_D f(x,y)\mathrm{d}\sigma$ 可以看作是曲顶柱体 Ω 平均的高度，介于被积函数 $f(x,y)$ 在闭区域 D 上的最大值和最小值之间. 根据闭区域上连续函数的介值定理，有下面的性质：

性质 6(二重积分的中值定理)　设函数 $f(x,y)$ 在闭区域 D 上连续，σ 为 D 的面积，则在 D 上至少存在一点 (ξ,η)，使得

$$\iint_D f(x,y)\mathrm{d}\sigma=f(\xi,\eta)\sigma.$$

例 2　不作计算，估计 $I=\iint_D \mathrm{e}^{x^2+y^2}\mathrm{d}\sigma$ 的值，其中 D：$\frac{x^2}{a^2}+\frac{y^2}{b^2}\leqslant 1$，$0<b<a$.

解　在闭区域 D 上有 $0\leqslant x^2+y^2\leqslant a^2$，则 $1=\mathrm{e}^0\leqslant\mathrm{e}^{x^2+y^2}\leqslant\mathrm{e}^{a^2}$. 由性质 5 可得

$$\sigma\leqslant\iint_D \mathrm{e}^{(x^2+y^2)}\mathrm{d}\sigma\leqslant\sigma\cdot\mathrm{e}^{a^2}.$$

因为区域 D 的面积 $\sigma=ab\pi$，所以

$$ab\pi\leqslant\iint_D \mathrm{e}^{x^2+y^2}\mathrm{d}\sigma\leqslant ab\pi\mathrm{e}^{a^2}.$$

例 3　比较积分 $\iint_D \ln(x+y)\mathrm{d}\sigma$ 与 $\iint_D [\ln(x+y)]^2\mathrm{d}\sigma$ 的大小，其中 D 是三角形闭区域，三个顶点分别为 $(1,0)$，$(1,1)$，$(2,0)$.

解　如图 9.8 所示，三角形斜边的直线方程为

$$x+y=2.$$

在闭区域 D 中，$1\leqslant x+y\leqslant 2<\mathrm{e}$，则 $0<\ln(x+y)<1$ 和 $\ln(x+y)>[\ln(x+y)]^2$，因此

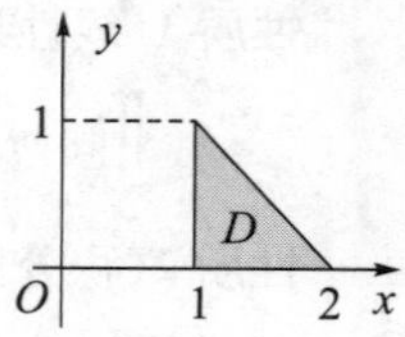

图 9.8

$$\iint_D \ln(x+y)\,\mathrm{d}\sigma > \iint_D [\ln(x+y)]^2\,\mathrm{d}\sigma.$$

例 4　设 $z = 4+\sin^2 x + y^2$，求 $\lim\limits_{r\to 0}\dfrac{1}{\pi r^2}\iint\limits_{D_r} \mathrm{e}^z\,\mathrm{d}x\mathrm{d}y$，其中 $D_r: x^2+y^2\leqslant r^2$.

需注意的是，二重积分 $\iint\limits_{D_r}\mathrm{e}^z\,\mathrm{d}x\mathrm{d}y$ 的值与 r 有关，可以看作是 r 的函数，直接计算较困难；虽然该极限是“$\dfrac{0}{0}$”的不定型，但用L'hospital法则计算也困难. 因此，我们用性质6(即二重积分的中值定理) 来解决.

解　因为 $\mathrm{e}^z=\mathrm{e}^{4+\sin^2 x+y^2}$ 在 $D_r: x^2+y^2\leqslant r^2$ 上连续，则存在 D_r 内一点(ξ, η)，使得

$$\iint_{D_r}\mathrm{e}^z\,\mathrm{d}x\mathrm{d}y = \pi r^2\mathrm{e}^{4+\sin^2\xi+\eta^2}.$$

当 $r\to 0$ 时，有$(\xi, \eta)\to O(0, 0)$，因此

$$\lim_{r\to 0}\frac{1}{\pi r^2}\iint_{D_r}\mathrm{e}^z\,\mathrm{d}x\mathrm{d}y = \mathrm{e}^4.$$

习题 9－1

1. 设 $I_i = \iint\limits_{D_i}(x^2+y^2)^3\,\mathrm{d}\sigma$,其中 $D_1=\{(x,y)\mid -1\leqslant x\leqslant 1, -2\leqslant y\leqslant 2\}$, $D_2=\{(x,y)\mid 0\leqslant x\leqslant 1, 0\leqslant y\leqslant 2\}$. 试利用二重积分的几何意义说明 I_1 与 I_2 之间的关系.

2. 利用二重积分的定义证明.

(1) $\iint\limits_D \mathrm{d}\sigma=\sigma$，其中 σ 为 D 的面积；

(2) $\iint\limits_D kf(x,y)\,\mathrm{d}\sigma = k\iint\limits_D f(x,y)\,\mathrm{d}\sigma$，其中 k 为常数；

(3) $\iint\limits_D f(x,y)\,\mathrm{d}\sigma = \iint\limits_{D_1} f(x,y)\,\mathrm{d}\sigma + \iint\limits_{D_2} f(x,y)\,\mathrm{d}\sigma$，其中 $D=D_1\cup D_2$，D_1，D_2 为两个无公共内点的闭区域.

3. 根据二重积分的性质，比较下列积分的大小.

(1) $\iint\limits_D (x+y)^2\,\mathrm{d}\sigma$ 与 $\iint\limits_D (x+y)^3\,\mathrm{d}\sigma$，其中 D 是由 x 轴、y 轴与直线 $x+y=1$ 所围成；

(2) $\iint\limits_D (x+y)^2\,\mathrm{d}\sigma$ 与 $\iint\limits_D (x+y)^3\,\mathrm{d}\sigma$，其中 D 是由圆周 $(x-2)^2+(y-1)^2=2$ 所围成；

(3) $\iint\limits_D \ln(x+y)\,\mathrm{d}\sigma$ 与 $\iint\limits_D [\ln(x+y)]^2\,\mathrm{d}\sigma$，其中 D 是三角形闭区域，三顶点分别为$(1, 0)$，$(1, 1)$，$(2, 0)$；

(4) $\iint\limits_D \ln(x+y)\,\mathrm{d}\sigma$ 与 $\iint\limits_D [\ln(x+y)]^2\,\mathrm{d}\sigma$，其中 $D=\{(x,y)\mid 3\leqslant x\leqslant 5, 0\leqslant y\leqslant 1\}$.

4. 利用二重积分的几何意义画图并计算$\iint\limits_D \sqrt{1-x^2-y^2}\,\mathrm{d}x\mathrm{d}y$，其中$D: x^2+y^2 \leqslant 1$.

5. 设$f(x, y)$在$\mathbf{R}^2$上连续且$f(0, 0)=1$，求$I=\lim\limits_{\rho \to 0^+} \dfrac{1}{\pi\rho^2} \iint\limits_{x^2+y^2=\rho^2} f(x, y)\mathrm{d}x\mathrm{d}y$.

6. 设$f(x, y)$是$D: x^2+y^2 \leqslant a^2$上的连续函数，且

$$f(x, y)=\sqrt{a^2-x^2-y^2}+\iint\limits_D f(u, v)\mathrm{d}u\mathrm{d}v,$$

求$f(x, y)$.

7. 估计二重积分：$I=\iint\limits_{|x|+|y| \leqslant 1} \dfrac{\mathrm{d}\sigma}{1+\cos^2 x+\cos^3 y}$.

§9.2 二重积分的计算

按照二重积分的定义直接计算式(9.1)右端积分和的极限，即使是计算一元函数定积分的积分和也都是非常困难的. 微积分基本积分公式提供了方便计算定积分的方法，在本节中，我们把二重积分转化为两次定积分(累次积分)来进行计算.

§9.2.1 利用直角坐标计算二重积分

我们知道，平面上一片矩形区域(如图9.9所示)可表示为$[a, b; c, d]=\{(x, y) \mid a \leqslant x \leqslant b, c \leqslant y \leqslant d\}$. 相应地，我们把图9.10所示的平面区域$D$表示为

$$D=\{(x, y) \mid a \leqslant x \leqslant b, \varphi_1(x) \leqslant y \leqslant \varphi_2(x)\},$$

式中，$\varphi_1(x)$和$\varphi_2(x)$是区间$[a, b]$上的连续函数，分别表示区域D的下边曲线和上边曲线，它的两条侧边是与x轴垂直的线段(侧边可能收缩成一个点，如图9.10(b)所示). 这种区域称为X－型区域，它的特点是穿过区域D内部且垂直于x轴的直线与D的边界至多有两个交点.

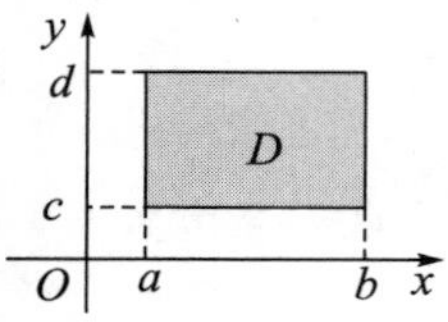

图 9.9

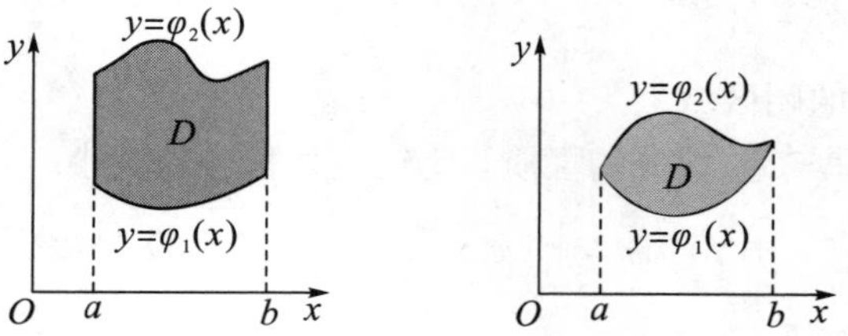

(a) (b)

图 9.10

从几何意义来看，当$z=f(x,y) \geqslant 0$时，二重积分$\iint\limits_D f(x, y)\mathrm{d}\sigma$表示以曲面$z=f(x, y)$为顶面，以区域$D$为底面的曲顶柱体的体积. 下面我们用计算“平行截面面积已知的立体的体积”的方法来求这个曲顶柱体的体积(如图9.11所示).

任取 x 轴上的一点 $x_0 \in [a, b]$，过 x_0 作与 x 轴垂直的平面去截曲顶柱体 Ω，所得的截面记为 $A(x_0)$：从 Oyz 坐标面来看，是以 y 轴上的区间 $[\varphi_1(x_0), \varphi_2(x_0)]$ 为底、以平面 $x=x_0$ 与曲面 $z=f(x,y)$ 的交线为上边的曲边梯形. 由定积分计算这个曲边梯形截面的面积为

$$A(x_0)=\int_{\varphi_1(x_0)}^{\varphi_2(x_0)} f(x_0, y)\mathrm{d}y.$$

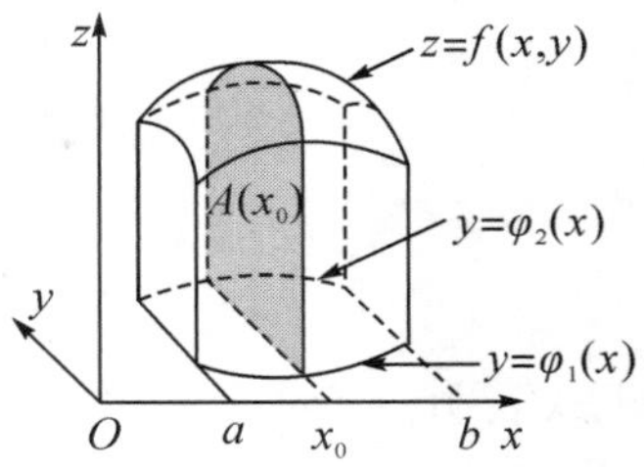

图 9.11

一般地，过 x 轴上的任一点 $x \in [a, b]$ 作与 x 轴垂直的平面去截柱体 Ω，所得的截面 $A(x)$ 的面积为

$$A(x)=\int_{\varphi_1(x)}^{\varphi_2(x)} f(x, y)\mathrm{d}y.$$

在这个定积分中，要把 x 当作常数，对 y 计算在 $[\varphi_1(x), \varphi_2(x)]$ 上的积分. 当然，积分值是 x 的表达式. 再根据"平行截面面积已知的立体的体积"的计算方法，对 x 计算定积分，即

$$V=\int_a^b A(x)\mathrm{d}x.$$

把 $A(x)$ 的积分代入上式，得到曲顶柱体 Ω 的体积

$$V=\int_a^b \left[\int_{\varphi_1(x)}^{\varphi_2(x)} f(x, y)\mathrm{d}y\right]\mathrm{d}x.$$

这样，我们把二重积分转化为先对 y，再对 x 的二次(累次)积分，也常记作

$$\iint_D f(x, y)\mathrm{d}x\mathrm{d}y=\int_a^b \mathrm{d}x \int_{\varphi_1(x)}^{\varphi_2(x)} f(x, y)\mathrm{d}y.$$

类似地，把图 9.12 所示的平面区域 D 称为 Y－型区域，表示为

$$D=\{(x, y) \mid c \leqslant y \leqslant d, \psi_1(y) \leqslant x \leqslant \psi_2(y)\}.$$

式中，$\psi_1(y)$ 和 $\psi_2(y)$ 是 $[c, d]$ 上的连续函数，分别表示区域 D 的左边曲线和右边曲线，它的两条侧边是与 y 轴垂直的线段(侧边可能收缩成一个点，如图 9.12(b)所示). 它的特点是穿过区域 D 内部且垂直于 y 轴的直线与 D 的边界至多有两个交点.

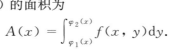

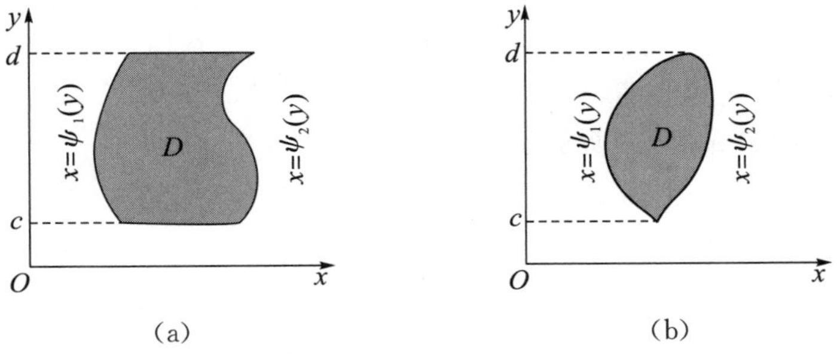

图 9.12

类似地，在 Y－型区域上把二重积分转化为先对 x，再对 y 的两次(累次)积分，即

$$\iint_D f(x, y)\mathrm{d}\sigma=\int_c^d \mathrm{d}y \int_{\psi_1(y)}^{\psi_2(y)} f(x, y)\mathrm{d}x.$$

如果积分区域既是 X－型区域，又是 Y－型区域(如图 9.13 所示)，那么

$$D=\{(x,y)\mid a\leqslant x\leqslant b,\ \varphi_1(x)\leqslant y\leqslant\varphi_2(x)\}$$
$$=\{(x,y)\mid c\leqslant y\leqslant d,\ \psi_1(y)\leqslant x\leqslant\psi_2(y)\}.$$

则

$$\int_a^b dx\int_{\varphi_1(x)}^{\varphi_2(x)}f(x,y)dy=\int_c^d dy\int_{\psi_1(y)}^{\psi_2(y)}f(x,y)dx.$$

上式表明，有时为了方便地计算二重积分，我们可以根据区域的形状和被积函数的可积性来恰当地选择积分次序.

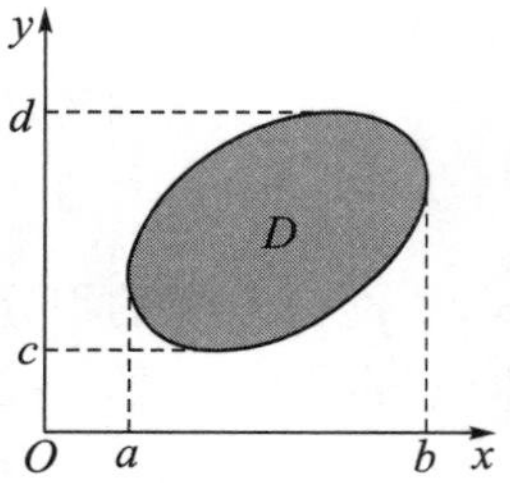

图 9.13

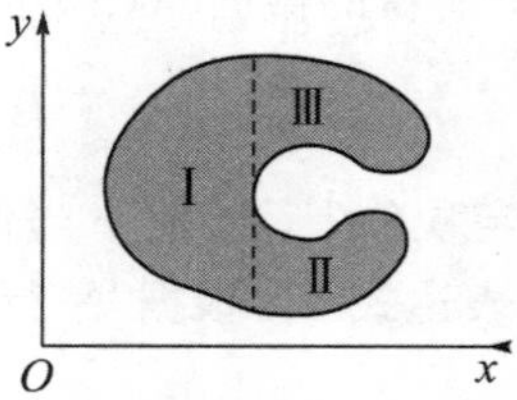

图 9.14

如果区域 D 是一般的平面有界区域，我们可以把它分割成若干个 X－型区域或 Y－型区域，分别计算每个区域上的二重积分，根据二重积分的性质 2，它们的和就是在这个区域 D 上的二重积分. 例如，在图 9.14 所示的积分区域上，有

$$\iint_D f(x,y)d\sigma=\iint_{D_{\mathrm{I}}}f(x,y)d\sigma+\iint_{D_{\mathrm{II}}}f(x,y)d\sigma+\iint_{D_{\mathrm{III}}}f(x,y)d\sigma.$$

将二重积分转化为两次积分，关键是确定积分限. 通常先画出积分区域的图形，根据区域的类型(X－型区域或 Y－型区域)确定积分变量 x 和 y 的变化范围，得到表示区域的不等式组.

例 1　画出 Y－型区域 $D=\{(x,y)\mid-\sqrt{a^2-y^2}\leqslant x\leqslant a-y,\ 0\leqslant y\leqslant a\}$ 的图形，并将其表示为 X－型区域.

解　按照 Y－型区域(如图 9.12 所示)的表示，

左边：$x=\psi_1(y)=-\sqrt{a^2-y^2}$ 或 $x^2+y^2=a^2$ 在第二象限内的圆弧；

右边：$x=\psi_2(y)=a-y$ 或 $x+y=a$ 在第一象限内的直线段；

下边为$[-a,a]$，上边收缩为一个点.

因此，区域 D 如图 9.15(a)所示.

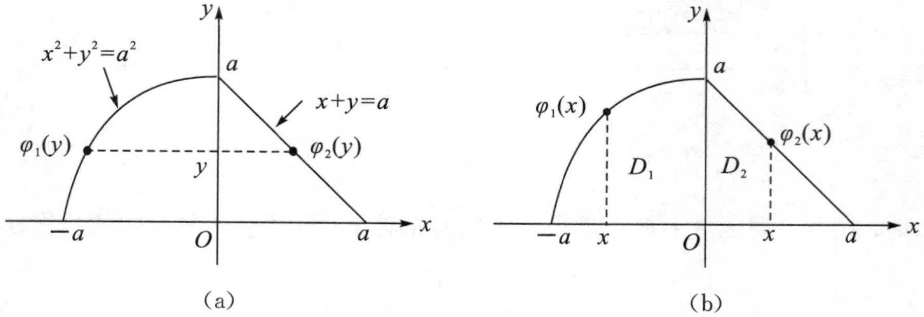

图 9.15

该区域 D 也可看作一个 X－型区域，但其上边由圆弧和直线段分段组成，因而我们把区域 D 分成两个小区域 $D=D_1\cup D_2$，其中 $D_1=\{(x,y)\mid -a\leqslant x\leqslant 0,\ 0\leqslant y\leqslant\sqrt{a^2-x^2}\}$，$D_2=\{(x,y)\mid 0\leqslant x\leqslant a,\ 0\leqslant y\leqslant a-x\}$.

例 2　计算 $\iint\limits_D xy\,\mathrm{d}\sigma$，其中 D 是由直线 $y=1$，$x=2$ 及 $y=x$ 所围成的闭区域.

解　画出区域 D 的图形(如图 9.16 所示).

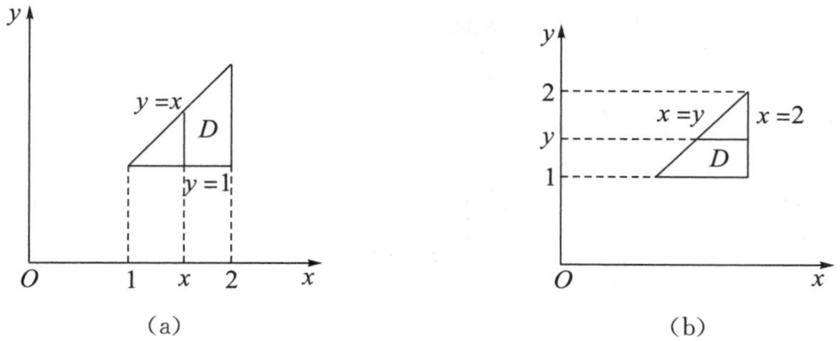

图 9.16

解法一　如图 9.16(a)所示，可把 D 看成是 X－型区域：$1\leqslant x\leqslant 2$，$1\leqslant y\leqslant x$. 于是

$$\iint\limits_D xy\,\mathrm{d}\sigma=\int_1^2\mathrm{d}x\int_1^x xy\,\mathrm{d}y=\int_1^2\left[x\cdot\frac{y^2}{2}\right]_1^x\mathrm{d}x=\frac{1}{2}\int_1^2(x^3-x)\mathrm{d}x$$

$$=\frac{1}{2}\left[\frac{x^4}{4}-\frac{x^2}{2}\right]_1^2=\frac{9}{8}.$$

解法二　如图 9.16(b)所示，可把 D 看成是 Y－型区域：$1\leqslant y\leqslant 2$，$y\leqslant x\leqslant 2$. 于是

$$\iint\limits_D xy\,\mathrm{d}\sigma=\int_1^2\mathrm{d}y\int_y^2 xy\,\mathrm{d}x=\int_1^2\left[y\cdot\frac{x^2}{2}\right]_y^2\mathrm{d}y=\int_1^2\left(2y-\frac{y^3}{2}\right)\mathrm{d}y$$

$$=\left[y^2-\frac{y^4}{8}\right]_1^2=\frac{9}{8}.$$

练习　计算 §9.1 例 1 的积分 $\iint\limits_D(16-x^2-2y^2)\mathrm{d}\sigma$，其中 $D=[0,2;0,2]$.

例 3　计算 $\iint\limits_D y\sqrt{1+x^2-y^2}\,\mathrm{d}\sigma$，其中 D 是由直线 $y=1$，$x=-1$ 及 $y=x$ 所围成的闭区域.

解　画出区域 D(如图 9.17 所示). 可把 D 看成是 X－型区域：$-1\leqslant x\leqslant 1$，$x\leqslant y\leqslant 1$. 于是

$$\iint\limits_D y\sqrt{1+x^2-y^2}\,\mathrm{d}\sigma=\int_{-1}^1\mathrm{d}x\int_x^1 y\sqrt{1+x^2-y^2}\,\mathrm{d}y$$

$$=-\frac{1}{3}\int_{-1}^1\left[(1+x^2-y^2)^{\frac{3}{2}}\right]_x^1\mathrm{d}x$$

$$=-\frac{1}{3}\int_{-1}^1(|x|^3-1)\mathrm{d}x$$

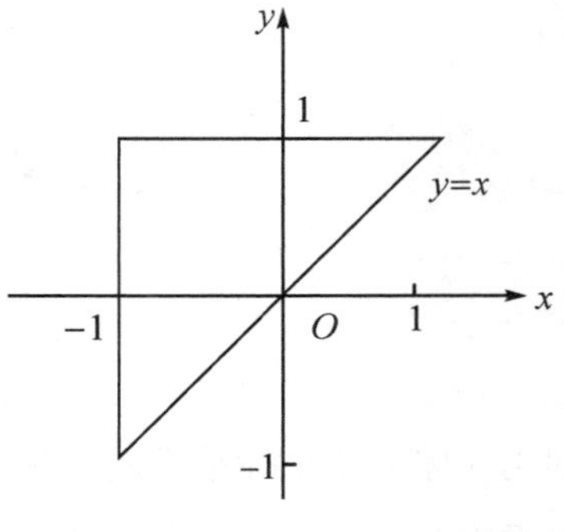

图 9.17

$$=-\frac{2}{3}\int_0^1(x^3-1)\mathrm{d}x=\frac{1}{2}.$$

也可把 D 看成是 Y－型区域：$-1\leqslant y\leqslant 1$，$-1\leqslant x\leqslant y$. 于是

$$\iint_D y\sqrt{1+x^2-y^2}\,\mathrm{d}\sigma=\int_{-1}^1 y\,\mathrm{d}y\int_{-1}^y\sqrt{1+x^2-y^2}\,\mathrm{d}x=\frac{1}{2}.$$

例 4 计算 $\iint_D xy\,\mathrm{d}\sigma$，其中 D 是由直线 $y=x-2$ 及抛物线 $y^2=x$ 所围成的闭区域.

解法一 如图 9.18(a)所示，把积分区域 D 看作 Y－型区域：$-1\leqslant y\leqslant 2$，$y^2\leqslant x\leqslant y+2$，于是

$$\iint_D xy\,\mathrm{d}\sigma=\int_{-1}^2\mathrm{d}y\int_{y^2}^{y+2}xy\,\mathrm{d}x=\frac{1}{2}\int_{-1}^2[y(y+2)^2-y^5]\mathrm{d}y=5\frac{5}{8}.$$

解法二 如图 9.18(b)所示，把积分区域 D 看作 X－型区域，则 $D=D_1\cup D_2$，其中

$$D_1: 0\leqslant x\leqslant 1,\ -\sqrt{x}\leqslant y\leqslant\sqrt{x};\quad D_2: 1\leqslant x\leqslant 4,\ x-2\leqslant y\leqslant\sqrt{x}.$$

于是

$$\iint_D xy\,\mathrm{d}\sigma=\int_0^1\mathrm{d}x\int_{-\sqrt{x}}^{\sqrt{x}}xy\,\mathrm{d}y+\int_1^4\mathrm{d}x\int_{x-2}^{\sqrt{x}}xy\,\mathrm{d}y=5\frac{5}{8}.$$

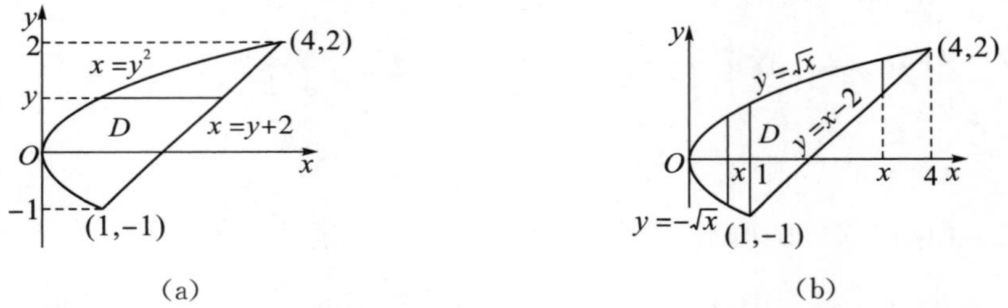

图 9.18

例 5 求两个底圆半径都等于 R 的直交圆柱面所围成的立体的体积.

解 设这两个圆柱面的方程分别为

$$x^2+y^2=R^2,\quad x^2+z^2=R^2.$$

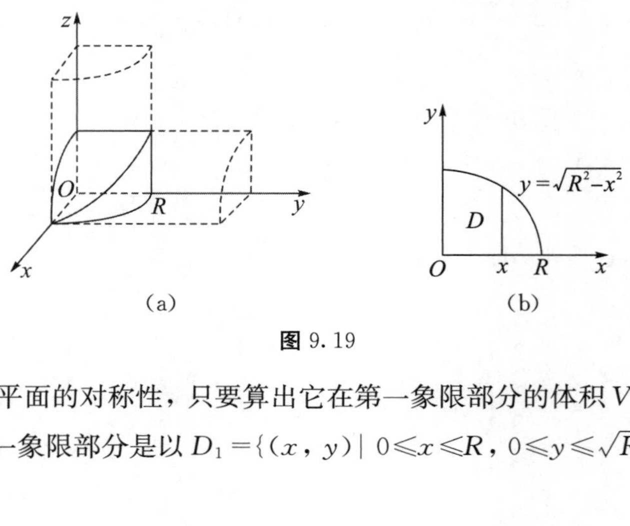

图 9.19

利用立体关于坐标平面的对称性，只要算出它在第一象限部分的体积 V_1，如图 9.19 所示，再乘以 8 即可. 第一象限部分是以 $D_1=\{(x,y)\mid 0\leqslant x\leqslant R, 0\leqslant y\leqslant\sqrt{R^2-x^2}\}$为底面，以

$z=\sqrt{R^2-x^2}$为顶面的曲顶柱体，于是

$$\begin{aligned}V&=8\iint_{D_1}\sqrt{R^2-x^2}\,\mathrm{d}\sigma\\&=8\int_0^R\mathrm{d}x\int_0^{\sqrt{R^2-x^2}}\sqrt{R^2-x^2}\,\mathrm{d}y\\&=8\int_0^R(R^2-x^2)\mathrm{d}x=\frac{16}{3}R^3.\end{aligned}$$

如果一个二元函数 $F(x,y)$在区域 D 上可表示为 $F(x,y)=f(x)g(y)$，则称这个函数在 D 上可分离变量. 如果积分区域 D 也恰是矩形区域$[a,b;c,d]$，则可把二次积分进一步表示为

$$\iint_D f(x)g(y)\mathrm{d}x\mathrm{d}y=\int_a^b\mathrm{d}x\int_c^d f(x)g(y)\mathrm{d}y=\int_a^b f(x)\mathrm{d}x\int_c^d g(y)\mathrm{d}y,$$

即将二重积分写成两个定积分的乘积.

例 6　已知$\int_0^1 f(x)\mathrm{d}x=1$，求 $I=\int_0^1\mathrm{d}x\int_x^1 f(x)f(y)\mathrm{d}y$.

解　如图 9.20 所示，二重积分的积分区域 $D_1=\{(x,y)\mid 0\leqslant x\leqslant 1,x\leqslant y\leqslant 1\}$. 由于改变积分变量不影响积分的值，我们交换积分变量，有

$$I=\int_0^1\mathrm{d}x\int_x^1 f(x)f(y)\mathrm{d}y=\int_0^1\mathrm{d}y\int_y^1 f(y)f(x)\mathrm{d}x.$$

右边的二次积分刚好是被积函数在区域 $D_2=\{(x,y)\mid 0\leqslant y\leqslant 1,y\leqslant x\leqslant 1\}$上的积分. 交换积分次序，得

$$\int_0^1\mathrm{d}y\int_y^1 f(x)f(y)\mathrm{d}x=\int_0^1\mathrm{d}x\int_0^x f(x)f(y)\mathrm{d}y.$$

$D_1\cup D_2$ 为正方形区域，因此有

$$\begin{aligned}I&=\frac{1}{2}\left[\int_0^1\mathrm{d}x\int_x^1 f(x)f(y)\mathrm{d}y+\int_0^1\mathrm{d}x\int_0^x f(x)f(y)\mathrm{d}y\right]\\&=\frac{1}{2}\int_0^1\mathrm{d}x\int_0^1 f(x)f(y)\mathrm{d}y=\frac{1}{2}\int_0^1 f(x)\mathrm{d}x\int_0^1 f(y)\mathrm{d}y=\frac{1}{2}.\end{aligned}$$

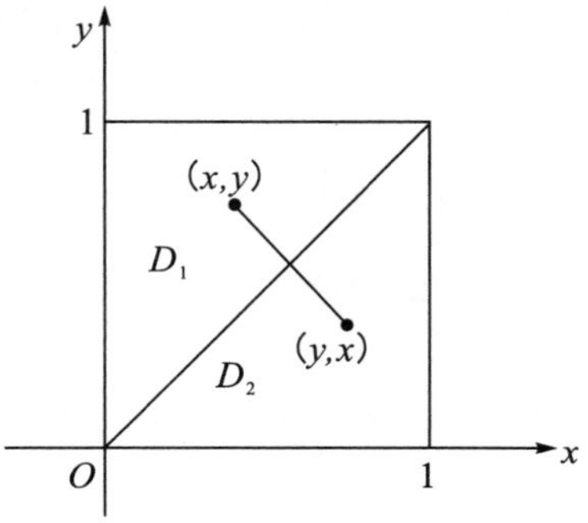

图 9.20

§ 9.2.2 利用极坐标计算二重积分

如果二重积分的积分区域 D 的边界曲线以及被积函数用极坐标(ρ, θ) 来表示比较方便，则我们可以利用极坐标来计算二重积分. 按二重积分的定义

$$\iint_D f(x, y)\mathrm{d}\sigma = \lim_{\lambda\to 0}\sum_{i=1}^{n} f(\xi_i, \eta_i)\Delta\sigma_i$$

来探讨这个和的极限在极坐标系中的形式.

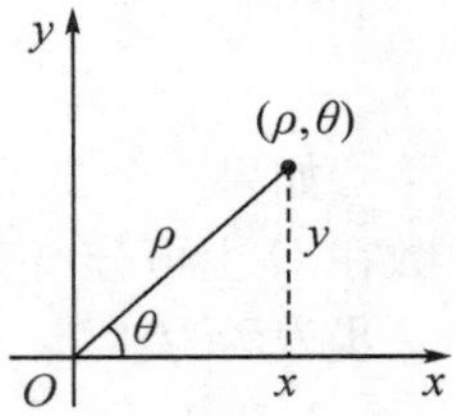

图 9.21

以直角坐标系的原点为极点，x 轴为极轴建立极坐标系(如图 9.21 所示)，则

$$x = \rho\cos\theta, \quad y = \rho\sin\theta.$$

极坐标变量 θ＝常数，表示从极点 O 出发的一条射线；ρ＝常数，表示圆心在 O 点、半径为 ρ 的圆周.

以从极点 O 出发的一组射线和以极点为中心的一组同心圆构成的网将区域 D 分为 n 个小闭区域 $\Delta\sigma_i$，$\Delta\sigma_2$，…，$\Delta\sigma_n$ (如图 9.22 所示). 第 i 个小闭区域 $\Delta\sigma_i$ 的面积为

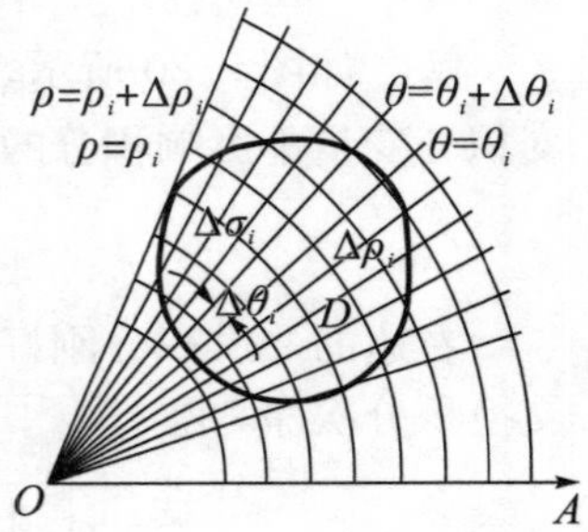

图 9.22

$$\begin{aligned}\Delta\sigma_i &= \frac{1}{2}(\rho_i + \Delta\rho_i)^2\Delta\theta_i - \frac{1}{2}\rho_i^2\Delta\theta_i \\ &= \rho_i\Delta\rho_i\Delta\theta_i + \frac{1}{2}\Delta\rho_i^2\Delta\theta_i \\ &\approx \rho_i\Delta\rho_i\Delta\theta_i,\end{aligned}$$

这里忽略了更高阶部分$\frac{1}{2}\Delta\rho_i^2\Delta\theta_i (i=1,2,\cdots,n)$. 事实上，我们也可以把 $\Delta\sigma_i$ 近似看作矩形，相邻两条边分别是 $\Delta\rho_i$ 和 $\rho_i\Delta\theta_i$，则 $\Delta\sigma_i \approx \rho_i\Delta\rho_i\Delta\theta_i$. 因此，在极坐标系下，面积元素可以表示为 $\mathrm{d}\sigma = \rho\mathrm{d}\rho\mathrm{d}\theta$.

在$\Delta\sigma_i$内任取点(ρ_i, θ_i)，设其直角坐标为(ξ_i, η_i)，则有 $\xi_i = \rho_i\cos\theta_i$，$\eta_i = \rho_i\sin\theta_i$. 于是

$$\lim_{\lambda\to 0}\sum_{i=1}^{n} f(\xi_i, \eta_i)\Delta\sigma_i = \lim_{\lambda\to 0}\sum_{i=1}^{n} f(\rho_i\cos\theta_i, \rho_i\sin\theta_i)\rho_i\Delta\rho_i\Delta\theta_i,$$

即

$$\iint_D f(x, y)\mathrm{d}\sigma = \iint_D f(\rho\cos\theta, \rho\sin\theta)\rho\mathrm{d}\rho\mathrm{d}\theta.$$

同样地，我们把上式右端的二重积分化为二次积分. 如图 9.23 所示，积分区域 D 可表示为

$$D = \{(\rho, \theta) \mid \alpha \leqslant \theta \leqslant \beta, \varphi_1(\theta) \leqslant \rho \leqslant \varphi_2(\theta)\}.$$

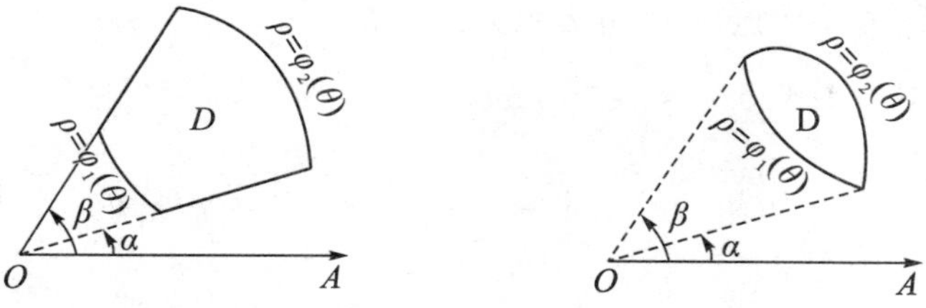

(a) (b)

图 9.23

如图 9.24 所示，对任意的 $\theta\in[\alpha,\beta]$，先计算

$$A(\theta)=\int_{\varphi_1(\theta)}^{\varphi_2(\theta)}f(\rho\cos\theta,\rho\sin\theta)\rho\mathrm{d}\rho,$$

再计算

$$\int_\alpha^\beta A(\theta)\mathrm{d}\theta=\int_\alpha^\beta\left[\int_{\varphi_1(\theta)}^{\varphi_2(\theta)}f(\rho\cos\theta,\rho\sin\theta)\rho\mathrm{d}\rho\right]\mathrm{d}\theta,$$

简记为

$$\iint_D f(\rho\cos\theta,\rho\sin\theta)\rho\mathrm{d}\rho\mathrm{d}\theta=\int_\alpha^\beta\mathrm{d}\theta\int_{\varphi_1(\theta)}^{\varphi_2(\theta)}f(\rho\cos\theta,\rho\sin\theta)\rho\mathrm{d}\rho.$$

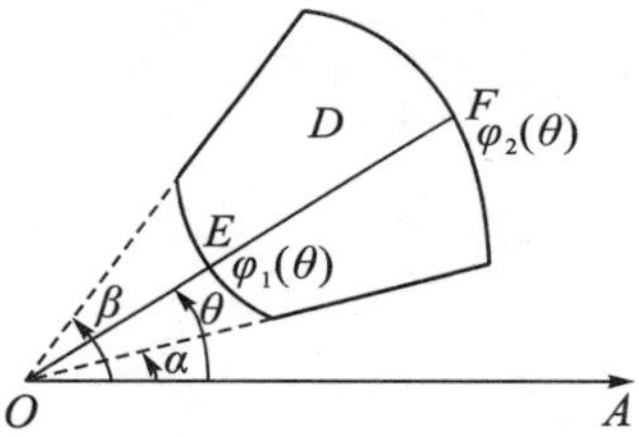

图 9.24

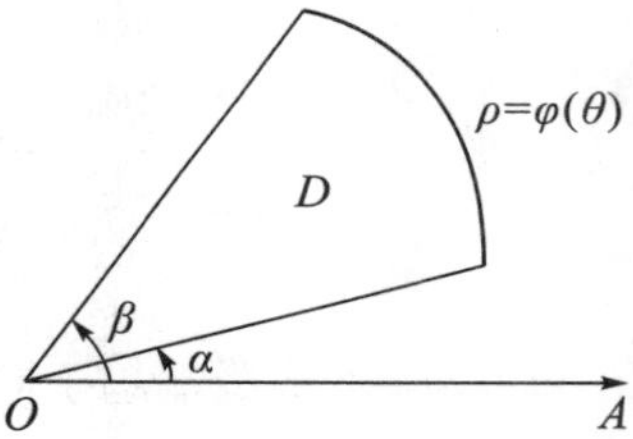

图 9.25

特别地，如图 9.25 所示，积分区域 D 可表示为

$$D=\{(\rho,\theta)\mid\alpha\leqslant\theta\leqslant\beta,0\leqslant\rho\leqslant\varphi(\theta)\}.$$

类似地，二重积分化为

$$\iint_D f(\rho\cos\theta,\rho\sin\theta)\rho\mathrm{d}\rho\mathrm{d}\theta=\int_\alpha^\beta\mathrm{d}\theta\int_0^{\varphi(\theta)}f(\rho\cos\theta,\rho\sin\theta)\rho\mathrm{d}\rho.$$

如图 9.26 所示，积分区域 D 可表示为

$$D=\{(\rho,\theta)\mid 0\leqslant\theta\leqslant 2\pi,0\leqslant\rho\leqslant\varphi(\theta)\}.$$

类似地，二重积分化为

$$\iint_D f(\rho\cos\theta,\rho\sin\theta)\rho\mathrm{d}\rho\mathrm{d}\theta$$
$$=\int_0^{2\pi}\mathrm{d}\theta\int_0^{\varphi(\theta)}f(\rho\cos\theta,\rho\sin\theta)\rho\mathrm{d}\rho.$$

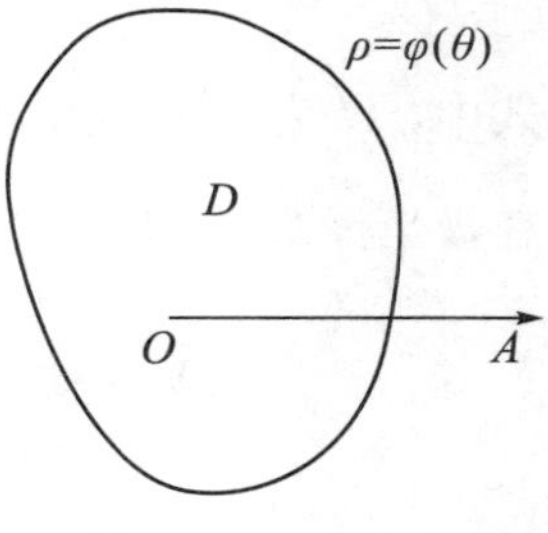

图 9.26

例 7 计算$\iint_D \mathrm{e}^{-x^2-y^2}\mathrm{d}x\mathrm{d}y$，其中 D 是由中心在原点、半径为 a 的圆周所围成的闭区域.

解 在极坐标系中，闭区域 D 可表示为：$0\leqslant\theta\leqslant2\pi$，$0\leqslant\rho\leqslant a$. 于是

$$\begin{aligned}\iint_D e^{-x^2-y^2}\,dx\,dy &= \iint_D e^{-\rho^2}\rho\,d\rho\,d\theta\\ &= \int_0^{2\pi}\left[\int_0^a e^{-\rho^2}\rho\,d\rho\right]d\theta = \int_0^{2\pi}\left[-\frac{1}{2}e^{-\rho^2}\right]_0^a d\theta\\ &= \frac{1}{2}(1-e^{-a^2})\int_0^{2\pi}d\theta = \pi(1-e^{-a^2}).\end{aligned}$$

例 8 计算广义积分 $\int_0^{+\infty}e^{-x^2}dx$.

解 设 $D_1=\{(x,\ y)\mid x^2+y^2\leqslant R^2,\ x\geqslant0,\ y\geqslant0\}$，

$D_2=\{(x,\ y)\mid x^2+y^2\leqslant 2R^2,\ x\geqslant0,\ y\geqslant0\}$，

$S=\{(x,\ y)\mid 0\leqslant x\leqslant R,\ 0\leqslant y\leqslant R\}$.

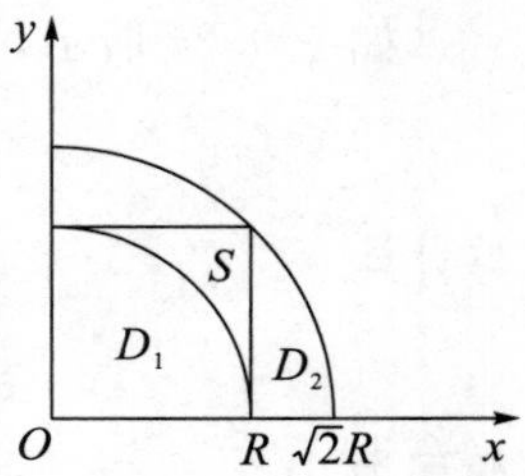

图 9.27

如图 9.27 所示，显然有 $D_1\subset S\subset D_2$. 由于 $e^{-x^2-y^2}>0$，从而在这些闭区域上的二重积分满足不等式

$$\iint_{D_1}e^{-x^2-y^2}\,dx\,dy<\iint_S e^{-x^2-y^2}\,dx\,dy<\iint_{D_2}e^{-x^2-y^2}\,dx\,dy.$$

因为 $\iint_S e^{-x^2-y^2}\,dx\,dy=\int_0^R e^{-x^2}dx\cdot\int_0^R e^{-y^2}dy=(\int_0^R e^{-x^2}dx)^2$，应用例 7 的结果，有

$$\iint_{D_1}e^{-x^2-y^2}\,dx\,dy=\frac{\pi}{4}(1-e^{-R^2}),\quad \iint_{D_2}e^{-x^2-y^2}\,dx\,dy=\frac{\pi}{4}(1-e^{-2R^2}),$$

所以
$$\frac{\pi}{4}(1-e^{-R^2})<(\int_0^R e^{-x^2}dx)^2<\frac{\pi}{4}(1-e^{-2R^2}).$$

令 $R\to+\infty$，上式两端趋于同一极限 $\frac{\pi}{4}$，所以

$$\int_0^{+\infty}e^{-x^2}dx=\frac{\sqrt{\pi}}{2}.$$

例 9 求球体 $x^2+y^2+z^2\leqslant4a^2$ 被圆柱面 $x^2+y^2=2ax$ 所截得的(含在圆柱面内的部分)立体的体积.

解 如图 9.28(a)所示，由对称性可知立体体积为第一卦限部分的 4 倍，即

$$V=4\iint_D\sqrt{4a^2-x^2-y^2}\,dx\,dy,$$

式中，D 为 Oxy 面上半圆周 $y=\sqrt{2ax-x^2}$ 及 x 轴所围成的闭区域(如图 9.28(b)所示). 在极坐标系中，D 可表示为 $0\leqslant\theta\leqslant\frac{\pi}{2}$，$0\leqslant\rho\leqslant2a\cos\theta$. 于是

$$\begin{aligned}V&=4\iint_D\sqrt{4a^2-\rho^2}\,\rho\,d\rho\,d\theta=4\int_0^{\frac{\pi}{2}}d\theta\int_0^{2a\cos\theta}\sqrt{4a^2-\rho^2}\,\rho\,d\rho\\&=\frac{32}{3}a^3\int_0^{\frac{\pi}{2}}(1-\sin^3\theta)\,d\theta=\frac{32}{3}a^3\left(\frac{\pi}{2}-\frac{2}{3}\right).\end{aligned}$$

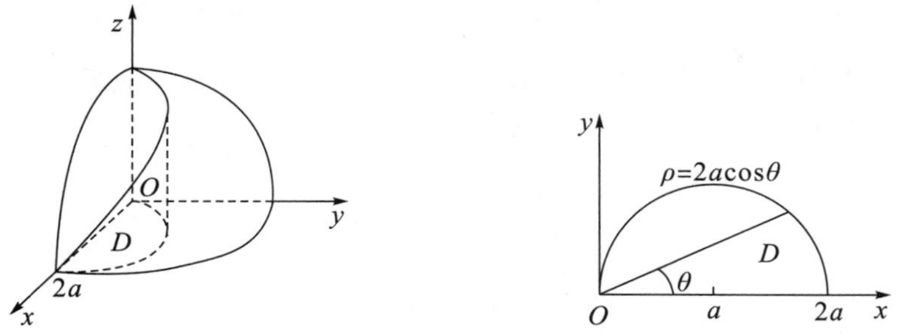

(a)　　　　(b)

图 9.28

§9.2.3　利用坐标变换计算二重积分

定理　设 $f(x, y)$ 在 Oxy 平面上的闭区域 D 上连续，变换

$$T: x = x(u, v),\ y = y(u, v)$$

将 uOv 平面上的闭区域 D' 变为 Oxy 平面上的 D，且满足

(1) $x(u, v)$，$y(u, v)$ 在 D' 上具有一阶连续偏导数，

(2) 在 D' 上雅可比式为

$$J(u, v) = \frac{\partial(x, y)}{\partial(u, v)}\begin{vmatrix} \dfrac{\partial x}{\partial u} & \dfrac{\partial x}{\partial u} \\ \dfrac{\partial y}{\partial u} & \dfrac{\partial y}{\partial u} \end{vmatrix} \neq 0,$$

(3) 变换 $T: D' \to D$ 是一对一的，则有

$$\iint_D f(x, y)\mathrm{d}x\mathrm{d}y = \iint_{D'} f[x(u, v), y(u, v)]\,|J(u, v)|\,\mathrm{d}u\mathrm{d}v.$$

这里我们指出，如果雅可比式 $J(u, v)$ 只在 D' 内个别点上，或在一条曲线上为 0，而在其他点上不为 0，那么换元公式仍成立.

在变换为极坐标 $x = \rho\cos\theta$，$y = \rho\sin\theta$ 的特殊情形下，雅可比式为

$$J = \begin{vmatrix} \dfrac{\partial x}{\partial \rho} & \dfrac{\partial x}{\partial \theta} \\ \dfrac{\partial y}{\partial \rho} & \dfrac{\partial y}{\partial \theta} \end{vmatrix} = \begin{vmatrix} \cos\theta & -\rho\sin\theta \\ \sin\theta & \rho\cos\theta \end{vmatrix} = \rho,$$

它仅在 $\rho = 0$ 处为零，故不论闭区域 D' 是否含有原点，换元公式仍成立. 即有

$$\iint_D f(x, y)\mathrm{d}x\mathrm{d}y = \iint_{D'} f(\rho\cos\theta, \rho\sin\theta)\rho\mathrm{d}\rho\mathrm{d}\theta,$$

这里 D' 是 D 在直角坐标平面 $O\rho\theta$ 上的对应区域.

例 10　计算 $\iint_D \mathrm{e}^{\frac{y-x}{y+x}}\mathrm{d}x\mathrm{d}y$，其中 D 是由 x 轴、y 轴和直线 $x + y = 2$ 所围成的闭区域.

解　令 $u = y - x$，$v = y + x$，则 $x = \dfrac{v-u}{2}$，$y = \dfrac{v+u}{2}$.

作变换 $x=\dfrac{v-u}{2}$，$y=\dfrac{v+u}{2}$，则 $x=0$ 变为 $u=v$，$y=0$ 变为 $u=-v$，$x+y=2$ 变为 $v=2$；因此，Oxy 平面上的闭区域 D（如图 9.29(b) 所示）对应于 Ouv 平面上的对应区域 D' 如图 9.29(a) 所示.

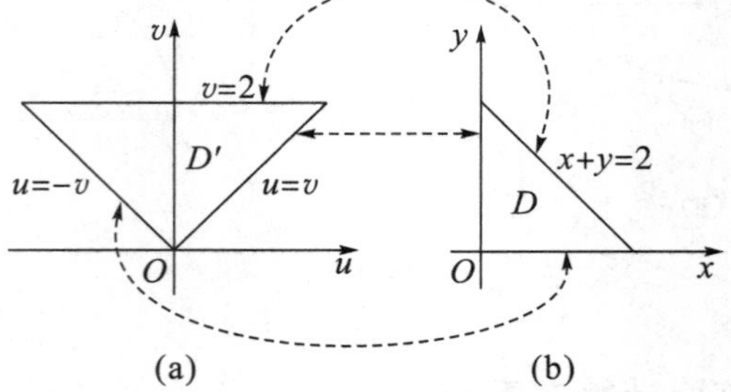

图 9.29

雅可比式为

$$J=\frac{\partial(x,y)}{\partial(u,v)}=\begin{vmatrix}-\dfrac{1}{2} & \dfrac{1}{2}\\ \dfrac{1}{2} & \dfrac{1}{2}\end{vmatrix}=-\frac{1}{2},$$

所以

$$\iint_D e^{\frac{y-x}{y+x}}\,dx\,dy=\iint_{D'} e^{\frac{u}{v}}\left|-\frac{1}{2}\right|du\,dv=\frac{1}{2}\int_0^2 dv\int_{-v}^{v} e^{\frac{u}{v}}\,du$$
$$=\frac{1}{2}\int_0^2(e-e^{-1})v\,dv=e-e^{-1}.$$

例 11 计算 $\iint_D\sqrt{1-\dfrac{x^2}{a^2}-\dfrac{y^2}{b^2}}\,dx\,dy$，其中 D 为椭圆 $\dfrac{x^2}{a^2}+\dfrac{y^2}{b^2}=1$ 所围成的闭区域.

解 作广义极坐标变换

$$\begin{cases}x=a\rho\cos\theta,\\ y=b\rho\sin\theta,\end{cases}$$

式中，$a>0$，$b>0$，$\rho\geqslant 0$，$0\leqslant\theta\leqslant 2\pi$. 在这变换下，与 D 对应的闭区域为 $D'=\{(\rho,\theta)\mid 0\leqslant\rho\leqslant 1,\ 0\leqslant\theta\leqslant 2\pi\}$，雅可比式为

$$J=\frac{\partial(x,y)}{\partial(\rho,\theta)}=ab\rho.$$

J 在 D' 内仅当 $\rho=0$ 处为零，故换元公式仍成立，从而有

$$\iint_D\sqrt{1-\frac{x^2}{a^2}-\frac{y^2}{b^2}}\,dx\,dy=\iint_{D'}\sqrt{1-\rho^2}\,ab\rho\,d\rho\,d\theta=\frac{2}{3}\pi ab.$$

习题 9－2

1. 改变下列二次积分的积分次序：

(1) $\int_0^1 dy\int_0^y f(x, y)dx$；　　(2) $\int_0^2 dy\int_{y^2}^{2y} f(x, y)dx$；

(3) $\int_0^1 dy\int_{-\sqrt{1-y^2}}^{\sqrt{1-y^2}} f(x, y)dx$；　　(4) $\int_1^2 dx\int_{2-x}^{\sqrt{2x-x^2}} f(x, y)dy$.

2. 画出积分区域，并计算下列二重积分：

(1) $\iint\limits_D x\sqrt{y}\,d\sigma$，其中 D 是由两条抛物线 $y=\sqrt{x}$，$y=x^2$ 所围成的闭区域；

(2) $\iint\limits_D xy^2\,d\sigma$，其中 D 是由圆周 $x^2+y^2=4$ 及 y 轴所围成的右半圆区域；

(3) $\iint\limits_D e^{x+y}\,d\sigma$，其中 $D=\{(x, y)\mid |x|+|y|\leqslant 1\}$；

(4) $\iint\limits_D (x^2+y^2-x)\,d\sigma$，其中 D 是由直线 $y=2$，$y=x$ 及 $y=2x$ 所围成的闭区域.

3. 设 $f(x)$ 在 $[a, b]$ 上连续，证明：$\left[\int_a^b f(x)dx\right]^2 \leqslant (b-a)\int_a^b f^2(x)dx$.

4. 化二重积分

$$I=\iint\limits_D f(x, y)d\sigma$$

为二次积分(分别列出对两个变量先后次序不同的两个二次积分)，其中积分区域 D 如下：

(1) 由直线 $y=x$ 及抛物线 $y^2=4x$ 所围成的闭区域；

(2) 由 x 轴及半圆周 $x^2+y^2=r^2(y\geqslant 0)$ 所围成的闭区域；

(3) 由直线 $y=x$，$x=2$ 及双曲线 $y=\dfrac{1}{x}(x>0)$ 所围成的闭区域；

(4) 环形闭区域 $\{(x, y)\mid 1\leqslant x^2+y^2\leqslant 4\}$.

5. 设 $f(x, y)$ 在 D 上连续，其中 D 是由直线 $y=x$，$y=a$ 及 $x=b(b>a)$ 所围成的闭区域，证明：

$$\int_a^b dx\int_a^x f(x, y)dy=\int_a^b dy\int_y^b f(x, y)dx.$$

6. 作图并计算 $z=xy$，$x+y+z=1$，$z=0$ 所围成的闭区域的体积.

7. 设平面薄片所占的闭区域 D 由直线 $x+y=2$，$y=x$ 和 x 轴所围成，它的面密度 $\mu(x, y)=x^2+y^2$，求该薄片的质量.

8. 计算由四个平面 $x=0$，$y=0$，$x=1$，$y=1$ 所围成的柱体被平面 $z=0$ 及 $2x+3y+z=6$ 截得的立体的体积.

9. 求由平面 $x=0$，$y=0$，$x+y=1$ 所围成的柱体被平面 $z=0$ 及抛物面 $x^2+y^2=6-z$ 截得的立体的体积.

10. 求由曲线 $z=x^2+2y^2$ 及 $z=6-2x^2-y^2$ 所围成的立体的体积.

11. 画出积分区域，把积分$\iint\limits_D f(x, y)\mathrm{d}x\mathrm{d}y$表示为极坐标形式的二次积分，其中积分区域$D$如下：

(1) $\{(x, y) \mid x^2 + y^2 \leqslant a^2\}(a > 0)$；

(2) $\{(x, y) \mid x^2 + y^2 \leqslant 2x\}$；

(3) $\{(x, y) \mid a^2 \leqslant x^2 + y^2 \leqslant b^2\}$，其中$0 < a < b$；

(4) $\{(x, y) \mid 0 \leqslant y \leqslant 1 - x, 0 \leqslant x \leqslant 1\}$.

12. 化下列二次积分为极坐标形式的二次积分：

(1) $\int_0^1 \mathrm{d}x\int_0^1 f(x, y)\mathrm{d}y$；　　(2) $\int_0^2 \mathrm{d}x\int_x^{\sqrt{3}x} f(\sqrt{x^2 + y^2})\mathrm{d}y$；

(3) $\int_0^1 \mathrm{d}x\int_{1-x}^{\sqrt{1-x^2}} f(x, y)\mathrm{d}y$；　　(4) $\int_0^1 \mathrm{d}x\int_0^{x^2} f(x, y)\mathrm{d}y$.

13. 把下列积分化为极坐标形式，并计算积分值：

(1) $\int_0^{2a} \mathrm{d}x\int_0^{\sqrt{2ax-x^2}} (x^2 + y^2)\mathrm{d}y$；　　(2) $\int_0^a \mathrm{d}x\int_0^x \sqrt{x^2 + y^2}\mathrm{d}y$；

(3) $\int_0^1 \mathrm{d}x\int_{x^2}^x (x^2 + y^2)^{-\frac{1}{2}}\mathrm{d}y$；　　(4) $\int_0^a \mathrm{d}y\int_0^{\sqrt{a^2-y^2}} (x^2 + y^2)\mathrm{d}x$.

14. 利用极坐标计算下列各题：

(1) $\iint\limits_D \mathrm{e}^{x^2+y^2}\mathrm{d}\sigma$，其中$D$是由圆周$x^2 + y^2 = 4$所围成的闭区域；

(2) $\iint\limits_D \ln(1 + x^2 + y^2)\mathrm{d}\sigma$，其中$D$是由圆周$x^2 + y^2 = 1$及坐标轴所围成的在第一象限内的闭区域；

(3) $\iint\limits_D \arctan\frac{y}{x}\mathrm{d}\sigma$，其中$D$是由圆周$x^2 + y^2 = 4$，$x^2 + y^2 = 1$及直线$y = 0$，$y = x$所围成的在第一象限内的闭区域.

15. 设平面薄片所占的闭区域D由螺线$\rho = 2\theta$上的一段弧$\left(0 \leqslant \theta \leqslant \frac{\pi}{2}\right)$与直线$\theta = \frac{\pi}{2}$所围成，它的面密度为$\mu(x, y) = x^2 + y^2$，求这薄片的质量(如第15题图所示).

16. 求由平面$y = 0$，$y = kx(k > 0)$，$z = 0$以及球心在原点、半径为R的上半球面所围成的在第一象限内的立体的体积(如第16题图所示).

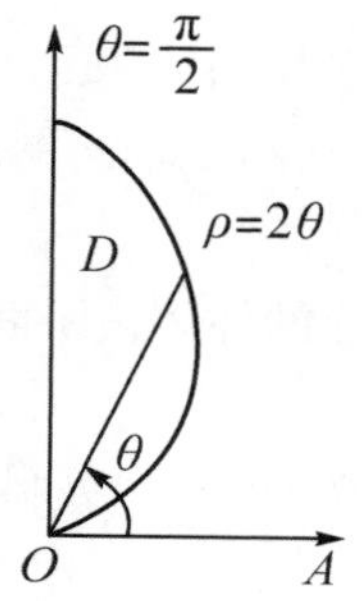

第15题图

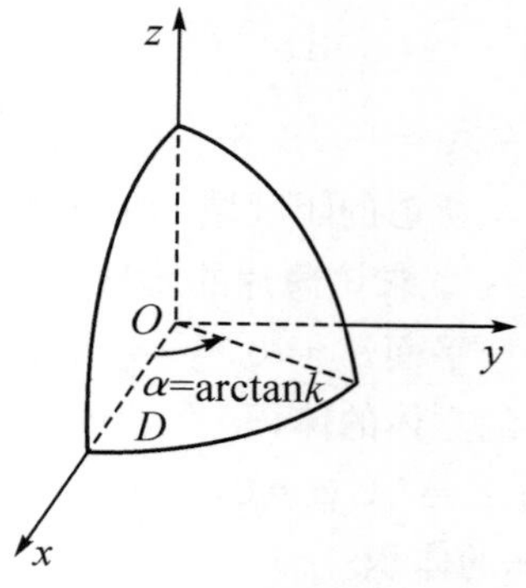

第16题图

17. 计算以 Oxy 面上的圆周 $x^2+y^2=ax$ 围成的闭区域为底，而以曲面 $z=x^2+y^2$ 为顶的曲顶柱体的体积.

*18. 作适当的变换，计算下列二重积分：

(1) $\iint\limits_D e^{\frac{y}{x+y}}\mathrm{d}x\mathrm{d}y$，其中 D 是由 x 轴、y 轴和直线 $x+y=1$ 所围成的闭区域；

(2) $\iint\limits_D \left(\frac{x^2}{a^2}+\frac{y^2}{b^2}\right)\mathrm{d}x\mathrm{d}y$，其中 $D=\{(x,y)\mid \frac{x^2}{a^2}+\frac{y^2}{b^2}\leqslant 1\}$.

*19. 证明

$\iint\limits_D f(x+y)\mathrm{d}x\mathrm{d}y=\int_{-1}^{1}f(u)\mathrm{d}u$，其中闭区域 $D=\{(x,y)\mid |x|+|y|\leqslant 1\}$.

§9.3　三重积分

§9.3.1　三重积分的概念

定义 1　设 $f(x,y,z)$ 是空间中有界闭区域 Ω 上的有界函数. 将 Ω 任意分成 n 个小闭区域

$$\Delta v_1,\ \Delta v_2,\ \cdots,\ \Delta v_n,$$

其中，Δv_i 表示第 i 个小闭区域，也表示它的体积 $(i=1,2,\cdots,n)$. 在每个 Δv_i 上任取一点 (ξ_i,η_i,ζ_i)，作乘积 $f(\xi_i,\eta_i,\zeta_i)\Delta v_i$，并求和 $\sum\limits_{i=1}^{n}f(\xi_i,\eta_i,\zeta_i)\Delta v_i$. 如果当各小闭区域的直径中的最大值 λ 趋于 0 时，这和的极限总存在且相等，则称此极限为函数 $f(x,y,z)$ 在闭区域 Ω 上的三重积分，记作 $\iiint\limits_{\Omega}f(x,y,z)\mathrm{d}v$，即

$$\iiint\limits_{\Omega}f(x,y,z)\mathrm{d}v=\lim_{\lambda\to 0}\sum_{i=1}^{n}f(\xi_i,\eta_i,\zeta_i)\Delta v_i,$$

式中，x,y,z 为积分变量，Ω 为积分区域，$f(x,y,z)$ 称为被积函数，$f(x,y,z)\mathrm{d}v$ 称为被积表达式，$\mathrm{d}v$ 称为体积元素.

在直角坐标系中，通常用平行于坐标面的三组平面来划分 Ω，则 $\Delta v_i=\Delta x_i\Delta y_i\Delta z_i$，因此也把体积元素记为 $\mathrm{d}v=\mathrm{d}x\mathrm{d}y\mathrm{d}z$，三重积分记作

$$\iiint\limits_{\Omega}f(x,y,z)\mathrm{d}v=\iiint\limits_{\Omega}f(x,y,z)\mathrm{d}x\mathrm{d}y\mathrm{d}z.$$

当被积函数 $f(x,y,z)$ 在闭区域 Ω 上连续时，极限 $\lim\limits_{\lambda\to 0}\sum\limits_{i=1}^{n}f(\xi_i,\eta_i,\zeta_i)\Delta v_i$ 是存在的，因此连续函数在 Ω 上可积，以后总假定被积函数在 Ω 上是连续或有限分块连续. 由于三重积分的性质与二重积分类似，这里不再一一列举.

最后，我们谈讨三重积分的物理意义(实际意义). 设一个物体占有空间闭区域 Ω，连续函数 $\rho(x,y,z)$ 表示空间物体在点 (x,y,z) 的点密度. 按三重积分的定义，空间物体

的质量为

$$M=\iiint_{\Omega}\rho(x, y, z)\mathrm{d}x\mathrm{d}y\mathrm{d}z.$$

§9.3.2 三重积分的计算

计算三重积分的基本方法是将它化为三次积分来计算.

1. 利用直角坐标计算三重积分

如图 9.30 所示，设空间闭区域 Ω 在 Oxy 面上的投影面为闭区域 D_{xy}，侧面位于以区域 D_{xy} 的边界曲线为准线而母线平行于 z 轴的直柱面上(侧面可能收缩成一条闭曲线)，底面 S_1 和顶面 S_2 分别是定义在 D_{xy} 上的连续函数 $z=z_1(x, y)$ 和 $z=z_2(x, y)$ 所确定的曲面，其中 $z_1(x, y)\leqslant z_2(x, y)$. 因为过投影面 D_{xy} 上任一点 (x, y) 与 Oxy 面垂直的直线一定从底面 S_1 上的点 $(x, y, z_1(x, y))$ 进入 Ω 的内部，并从顶面 S_2 上的点 $(x, y, z_2(x, y))$ 出来，所以闭区域 Ω 可表示为

$$\Omega=\{(x, y, z)\,|\,z_1(x, y)\leqslant z\leqslant z_2(x, y), (x, y)\in D_{xy}\}.$$

如果 D_{xy} 是 Oxy 面上的 X－型区域，进一步把 Ω 表示为

$$\Omega=\left\{(x,y,z)\left|\begin{array}{l}a\leqslant x\leqslant b,\\ y_1(x)\leqslant y\leqslant y_2(x),\\ z_1(x,y)\leqslant z\leqslant z_2(x,y)\end{array}\right.\right\}$$

其中前两行不等式，在 Oxy 面上表示 Ω 的投影面，在空间中表示一个直柱体. Ω 就是该直柱体介于底面和顶面之间那部分区域，习惯上称为 XY－型区域.

当我们计算空间物体的质量时，想象把空间闭区域 Ω "压薄" 到 Oxy 坐标面上的薄片 D_{xy}，即将 Ω 内从 (x,y,z_1) 到 (x,y,z_2) 线段上所有的点密度"集中"到薄片 D_{xy} 上一点 (x, y) 处的面密度

$$\mu(x, y)=\int_{z_1(x, y)}^{z_2(x, y)} f(x, y, z)\mathrm{d}z.$$

再根据二重积分的物理意义，得

$$M=\iint_{D_{xy}}\mu(x, y)\mathrm{d}\sigma=\iint_{D_{xy}}\left[\int_{z_1(x, y)}^{z_2(x, y)} f(x, y, z)\mathrm{d}z\right]\mathrm{d}\sigma.$$

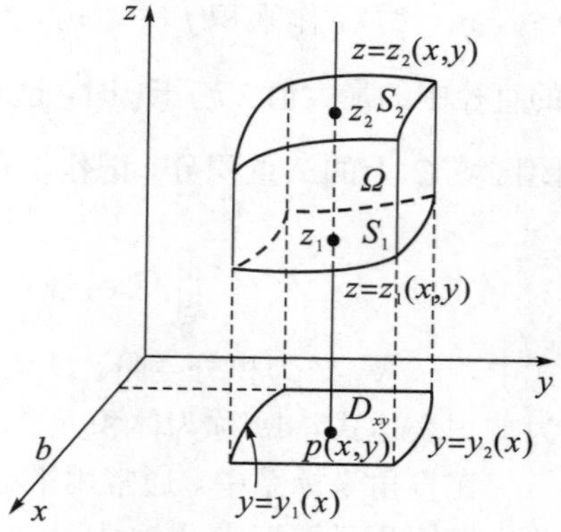

图 9.30

这里我们先计算一个定积分，再计算一个二重积分，简称"先一后二"，最后把二重积分化为二次积分，即

$$M=\int_a^b\mathrm{d}x\int_{y_1(x)}^{y_2(x)}\mathrm{d}y\int_{z_1(x, y)}^{z_2(x, y)} f(x, y, z)\mathrm{d}z,$$

因此，在 XY－型区域上三重积分化为三次积分，即

$$\iiint_{\Omega} f(x, y, z)\mathrm{d}v=\int_a^b\mathrm{d}x\int_{y_1(x)}^{y_2(x)}\mathrm{d}y\int_{z_1(x, y)}^{z_2(x, y)} f(x, y, z)\mathrm{d}z.$$

计算上式中三次积分的次序是：先把 x 和 y 当作常数对 z 积分；再把 x 当作常数继续对 y 积分；最后再对 x 积分. 需要注意，在 XY－型空间区域上三次积分的积分上下限由区域 Ω 不等式确定. 与计算二重积分一样，通常先画出空间积分区域的图形，根据区域的类型确定积分变量的变化范围，得到表示区域的不等式组.

例 1　设空间闭区域 Ω 由曲面 $x^2+y^2-2z=0$ 和 $z=4-\sqrt{x^2+y^2}$ 围成，将 Ω 表示为 XY－型区域的不等式组.

解　如图 9.31 所示，把积分区域 Ω 看作 XY－型区域，其侧面收缩成一条闭曲线，考虑两张曲面交线的投影柱面，联立 $\begin{cases}x^2+y^2-2z=0,\\ z=4-\sqrt{x^2+y^2},\end{cases}$ 消去 z，得柱面 $x^2+y^2=4$，则 Ω 在 Oxy 面上的投影面就是该投影柱面在 Oxy 面内所围的区域 D_{xy}，底面是 $z=\dfrac{1}{2}(x^2+y^2)$，顶面是 $z=4-\sqrt{x^2+y^2}$. 所以，空间闭区域 Ω 表示为

$$\Omega=\left\{\begin{array}{c}(x,\ y)\in D_{xy}\\ \dfrac{x^2+y^2}{2}\leqslant z\leqslant 4-\sqrt{x^2+y^2}\end{array}\right\}=\left\{\begin{array}{c}-2\leqslant x\leqslant 2\\ -\sqrt{4-x^2}\leqslant y\leqslant\sqrt{4-x^2}\\ \dfrac{x^2+y^2}{2}\leqslant z\leqslant 4-\sqrt{x^2+y^2}\end{array}\right\}.$$

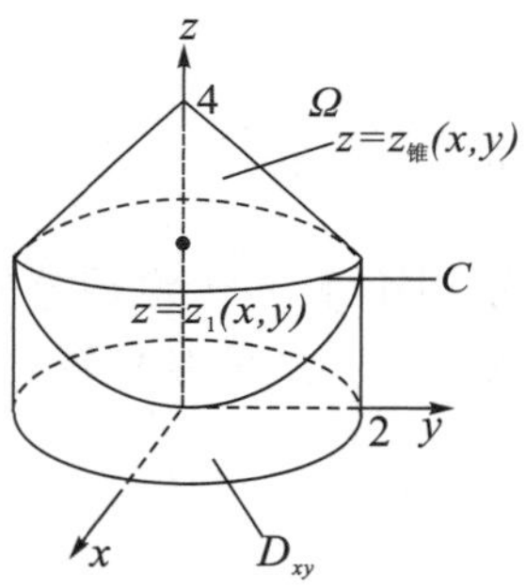

图 9.31

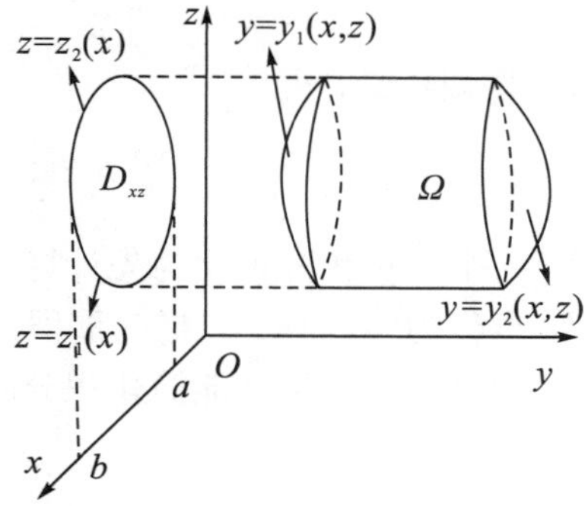

图 9.32

如图 9.32 所示，如果空间闭区域 Ω 的侧面平行于 y 轴，通常把 Ω 向 Oxz 面作投影，设投影面 D_{xz} 表示为

$$D_{xz}=\{(x,\ z)\mid a\leqslant x\leqslant b,\ z_1(x)\leqslant z\leqslant z_2(x)\}.$$

Ω 的左面 S_1：$y=y_1(x,\ z)$ 和右面 S_2：$y=y_2(x,\ z)$ 是 D_{xz} 上的连续函数，则 Ω 可表示为

$$\begin{aligned}\Omega&=\{(x,\ y,\ z)\mid y_1(x,\ z)\leqslant y\leqslant y_2(x,\ z),\ (x,\ z)\in D_{xz}\}\\&=\left\{(x,\ y,\ z)\,\middle|\,\begin{array}{l}a\leqslant x\leqslant b,\\ z_1(x)\leqslant z\leqslant z_2(x),\\ y_1(x,\ z)\leqslant y\leqslant y_2(x,\ z)\end{array}\right\}.\end{aligned}$$

称为 XZ－型区域. 其他情形的区域可类似地表示.

练习 1　把球体 $(x-1)^2+(y+2)^2+(z-3)^2\leqslant 4$ 分别向三个坐标面作投影并表示为不等式组.

例 2　计算三重积分 $\iiint\limits_{\Omega}x\,\mathrm{d}x\,\mathrm{d}y\,\mathrm{d}z$，其中 Ω 为三个坐标面及平面 $x+2y+z=1$ 所围成

的闭区域.

解 作图 9.33，区域 Ω 可表示为

$$0 \leqslant x \leqslant 1,\ 0 \leqslant y \leqslant \frac{1}{2}(1-x),\ 0 \leqslant z \leqslant 1-x-2y.$$

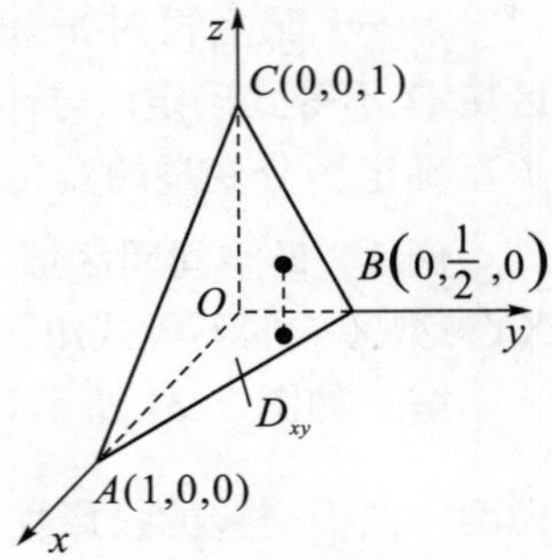

图 9.33

于是

$$\begin{aligned}\iiint_{\Omega} x\,\mathrm{d}x\,\mathrm{d}y\,\mathrm{d}z &= \int_0^1 \mathrm{d}x \int_0^{\frac{1-x}{2}} \mathrm{d}y \int_0^{1-x-2y} x\,\mathrm{d}z \\ &= \int_0^1 x\,\mathrm{d}x \int_0^{\frac{1-x}{2}} (1-x-2y)\,\mathrm{d}y \\ &= \frac{1}{4}\int_0^1 (x-2x^2+x^3)\,\mathrm{d}x = \frac{1}{48}.\end{aligned}$$

当我们计算空间物体的质量时，还可以想象把空间闭区域 Ω“压缩”成 z 轴上一段细棒 $[c_1, c_2]$. 如图 9.34 所示，闭区域 Ω 表示为

$$\Omega = \{(x, y, z) \mid (x, y) \in D_z,\ c_1 \leqslant z \leqslant c_2\},$$

其中，D_z 是 Ω 固定 z(将 z 看作常数)所得到的截面. 类似地，把截面 D_z 上所有的点密度“集中”到细棒上一点 z 处的线密度为

$$\mu(z) = \iint_{D_z} f(x, y, z)\,\mathrm{d}x\,\mathrm{d}y.$$

再根据定积分的物理意义，得

$$\iiint_{\Omega} f(x, y, z)\,\mathrm{d}v = \int_{c_1}^{c_2} \mathrm{d}z \iint_{D_z} f(x, y, z)\,\mathrm{d}x\,\mathrm{d}y.$$

上式表明，一个三重积分可化为先计算一个二重积分、再计算一个定积分的累次积分，即“先二后一”，也称为“截面法”. 当三重积分的被积函数只含一个变量且较容易得到相应的截面面积时，用这种方法常常能简化积分的计算.

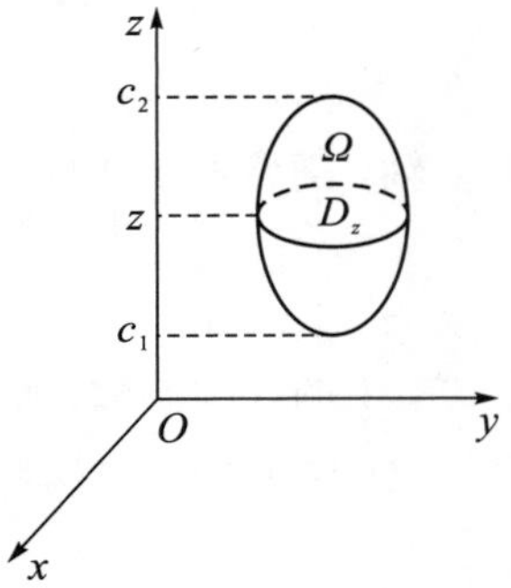

图 9.34

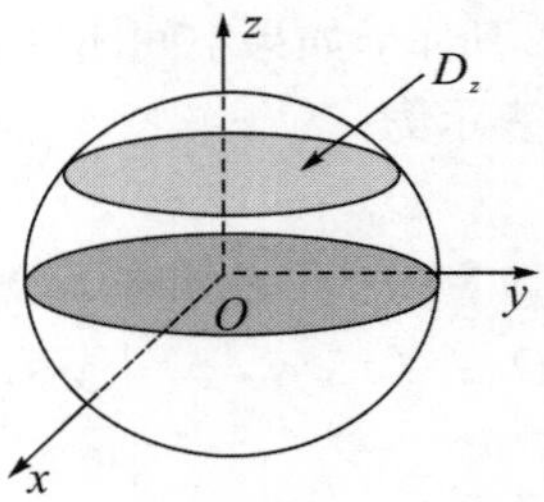

图 9.35

例 3 计算 $\iiint_{\Omega} z^2\,\mathrm{d}x\,\mathrm{d}y\,\mathrm{d}z$，其中 Ω 是由椭球面 $\frac{x^2}{a^2}+\frac{y^2}{b^2}+\frac{z^2}{c^2}=1\ (a>0,\ b>0,\ c>0)$ 所围成的闭区域.

解 如图 9.35 所示，空间区域 Ω 可表示为

$$\frac{x^2}{a^2}+\frac{y^2}{b^2} \leqslant 1-\frac{z^2}{c^2} \quad (-c \leqslant z \leqslant c).$$

将上式中的 z 固定(看作常数)可得截面 D_z：$\dfrac{x^2}{a^2\left(1-\dfrac{z^2}{c^2}\right)}+\dfrac{y^2}{b^2\left(1-\dfrac{z^2}{c^2}\right)}\leqslant 1$，截面面积为 $\pi\cdot a\sqrt{1-\dfrac{z^2}{c^2}}\cdot b\sqrt{1-\dfrac{z^2}{c^2}}$，即

$$S_{D_z}=\iint\limits_{D_z}\mathrm{d}x\mathrm{d}y=\pi ab\left(1-\frac{z^2}{c^2}\right).$$

于是

$$\iiint\limits_{\Omega}z^2\mathrm{d}x\mathrm{d}y\mathrm{d}z=\int_{-c}^{c}z^2\mathrm{d}z\iint\limits_{D_z}\mathrm{d}x\mathrm{d}y=\pi ab\int_{-c}^{c}\left(1-\frac{z^2}{c^2}\right)z^2\mathrm{d}z=\frac{4}{15}\pi abc^3.$$

练习 2　将三重积分 $I=\iiint\limits_{\Omega}f(x,y,z)\mathrm{d}x\mathrm{d}y\mathrm{d}z$ 化为三次积分，其中：

(1)Ω 是由曲面 $z=1-x^2-y^2$，$z=0$ 所围成的闭区域.

(2)Ω 是双曲抛物面 $xy=z$ 及平面 $x+y-1=0$，$z=0$ 所围成的闭区域.

(3)Ω 是由曲面 $z=x^2+2y^2$ 及 $z=2-x^2$ 所围成的闭区域.

练习 3　将三重积分 $I=\iiint\limits_{\Omega}f(x,y,z)\mathrm{d}x\mathrm{d}y\mathrm{d}z$ 化为先计算二重积分再计算定积分的形式，其中 Ω 是由曲面 $z=1-x^2-y^2$，$z=0$ 所围成的闭区域.

2. 利用柱面坐标计算三重积分

设 $M(x,y,z)$为空间内一点，并设点 M 在 Oxy 面上的投影点 P 的极坐标为(ρ,θ)，则这样的三个数 ρ，θ，z 就叫作点 M 的柱面坐标(如图 9.36 所示)，规定 ρ，θ，z 的变化范围为

$$0\leqslant\rho<+\infty,\quad 0\leqslant\theta\leqslant 2\pi,\quad -\infty<z<+\infty.$$

相应地，空间直角坐标与柱面坐标的关系为

$$x=\rho\cos\theta,\quad y=\rho\sin\theta,\quad z=z.$$

三组坐标面分别为

$\rho=$常数，表示以 z 轴为中心轴的圆柱面；

$\theta=$常数，表示过 z 轴的半平面；

$z=$常数，表示平行于 Oxy 面的平面.

练习 4　用柱面坐标表示例 1 中的空间闭区域 Ω.

用 $\rho=$常数、$\theta=$常数和 $z=$常数三组坐标面将闭区域 Ω 分割成若干小闭区域. 图 9.37 表示其中一个小闭区域，它是一个高为 $\mathrm{d}z$ 的柱体，近似地可看作一个长方体，相邻的三条棱分别为 $\mathrm{d}\rho$，$\rho\mathrm{d}\theta$，$\mathrm{d}z$. 因此，柱面坐标系中的体积元素为

$$\mathrm{d}v=\rho\mathrm{d}\rho\mathrm{d}\theta\mathrm{d}z.$$

则三重积分在柱面坐标系下表示为

$$\iiint\limits_{\Omega}f(x,y,z)\mathrm{d}x\mathrm{d}y\mathrm{d}z=\iiint\limits_{\Omega}f(\rho\cos\theta,\rho\sin\theta,z)\rho\mathrm{d}\rho\mathrm{d}\theta\mathrm{d}z.$$

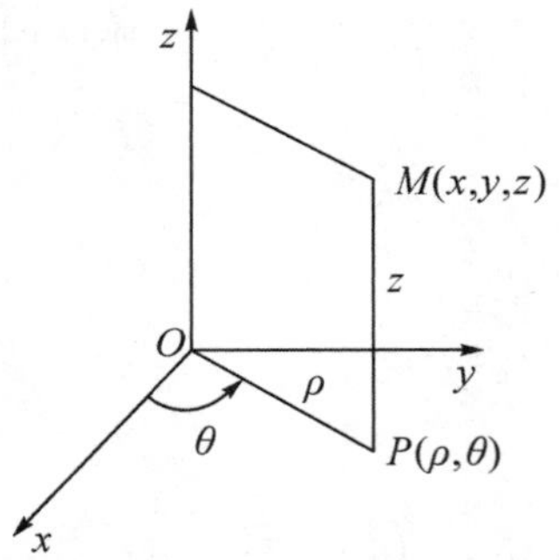

图 9.36

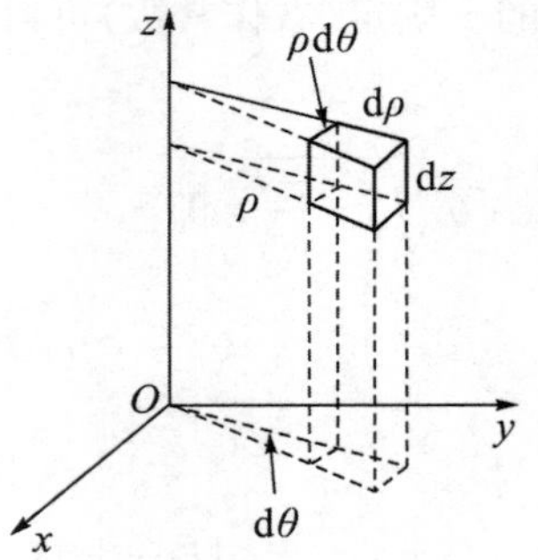

图 9.37

一般地，如果三重积分的被积函数具有 $f(\sqrt{x^2+y^2})$的形式，积分区域 Ω 是直柱体且投影面 D_{xy} 用极坐标表示比较方便时，通常用柱面坐标来计算三重积分. 如图 9.38 所示，区域 Ω 在空间直角坐标系下和柱面坐标系下表示为

$$\Omega=\{(x,y,z)\mid z_1(x,y)\leqslant z\leqslant z_2(x,y),(x,y)\in D_{xy}\}$$
$$=\left\{(\theta,\rho,z)\left|\begin{array}{l}\alpha\leqslant\theta\leqslant\beta,\\ \varphi_1(\theta)\leqslant\rho\leqslant\varphi_2(\theta),\\ z_1(\rho\cos\theta,\rho\sin\theta)\leqslant z\leqslant z_2(\rho\cos\theta,\rho\sin\theta)\end{array}\right.\right\}.$$

因此有

$$\iiint_\Omega f(x,y,z)\mathrm{d}v=\int_\alpha^\beta\mathrm{d}\theta\int_{\varphi_1}^{\varphi_2}\rho\mathrm{d}\rho\int_{z_1(\rho\cos\theta,\rho\sin\theta)}^{z_2(\rho\cos\theta,\rho\sin\theta)}f(\rho\cos\theta,\rho\sin\theta,z)\mathrm{d}z.$$

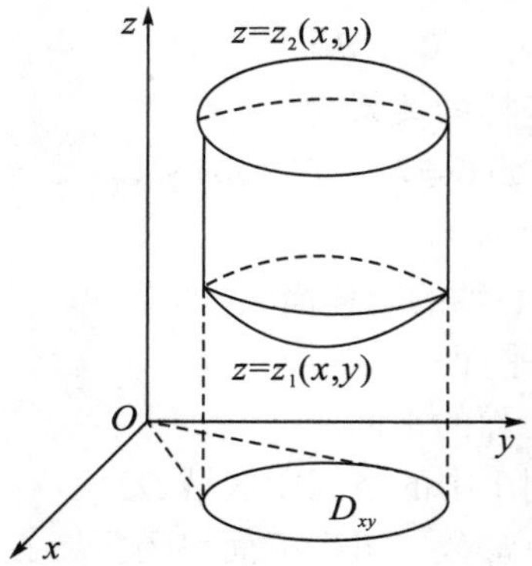

图 9.38

例 4　利用柱面坐标计算三重积分$\iiint\limits_\Omega z\mathrm{d}x\mathrm{d}y\mathrm{d}z$，其中 Ω 是由曲面 $z=x^2+y^2$ 与平面 $z=4$ 所围成的闭区域.

解　闭区域 Ω 可表示为

$$\rho^2\leqslant z\leqslant 4,\quad 0\leqslant\rho\leqslant 2,\quad 0\leqslant\theta\leqslant 2\pi.$$

于是　$$\iiint_\Omega z\mathrm{d}x\mathrm{d}y\mathrm{d}z=\iiint_\Omega z\rho\mathrm{d}\rho\mathrm{d}\theta\mathrm{d}z$$

$$= \int_0^{2\pi} d\theta \int_0^2 \rho d\rho \int_{\rho^2}^4 z dz = \frac{1}{2}\int_0^{2\pi} d\theta \int_0^2 \rho(16-\rho^4) d\rho$$

$$= \frac{1}{2}\cdot 2\pi\left[8\rho^2 - \frac{1}{6}\rho^6\right]_0^2 = \frac{64}{3}\pi .$$

练习 5　计算 $I = \iiint\limits_{\Omega}(x^2+y^2)dxdydz$，其中 Ω 是 Oyz 平面上曲线 $y^2=2z$ 绕 z 轴旋转一周而成的曲面与两平面 $z=2$，$z=8$ 所围成的立体.

3. 利用球面坐标计算三重积分

如图 9.39 所示，设 $M(x, y, z)$ 为空间中一点，在 Oxy 面上的投影为点 $P(x, y)$. 记 r 为点 M 到原点 O 的距离，φ 为 OM 与 z 轴正向的夹角，θ 为 OP 与 x 轴正向的夹角，则点 M 也可用数组 (r, φ, θ) 来确定，称为球面坐标. 约定坐标变量 r，φ，θ 的变化范围为

$$0 \leqslant r < +\infty,\quad 0 \leqslant \varphi \leqslant \pi,\quad 0 \leqslant \theta \leqslant 2\pi .$$

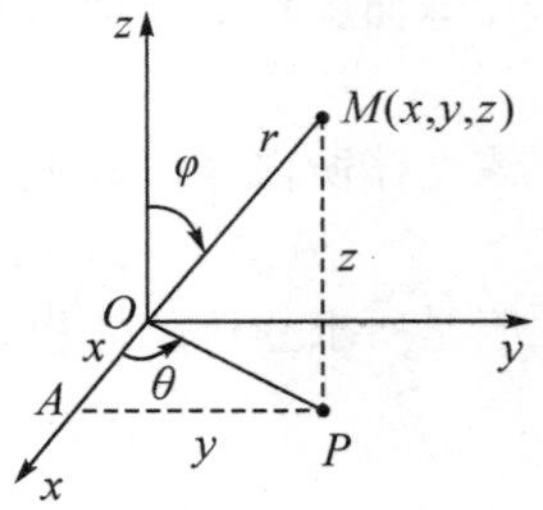

图 9.39

相应地，直角坐标与球面坐标的关系为

$$\begin{cases} x = r\sin\varphi\cos\theta, \\ y = r\sin\varphi\sin\theta, \\ z = r\cos\varphi. \end{cases}$$

三组坐标面分别为

r =常数，表示以原点为球心的球面；

θ =常数，表示过 z 轴的半平面；

φ =常数，表示以原点为顶点、以 z 轴为中心轴的圆锥面.

我们用 r =常数、θ =常数和 φ =常数三组坐标面将闭区域 Ω 分割成若干小闭区域. 图 9.40 表示其中一个小闭区域，近似地看作一个长方体，相邻的三条棱分别为 dr，$rd\varphi$ 和 $r\sin\varphi d\theta$. 因此，在球面坐标系下体积元素 $dv = r^2\sin\varphi dr d\varphi d\theta$，三重积分表示为

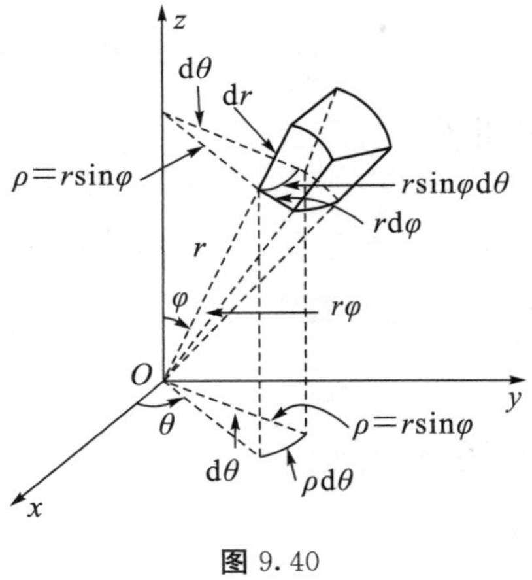

图 9.40

$$\iiint\limits_{\Omega} f(x, y, z)dv = \iiint\limits_{\Omega} f(r\sin\varphi\cos\theta, r\sin\varphi\sin\theta, r\cos\varphi) r^2\sin\varphi dr d\varphi d\theta.$$

一般地，当三重积分的被积函数具有 $f(\sqrt{x^2+y^2+z^2})$ 的形式，积分区域 Ω 由球面或

锥面围成时，用球面坐标来计算三重积分比较方便.

练习 6 用球面坐标表示例 1 中的空间闭区域 Ω.

例 5 求半径为 a，球心为 $(0,0,a)$ 的球面与半顶角为 α 的内接锥面所围成的立体的体积.

解 如图 9.41 所示，球面的方程为

$$x^2+y^2+(z-a)^2=a^2,$$

在球面坐标下此球面的方程为

$$r^2=2ar\cos\varphi,$$

该立体所占区域 Ω 可表示为

$$0\leqslant r\leqslant 2a\cos\varphi,\quad 0\leqslant\varphi\leqslant\alpha,\quad 0\leqslant\theta\leqslant 2\pi.$$

于是所求立体的体积为

$$\begin{aligned}V&=\iiint_\Omega \mathrm{d}x\mathrm{d}y\mathrm{d}z=\iiint_\Omega r^2\sin\varphi\mathrm{d}r\mathrm{d}\varphi\mathrm{d}\theta\\&=\int_0^{2\pi}\mathrm{d}\theta\int_0^{\alpha}\mathrm{d}\varphi\int_0^{2a\cos\varphi}r^2\sin\varphi\mathrm{d}r\\&=\frac{16\pi a^3}{3}\int_0^{\alpha}\cos^3\varphi\sin\varphi\mathrm{d}\varphi=\frac{4\pi a^3}{3}(1-\cos^4\alpha).\end{aligned}$$

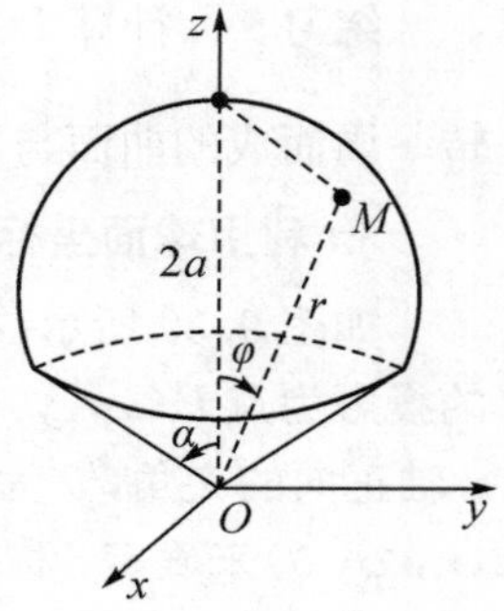

图 9.41

如果积分区域 Ω 关于 Oxy 平面对称，且被积函数 $f(x,y,z)$ 是关于 z 的奇函数，则三重积分为零；若被积函数 $f(x,y,z)$ 是关于 z 的偶函数，则三重积分为 Ω 在 Oxy 平面上方的半个闭区域的三重积分的 2 倍. 其他对称性的情形也类似.

例 6 利用对称性计算三重积分 $\iiint_\Omega \frac{z\ln(x^2+y^2+z^2+1)}{x^2+y^2+z^2+1}\mathrm{d}x\mathrm{d}y\mathrm{d}z$，其中积分区域 Ω 是单位球体 $x^2+y^2+z^2\leqslant 1$.

解 积分区域 Ω 关于三个坐标面都对称，且被积函数是 z 的奇函数，所以

$$\iiint_\Omega \frac{z\ln(x^2+y^2+z^2+1)}{x^2+y^2+z^2+1}\mathrm{d}x\mathrm{d}y\mathrm{d}z=0.$$

例 7 计算三重积分 $\iiint_\Omega (x+y+z)^2\mathrm{d}x\mathrm{d}y\mathrm{d}z$，其中 Ω 是由抛物面 $z=x^2+y^2$ 和球面 $x^2+y^2+z^2=2$ 所围成的空间闭区域.

解 由于 $(x+y+z)^2=x^2+y^2+z^2+2(xy+yz+zx)$，其中 xy，yz 是关于 y 的奇函数且 Ω 关于 Ozx 面对称(因为将 y 改为 $-y$ 不改变 Ω)，xz 是关于 x 的奇函数且 Ω 关于 Oyz 面对称(因为将 x 改为 $-x$ 不改变 Ω)，所以 $\iiint_\Omega xz\mathrm{d}v=\iiint_\Omega xy\mathrm{d}v=\iiint_\Omega yz\mathrm{d}v=0$. 因此，有

$$\iiint_\Omega (x+y+z)^2\mathrm{d}x\mathrm{d}y\mathrm{d}z=\iiint_\Omega (x^2+y^2+z^2)\mathrm{d}x\mathrm{d}y\mathrm{d}z.$$

在柱面坐标系下，Ω 表示为

$$0\leqslant\theta\leqslant 2\pi,\quad 0\leqslant\rho\leqslant 1,\quad \rho^2\leqslant z\leqslant\sqrt{2-\rho^2},$$

所以

$$\iiint_{\Omega}(x+y+z)^2\mathrm{d}x\mathrm{d}y\mathrm{d}z=\int_0^{2\pi}\mathrm{d}\theta\int_0^1\mathrm{d}\rho\int_{\rho^2}^{\sqrt{2-\rho^2}}(\rho^2+z^2)\rho\mathrm{d}z=\frac{\pi}{60}(90\sqrt{2}-89).$$

练习 7　用球面坐标计算上式的三重积分.

习题 9—3

1. 化三重积分 $I=\iiint_{\Omega}f(x,y,z)\mathrm{d}x\mathrm{d}y\mathrm{d}z$ 为三次积分，其中积分区域 Ω 分别如下：

(1) 由双曲抛物面 $xy=z$ 及平面 $x+y-1=0$，$z=0$ 所围成的闭区域；

(2) 由曲面 $z=x^2+y^2$ 及平面 $z=1$ 所围成的闭区域；

(3) 由曲面 $z=x^2+2y^2$ 及 $z=2-x^2$ 所围成的闭区域；

(4) 由曲面 $cz=xy(c>0)$，$\frac{x^2}{a^2}+\frac{y^2}{b^2}=1$，$z=0$ 所围成的在第一卦限内的闭区域.

2. 设有一物体，占有空间闭区域 $\Omega=\{(x,y,z)\mid 0\leqslant x\leqslant 1,0\leqslant y\leqslant 1,0\leqslant z\leqslant 1\}$，在点 (x,y,z) 处的密度为 $\rho(x,y,z)=x+y+z$，计算该物体的质量.

3. 如果三重积分 $\iiint_{\Omega}f(x,y,z)\mathrm{d}x\mathrm{d}y\mathrm{d}z$ 的被积函数 $f(x,y,z)$ 在 Ω 上变量可分离，即 $f(x,y,z)=f_1(x)\cdot f_2(y)\cdot f_3(z)$，积分区域 $\Omega=\{(x,y,z)\mid a\leqslant x\leqslant b,c\leqslant y\leqslant d,l\leqslant z\leqslant m\}$，证明这个三重积分等于三个定积分的乘积，即

$$\iiint_{\Omega}f_1(x)f_2(y)f_3(z)\mathrm{d}x\mathrm{d}y\mathrm{d}z=\int_a^b f_1(x)\mathrm{d}x\int_c^d f_2(y)\mathrm{d}y\int_l^m f_3(z)\mathrm{d}z.$$

4. 计算 $\iiint_{\Omega}xy^2z^3\mathrm{d}x\mathrm{d}y\mathrm{d}z$，其中 Ω 是由曲面 $z=xy$ 与平面 $y=x$，$x=1$ 和 $z=0$ 所围成的闭区域.

5. 计算 $\iiint_{\Omega}\frac{\mathrm{d}x\mathrm{d}y\mathrm{d}z}{(1+x+y+z)^3}$，其中 Ω 为平面 $x=0$，$y=0$，$z=0$，$x+y+z=1$ 所围成的四面体.

6. 计算 $\iiint_{\Omega}xyz\mathrm{d}x\mathrm{d}y\mathrm{d}z$，其中 Ω 为球面 $x^2+y^2+z^2=1$ 及三个坐标面所围成的第一象限内的闭区域.

7. 计算 $\iiint_{\Omega}xz\mathrm{d}x\mathrm{d}y\mathrm{d}z$，其中 Ω 是由平面 $z=0$，$z=y$，$y=1$ 以及抛物柱面 $y=x^2$ 所围成的闭区域.

8. 计算 $\iiint_{\Omega}z\mathrm{d}x\mathrm{d}y\mathrm{d}z$，其中 Ω 是由锥面 $z=\frac{h}{R}\sqrt{x^2+y^2}$ 与平面 $z=h(R>0,h>0)$ 所围成的闭区域.

9. 利用柱面坐标计算下列三重积分：

(1) $\iiint_{\Omega}z\mathrm{d}v$，其中 Ω 是由曲面 $z=\sqrt{2-x^2-y^2}$ 及 $z=x^2+y^2$ 所围成的闭区域；

(2) $\iiint_{\Omega}(x^2+y^2)\mathrm{d}v$，其中 Ω 是由曲面 $x^2+y^2=2z$ 及平面 $z=2$ 所围成的闭区域.

10. 利用球面坐标计算下列三重积分：

(1) $\iiint\limits_{\Omega}(x^2+y^2+z^2)\mathrm{d}v$，其中 Ω 是由球面 $x^2+y^2+z^2=1$ 所围成的闭区域；

(2) $\iiint\limits_{\Omega}z\mathrm{d}v$，其中闭区域 Ω 由不等式 $x^2+y^2+(z-a)^2\leqslant a^2$，$x^2+y^2\leqslant z^2$ 所确定.

11. 选用适当的坐标计算下列三重积分：

(1) $\iiint\limits_{\Omega}xy\mathrm{d}v$，其中 Ω 为柱面 $x^2+y^2=1$ 及平面 $z=1$，$z=0$，$x=0$，$y=0$ 所围成的第一卦限内的闭区域；

*(2) $\iiint\limits_{\Omega}\sqrt{x^2+y^2+z^2}\mathrm{d}v$，其中 Ω 是由球面 $x^2+y^2+z^2=z$ 所围成的闭区域；

(3) $\iiint\limits_{\Omega}(x^2+y^2)\mathrm{d}v$，其中 Ω 是由曲面 $4z^2=25(x^2+y^2)$ 及平面 $z=5$ 所围成的闭区域；

*(4) $\iiint\limits_{\Omega}(x^2+y^2)\mathrm{d}v$，其中闭区域 Ω 由不等式 $0<a\leqslant\sqrt{x^2+y^2+z^2}\leqslant A$，$z\geqslant 0$ 所确定.

12. 利用三重积分计算下列由曲面所围成的立体的体积：

(1) 由 $z=6-x^2-y^2$ 和 $z=\sqrt{x^2+y^2}$ 所围成的区域；

*(2) 由 $x^2+y^2+z^2=2az\,(a>0)$ 和 $x^2+y^2=z^2$（含有 z 轴的部分）所围成的区域；

(3) 由 $z=\sqrt{x^2+y^2}$ 和 $z=x^2+y^2$ 所围成的区域；

(4) 由 $z=\sqrt{5-x^2-y^2}$ 和 $x^2+y^2=4z$ 所围成的区域.

*13. 求球体 $r\leqslant a$ 位于锥面 $\varphi=\dfrac{\pi}{3}$ 和 $\varphi=\dfrac{2}{3}\pi$ 之间的部分的体积.

14. 求上、下分别为球面 $x^2+y^2+z^2=2$ 和抛物面 $z=x^2+y^2$ 所围成的立体的体积.

*15. 球心在原点、半径为 R 的球体，在其上任意一点的密度的大小与这点到球心的距离成正比，求这个球体的质量.

§9.4　含参变量的积分

在《高等数学（上册）》中，我们讨论了积分限函数 $\int_a^x f(t)\mathrm{d}t$ 的性质，这节讨论含参变量的积分. 设 $f(x, y)$ 是矩形区域 $D=[a, b; c, d]$ 上的连续函数，对给定的 $x_0\in[a, b]$，$f(x_0, y)$ 是关于变量 y 在 $[c, d]$ 上的一元连续函数，因此，

$$\int_c^d f(x_0, y)\mathrm{d}y$$

存在，且这个积分的值依赖于 x_0. 当 x_0 变化时，这个积分确定了一个定义在 $[a, b]$ 上关于 x 的函数，记为

$$\varphi(x)=\int_c^d f(x, y)\mathrm{d}y, \tag{9.2}$$

式中，$a \leqslant x \leqslant b$. 由于 x 在积分过程中看作常量，通常称为参变量，相应的积分式(9.2)右端叫作含参变量的积分.

例 1　计算 $\varphi(x)=\int_0^1 \mathrm{e}^{xy}\,\mathrm{d}y$，并讨论 $\varphi(x)$ 的连续性.

解　把 x 看作常数，则当 $x=0$ 时，$\varphi(0)=1$；当 $x\neq 0$ 时，

$$\varphi(x)=\int_0^1 \mathrm{e}^{xy}\,\mathrm{d}y=\frac{1}{x}\int_0^1 \mathrm{e}^{xy}\,\mathrm{d}(xy)=\frac{1}{x}\mathrm{e}^{xy}\Big|_0^1=\frac{1}{x}(\mathrm{e}^x-1).$$

因为 $\lim\limits_{x\to 0}\varphi(x)=\lim\limits_{x\to 0}\dfrac{\mathrm{e}^x-1}{x}=1=\varphi(0)$，从而 $\varphi(x)$在 $x=0$ 处连续.

当 $x\neq 0$ 时，由连续函数的四则运算法则知 $\varphi(x)$也连续，所以 $\varphi(x)$在$(-\infty,\ \infty)$上连续.

下面讨论含参变量积分式(9.2)的一些性质.

定理 1　如果 $f(x,\ y)$在$[a,b;\ c,d]$上连续，那么 $\varphi(x)=\int_c^d f(x,\ y)\mathrm{d}y$ 在$[a,b]$上连续.

定理 2　如果 $f(x,\ y)$在 $D=[a,b;\ c,d]$上连续，则

$$\int_a^b \mathrm{d}x\int_c^d f(x,\ y)\mathrm{d}y=\int_c^d \mathrm{d}y\int_a^b f(x,\ y)\mathrm{d}x.$$

下面考虑含参变量积分式(9.2)确定的函数 $\varphi(x)$的可微性.

定理 3　如果 $f(x,\ y)$ 及偏导数$\dfrac{\partial f}{\partial x}(x,\ y)$ 都在 $D=[a,b;\ c,d]$ 上连续，则 $\varphi(x)=\int_c^d f(x,\ y)\mathrm{d}y$ 在$[a,b]$ 上可导，且

$$\varphi'(x)=\frac{\mathrm{d}}{\mathrm{d}x}\int_c^d f(x,\ y)\mathrm{d}y=\int_c^d \frac{\partial}{\partial x}f(x,\ y)\mathrm{d}y.$$

在一些实际问题中，不仅被积函数含有参变量，而且积分限也依赖于这个参变量，即

$$\varphi(x)=\int_{\alpha(x)}^{\beta(x)} f(x,\ y)\mathrm{d}y.$$

定理 4　如果 $f(x,\ y)$ 在 $D=[a,b;\ c,d]$ 上连续，$\alpha(x)$，$\beta(x)$ 在$[a,b]$上连续，且 $c\leqslant \alpha(x)$，$\beta(x)\leqslant d$，则 $\varphi(x)=\int_{\alpha(x)}^{\beta(x)} f(x,\ y)\mathrm{d}y$ 在$[a,b]$ 上连续. 进一步，如果$\dfrac{\partial f}{\partial x}$在 D 上连续，$\alpha(x)$，$\beta(x)$在$[a,b]$上可导，则 $\varphi(x)$在$[a,b]$上可导，且

$$\begin{aligned}\varphi'(x)&=\frac{\mathrm{d}}{\mathrm{d}x}\int_{\alpha(x)}^{\beta(x)} f(x,\ y)\mathrm{d}y\\&=f[x,\beta(x)]\beta'(x)-f[x,\alpha(x)]\alpha'(x)+\int_{\alpha(x)}^{\beta(x)}\frac{\partial f}{\partial x}(x,\ y)\mathrm{d}y.\end{aligned}$$

例 2　设 $\varphi(x)=\int_x^{x^2}\dfrac{\sin(xy)}{y}\mathrm{d}y$，$x>0$，求 $\varphi'(x)$.

解　
$$\begin{aligned}\varphi'(x)&=\frac{\sin x^3}{x^2}\cdot 2x-\frac{\sin x^2}{x}\cdot 1+\int_x^{x^2}\cos(xy)\mathrm{d}y\\&=\frac{1}{x}(3\sin x^3-2\sin x^2).\end{aligned}$$

例 3 计算定积分 $I=\int_0^1 \frac{\ln(1+x)}{1+x^2}\mathrm{d}x$.

解 考虑含参变量 α 的积分所确定的函数

$$\varphi(\alpha)=\int_0^1 \frac{\ln(1+\alpha x)}{1+x^2}\mathrm{d}x.$$

显然 $\varphi(0)=0$，$\varphi(1)=I$. 根据定理 4，得

$$\begin{aligned}\varphi'(\alpha)&=\int_0^1 \frac{x}{(1+\alpha x)(1+x^2)}\mathrm{d}x\\&=\int_0^1 \frac{1}{1+\alpha^2}\left(\frac{-\alpha}{1+\alpha x}+\frac{\alpha+x}{1+x^2}\right)\mathrm{d}x\\&=\frac{1}{1+\alpha^2}\left[\frac{1}{2}\ln2+\frac{\pi}{4}\alpha-\ln(1+\alpha)\right].\end{aligned}$$

上式在 $[0,1]$ 上对 α 积分，得

$$\begin{aligned}I&=\varphi(1)-\varphi(0)=\int_0^1 \varphi'(\alpha)\mathrm{d}\alpha\\&=\int_0^1 \frac{1}{1+\alpha^2}\left[\frac{1}{2}\ln2+\frac{\pi}{4}\alpha-\ln(1+\alpha)\right]\mathrm{d}\alpha\\&=\frac{\pi}{4}\ln2-I.\end{aligned}$$

所以 $I=\frac{\pi}{8}\ln2$.

习题 9－4

1. 求下列含参变量的积分所确定的函数的极限：

(1) $\lim\limits_{x\to0}\int_x^{1+x}(1+x^2+y^2)\mathrm{d}y$.　　(2) $\lim\limits_{x\to0}\int_0^2 y^2\cos(xy)\mathrm{d}y$.

2. 求下列函数的导数：

(1) $\varphi(x)=\int_{\sin x}^{\cos x}(y^2\sin x-y^3)\mathrm{d}y$；　　(2) $\varphi(x)=\int_0^x \frac{\ln(1+xy)}{y}\mathrm{d}y$；

(3) $\varphi(x)=\int_{x^2}^{x^3}\arctan\frac{y}{x}\mathrm{d}y$；　　(4) $\varphi(x)=\int_x^{x^2}\mathrm{e}^{-xy^2}\mathrm{d}y$.

3. 设 $F(x)=\int_0^x(x+y)f(y)\mathrm{d}y$，其中 $f(y)$ 为可导函数. 求 $F''(x)$.

4. 计算.

(1) $I=\int_0^{\frac{\pi}{2}}\ln\frac{1+a\cos x}{1-a\cos x}\cdot\frac{\mathrm{d}x}{\cos x}$　$(|a|<1)$；

(2) $I=\int_0^{\frac{\pi}{2}}\ln(\cos^2x+a^2\sin^2x)\mathrm{d}x$　$(a>0)$；

(3) $I=\int_0^1\frac{\arctan x}{x}\frac{\mathrm{d}x}{\sqrt{1-x^2}}$；

(4) $I=\int_0^1\sin\left(\ln\frac{1}{x}\right)\frac{x^b-x^a}{\ln x}\mathrm{d}x$　$(0<a<b)$.

§9.5　重积分的应用

在实际应用中，我们用“元素法”的思想建立定积分或重积分来计算一些总量问题. 以二重积分为例，如果所要计算的某个量 U 对于平面闭区域 D 具有可加性，即当闭区域 D 分成 n 个小闭区域时所求量 U 相应地分成 n 个部分量并且 U 等于这 n 个部分量之和；同时，如果在闭区域 D 内任取包含点 (x, y) 的一个直径很小的闭区域 $d\sigma$，相应的部分量元素 dU 可表示为 $f(x, y)d\sigma$ 的形式，则所求的总量就是 $f(x, y)$ 在闭区域 D 上的二重积分

$$U = \iint_D f(x, y)d\sigma.$$

§9.5.1　曲面的面积

先讨论空间平面 Π 中的有界闭区域的面积与它在 Oxy 面上投影面的面积的关系. 设平面 Π 与 Oxy 面的夹角为 $\theta\left(0\leqslant\theta\leqslant\frac{\pi}{2}\right)$，即平面 Π 方向向上的法向量 $\boldsymbol{n}$ 与 z 轴单位向量 $\boldsymbol{k}$ 的夹角为 θ. 任取平面 Π 上一片矩形区域 A，其边界与 x 轴或 y 轴平行(如图 9.42 所示)，则矩形区域 A 的面积为 $A=ab$，其在 Oxy 面上投影面的面积为 $\sigma=ab\cos\theta$. 因此，我们得到它们的关系，即

$$A = \frac{\sigma}{\cos\theta} \text{ 或 } \sigma = A\cos\theta.$$

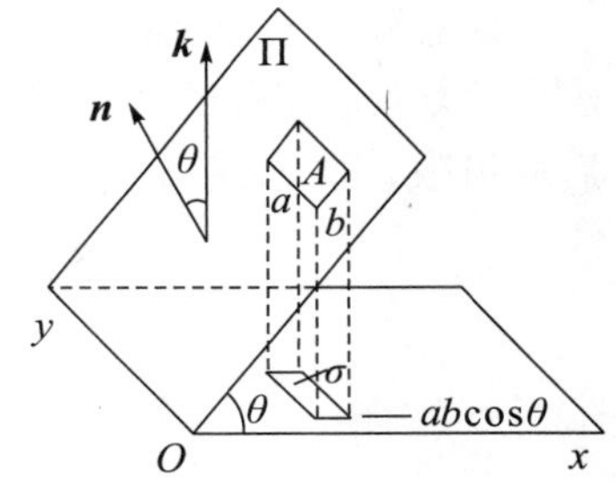

图 9.42

由相似性，上式对平面 Π 上任意的区域 A 也成立.

下面讨论空间曲面的情形. 设曲面 Σ 由一阶连续可导函数 $z=f(x, y)$ 确定，在 Oxy 面上的投影区域为 D_{xy}，求曲面的面积 Σ.

如图 9.43 所示，在曲面 Σ 上任取一点 $M(x, y, z)$. 过其投影 $P(x, y)$ 点任取 D_{xy} 内的一小片闭区域 $d\sigma$，并作以 $d\sigma$ 的边界曲线为准线而母线平行于 z 轴的细柱面. 在个这细柱面内包含的那一小片曲面区域 dS 可看作过 M 点的切平面 T 上的一小片平面区域 dA，即曲面面积元素 $dS=dA$. 通常我们取曲面 Σ 在点 M 处方向向上的法向量为

$$\boldsymbol{n} = (-f_x, -f_y, 1),$$

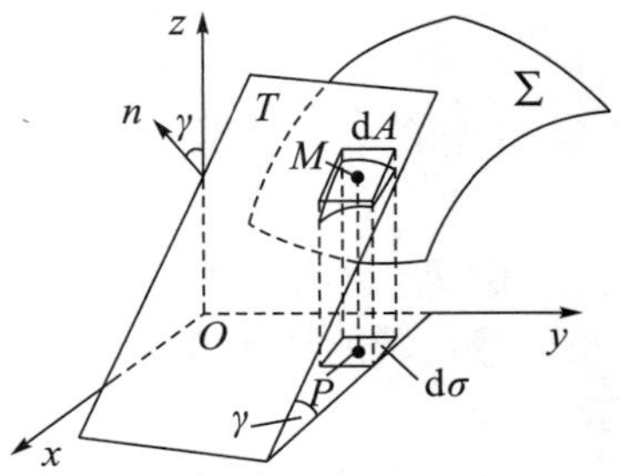

图 9.43

则 $\boldsymbol{n}$ 与 z 轴单位向量 $\boldsymbol{k}$ 的夹角 γ 的余弦为

$$\cos\gamma = \frac{\boldsymbol{n}\cdot\boldsymbol{k}}{|\boldsymbol{n}||\boldsymbol{k}|} = \frac{1}{\sqrt{1+f_x^2(x, y)+f_y^2(x, y)}}.$$

式中，F_x 表示 $f(x,y)$ 对 x 的偏导数，F_y 表示 $f(x,y)$ 对 y 的偏导数.

所以，曲面 Σ 的面积元素为

$$dS = \frac{d\sigma}{\cos\gamma} = \sqrt{1 + f_x^2(x, y) + f_y^2(x, y)}\,d\sigma,$$

于是曲面Σ的面积为

$$S = \iint_D \sqrt{1 + f_x^2(x, y) + f_y^2(x, y)}\,d\sigma.$$

若曲面为 $x = g(y, z)$或 $y = h(z, x)$，则曲面的面积为

$$S = \iint_{D_{yz}} \sqrt{1 + g_y^2(y, z) + g_z^2(y, z)}\,dydz$$

或

$$S = \iint_{D_{zx}} \sqrt{1 + h_z^2(z, x) + h_x^2(z, x)}\,dzdx.$$

式中，D_{yz}是曲面Σ在 Oyz 面上的投影区域，D_{zx}是曲面Σ在 Ozx 面上的投影区域.

例 1 求半径为 R 的球的表面积.

解 上半球面$\Sigma_1: f(x, y) = \sqrt{R^2 - x^2 - y^2}$，投影面 $D_{xy}: x^2 + y^2 \leqslant R^2$. 有

$$f_x = \frac{-x}{\sqrt{R^2 - x^2 - y^2}}, \quad f_y = \frac{-y}{\sqrt{R^2 - x^2 - y^2}}.$$

注意到 z 对 x 和对 y 的偏导数在D_{xy}：$x^2 + y^2 \leqslant R^2$上无界，则上半球面面积不能直接求出. 类似瑕积分的计算方法，先求在区域D_1：$x^2 + y^2 \leqslant a^2 (a < R)$上的部分球面面积，然后取极限，即

$$\begin{aligned}
S_1 &= \iint_{D_{xy}} \sqrt{1 + f_x^2(x, y) + f_y^2(x, y)}\,d\sigma \\
&= \iint_{x^2+y^2 \leqslant R^2} \frac{R}{\sqrt{R^2 - x^2 - y^2}}\,dxdy \\
&= \lim_{a \to R^-} \iint_{x^2+y^2 \leqslant a^2} \frac{R}{\sqrt{R^2 - x^2 - y^2}}\,dxdy \\
&= \lim_{a \to R^-} R \int_0^{2\pi} d\theta \int_0^a \frac{r}{\sqrt{R^2 - r^2}}\,dr \\
&= \lim_{a \to R^-} 2\pi R(R - \sqrt{R^2 - a^2}) = 2\pi R^2.
\end{aligned}$$

所以，球的表面积为

$$S = 2S_1 = 4\pi R^2.$$

例 2 设有一颗地球同步轨道通信卫星，距地面的高度 $h = 36\,000$ km，运行的角速度与地球自转的角速度相同. 试计算该通信卫星的覆盖面积与地球表面积的比值(地球半径 $R = 6\,400$ km).

解 取地心为坐标原点，地心到通信卫星中心的连线为 z 轴，建立坐标系，如图 9.44 所示. 通信卫星覆盖的曲面Σ是上半球面被半顶角为 α 的圆锥面所截得的部分. Σ的方程为 $z = \sqrt{R^2 - x^2 - y^2}$，投影面 $D_{xy}: x^2 + y^2 \leqslant R^2 \sin^2\alpha$. 于是通信卫星的覆盖面积为

$$S = \iint_{D_{xy}} \sqrt{1 + z_x^2 + z_y^2}\,dxdy = \iint_{D_{xy}} \frac{R}{\sqrt{R^2 - x^2 - y^2}}\,dxdy.$$

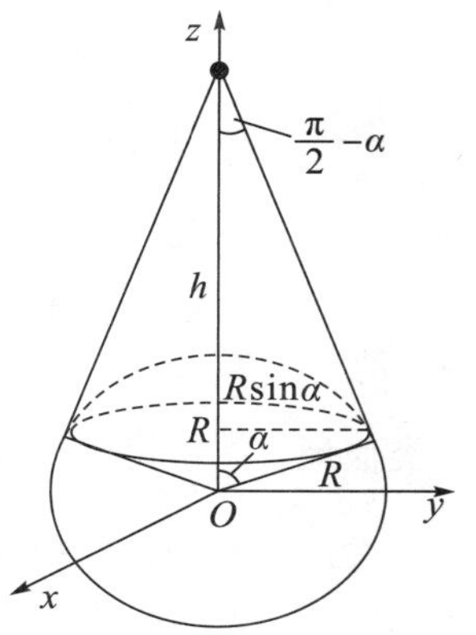

图 9.44

利用极坐标，得

$$S=\int_0^{2\pi}\mathrm{d}\theta\int_0^{R\sin\alpha}\frac{R}{\sqrt{R^2-\rho^2}}\rho\mathrm{d}\rho$$
$$=2\pi R\int_0^{R\sin\alpha}\frac{\rho}{\sqrt{R^2-\rho^2}}\mathrm{d}\rho=2\pi R^2(1-\cos\alpha).$$

由于 $\cos\alpha=\frac{R}{R+h}$，代入上式得

$$S=2\pi R^2\left(1-\frac{R}{R+h}\right)=2\pi R^2\frac{h}{R+h}.$$

由此得这颗通信卫星的覆盖面积与地球表面积之比为

$$\frac{S}{4\pi R^2}=\frac{h}{2(R+h)}=\frac{36\times10^6}{2\times(36+6.4)\times10^6}\approx42.5\%.$$

由以上结果可知，卫星覆盖了全球 $\frac{1}{3}$ 以上的面积，故使用三颗相隔 $\frac{2}{3}\pi$ 角度的通信卫星就可以覆盖几乎地球全部表面.

§9.5.2　质心

设有一平面薄片，占有 Oxy 面上的闭区域 D，在点 (x, y) 处的面密度为 $\mu(x, y)$，假定 $\mu(x, y)$ 在 D 上连续. 现在求该薄片的质心坐标.

在闭区域 D 上任取一点 $P(x, y)$ 及包含点 P 的直径很小的闭区域 $\mathrm{d}\sigma$，则平面薄片对 x 轴和对 y 轴的静力矩元素分别为

$$\mathrm{d}M_x=y\mu(x, y)\mathrm{d}\sigma,\quad \mathrm{d}M_y=x\mu(x, y)\mathrm{d}\sigma.$$

平面薄片对 x 轴的力矩 M_x，对 y 轴的力矩 M_y 和质量 M 分别为

$$M_x=\iint\limits_D y\mu(x, y)\mathrm{d}\sigma,\quad M_y=\iint\limits_D x\mu(x, y)\mathrm{d}\sigma,\quad M=\iint\limits_D \mu(x,y)\mathrm{d}\sigma.$$

设平面薄片的质心坐标为 $(\bar{x}, \bar{y})$，由于 $\bar{x}\cdot M=M_y$，$\bar{y}\cdot M=M_x$，于是

$$\bar{x}=\frac{M_y}{M}=\frac{\iint\limits_D x\mu(x, y)\mathrm{d}\sigma}{\iint\limits_D \mu(x, y)\mathrm{d}\sigma},\quad \bar{y}=\frac{M_x}{M}=\frac{\iint\limits_D y\mu(x, y)\mathrm{d}\sigma}{\iint\limits_D \mu(x, y)\mathrm{d}\sigma}.$$

如果平面薄片 D 的面密度是常数，面积为 σ，则平面薄片的质心(称为**形心**)的公式为

$$\bar{x}=\frac{1}{\sigma}\iint\limits_D x\mathrm{d}\sigma,\quad \bar{y}=\frac{1}{\sigma}\iint\limits_D y\mathrm{d}\sigma.$$

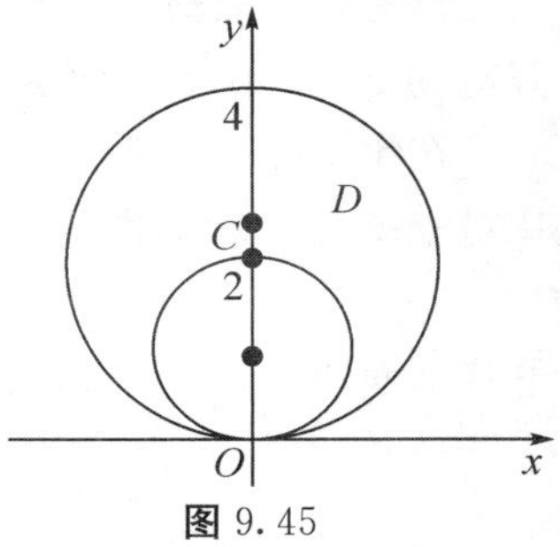

图 9.45

例 3　求位于两圆 $\rho=2\sin\theta$ 和 $\rho=4\sin\theta$ 之间的均匀薄片的质心.

解　由于闭区域 D 关于 y 轴对称，所以质心 $C(\bar{x}, \bar{y})$ 必位于 y 轴上，于是 $\bar{x}=0$，如图 9.45 所示. 又因为

$$\iint_D y\,\mathrm{d}\sigma = \iint_D \rho^2 \sin\theta \mathrm{d}\rho \mathrm{d}\theta = \int_0^{\pi} \sin\theta \mathrm{d}\theta \int_{2\sin\theta}^{4\sin\theta} \rho^2 \mathrm{d}\rho = 7\pi,$$

$$\bar{y} = \frac{1}{\sigma}\iint_D y\,\mathrm{d}\sigma = \frac{7\pi}{3\pi} = \frac{7}{3}.$$

所以，薄片的质心是 $C\left(0, \frac{7}{3}\right)$.

类似地，在空间闭区域 Ω 上点密度为连续函数 $\rho(x, y, z)$ 的物体的质心坐标是

$$\bar{x} = \frac{1}{M}\iiint_\Omega x\rho(x, y, z)\mathrm{d}v, \quad \bar{y} = \frac{1}{M}\iiint_\Omega y\rho(x, y, z)\mathrm{d}v, \quad \bar{z} = \frac{1}{M}\iiint_\Omega z\rho(x, y, z)\mathrm{d}v,$$

式中，$M = \iiint_\Omega \rho(x, y, z)\mathrm{d}v$，是物体的质量.

例 4　求均匀半球体的质心.

解　取半球体的对称轴为 z 轴，原点在球心上，又设球半径为 a，则半球体所占空间闭区域可表示为 $\Omega=\{(x, y, z) \mid x^2+y^2+z^2 \leqslant a^2, z \geqslant 0\}$. 显然，质心在 z 轴上，故 $\bar{x}=\bar{y}=0$.

这里用球面坐标来计算更方便. 因为 Ω：$0 \leqslant r \leqslant a$，$0 \leqslant \varphi \leqslant \frac{\pi}{2}$，$0 \leqslant \theta \leqslant 2\pi$，所以有

$$\iiint_\Omega \mathrm{d}v = \int_0^{\frac{\pi}{2}} \mathrm{d}\varphi \int_0^{2\pi} \mathrm{d}\theta \int_0^a r^2 \sin\varphi \mathrm{d}r = \int_0^{\frac{\pi}{2}} \sin\varphi \mathrm{d}\varphi \int_0^{2\pi} \mathrm{d}\theta \int_0^a r^2 \mathrm{d}r = \frac{2\pi a^3}{3},$$

$$\begin{aligned}\iiint_\Omega z\,\mathrm{d}v &= \int_0^{\frac{\pi}{2}} \mathrm{d}\varphi \int_0^{2\pi} \mathrm{d}\theta \int_0^a r\cos\varphi \cdot r^2 \sin\varphi \mathrm{d}r \\ &= \frac{1}{2}\int_0^{\frac{\pi}{2}} \sin 2\varphi \mathrm{d}\varphi \int_0^{2\pi} \mathrm{d}\theta \int_0^a r^3 \mathrm{d}r = \frac{1}{2} \cdot 2\pi \cdot \frac{a^4}{4},\end{aligned}$$

$$\bar{z} = \frac{\iiint_\Omega z\rho\,\mathrm{d}v}{\iiint_\Omega \rho\,\mathrm{d}v} = \frac{\iiint_\Omega z\,\mathrm{d}v}{\iiint_\Omega \mathrm{d}v} = \frac{3a}{8}.$$

所以，均匀半球体的质心为 $\left(0, 0, \frac{3a}{8}\right)$.

§9.5.3　转动惯量

设有一平面薄片，占有 Oxy 面上的闭区域 D，在点 $P(x, y)$ 处的面密度为 $\mu(x, y)$，假定 $\rho(x, y)$ 在 D 上连续. 现在求该薄片对于 x 轴的转动惯量和对于 y 轴的转动惯量.

在闭区域 D 上任取一点 $P(x, y)$，及包含点 P 的一直径很小的闭区域 $\mathrm{d}\sigma$，则平面薄片对于 x 轴的转动惯量和 y 轴的转动惯量的元素分别为

$$\mathrm{d}I_x = y^2\mu(x, y)\mathrm{d}\sigma, \quad \mathrm{d}I_y = x^2\mu(x, y)\mathrm{d}\sigma.$$

整片平面薄片对于 x 轴的转动惯量和对于 y 轴的转动惯量分别为

$$I_x = \iint_D y^2\mu(x, y)\mathrm{d}\sigma, \quad I_y = \iint_D x^2\mu(x, y)\mathrm{d}\sigma.$$

例 5　求半径为 a 的均匀半圆薄片(面密度为常量 μ)对其直径边的转动惯量.

解　建立坐标系，如图 9.46 所示，则薄片所占闭区域 D 可表示为

$$D=\{(x,\ y)\mid x^2+y^2\leqslant a^2,\ y\geqslant 0\}.$$

则半圆薄片对于 x 轴的转动惯量为

$$\begin{aligned}I_x&=\iint_D \mu y^2\mathrm{d}\sigma=\mu\iint_D \rho^2\sin^2\theta\cdot\rho\mathrm{d}\rho\mathrm{d}\theta\\&=\mu\int_0^{\pi}\sin^2\theta\mathrm{d}\theta\int_0^a\rho^3\mathrm{d}\rho\\&=\frac{1}{4}\mu a^4\cdot\frac{\pi}{2}=\frac{1}{4}Ma^2.\end{aligned}$$

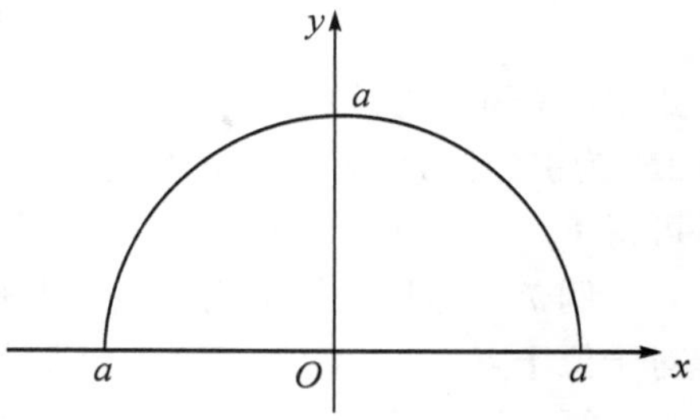

图 9.46

式中，$M=\dfrac{1}{2}\pi a^2\mu$ 为半圆薄片的质量.

类似地，占有空间有界闭区域 Ω、在点 $(x,\ y,\ z)$ 处的密度为 $\rho(x,\ y,\ z)$ 的物体对于 x 轴、y 轴、z 轴的转动惯量为

$$I_x=\iiint_\Omega (y^2+z^2)\rho(x,\ y,\ z)\mathrm{d}v,$$

$$I_y=\iiint_\Omega (z^2+x^2)\rho(x,\ y,\ z)\mathrm{d}v,$$

$$I_z=\iiint_\Omega (x^2+y^2)\rho(x,\ y,\ z)\mathrm{d}v.$$

例 6　求密度为 ρ 的均匀球体对于过球心的一条轴 l 的转动惯量.

解　取球心为坐标原点，z 轴与轴 l 重合，又设球的半径为 a，则球体所占空间闭区域为

$$\Omega=\{(x,\ y,\ z)\mid x^2+y^2+z^2\leqslant a^2\}.$$

所求转动惯量即球体对于 z 轴的转动惯量 I_z 为

$$\begin{aligned}I_z&=\iiint_\Omega (x^2+y^2)\rho\mathrm{d}v\\&=\rho\iiint_\Omega (r^2\sin^2\varphi\cos^2\theta+r^2\sin^2\varphi\sin^2\theta)r^2\sin\varphi\mathrm{d}r\mathrm{d}\varphi\mathrm{d}\theta\\&=\rho\iiint_\Omega r^4\sin^3\varphi\mathrm{d}r\mathrm{d}\varphi\mathrm{d}\theta=\rho\int_0^{2\pi}\mathrm{d}\theta\int_0^{\pi}\sin^3\varphi\mathrm{d}\varphi\int_0^a r^4\mathrm{d}r\\&=\frac{8}{15}\pi a^5\rho.\end{aligned}$$

§9.5.4　引力

考虑空间一物体对于物体外一点 $P_0(x_0,\ y_0,\ z_0)$ 处的单位质量的质点的引力问题. 设物体占有空间有界闭区域 Ω，它在点 $(x,\ y,\ z)$ 处的密度为 $\rho(x,\ y,\ z)$，并假定 $\rho(x,\ y,\ z)$ 在 Ω 上连续.

在物体内任取一点 $M(x,\ y,\ z)$ 及包含该点的一直径很小的闭区域 $\mathrm{d}v$，把这个小闭区

域看作一个质点，其质量元素为 $\rho\mathrm{d}v$，它对位于 P_0 处的单位质量的质点的引力元素为

$$\begin{aligned}\mathrm{d}\boldsymbol{F} &= (\mathrm{d}\boldsymbol{F}_x,\ \mathrm{d}\boldsymbol{F}_y,\ \mathrm{d}\boldsymbol{F}_z) \\ &= \left(\frac{x-x_0}{r^3}G\rho\mathrm{d}v,\ \frac{y-y_0}{r^3}G\rho\mathrm{d}v,\ \frac{z-z_0}{r^3}G\rho\mathrm{d}v\right),\end{aligned}$$

式中，G 为引力常数，$\rho=\rho(x,y,z)$，$r=\sqrt{(x-x_0)^2+(y-y_0)^2+(z-z_0)^2}$，$\mathrm{d}\boldsymbol{F}_x$，$\mathrm{d}\boldsymbol{F}_y$，$\mathrm{d}\boldsymbol{F}_z$ 为引力元素 $\mathrm{d}\boldsymbol{F}$ 在三个坐标轴上的分量. 将 $\mathrm{d}\boldsymbol{F}_x$，$\mathrm{d}\boldsymbol{F}_y$，$\mathrm{d}\boldsymbol{F}_z$ 在 Ω 上分别作三重积分，即可得 $\boldsymbol{F}_x$，$\boldsymbol{F}_y$，$\boldsymbol{F}_z$.

例 7 设半径为 R 的匀质球占有空间闭区域 $\Omega=\{(x,y,z)\mid x^2+y^2+z^2\leqslant R^2\}$. 求它对于位于点 $M_0(0,0,a)$ $(a>R)$ 处的单位质量的质点的引力.

解 设球的密度为 ρ_0，由题意知 $\boldsymbol{F}_x=\boldsymbol{F}_y=0$，所求引力沿 z 轴的分量为

$$\begin{aligned}\boldsymbol{F}_z &= \iiint_{\Omega} G\rho_0 \frac{z-a}{[x^2+y^2+(z-a)^2]^{3/2}}\mathrm{d}v \\ &= G\rho_0\int_{-R}^{R}(z-a)\mathrm{d}z\int_0^{2\pi}\mathrm{d}\theta\int_0^{\sqrt{R^2-z^2}}\frac{\rho\mathrm{d}\rho}{[\rho^2+(z-a)^2]^{3/2}} \\ &= -G\cdot\frac{4\pi R^3}{3}\rho_0\cdot\frac{1}{a^2}=-G\frac{M}{a^2}.\end{aligned}$$

式中，$M=\dfrac{4\pi R^3}{3}\rho_0$ 为球的质量.

上述结果表明，匀质球体对球外一质点的引力如同球体的质量集中于球心时两质点间的引力.

习题 9—5

1. 求球面 $x^2+y^2+z^2=a^2$ 含在圆柱面 $x^2+y^2=ax$ 内部的面积.

2. 求锥面 $z=\sqrt{x^2+y^2}$ 被柱面 $z^2=2x$ 所割下部分的曲面面积.

3. 求底圆半径相等的两个直交圆柱面 $x^2+y^2=R^2$ 及 $x^2+z^2=R^2$ 所围立体的表面积.

4. 设薄片所占的闭区域 D 如下，求均匀薄片的质心.

(1) D 由 $y=\sqrt{2px}$，$x=x_0$，$y=0$ 所围成；

(2) D 是半椭圆形闭区域 $\left\{(x,y)\,\middle|\,\dfrac{x^2}{a^2}+\dfrac{y^2}{b^2}\leqslant 1,\ y\geqslant 0\right\}$；

(3) D 是介于两个圆 $\rho=a\cos\theta$，$\rho=b\cos\theta$ $(0<a<b)$ 之间的闭区域.

5. 设平面薄片所占的闭区域 D 由抛物线 $y=x^2$ 及直线 $y=x$ 所围成，它在点 (x,y) 处的面密度 $\mu(x,y)=x^2y$，求该薄片的质心.

6. 设有一等腰直角三角形薄片，腰长为 a，各点处的面密度等于该点到直角顶点的距离的平方，求这个薄片的质心.

7. 利用三重积分计算下列由曲面所围立体的质心（设密度 $\rho=1$）.

(1) $z^2=x^2+y^2$，$z=1$；

* (2) $z=\sqrt{A^2-x^2-y^2}$，$z=\sqrt{a^2-x^2-y^2}$ $(A>a>0)$，$z=0$；

(3) $z=x^2+y^2$，$x+y=a$，$x=0$，$y=0$，$z=0$.

*8. 设球体占有闭区域 $\Omega=\{(x,y,z)\mid x^2+y^2+z^2\leqslant 2Rz\}$，它在内部各点处的密度的大小等于该点到坐标原点的距离的平方. 试求该球体的质心.

9. 设均匀薄片(面密度为常数 1) 所占闭区域 D 如下，求指定的转动惯量.

(1)$D=\left\{(x,y)\left|\dfrac{x^2}{a^2}+\dfrac{y^2}{b^2}\leqslant 1\right.\right\}$，求 I_y；

(2)D 由抛物线 $y^2=\dfrac{9}{2}x$ 与直线 $x=2$ 所围成，求 I_x 和 I_y；

(3)D 为矩形闭区域 $\{(x,y)\mid 0\leqslant x\leqslant a,0\leqslant y\leqslant b\}$，求 I_x 和 I_y.

10. 已知均匀矩形板(面密度为常量 μ) 的长和宽分别为 b 和 h，计算此矩形板对于通过其形心且分别与一边平行的两轴的转动惯量.

11. 一均匀物体(密度 ρ 为常量) 占有的闭区域 Ω 由曲面 $z=x^2+y^2$ 和平面 $z=0$，$|x|=a$，$|y|=a$ 所围成.

(1) 求物体的体积；

(2) 求物体的质心；

(3) 求物体关于 z 轴的转动惯量.

12. 求半径为 a、高为 h 的均匀圆柱体对于过中心而平行于母线的轴的转动惯量(设密度 $\rho=1$).

13. 设面密度为常量 μ 的匀质半圆环形薄片占有闭区域 $D=\{(x,y,0)\mid R_1\leqslant\sqrt{x^2+y^2}\leqslant R_2,x\geqslant 0\}$，求它对位于 z 轴上的点 $M_0(0,0,a)(a>0)$ 处单位质量的质点的引力 $\boldsymbol{F}$.

14. 设均匀柱体密度为 ρ，占有闭区域 $\Omega=\{(x,y,z)\mid x^2+y^2\leqslant R^2,0\leqslant z\leqslant h\}$，求它对位于点 $M_0(0,0,a)(a>h)$ 处的单位质量的质点的引力.

总复习题 9

A 组

1. 填空题.

(1) 设 $f(x,y)$ 为闭区域 D:$x^2+y^2\leqslant 1$ 上的连续函数，且 $f(x,y)=\sqrt{1-x^2-y^2}+\iint\limits_D f(u,v)\mathrm{d}u\mathrm{d}v$，则 $f(x,y)=$ ________；

(2) 设有平面闭区域 $D=\{(x,y)\mid -a\leqslant x\leqslant a,x\leqslant y\leqslant a\}$，$D_1=\{(x,y)\mid 0\leqslant x\leqslant a,x\leqslant y\leqslant a\}$，则 $\iint\limits_D(xy+\cos x\sin y)\mathrm{d}x\mathrm{d}y=$ ________；

(3) 设 $f(x)$ 为连续函数，$F(t)=\int_0^1\mathrm{d}y\int_y^t f(x)\mathrm{d}x$，则 $F'(2)=$ ________.

2. 计算下列二重积分：

(1)$\iint\limits_D(1+x)\sin y\mathrm{d}\sigma$，其中 D 是顶点分别为 $(0,0)$，$(1,0)$，$(1,2)$ 和 $(0,1)$ 的梯形闭区域；

(2) $\iint\limits_D (x^2 - y^2)\mathrm{d}\sigma$，其中 $D = \{(x, y) \mid 0 \leqslant y \leqslant \sin x, 0 \leqslant x \leqslant \pi\}$；

(3) $\iint\limits_D \sqrt{R^2 - x^2 - y^2}\mathrm{d}\sigma$，其中 D 是圆周 $x^2 + y^2 = R^2$ 所围成的闭区域；

(4) $\iint\limits_D (y^2 + 3x - 6y + 9)\mathrm{d}\sigma$，其中 $D = \{(x, y) \mid x^2 + y^2 \leqslant R^2\}$.

3. 交换下列二次积分的次序：

(1) $\int_0^4 \mathrm{d}y \int_{-\sqrt{4-y}}^{\frac{1}{2}(y-4)} f(x, y)\mathrm{d}x$；

(2) $\int_0^1 \mathrm{d}y \int_0^{2y} f(x, y)\mathrm{d}x + \int_1^3 \mathrm{d}y \int_0^{3-y} f(x, y)\mathrm{d}x$；

(3) $\int_0^1 \mathrm{d}x \int_{\sqrt{x}}^{1+\sqrt{1-x^2}} f(x, y)\mathrm{d}y$.

4. 证明：

$$\int_0^a \mathrm{d}y \int_0^y \mathrm{e}^{m(a-x)} f(x)\mathrm{d}x = \int_0^a (a - x)\mathrm{e}^{m(a-x)} f(x)\mathrm{d}x.$$

5. 求 $I = \iint\limits_D x[1 + yf(x^2 + y^2)]\mathrm{d}x\mathrm{d}y$，其中 D 是由 $y = x^3$，$y = 1$，$x = -1$ 所围成的闭区域，f 是连续函数.

6. 计算 $I = \iiint\limits_\Omega \sin(x^2 + y^2 + z^2)^{\frac{3}{2}}\mathrm{d}x\mathrm{d}y\mathrm{d}z$，其中 Ω 是由 $z = \sqrt{3(x^2 + y^2)}$ 及 $z = \sqrt{R^2 - x^2 - y^2}$ $(R > 0)$ 所围成的立体.

7. 把积分 $\iiint\limits_\Omega f(x, y, z)\mathrm{d}x\mathrm{d}y\mathrm{d}z$ 化为三次积分，其中积分区域 Ω 是由曲面 $z = x^2 + y^2$，$y = x^2$ 及平面 $y = 1$，$z = 0$ 所围成的闭区域.

8. 计算下列三重积分：

(1) $\iiint\limits_\Omega z^2\mathrm{d}x\mathrm{d}y\mathrm{d}z$，其中 Ω 是两个球：$x^2 + y^2 + z^2 \leqslant R^2$ 和 $x^2 + y^2 + z^2 \leqslant 2Rz (R > 0)$ 的公共部分；

(2) $\iiint\limits_\Omega \dfrac{z\ln(x^2 + y^2 + z^2 + 1)}{x^2 + y^2 + z^2 + 1}\mathrm{d}v$，其中 Ω 是由球面 $x^2 + y^2 + z^2 = 1$ 所围成的闭区域；

(3) $\iiint\limits_\Omega (y^2 + z^2)\mathrm{d}v$，其中 Ω 是由 Oxy 平面上曲线 $y^2 = 2x$ 绕 x 轴旋转而成的曲面与平面 $x = 5$ 所围成的闭区域.

9. 求平面 $\dfrac{x}{a} + \dfrac{y}{b} + \dfrac{z}{c} = 1$ 被三坐标面所割出的有限部分的面积.

10. 在均匀的半径为 R 的半圆形薄片的直径上，要接上一个一边与直径等长的同样材料的均匀矩形薄片，为了使整个均匀薄片的质心恰好落在圆心上，问接上去的均匀矩形薄片另一边的长度应是多少？

11. 求由抛物线 $y = x^2$ 及直线 $y = 1$ 所围成的均匀薄片（面密度为常数 μ）对于直线 $y = -1$ 的转动惯量.

12. 设在 Oxy 面上有一质量为 M 的匀质半圆形薄片，占有平面闭区域 $D=\{(x, y) \mid x^2+y^2 \leqslant R^2, y \geqslant 0\}$，过圆心 O 垂直于薄片的直线上有一质量为 m 的质点 P，$OP=a$. 求半圆形薄片对质点 P 的引力.

13. 求质量分布均匀的半个旋转椭球体 $\Omega=\left\{(x, y, z) \left\lvert\, \frac{x^2+y^2}{a^2}+\frac{z^2}{b^2} \leqslant 1, z \geqslant 0\right.\right\}$ 的质心.

B 组

1. 设 $D=\{(x,y) \mid |x|+|y| \leqslant 1\}$，则积分 $\iint\limits_D (x+|y|) \mathrm{d}x \mathrm{d}y=$__________.

2. 已知平面区域 $D=\{(x, y) \mid y-2 \leqslant x \leqslant \sqrt{4-y^2}, 0 \leqslant y \leqslant 2\}$，计算 $I=\iint\limits_D \frac{(x-y)^2}{x^2+y^2} \mathrm{d}x \mathrm{d}y=$__________.

3. 求积分 $I=\int_0^{\frac{\pi}{2}} \frac{1}{\sqrt{x}} \mathrm{d}x \int_{\sqrt{x}}^{\sqrt{\frac{\pi}{2}}} \frac{\mathrm{d}y}{1+(\tan y^2)^{\sqrt{2}}}=$__________.

4. 积分 $\int_0^1 \mathrm{d}y \int_0^1 \sqrt{\mathrm{e}^{2x}-y^2} \mathrm{d}x+\int_1^{\mathrm{e}} \mathrm{d}y \int_{\ln y}^1 \sqrt{\mathrm{e}^{2x}-y^2} \mathrm{d}x=$__________.

5. 设 $f(x)=\begin{cases} a, 0 \leqslant x \leqslant 2, \\ 0, \text{其他} \end{cases}$ $(a>0, a$ 是常数$)$，D 是全平面，求二重积分 $\iint\limits_D f(x) f(y-x) \mathrm{d}x \mathrm{d}y=$__________.

6. 计算 $\int_0^1 \mathrm{d}x \int_0^1 [2x+2y] \mathrm{d}y$，其中 $[x]$ 指不超过 x 的最大整数.

7. 计算二重积分 $I=\iint\limits_D (|x|+|y|) \mathrm{d}x \mathrm{d}y$，其中 D 是由曲线 $xy=2$，直线 $y=x-1$ 和 $y=x+1$ 所围成的区域.

8. 计算 $\iint\limits_D \sqrt{|y-x^2|} \mathrm{d}x \mathrm{d}y$，其中 $D=\{(x,y) \mid -1 \leqslant x \leqslant 1, 0 \leqslant y \leqslant 2\}$.

9. 设 $f(x)$ 在区间 $[-1,1]$ 上连续且为奇函数，区域 D 由曲线 $y=4-x^2$ 与 $y=-3x$，$x=1$ 所围成，求二重积分 $I=\iint\limits_D [1+f(x) \ln (y+\sqrt{1+y^2})] \mathrm{d}x \mathrm{d}y$.

10. 设 D 是由 $y=x^2(0 \leqslant x \leqslant 1)$，$y=-x^2(-1 \leqslant x \leqslant 0)$，$y=1$ 以及 $x=-1$ 所围成的平面区域，试求二重积分

$$I=\iint\limits_D x[1+\ln (y+\sqrt{1+y^2}) \sin (x^2+y^2)] \mathrm{d}x \mathrm{d}y.$$

11. 作适当的变换，计算下列二重积分：

(1) $\iint\limits_D (x-y)^2 \sin^2(x+y) \mathrm{d}x \mathrm{d}y$，其中 D 是平行四边形闭区域，它的四个顶点是 $(\pi, 0)$，$(2\pi, \pi)$，$(\pi, 2\pi)$ 和 $(0, \pi)$；

(2) $\iint\limits_D x^2 y^2 \mathrm{d}x \mathrm{d}y$，其中 D 是由两条双曲线 $xy=1$ 和 $xy=2$，直线 $y=x$ 和 $y=4x$ 所

围成的在第一象限内的闭区域.

12. 设函数 $f(x)$在区间$[-1,1]$上连续，$F(1)=0$,且满足

$$f(x)=x^2+x\int_0^{x^2}f(x^2-5)\mathrm{d}t+\iint\limits_D f(xy)\mathrm{d}x\mathrm{d}y,$$

其中区域 $D=\{(x,y)\mid -1\leqslant x\leqslant -1,-1\leqslant y\leqslant x\}$. 计算 $\int_0^1 f(x)\mathrm{d}x$.

13. 设函数 $f(x)$在$(-\infty,+\infty)$上有连续导数，满足

$$f(t)=2\iint\limits_{x^2+y^2\leqslant t^2}(x^2+y^2)(\sqrt{x^2+y^2})\mathrm{d}x\mathrm{d}y+t^4,$$

求 $f(x)$.

14. 设 $f(x)$在闭区间$[0,1]$上连续，且 $\int_0^1 f(x)\mathrm{d}x=a$，试求：

$$\int_0^1\mathrm{d}x\int_x^1\mathrm{d}y\int_x^y f(x)f(y)f(z)\mathrm{d}z.$$

15. 设有一半径为 R 的空球，另有一半径为 r 的变球与空球相割，如果变球的球心在空球的表面上，问 r 等于多少时，含在空球内的变球的表面积最大？并求出最大表面积的值.

16. 设函数 $f(t)$连续，区域 $D=\{(x,y)\mid x^2+y^2\leqslant 1\}$，证明：

$$\iint\limits_D f(x+y)\mathrm{d}x\mathrm{d}y=\int_{-\sqrt{2}}^{\sqrt{2}}\sqrt{2-t^2}f(t)\mathrm{d}t.$$

17. 证明 $\iint\limits_D f(ax+by+c)\mathrm{d}x\mathrm{d}y=2\int_{-1}^1\sqrt{1-u^2}f(u\sqrt{a^2+b^2}+c)\mathrm{d}u$，其中 $D=\{(x,y)\mid x^2+y^2\leqslant 1\}$，且 $a^2+b^2\neq 0$.

18. 设 $f(x)$为连续的偶函数，试证明：$\iint\limits_D f(x-y)\mathrm{d}x\mathrm{d}y=2\int_0^{2a}(2a-u)f(u)\mathrm{d}u$，其中 D 为正方形区域$|x|\leqslant a,|y|\leqslant a\,(a>0)$.

19. 证明：$\dfrac{61}{165}\pi\leqslant\iint\limits_{x^2+y^2\leqslant 1}\sin\sqrt{(x^2+y^2)^3}\,\mathrm{d}x\mathrm{d}y\leqslant\dfrac{2}{5}\pi$.

20. 证明：$\dfrac{\pi(R^2-r^2)}{R+k}\leqslant\iint\limits_D\dfrac{\mathrm{d}\sigma}{\sqrt{(x-a)^2+(y-b)^2}}\leqslant\dfrac{\pi(R^2-r^2)}{r-k}$,其中 $0<k=\sqrt{a^2+b^2}<r<R$，$D:r^2\leqslant x^2+y^2\leqslant k^2$.

第 10 章　曲线积分与曲面积分

§10.1　对弧长的曲线积分

§10.1.1　对弧长的曲线积分的概念与性质

我们知道，非均匀的直线段构件的质量可用定积分来计算，本节讨论曲线形构件的质量问题．设一个曲线形构件位于 Oxy 面内的一段曲线段 $L:\overset{\frown}{AB}$ 上(如图 10.1 所示).

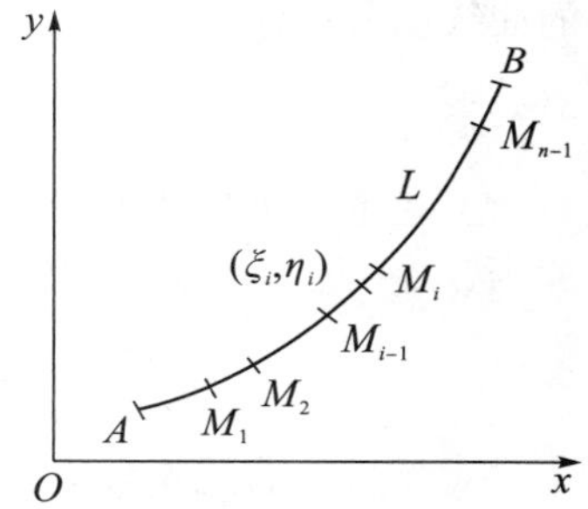

图 10.1

如果构件 L 是均匀的，其线密度为常数，则

$$\text{构件的质量} = \text{线密度} \times \text{弧长}.$$

如果这个构件不均匀，则它的线密度是变化的，其质量就不能直接用上面的公式来计算．设点(x, y)处的线密度为 $\mu(x, y)$，下面用“元素法”的思想来计算它的质量.

首先，用曲线$\overset{\frown}{AB}$上$(n-1)$个分点 M_1，M_2，…，M_{n-1} 把 L 分成 n 个小曲线段：

$$\Delta s_1 = \overset{\frown}{AM_1}, \cdots, \Delta s_i = \overset{\frown}{M_{i-1}M_i}, \cdots, \Delta s_n = \overset{\frown}{M_{n-1}B},$$

这里Δs_i表示第 i 个小曲线段，也表示第 i 个小曲线段的弧长($i=1, 2, \cdots, n$)．当线密度连续变化时，只要Δs_i很短，线密度的变化就很小，可以近似地看作是不变的．用Δs_i上任一点(ξ_i, η_i)处的线密度 $\mu(\xi_i, \eta_i)$作为这段的平均线密度，则小曲线段Δs_i的质量为

$$\Delta M_i \approx \mu(\xi_i, \eta_i)\Delta s_i \quad (i = 1,2,\cdots,n).$$

于是，整个曲线形构件的质量为

$$M \approx \sum_{i=1}^{n} \mu(\xi_i, \eta_i)\Delta s_i.$$

令 $\lambda = \max\{\Delta s_1, \Delta s_2, \cdots, \Delta s_n\}$．为了得到曲线形构件质量的精确值，我们把分割无限加密，当 $\lambda \to 0$ 时上式右端和的极限存在，该极限就是曲线形构件的质量，即

$$M = \lim_{\lambda \to 0} \sum_{i=1}^{n} \mu(\xi_i, \eta_i)\Delta s_i.$$

这种和的极限在研究其他问题时也会遇到．现在引入下面的定义.

定义　设 L 为 Oxy 面内的一条分段光滑的曲线段，函数 $f(x, y)$ 在 L 上有界．在 L

上任意插入点列 M_1，M_2，…，M_{n-1}，把 L 分成 n 个小曲线段. 设第 i 个小段的长度为 Δs_i，又 (ξ_i, η_i) 为第 i 个小段上任意取定的一点，作乘积 $f(\xi_i, \eta_i)\Delta s_i (i=1, 2, \cdots, n)$，并求和 $\sum_{i=1}^{n} f(\xi_i, \eta_i)\Delta s_i$，如果当各小曲线段的长度的最大值 $\lambda \to 0$，这和的极限总存在且相等，则称此极限为函数 $f(x, y)$ 在曲线段 L 上对弧长的曲线积分或第 Ⅰ 型曲线积分，记作 $\int_L f(x, y)\mathrm{d}s$，即

$$\int_L f(x, y)\mathrm{d}s = \lim_{\lambda\to 0}\sum_{i=1}^{n} f(\xi_i, \eta_i)\Delta s_i,$$

式中，x，y 称为积分变量，$F(x, y)$ 称为被积函数，L 称为积分弧段，$\mathrm{d}s$ 称为弧长元素.

根据对弧长的曲线积分的定义，曲线形构件 L 的质量就是曲线积分 $\int_L \mu(x, y)\mathrm{d}s$ 的值，其被积函数 $\mu(x, y)$ 为构件的线密度.

当 $f(x, y)$ 在光滑曲线弧 L 上连续时，对弧长的曲线积分 $\int_L f(x, y)\mathrm{d}s$ 是存在的. 以后我们总假定 $f(x, y)$ 在 L 上是连续的或分段连续的. 如果 L 是闭曲线，习惯上把对弧长的曲线积分记作

$$\oint_L f(x, y)\mathrm{d}s.$$

上述定义可自然地推广到积分弧段为空间中光滑的曲线段 Γ 的情形，即连续或分段连续函数 $f(x, y, z)$ 在空间曲线段 Γ 上对弧长的曲线积分为

$$\int_\Gamma f(x, y, z)\mathrm{d}s = \lim_{\lambda\to 0}\sum_{i=1}^{n} f(\xi_i, \eta_i, \zeta_i)\Delta s_i.$$

对弧长的曲线积分有下面的性质：

性质 1（线性运算性质） 设 c_1，c_2 为常数，则

$$\int_L [c_1 f(x, y) + c_2 g(x, y)]\mathrm{d}s = c_1\int_L f(x, y)\mathrm{d}s + c_2\int_L g(x, y)\mathrm{d}s.$$

性质 2（积分区域可加性） 若积分弧段 L 可分成两段光滑曲线段 L_1 和 L_2，则

$$\int_L f(x, y)\mathrm{d}s = \int_{L_1} f(x, y)\mathrm{d}s + \int_{L_2} f(x, y)\mathrm{d}s.$$

性质 3（单调性） 设在 L 上 $f(x, y) \leqslant g(x, y)$，则

$$\int_L f(x, y)\mathrm{d}s \leqslant \int_L g(x, y)\mathrm{d}s.$$

特别地，有

$$\left|\int_L f(x, y)\mathrm{d}s\right| \leqslant \int_L |f(x, y)|\mathrm{d}s.$$

§10.1.2 对弧长的曲线积分的计算

我们把对弧长的曲线积分转化为定积分来计算. 如图 10.2 所示，将平面光滑曲线段 L 投影到 x 轴上的区间 $[a, b]$（区间 $[a, b]$ 上的点与曲线 L 上的点按投影是一一对应的，否则就分段计算)，即 L 是定义在 $[a,b]$ 上的一阶连续可导函数 $y=y(x)$ 所表示的曲线. 利

用“元素法”的思想，任取 $x\in[a,b]$及坐标变量元素 $\mathrm{d}x$，对应曲线 L 的一段弧长 $\mathrm{d}s$，则有

$$\mathrm{d}s=\sqrt{1+y'^2(x)}\,\mathrm{d}x.$$

相应地，质量元素 $\mathrm{d}M$ 用一个变量 x 表示为

$$\mathrm{d}M=\mu(x,y(x))\sqrt{1+y'^2(x)}\,\mathrm{d}x,$$

式中，曲线段 L 上的点$(x,y)=(x,y(x))$，因此

$$\int_L\mu(x,y)\mathrm{d}s=\int_a^b\mu[x,y(x)]\sqrt{1+y'^2(x)}\,\mathrm{d}x.$$

类似地，若曲线段 L 的函数为 $x=x(y)$，其中 $c\leqslant y\leqslant d$，则

$$\int_L\mu(x,y)\mathrm{d}s=\int_c^d\mu[x(y),y]\sqrt{1+x'^2(y)}\,\mathrm{d}y.$$

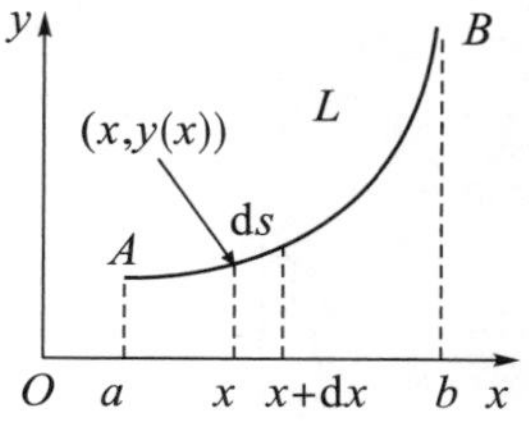

图 10.2

上面的公式表明，右端定积分的积分区间恰是曲线段 L 在坐标轴上的投影区间(下限一定要小于上限)；又因为积分变量(x,y)限制在 L 上，所以要把曲线段 L 的函数代入被积函数；最后把曲线弧长元素 $\mathrm{d}s$ 替换为相应的投影因子乘以坐标变量元素. 这种方法称为“一投二代三换”.

如果曲线段 L 用参数方程表示为 $x=\varphi(t)$，$y=\psi(t)$，其中参数 $t\in[\alpha,\beta]$，$\varphi(t)$和 $\psi(t)$在$[\alpha,\beta]$上具有一阶连续导数，则弧长元素为

$$\mathrm{d}s=\sqrt{\mathrm{d}x^2+\mathrm{d}y^2}=\sqrt{\varphi'^2(t)+\psi'^2(t)}\,\mathrm{d}t.$$

一般地，我们有如下的定理：

定理　设 $f(x,y)$在曲线段 L 上有定义且连续，L 的参数方程为

$$x=\varphi(t),\quad y=\psi(t)\quad(\alpha\leqslant t\leqslant\beta),$$

式中，$\varphi(t)$，$\psi(t)$ 在$[\alpha,\beta]$ 上具有一阶连续导数，且 $\varphi'^2(t)+\psi'^2(t)\neq0$，则

$$\int_L f(x,y)\mathrm{d}s=\int_\alpha^\beta f[\varphi(t),\psi(t)]\sqrt{\varphi'^2(t)+\psi'^2(t)}\,\mathrm{d}t.$$

定理中定积分的下限 α 一定要小于上限 β. 类似地，设空间曲线段 Γ 的参数方程为

$$x=\varphi(t),\quad y=\psi(t),\quad z=\omega(t)\quad(\alpha\leqslant t\leqslant\beta),$$

式中，$\varphi(t)$，$\psi(t)$和 $\omega(t)$在$[\alpha,\beta]$上具有一阶连续导数，且 $\varphi'^2(t)+\psi'^2(t)+\omega'^2(t)\neq0$. 则三元连续函数 $f(x,y,z)$在空间曲线段 Γ 上对弧长的曲线积分为

$$\int_\Gamma f(x,y,z)\mathrm{d}s=\int_\alpha^\beta f[\varphi(t),\psi(t),\omega(t)]\sqrt{\varphi'^2(t)+\psi'^2(t)+\omega'^2(t)}\,\mathrm{d}t.$$

例 1　计算$\int_L\sqrt{y}\,\mathrm{d}s$，其中 L 是抛物线 $y=x^2$ 上的点 $O(0,0)$ 与点 $B(1,1)$ 之间的弧段.

解　如图 10.3 所示. 曲线的函数为 $y=x^2(0\leqslant x\leqslant1)$，因此

$$\begin{aligned}\int_L\sqrt{y}\,\mathrm{d}s&=\int_0^1\sqrt{x^2}\sqrt{1+[(x^2)']^2}\,\mathrm{d}x\\&=\int_0^1 x\sqrt{1+4x^2}\,\mathrm{d}x=\frac{1}{12}(5\sqrt{5}-1).\end{aligned}$$

例 2　计算半径为 R、中心角为 2α 的圆弧 L 对于它的对称轴的转动惯量 I(设线密度 $\mu=1$).

解　如图 10.4 所示. 曲线段 L 的参数方程为

$$x=R\cos\theta,\quad y=R\sin\theta\quad(-\alpha\leqslant\theta\leqslant\alpha).$$

则转动惯量为

$$I=\int_L y^2\mathrm{d}s=\int_{-\alpha}^{\alpha}R^2\sin^2\theta\sqrt{(-R\sin\theta)^2+(R\cos\theta)^2}\,\mathrm{d}\theta$$
$$=R^3\int_{-\alpha}^{\alpha}\sin^2\theta\mathrm{d}\theta=R^3(\alpha-\sin\alpha\cos\alpha).$$

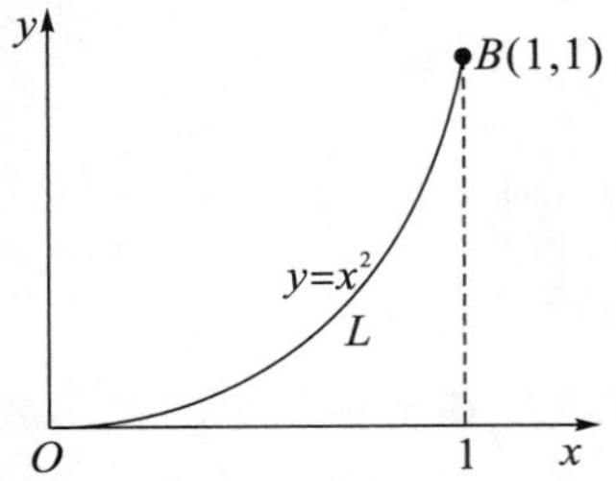

图 10.3

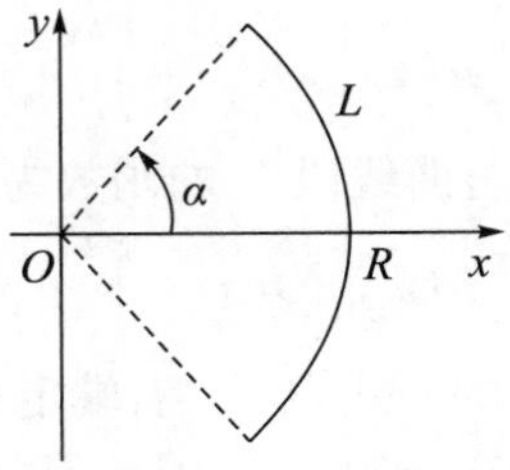

图 10.4

用曲线积分解决实际问题的步骤如下：

(1)写出曲线的参数方程(或直角坐标方程)，确定参数的变化范围.

(2)建立曲线积分.

(3)将曲线积分化为定积分.

(4)计算定积分.

例 3　计算曲线积分$\int_\Gamma(x^2+y^2+z^2)\mathrm{d}s$，其中$\Gamma$为螺旋线$x=a\cos t$，$y=a\sin t$，$z=kt$上相应于$t$从 0 到达 2π 的一段弧.

解　在曲线段Γ上有

$$x^2+y^2+z^2=(a\cos t)^2+(a\sin t)^2+(kt)^2=a^2+k^2t^2,$$

并且

$$\mathrm{d}s=\sqrt{(-a\sin t)^2+(a\cos t)^2+k^2}\,\mathrm{d}t=\sqrt{a^2+k^2}\,\mathrm{d}t,$$

于是

$$\int_\Gamma(x^2+y^2+z^2)\mathrm{d}s=\int_0^{2\pi}(a^2+k^2t^2)\sqrt{a^2+k^2}\,\mathrm{d}t$$
$$=\frac{2}{3}\pi\sqrt{a^2+k^2}(3a^2+4\pi^2k^2).$$

例 4　求$\int_\Gamma x^2\mathrm{d}s$，其中$\Gamma$为球面$x^2+y^2+z^2=a^2$与平面$x+y+z=0$的交线.

解　由轮换对称性可得$\int_\Gamma x^2\mathrm{d}s=\int_\Gamma y^2\mathrm{d}s=\int_\Gamma z^2\mathrm{d}s$. 因此

$$\int_\Gamma x^2\mathrm{d}s=\frac{1}{3}\int_\Gamma(x^2+y^2+z^2)\mathrm{d}s$$
$$=\frac{1}{3}a^2\int_\Gamma\mathrm{d}s=\frac{2}{3}\pi a^3.$$

最后一步是因为$\int_\Gamma\mathrm{d}s$ 表示球面大圆周长，所以有$\int_\Gamma\mathrm{d}s=2\pi a$.

习题 10－1

1. 设在 Oxy 面内有一段材质非均匀的曲线弧 L，在点 (x,y) 处它的线密度为 $\mu(x,y)$. 用对弧长的曲线积分分别表达：

(1) 这曲线段对 x 轴、y 轴的转动惯量 I_x，I_y；

(2) 这曲线段的质心坐标分量 $\bar{x}$，$\bar{y}$.

2. 计算下列对弧长的曲线积分：

(1) $\oint_L (x^2+y^2)\mathrm{d}s$，其中 L 为圆周 $x=a\cos t$，$y=a\sin t(0\leqslant t\leqslant 2\pi)$；

(2) $\int_L (x+y)\mathrm{d}s$，其中 L 为连接(1，0)及(0，1)两点的直线段；

(3) $\oint_L x\mathrm{d}s$，其中 L 为由直线 $y=x$ 及抛物线 $y=x^2$ 所围成的区域的整个边界；

(4) $\oint_L \mathrm{e}^{\sqrt{x^2+y^2}}\mathrm{d}s$，其中 L 为圆周 $x^2+y^2=a^2$，直线 $y=x$ 及 x 轴在第一象限内所围成的扇形的整个边界；

(5) $\int_\Gamma \frac{1}{x^2+y^2+z^2}\mathrm{d}s$，其中 Γ 为曲线 $x=\mathrm{e}^t\cos t$，$y=\mathrm{e}^t\sin t$，$z=\mathrm{e}^t$ 上相应于 t 从 0 变到 2 的这段弧；

(6) $\int_\Gamma x^2yz\mathrm{d}s$，其中 Γ 为折线 $ABCD$，这里 A，B，C，D 依次为点(0，0，0)，(0，0，2)，(1，0，2)，(1，3，2)；

(7) $\int_L y^2\mathrm{d}s$，其中 L 为摆线的一拱 $x=a(t-\sin t)$，$y=a(1-\cos t)(0\leqslant t\leqslant 2\pi)$；

(8) $\int_L (x^2+y^2)\mathrm{d}s$，其中 L 为曲线 $x=a(\cos t+t\sin t)$，$y=a(\sin t-t\cos t)$ $(0\leqslant t\leqslant 2\pi)$.

3. 求半径为 1，中心角为 α 的均匀圆弧的质心.

4. 设螺旋形弹簧的方程为 $x=a\cos t$，$y=a\sin t$，$z=kt$，其中 $0\leqslant t\leqslant 2\pi$，它的线密度 $\rho(x,y,z)=x^2+y^2+z^2$. 求：

(1)关于 z 轴的转动惯量；

(2)它的质心坐标分量.

§10.2　对坐标的曲线积分

§10.2.1　对坐标的曲线积分的概念与性质

1. 变力沿曲线所做的功

设 Oxy 面内一个质点在变力 $\boldsymbol{F}(x, y)$ 的作用下沿着光滑的有向曲线段 $\boldsymbol{L}$ 从点 A 移动到点 B（如图 10.5 所示），试求变力 $\boldsymbol{F}(x, y)$ 所做的功.

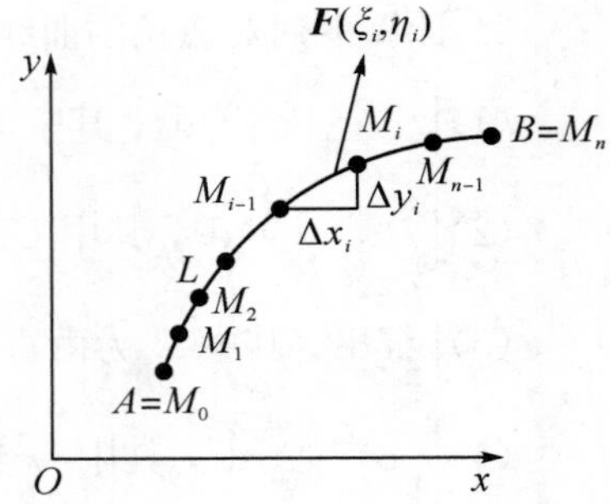

图 10.5

我们知道，如果力 $\boldsymbol{F}$ 是恒力，且质点沿着直线从点 A 移动到点 B 所做的功为

$$W = |\boldsymbol{F}|\,|\overrightarrow{AB}|\cos\theta = \boldsymbol{F}\cdot\overrightarrow{AB},$$

式中，θ 是力 $\boldsymbol{F}$ 和 $\overrightarrow{AB}$ 的夹角. 在上册我们用“元素法”的思想建立定积分来计算变力 $\boldsymbol{F}$ 沿直线所做的功，本节继续讨论变力沿曲线所做的功的问题.

首先，用有向弧段 $\boldsymbol{L}$ 的任一个点列

$$A = M_0(x_0, y_0),\ M_1(x_1, y_1),\ \cdots,\ M_i(x_i, y_i), \cdots, M_n(x_n, y_n) = B,$$

把 $\boldsymbol{L}$ 分成 n 个有向小弧段：

$$\overset{\frown}{M_0M_1}, \cdots, \overset{\frown}{M_{i-1}M_i}, \cdots, \overset{\frown}{M_{n-1}M_n}.$$

当力 $\boldsymbol{F}$ 连续变化时，只要小弧段 $\overset{\frown}{M_{i-1}M_i}$ 很短，力 $\boldsymbol{F}$ 变化就很小，可近似地看作是恒力：用其上任一点 (ξ_i, η_i) 处的力 $\boldsymbol{F}(\xi_i, \eta_i)$ 作为这段上的平均作用力；同时，小弧段 $\overset{\frown}{M_{i-1}M_i}$ 也看作是有向直线段 $\overrightarrow{M_{i-1}M_i}$（或小切线段）. 即把在这小弧段上变力沿曲线所做的功近似地看作是恒力沿直线所做的功，则力 $\boldsymbol{F}$ 在第 i 小弧段 $\overset{\frown}{M_{i-1}M_i}$ 上所做的功为

$$\Delta W_i \approx \boldsymbol{F}(\xi_i, \eta_i)\cdot\Delta\boldsymbol{s}_i,$$

式中，位移向量 $\Delta\boldsymbol{s}_i = \overrightarrow{M_{i-1}M_i}$ $(i=1, 2, \cdots, n)$. 因此，力 $\boldsymbol{F}$ 在整个弧段所做的功

$$W \approx \sum_{i=1}^{n}\boldsymbol{F}(\xi_i, \eta_i)\cdot\Delta\boldsymbol{s}_i.$$

令 $\lambda=\max\{|\Delta\boldsymbol{s}_1|, \cdots, |\Delta\boldsymbol{s}_n|\}$. 为了计算做功的精确值，我们把分割无限加密，当 $\lambda\to 0$ 时上式右端和的极限存在，该极限就是力 $\boldsymbol{F}$ 在整个弧段所做的功

$$W = \lim_{\lambda\to 0}\sum_{i=1}^{n}\boldsymbol{F}(\xi_i, \eta_i)\cdot\Delta\boldsymbol{s}_i.$$

由向量点积的定义，$\Delta W_i = \boldsymbol{F}(\xi_i, \eta_i)\cdot\Delta\boldsymbol{s}_i = |\boldsymbol{F}(\xi_i, \eta_i)|\cos\theta_i\Delta s_i$，其中 $\Delta s_i = |\Delta\boldsymbol{s}_i|$，$\theta_i$ 是 $\boldsymbol{F}(\xi_i, \eta_i)$ 与 $\Delta\boldsymbol{s}_i$ 的夹角. 则变力 $\boldsymbol{F}(x, y)$ 沿 $\boldsymbol{L}$ 所做的功用“对弧长的曲线积分”表示为

$$W = \lim_{\lambda\to 0}\sum_{i=1}^{n}|\boldsymbol{F}(\xi_i, \eta_i)|\cos\theta_i\Delta s_i = \int_L |\boldsymbol{F}(x, y)|\cos\theta\,\mathrm{d}s,$$

式中，θ 是 $\boldsymbol{L}$ 上任一点 (x, y) 处的力 $\boldsymbol{F}(x, y)$ 与过这点的切向量之间的夹角. 由于计算夹

角 θ 较麻烦，特别是为了揭示物理现象的内在规律，人们常常用向量分解的方式来处理.

任取点$(\xi_i, \eta_i) \in \overset{\frown}{M_{i-1}M_i}$，把力 $\boldsymbol{F}(\xi_i, \eta_i)$以及弧段$\overset{\frown}{M_{i-1}M_i}$都沿着坐标轴方向分解，有

$$\boldsymbol{F}(\xi_i, \eta_i) = P(\xi_i, \eta_i)\boldsymbol{i} + Q(\xi_i, \eta_i)\boldsymbol{j}, \quad \overset{\frown}{M_{i-1}M_i} = \Delta x_i \boldsymbol{i} + \Delta y_i \boldsymbol{j},$$

则力 $\boldsymbol{F}(\xi_i, \eta_i)$在$\overset{\frown}{M_{i-1}M_i}$上分别沿 x 轴和 y 轴方向所做的分功为

$$\Delta W_{xi} = P(\xi_i, \eta_i)\Delta x_i, \quad \Delta W_{yi} = Q(\xi_i, \eta_i)\Delta y_i (i = 1, 2, \cdots, n).$$

因此，变力 $\boldsymbol{F}(x, y)$在 $\boldsymbol{L}$ 上分别沿 x 轴与 y 轴方向所做的分功为

$$W_x \approx \sum_{i=1}^{n} P(\xi_i, \eta_i)\Delta x_i,$$

$$W_y \approx \sum_{i=1}^{n} Q(\xi_i, \eta_i)\Delta y_i.$$

同样地，为了计算做功的精确值，我们把分割无限加密，当分割的小弧段的长度中最大值 $\lambda \to 0$ 时上两式右端和的极限都存在，这两个极限就是变力 $\boldsymbol{F}$ 在 $\boldsymbol{L}$ 上分别沿 x 轴与 y 轴方向所做的分功. 所以，变力 $\boldsymbol{F}(x, y)$沿 $\boldsymbol{L}$ 所做的功的精确值为

$$W = W_x + W_y = \lim_{\lambda \to 0} \sum_{i=1}^{n} P(\xi_i, \eta_i)\Delta x_i + Q(\xi_i, \eta_i)\Delta y_i.$$

2. 对坐标的曲线积分的定义和性质

定义　设函数 $P(x, y)$，$Q(x, y)$在有向分段光滑曲线 $\boldsymbol{L}$ 上有界. 在 $\boldsymbol{L}$ 上任意插入一个点列 $A = M_0(x_0, y_0)$，$M_1(x_1, y_1)$，…，$M_i(x_i, y_i)$，…，$M_n(x_n, y_n) = B$，把 $\boldsymbol{L}$ 分成 n 个有向小弧段$\overset{\frown}{M_{i-1}M_i}(i = 1, 2, \cdots, n)$，记 λ 为各小弧段长度的最大值. 设$\Delta x_i = x_i - x_{i-1}$，$\Delta y_i = y_i - y_{i-1}$，取$\overset{\frown}{M_{i-1}M_i}$上任一点$(\xi_i, \eta_i)$，如果$\lim\limits_{\lambda \to 0}\sum\limits_{i=1}^{n} P(\xi_i, \eta_i)\Delta x_i$ 总存在且相等，则称此极限为函数 $P(x, y)$ 在 $\boldsymbol{L}$ 上对坐标 x 的曲线积分，记作$\int_L P(x, y)\mathrm{d}x$；如果$\lim\limits_{\lambda \to 0}\sum\limits_{i=1}^{n} Q(\xi_i, \eta_i)\Delta y_i$ 总存在且相等，则称此极限为函数 $Q(x, y)$ 在 $\boldsymbol{L}$ 上对坐标 y 的曲线积分，记作$\int_L Q(x, y)\mathrm{d}y$. 即

$$\int_L P(x, y)\mathrm{d}x = \lim_{\lambda \to 0}\sum_{i=1}^{n} P(\xi_i, \eta_i)\Delta x_i,$$

$$\int_L Q(x, y)\mathrm{d}y = \lim_{\lambda \to 0}\sum_{i=1}^{n} Q(\xi_i, \eta_i)\Delta y_i.$$

式中，(x, y)叫作积分变量，$P(x, y)$和 $Q(x, y)$叫作被积函数，$\boldsymbol{L}$ 叫作有向积分弧段.

这两种积分称为对坐标的曲线积分，也称为第Ⅱ型曲线积分. 变力 $\boldsymbol{F}(x, y)$沿光滑曲线弧段 $\boldsymbol{L}$ 所做的功表示成组合形式为

$$W = \int_L P(x, y)\mathrm{d}x + Q(x, y)\mathrm{d}y.$$

下面讨论两类曲线积分之间的联系. 设有向曲线弧 $\boldsymbol{L}$ 上点(x, y)处单位切向量 $\boldsymbol{T}^0 = (\cos\alpha, \cos\alpha)$，则 $\mathrm{d}x = \cos\alpha\mathrm{d}s$，$\mathrm{d}y = \cos\beta\mathrm{d}s$. 由对坐标的曲线积分定义，得

$$\int_L P\mathrm{d}x + Q\mathrm{d}y = \int_L (P\cos\alpha + Q\cos\beta)\mathrm{d}s$$
$$= \int_L \{P, Q\} \cdot (\cos\alpha, \cos\beta)\mathrm{d}s$$
$$= \int_L \boldsymbol{F} \cdot \mathrm{d}\boldsymbol{s} = \int_L \boldsymbol{F} \cdot \boldsymbol{T}^0 \mathrm{d}s = \int_L \boldsymbol{F}_t \mathrm{d}s,$$

式中，$\boldsymbol{F}=(P, Q)$，$\mathrm{d}\boldsymbol{s}=\boldsymbol{T}^0\mathrm{d}s=(\mathrm{d}x, \mathrm{d}y)$，$\boldsymbol{F}_t$ 是 $\boldsymbol{F}$ 在切向量 $\boldsymbol{T}^0$ 上的投影.

该定义可推广到空间内一条光滑有向曲线 $\boldsymbol{\Gamma}$ 的情形：

$$\int_\Gamma P(x, y, z)\mathrm{d}x = \lim_{\lambda\to 0}\sum_{i=1}^{n} P(\xi_i, \eta_i, \zeta_i)\Delta x_i,$$
$$\int_\Gamma Q(x, y, z)\mathrm{d}y = \lim_{\lambda\to 0}\sum_{i=1}^{n} Q(\xi_i, \eta_i, \zeta_i)\Delta y_i,$$
$$\int_\Gamma R(x, y, z)\mathrm{d}z = \lim_{\lambda\to 0}\sum_{i=1}^{n} R(\xi_i, \eta_i, \zeta_i)\Delta z_i,$$

则变力 $\boldsymbol{F}(x, y, z)$ 沿光滑曲线弧段 $\boldsymbol{\Gamma}$ 所做的功表示成组合形式为

$$W = \int_\Gamma P(x, y, z)\mathrm{d}x + Q(x, y, z)\mathrm{d}y + R(x, y, z)\mathrm{d}z.$$

令 $\boldsymbol{F}=(P, Q, R)$，$\boldsymbol{T}^0=(\cos\alpha, \cos\beta, \cos\gamma)$为有向曲线弧 $\boldsymbol{\Gamma}$ 上点(x, y, z)处的单位切向量，$\mathrm{d}\boldsymbol{s}=\boldsymbol{T}^0\mathrm{d}s=(\mathrm{d}x, \mathrm{d}y, \mathrm{d}z)$，$\boldsymbol{F}_t$ 是 $\boldsymbol{F}$ 在向量 $\boldsymbol{T}^0$ 上的投影，则

$$\int_\Gamma P\mathrm{d}x + Q\mathrm{d}y + R\mathrm{d}z = \int_\Gamma (P\cos\alpha + Q\cos\beta + R\cos\gamma)\mathrm{d}s$$
$$= \int_\Gamma \boldsymbol{F}\cdot\mathrm{d}\boldsymbol{s} = \int_\Gamma \boldsymbol{F}\cdot\boldsymbol{T}^0\mathrm{d}s = \int_\Gamma \boldsymbol{F}_t\mathrm{d}s.$$

对坐标的曲线积分的性质如下：

(1)如果把 $\boldsymbol{L}$ 分成 $\boldsymbol{L}_1$ 和 $\boldsymbol{L}_2$，则

$$\int_L P\mathrm{d}x + Q\mathrm{d}y = \int_{L_1} P\mathrm{d}x + Q\mathrm{d}y + \int_{L_2} P\mathrm{d}x + Q\mathrm{d}y.$$

(2)设 $\boldsymbol{L}$ 是有向曲线弧，$-\boldsymbol{L}$ 是与 $\boldsymbol{L}$ 方向相反的有向曲线弧，则

$$\int_{-L} P(x, y)\mathrm{d}x + Q(x, y)\mathrm{d}y = -\int_L P(x, y)\mathrm{d}x + Q(x, y)\mathrm{d}y.$$

§10.2.2 对坐标的曲线积分的计算

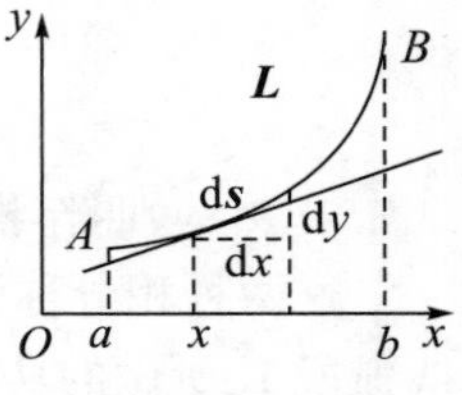

图 10.6

我们把对坐标的曲线积分化为定积分来进行计算. 不妨将 $\boldsymbol{L}$ 投影到 x 轴上，$\boldsymbol{L}$ 的起点和终点分别对应 x 轴上的 a 点和 b 点. 设曲线段函数$y=y(x)$在$[a, b]$上一阶连续可导. 如图 10.6 所示，在 a 点和 b 点之间任取一点 x 以及坐标元素 $\mathrm{d}x$，对应 $\boldsymbol{L}$ 上弧长元素 $\mathrm{d}\boldsymbol{s}$. 可以把 $\mathrm{d}\boldsymbol{s}$ 看作有向(切线)直线元素，即

$$\mathrm{d}\boldsymbol{s} = (\mathrm{d}x, \mathrm{d}y) = (1, y'(x))\mathrm{d}x.$$

因此有

$$\int_L P(x, y)\mathrm{d}x + Q(x, y)\mathrm{d}y = \int_a^b \{P[x, y(x)] + Q[x, y(x)]y'(x)\}\mathrm{d}x.$$

上面的公式表明，右端定积分的积分区间恰是曲线 L 在坐标轴上的投影区间，但要注意下限未必小于上限，下限一定要对应 L 的起点，上限一定要对应 L 的终点；又因为积分变量(x, y)限制在 L 上，所以要把曲线 L 的函数代入被积函数；最后把坐标元素 dy 替换为坐标变量元素 dx. 这种方法也称为"一投二代三换".

如果将 L 投影到 y 轴，L 的起点和终点分别对应 y 轴上的 c 点和 d 点，则

$$\int_L P(x, y)dx + Q(x, y)dy = \int_c^d \{P[x(y), y]x'(y) + Q[x(y), y]\}dy.$$

一般地，对由参数方程确定的有向弧段，可类似地计算.

定理　设 $P(x, y)$，$Q(x, y)$是定义在分段光滑有向曲线 L：$x=\varphi(t)$，$y=\psi(t)$上的连续函数，当参数 t 单调地由 α 变到 β 时，动点沿曲线 L 从起点 A 运动到终点 B，则

$$\int_L P(x, y)dx + Q(x, y)dy = \int_\alpha^\beta \{P[\varphi(t), \psi(t)]\varphi'(t) + Q[\varphi(t), \psi(t)]\psi'(t)\}dt.$$

上式右端定积分中下限 α 对应于 L 的起点，上限 β 对应于 L 的终点，α 不一定小于 β.

对于空间曲线的情形，若空间曲线 Γ 的参数方程为

$$x=\varphi(t), \quad y=\psi(t), \quad z=\omega(t)$$

式中，参数 t 单调地由 α 变到 β 时，则

$$\int_\Gamma P(x, y, z)dx + Q(x, y, z)dy + R(x, y, z)dz$$

$$= \int_\alpha^\beta \{P[\varphi(t), \psi(t), \omega(t)]\varphi'(t) + Q[\varphi(t), \psi(t), \omega(t)]\psi'(t) + R[\varphi(t), \psi(t), \omega(t)]\omega'(t)\}dt.$$

例 1　计算$\int_L xy\,dx$，其中 L 为抛物线 $y^2=x$ 上从点 $A(1, -1)$ 到点 $B(1, 1)$ 的一段弧.

解法一　如图 10.7 所示，以 x 为参数. L 分为$\overset{\frown}{AO}$和$\overset{\frown}{OB}$两部分：$\overset{\frown}{AO}$曲线段的函数为 $y=-\sqrt{x}$，x 从 1 变到 0；$\overset{\frown}{OB}$ 曲线段的函数为 $y=\sqrt{x}$，x 从 0 变到 1. 因此有

$$\int_L xy\,dx = \int_{\overset{\frown}{AO}} xy\,dx + \int_{\overset{\frown}{OB}} xy\,dx$$

$$= \int_1^0 x(-\sqrt{x})dx + \int_0^1 x\sqrt{x}\,dx$$

$$= 2\int_0^1 x^{\frac{3}{2}}dx = \frac{4}{5}.$$

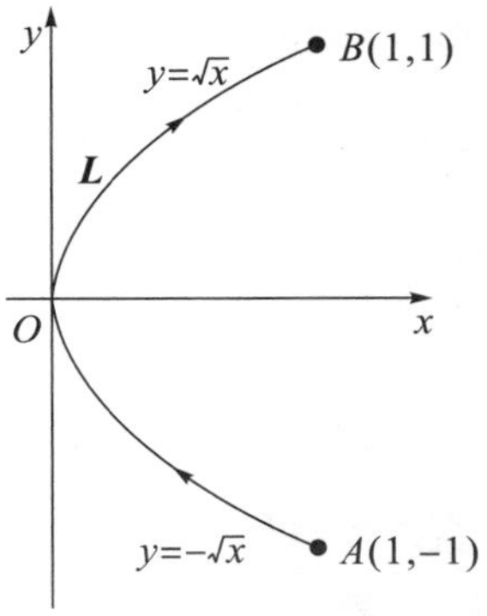

图 10.7

解法二　以 y 为积分变量. L 曲线段的函数为 $x=y^2$，y 从 -1 变到 1. 因此

$$\int_L xy\,dx = \int_{-1}^1 y^2 y(y^2)'dy = 2\int_{-1}^1 y^4 dy = \frac{4}{5}.$$

例 2　计算$\int_L y^2 dx$.

(1)L 为按逆时针方向绕行的上半圆周 $x^2+y^2=a^2$；

(2)从点 $A(a, 0)$沿 x 轴到点 $B(-a, 0)$的直线段.

解　(1)如图 10.8 所示，L 的参数方程为 $x=a\cos\theta$，$y=a\sin\theta$，θ 从 0 变到 π. 因此有

$$\int_L y^2 dx = \int_0^{\pi} a^2 \sin^2\theta(-a\sin\theta)d\theta$$
$$= a^3\int_0^{\pi}(1-\cos^2\theta)d\cos\theta = -\frac{4}{3}a^3.$$

(2) $\boldsymbol{L}$ 的方程为 $y=0$，x 从 a 变到 $-a$. 因此有

$$\int_L y^2 dx = \int_a^{-a} 0 dx = 0.$$

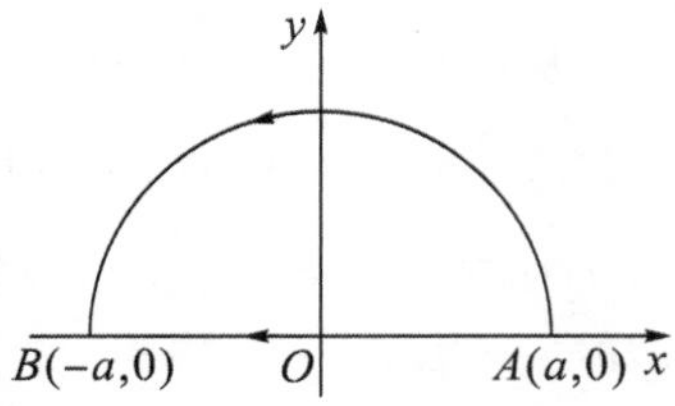

图 10.8

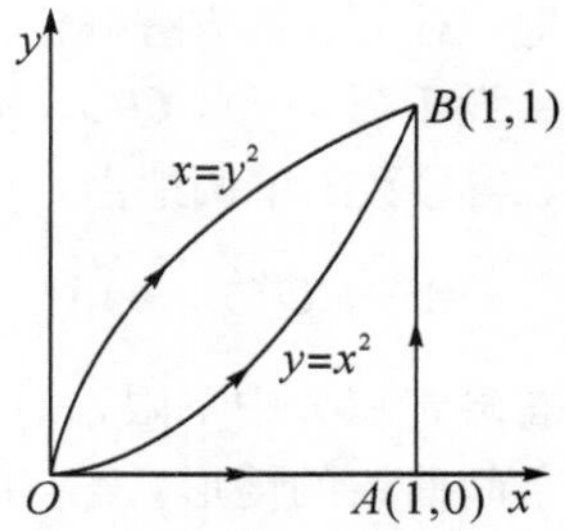

图 10.9

例 3 计算$\int_L 2xy dx + x^2 dy$.

(1) 抛物线 $y = x^2$ 上从 $O(0, 0)$ 到 $B(1, 1)$ 的一段弧；

(2) 抛物线 $x = y^2$ 上从 $O(0, 0)$ 到 $B(1, 1)$ 的一段弧；

(3) 从 $O(0, 0)$ 到 $A(1, 0)$，再到 $B(1, 1)$ 的有向折线 OAB.

解 (1)如图 10.9 所示，因为$\boldsymbol{L}$：$y=x^2$，x 从 0 变到 1，所以

$$\int_L 2xy dx + x^2 dy = \int_0^1 (2x \cdot x^2 + x^2 \cdot 2x)dx = 4\int_0^1 x^3 dx = 1.$$

(2)因为$\boldsymbol{L}$：$x=y^2$，y 从 0 变到 1，所以

$$\int_L 2xy dx + x^2 dy = \int_0^1 (2y^2 \cdot y \cdot 2y + y^4)dy = 5\int_0^1 y^4 dy = 1.$$

(3)因为$\overrightarrow{OA}$：$y=0$，x 从 0 变到 1；$\overrightarrow{AB}$：$x=1$，y 从 0 变到 1，所以

$$\int_L 2xy dx + x^2 dy = \int_{\overrightarrow{OA}} 2xy dx + x^2 dy + \int_{\overrightarrow{AB}} 2xy dx + x^2 dy$$
$$= \int_0^1 (2x \cdot 0 + x^2 \cdot 0)dx + \int_0^1 (2y \cdot 0 + 1)dy$$
$$= 0 + 1 = 1.$$

例 4 计算$\int_{\Gamma} x^3 dx + 3zy^2 dy - x^2 y dz$，其中$\boldsymbol{\Gamma}$是从点$A(3, 2, 1)$到点$B(0, 0, 0)$的直线段$AB$.

解 直线段 AB 的参数方程为 $x=3t$，$y=2t$，$z=t$，t 从 1 变到 0，所以

$$I = \int_1^0 [(3t)^3 \cdot 3 + 3t(2t)^2 \cdot 2 - (3t)^2 \cdot 2t]dt = 87\int_1^0 t^3 dt = -\frac{87}{4}.$$

例 5 设一个质点在力 $\boldsymbol{F}$ 的作用下沿椭圆$\frac{x^2}{a^2}+\frac{y^2}{b^2}=1$ 按逆时针方向从点 $A(a, 0)$移动到点 $B(0, b)$，$\boldsymbol{F}$ 的大小与质点到原点的距离成正比，方向恒指向原点. 求力 $\boldsymbol{F}$ 所做的功 W.

解　椭圆的参数方程为 $x=a\cos t$，$y=b\sin t$，t 从 0 变到$\frac{\pi}{2}$. 任取椭圆上一点 M，有

$$\boldsymbol{r}=\overrightarrow{OM}=x\boldsymbol{i}+y\boldsymbol{j},\quad \boldsymbol{F}=k\,|\boldsymbol{r}|\left(-\frac{\boldsymbol{r}}{|\boldsymbol{r}|}\right)=-k(x\boldsymbol{i}+y\boldsymbol{j}),$$

式中，$k>0$ 是比例常数. 于是

$$\begin{aligned}W&=\int_{\widehat{AB}}\boldsymbol{F}\cdot\mathrm{d}\boldsymbol{s}=-k\int_{\widehat{AB}}x\mathrm{d}x+y\mathrm{d}y\\&=-k\int_0^{\frac{\pi}{2}}(-a^2\cos t\sin t+b^2\sin t\cos t)\mathrm{d}t\\&=k(a^2-b^2)\int_0^{\frac{\pi}{2}}\sin t\cos t\,\mathrm{d}t=\frac{k}{2}(a^2-b^2).\end{aligned}$$

习题 10－2

1. 设 L 为 Oxy 面内直线 $x=a$ 上的一段，证明：

$$\int_L P(x,y)\mathrm{d}x=0.$$

2. 设 L 为 Oxy 面内 x 轴上从点$(a,0)$到点$(b,0)$的一段直线，证明：

$$\int_L P(x,y)\mathrm{d}x=\int_a^b P(x,0)\mathrm{d}x.$$

3. 计算下列对坐标的曲线积分：

(1)$\int_L(x^2-y^2)\mathrm{d}x$，其中 L 是抛物线 $y=x^2$ 上从点$(0,0)$到点$(2,4)$的一段弧；

(2)$\oint_L xy\mathrm{d}x$，其中 L 为圆周$(x-a)^2+y^2=a^2(a>0)$及 x 轴所围成的在第一象限内的区域的整个边界(按逆时针方向绕行)；

(3)$\int_L y\mathrm{d}x+x\mathrm{d}y$，其中 L 为圆周 $x=R\cos t$，$y=R\sin t$ 上对应 t 从 0 到$\frac{\pi}{2}$的一段弧；

(4)$\oint_L\frac{(x+y)\mathrm{d}x-(x-y)\mathrm{d}y}{x^2+y^2}$，其中 L 为圆周 $x^2+y^2=a^2$(按逆时针方向绕行)；

(5)$\int_\Gamma x^2\mathrm{d}x+z\mathrm{d}y-y\mathrm{d}z$，其中 Γ 为曲线 $x=k\theta$，$y=a\cos\theta$，$z=a\sin\theta$ 上对应 θ 从 0 到 π 的一段弧；

(6)$\int_\Gamma x\mathrm{d}x+y\mathrm{d}y+(x+y-1)\mathrm{d}z$，其中 Γ 是从点$(1,1,1)$到点$(2,3,4)$的一段直线；

(7)$\oint_\Gamma \mathrm{d}x-\mathrm{d}y+y\mathrm{d}z$，其中 Γ 为有向闭折线 $ABCA$，这里的 A，B，C 依次为点$(1,0,0)$，$(0,1,0)$，$(0,0,1)$；

(8)$\int_L(x^2-2xy)\mathrm{d}x+(y^2-2xy)\mathrm{d}y$，其中 L 是抛物线 $y=x^2$ 上从点$(-1,1)$到点$(1,1)$的一段弧.

4. 计算$\int_L(x+y)\mathrm{d}x+(y-x)\mathrm{d}y$，其中 L 是：

(1)抛物线 $y^2=x$ 上从点(1，1)到点(4，2)的一段弧；

(2)从点(1，1)到点(4，2)的直线段；

(3)先沿直线从点(1，1)到点(1，2)，然后再沿直线到点(4，2)的折线；

(4)曲线 $x=2t^2+t+1$，$y=t^2+1$ 上从点(1，1)到点(4，2)的一段弧.

5. 一力场由沿横轴正方向的恒力 $\boldsymbol{F}$ 构成. 试求当一质量为 m 的质点沿圆周 $x^2+y^2=R^2$ 按逆时针方向移过位于第一象限的那一段弧时场力所做的功.

6. 设 z 轴与重力的方向一致，求质量为 m 的质点从位置 $(x_1,\ y_1,\ z_1)$ 沿直线移到 $(x_2,\ y_2,\ z_2)$ 时重力所做的功.

7. 把对坐标的曲线积分 $\int_L P(x,\ y)\mathrm{d}x+Q(x,\ y)\mathrm{d}y$ 化成对弧长的曲线积分，其中 $\boldsymbol{L}$ 是：

(1)在 Oxy 面内沿直线从点(0，0)到点(1，1)；

(2)沿抛物线 $y=x^2$ 从点(0，0)到点(1，1)；

(3)沿上半圆周 $x^2+y^2=2x$ 从点(0，0)到点(1，1).

8. 设 $\boldsymbol{\Gamma}$ 为曲线 $x=t$，$y=t^2$，$z=t^3$ 上相应于 t 从 0 变到 1 的曲线弧. 把对坐标的曲线积分 $\int_{\Gamma} P\mathrm{d}x+Q\mathrm{d}y+R\mathrm{d}z$ 化成对弧长的曲线积分.

§10.3　格林公式及其应用

在一元函数积分学中，牛顿－莱布尼茨公式

$$\int_a^b f(x)\mathrm{d}x=F(b)-F(a)$$

表示了 $f(x)$ 在区间 $[a,\ b]$ 上的积分可通过 $f(x)$ 的原函数 $F(x)$ 在积分区间端点函数值的差来计算. 下面将要介绍的格林(Green)公式告诉我们，在平面闭区域 D 上的二重积分可通过沿该闭区域 D 的有向边界曲线 $\boldsymbol{L}$ 上的曲线积分来计算.

§10.3.1　格林公式

先介绍平面单连通区域的概念. 设 D 为平面区域，如果 D 内任一闭曲线所围的部分都属于 D，则称 D 为平面单连通区域，否则称为复连通区域. 通俗地说，平面单连通区域就是不含有"洞"的区域，复连通区域就是含有"洞"的区域. 例如，平面上圆形区域 $\{(x,\ y)|x^2+y^2<1\}$ 是单连通区域，环形区域 $\{(x,\ y)|1<x^2+y^2<4\}$，$\{(x,\ y)|0<x^2+y^2<4\}$ 都是复连通区域.

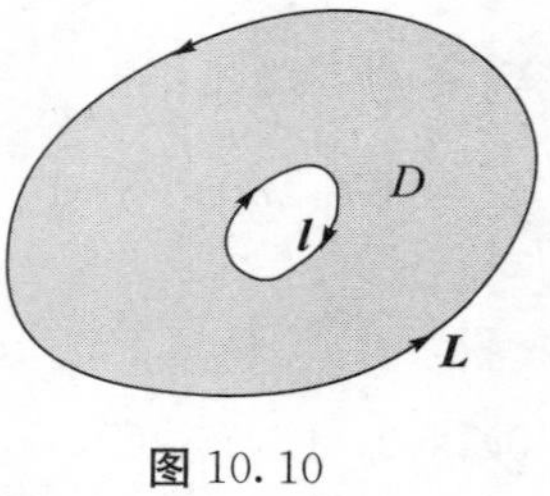

图 10.10

对平面区域 D 的有向边界曲线 $\boldsymbol{L}$，我们规定它的正向如下：当观察者沿边界的这个方向行走时，D 内在他近处的那一部分总在他的左边. 如图 10.10 所示，区域 D 是由两条闭曲线 $\boldsymbol{L}$ 和 $\boldsymbol{l}$ 围成的，$\boldsymbol{L}$ 的正向是逆时针方向，$\boldsymbol{l}$ 的正向是顺时针方向.

定理 1　设闭区域 D 由分段光滑的曲线 $\boldsymbol{L}$ 围成，函数 $P(x,\ y)$ 及 $Q(x,\ y)$ 在 D 内具

有一阶连续偏导数，则有

$$\iint_D \left(\frac{\partial Q}{\partial x} - \frac{\partial P}{\partial y}\right) \mathrm{d}x\mathrm{d}y = \oint_L P\mathrm{d}x + Q\mathrm{d}y,$$

式中，$\boldsymbol{L}$ 是 D 的取正向的边界曲线. 该公式称为**格林公式**.

证明　按平面区域 D 的形状分三种情形证明. 先假设穿过平面单连通区域 D 内部且平行于坐标轴的直线与 D 的边界 $\boldsymbol{L}$ 恰有两个交点，即区域 D 既是 X－型区域，又是 Y－型区域：

$$D = \{(x, y) \mid a \leqslant x \leqslant b, \varphi_1(x) \leqslant y \leqslant \varphi_2(x)\}$$
$$= \{(x, y) \mid c \leqslant y \leqslant d, \psi_1(y) \leqslant x \leqslant \psi_2(y)\}.$$

如图 10.11 所示，其中 A，B，C，D 是它的端点.

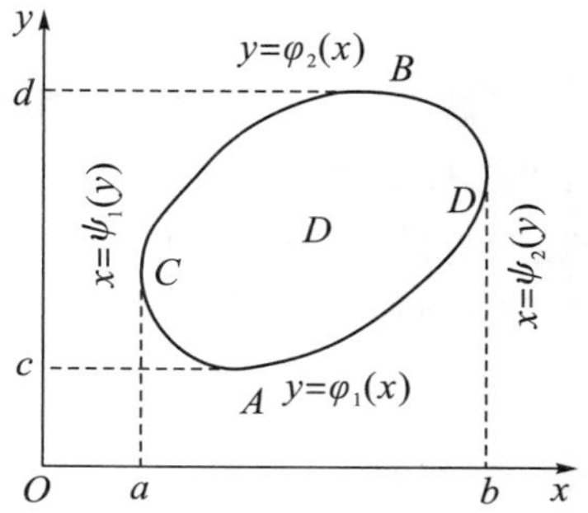

图 10.11

因为$\dfrac{\partial P}{\partial y}$连续，把区域 D 看成 X－型区域，由二重积分的计算法有

$$\iint_D \frac{\partial P}{\partial y}\mathrm{d}x\mathrm{d}y = \int_a^b \left[\int_{\varphi_1(x)}^{\varphi_2(x)} \frac{\partial P}{\partial y}(x, y)\mathrm{d}y\right]\mathrm{d}x$$
$$= \int_a^b \{P[x, \varphi_2(x)] - P[x, \varphi_1(x)]\}\mathrm{d}x.$$

另一方面，由对坐标的曲线积分的性质及计算法有

$$\oint_L P(x,y)\mathrm{d}x = \int_{\overset{\frown}{CAD}} P(x,y)\mathrm{d}x + \int_{\overset{\frown}{DBC}} P(x,y)\mathrm{d}x$$
$$= \int_a^b P[x, \varphi_1(x)]\mathrm{d}x + \int_b^a P[x, \varphi_2(x)]\mathrm{d}x$$
$$= \int_a^b \{P[x, \varphi_1(x)] - P[x, \varphi_2(x)]\}\mathrm{d}x.$$

因此

$$-\iint_D \frac{\partial P}{\partial y}\mathrm{d}x\mathrm{d}y = \oint_L P\mathrm{d}x.$$

首先，把区域 D 看成 Y－型区域，类似地可证

$$\iint_D \frac{\partial Q}{\partial x}\mathrm{d}x\mathrm{d}y = \oint_L Q\mathrm{d}y.$$

由于 D 既是 X－型区域，又是 Y－型区域，所以以上两式同时成立，两式合并即得

$$\iint_D \left(\frac{\partial Q}{\partial x} - \frac{\partial P}{\partial y}\right)\mathrm{d}x\mathrm{d}y = \oint_L P\mathrm{d}x + Q\mathrm{d}y.$$

其次，考虑一般的平面单连通区域 D. 我们可在 D 内引入一条或几条辅助曲线把 D 分成有限个既是 X－型又是 Y－型的小区域. 例如，如图 10.12(a)所示闭区域 D，引进辅助线 A，B，C，把 D 分成 D_1，D_2，D_3 三个部分，得

$$\iint_{D_1} \left(\frac{\partial Q}{\partial x} - \frac{\partial P}{\partial y}\right)\mathrm{d}x\mathrm{d}y = \oint_{\overset{\frown}{MCBAM}} P\mathrm{d}x + Q\mathrm{d}y,$$

$$\iint_{D_2} \left(\frac{\partial Q}{\partial x} - \frac{\partial P}{\partial y}\right)\mathrm{d}x\mathrm{d}y = \oint_{\overset{\frown}{ABPA}} P\mathrm{d}x + P\mathrm{d}y,$$

$$\iint\limits_{D_3}\left(\frac{\partial Q}{\partial x}-\frac{\partial P}{\partial y}\right)\mathrm{d}x\,\mathrm{d}y=\oint_{\overset{\frown}{BCNB}}P\,\mathrm{d}x+Q\,\mathrm{d}y.$$

把这三个等式相加，注意沿辅助曲线来回时方向相反，曲线积分相互抵消，得

$$\iint\limits_{D}\left(\frac{\partial Q}{\partial x}-\frac{\partial P}{\partial y}\right)\mathrm{d}x\,\mathrm{d}y=\oint_{L}P\,\mathrm{d}x+Q\,\mathrm{d}y.$$

最后，考虑平面复连通区域 D. 如图 10.12(b)所示，对于复连通区域 D，我们引进辅助线 AB，把 D 看成单连通区域. 从 A 点出发，沿外边界 $\boldsymbol{L}$ 逆时针方向转一圈，经 AB 到达内边界 $\boldsymbol{l}$，顺时针方向转一圈，再经 BA 又回到起点 A. 这样的方向对单连通区域 D 来说是正向，因此格林公式也成立，证毕.

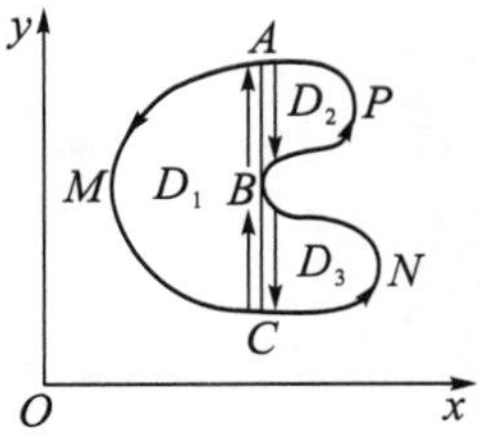

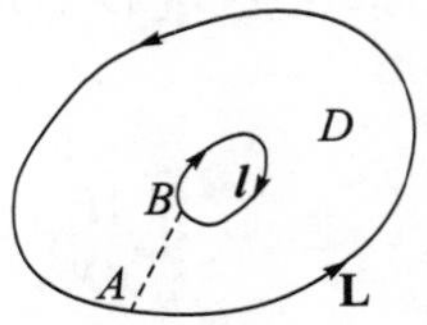

图 10.12

§10.3.2 格林公式的简单应用

设单连通区域 D 的有向边界曲线为 $\boldsymbol{L}$，取 $P=-y$，$Q=x$，则由格林公式可得区域 D 的面积为

$$A=\iint\limits_{D}\mathrm{d}x\,\mathrm{d}y=\frac{1}{2}\oint_{L}x\,\mathrm{d}y-y\,\mathrm{d}x.$$

例 1 求椭圆 $x=a\cos\theta$，$y=b\sin\theta$ 所围成图形的面积 A.

解 设 D 是由椭圆 $x=a\cos\theta$，$y=b\sin\theta$ 所围成的区域.

令 $P=-\frac{1}{2}y$，$Q=\frac{1}{2}x$，则

$$\frac{\partial Q}{\partial x}-\frac{\partial P}{\partial y}=\frac{1}{2}+\frac{1}{2}=1.$$

由格林公式，可得

$$\begin{aligned}A&=\iint\limits_{D}\mathrm{d}x\,\mathrm{d}y=\frac{1}{2}\oint_{L}-y\,\mathrm{d}x+x\,\mathrm{d}y\\&=\frac{1}{2}\int_0^{2\pi}(ab\sin^2\theta+ab\cos^2\theta)\mathrm{d}\theta=\frac{1}{2}ab\int_0^{2\pi}\mathrm{d}\theta=\pi ab.\end{aligned}$$

例 2 设 $\boldsymbol{L}$ 是任意一条分段光滑的闭曲线，证明：

$$\oint_{L}2xy\,\mathrm{d}x+x^2\,\mathrm{d}y=0.$$

证明 这里 $P=2xy$，$Q=x^2$，则

$$\frac{\partial Q}{\partial x}-\frac{\partial P}{\partial y}=2x-2x=0.$$

因此，由格林公式有

$$\oint_L 2xy\mathrm{d}x+x^2\mathrm{d}y=\pm\iint_D 0\mathrm{d}x\mathrm{d}y=0.$$

例 3　计算$\int_{\widehat{AB}}x\mathrm{d}y$,其中有向曲线$\widehat{AB}$(顺时针方向)是半径为$r$的圆在第一象限部分.

解　如图 10.13 所示，补充有向线段$\overrightarrow{BO}$和$\overrightarrow{OA}$,则有向闭曲线$\boldsymbol{L}:\widehat{AB}+\overrightarrow{BO}+\overrightarrow{OA}$围成第一象限内扇形区域$D$，顺时针方向.应用格林公式，有

$$-\iint_D \mathrm{d}x\mathrm{d}y=\oint_L x\mathrm{d}y=\int_{\widehat{AB}}x\mathrm{d}y+\int_{\overrightarrow{BO}}x\mathrm{d}y+\int_{\overrightarrow{OA}}x\mathrm{d}y,$$

因为$\int_{\overrightarrow{BO}}x\mathrm{d}y=0,\int_{\overrightarrow{OA}}x\mathrm{d}y=0$,所以

$$\oint_L x\mathrm{d}y=-\iint_D \mathrm{d}x\mathrm{d}y=-\frac{1}{4}\pi r^2.$$

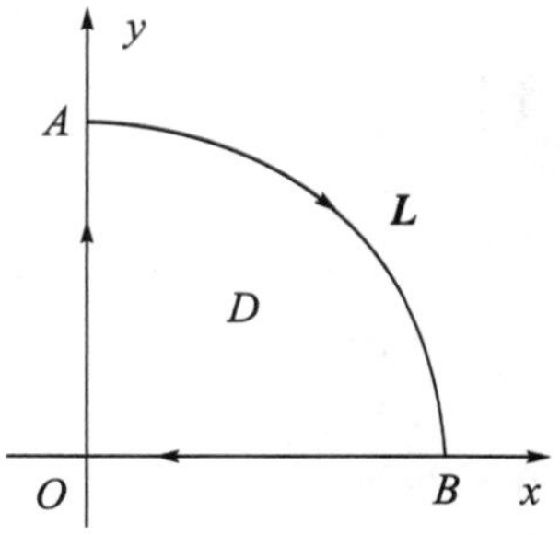

图 10.13

例 4　计算$\iint_D \mathrm{e}^{-y^2}\mathrm{d}x\mathrm{d}y$，其中$D$是以$O(0，0)$，$A(1，1)$，$B(0，1)$为顶点的三角形闭区域.

解　如图 10.14 所示，这里$P=0$，$Q=x\mathrm{e}^{-y^2}$，则

$$\frac{\partial Q}{\partial x}-\frac{\partial P}{\partial y}=\mathrm{e}^{-y^2}.$$

因此，由格林公式有

$$\iint_D \mathrm{e}^{-y^2}\mathrm{d}x\mathrm{d}y=\int_{\overrightarrow{OA}+\overrightarrow{AB}+\overrightarrow{BO}}x\mathrm{e}^{-y^2}\mathrm{d}y=\int_{\overrightarrow{OA}}x\mathrm{e}^{-y^2}\mathrm{d}y=\int_0^1 x\mathrm{e}^{-x^2}\mathrm{d}x=\frac{1}{2}(1-\mathrm{e}^{-1}).$$

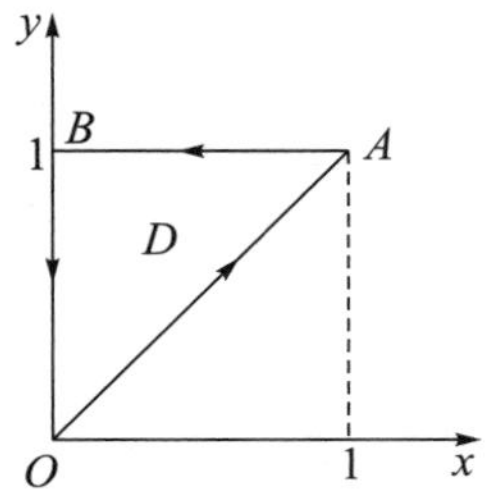

图 10.14

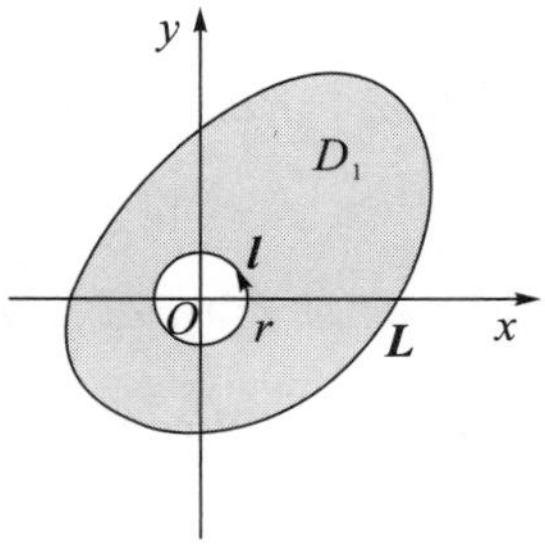

图 10.15

例 5　计算$\oint_L \frac{x\mathrm{d}y-y\mathrm{d}x}{x^2+y^2}$，其中$\boldsymbol{L}$为一条无重点、分段光滑且不经过原点的连续闭曲线，方向为逆时针方向.

解　这里$P=\frac{-y}{x^2+y^2}$，$Q=\frac{x}{x^2+y^2}$，则当$x^2+y^2\neq0$时，有

$$\frac{\partial Q}{\partial x}=\frac{y^2-x^2}{(x^2+y^2)^2}=\frac{\partial P}{\partial y}.$$

记 $\boldsymbol{L}$ 所围成的闭区域为 D. 当$(0,0)\notin D$ 时，由格林公式有

$$\oint_L \frac{x\mathrm{d}y-y\mathrm{d}x}{x^2+y^2}=\iint_D 0\mathrm{d}x\mathrm{d}y=0;$$

当$(0,0)\in D$ 时，在 D 内取一圆周 $\boldsymbol{l}$：$x^2+y^2=r^2$($r>0$，逆时针方向). 由 $\boldsymbol{L}+(-\boldsymbol{l})$ 围成了一个复连通区域 D_1 正向边界闭曲线(如图 10.15 所示)，应用格林公式得

$$\oint_{L+(-l)}\frac{x\mathrm{d}y-y\mathrm{d}x}{x^2+y^2}=\left(\oint_L-\oint_l\right)\frac{x\mathrm{d}y-y\mathrm{d}x}{x^2+y^2}=\iint_{D_1}0\mathrm{d}x\mathrm{d}y=0,$$

于是

$$\oint_L \frac{x\mathrm{d}y-y\mathrm{d}x}{x^2+y^2}=\oint_l \frac{x\mathrm{d}y-y\mathrm{d}x}{x^2+y^2}=\int_0^{2\pi}\frac{r^2\cos^2\theta+r^2\sin^2\theta}{r^2}\mathrm{d}\theta=2\pi.$$

习惯上，把破坏函数 P，Q 及$\frac{\partial P}{\partial y}$，$\frac{\partial Q}{\partial x}$连续性的点称为奇点. 例如，该例中$(0,0)$是奇点，因为$\frac{\partial Q}{\partial x}=\frac{y^2-x^2}{(x^2+y^2)^2}=\frac{\partial P}{\partial y}$，$P=\frac{-y}{x^2+y^2}$和 $Q=\frac{x}{x^2+y^2}$在点$(0,0)$处没有定义. 注意，如果$(0,0)$不在 $\boldsymbol{L}$ 所围成的区域内，则定理 1 的结论成立；但当$(0,0)$在 $\boldsymbol{L}$ 所围成的区域内时，定理 1 的结论未必成立.

§10.3.3 平面上曲线积分与路径无关的条件

在物理学中，我们需要研究力场在什么条件下所做的功与路径无关，这个问题在数学上就是研究曲线积分在什么条件下与路径无关.

设 D 是一个区域，$P(x,y)$，$Q(x,y)$在区域 D 内具有一阶连续偏导数. 如果对于 D 内任意指定的两个点 A，B，以及 D 内从点 A 到点 B 的任意两条曲线 $\boldsymbol{L}_1$，$\boldsymbol{L}_2$，等式

$$\int_{L_1}P\mathrm{d}x+Q\mathrm{d}y=\int_{L_2}P\mathrm{d}x+Q\mathrm{d}y$$

恒成立，则称曲线积分$\int_L P\mathrm{d}x+Q\mathrm{d}y$ 在 D 内与路径无关，否则称积分与路径有关.

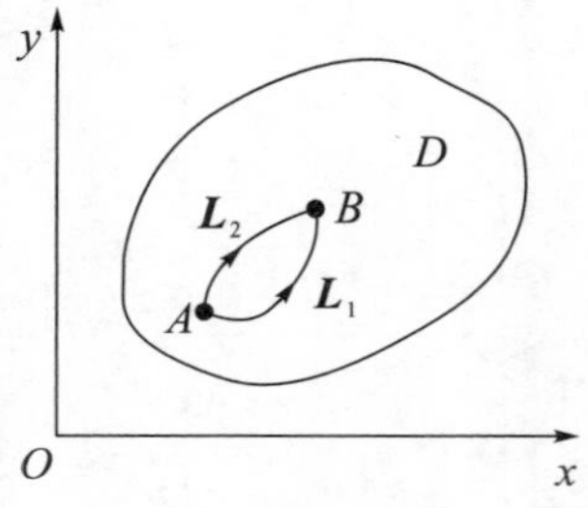

图 10.16

设曲线积分$\int_L P\mathrm{d}x+Q\mathrm{d}y$ 在 D 内与路径无关，$\boldsymbol{L}_1$ 和 $\boldsymbol{L}_2$ 是 D 内任两条从点 A 到点 B 的曲线，则

$$\oint_{L_1+(-L_2)}P\mathrm{d}x+Q\mathrm{d}y=\int_{L_1}P\mathrm{d}x+Q\mathrm{d}y+\int_{-L_2}P\mathrm{d}x+Q\mathrm{d}y$$
$$=\int_{L_1}P\mathrm{d}x+Q\mathrm{d}y-\int_{L_2}P\mathrm{d}x+Q\mathrm{d}y=0.$$

这表明，曲线积分$\int_L P\mathrm{d}x+Q\mathrm{d}y$ 在 D 内与路径无关等价于沿 D 内任意闭曲线 $\boldsymbol{L}$ 的曲线积分 $\oint_L P\mathrm{d}x+Q\mathrm{d}y=0$.

定理 2　设开区域 D 是一个单连通区域，函数 $P(x, y)$ 及 $Q(x, y)$ 在 D 内具有一阶连续偏导数，则曲线积分 $\int_L P\mathrm{d}x + Q\mathrm{d}y$ 在 D 内与路径无关（或沿 D 内任意闭曲线的曲线积分为零）的充分必要条件是等式

$$\frac{\partial P}{\partial y} = \frac{\partial Q}{\partial x}$$

在 D 内恒成立.

证明　（充分性）若 $\frac{\partial P}{\partial y}=\frac{\partial Q}{\partial x}$，则 $\frac{\partial Q}{\partial x}-\frac{\partial P}{\partial y}=0$. 由格林公式，对任意闭曲线 $\boldsymbol{L}$，有

$$\oint_L P\mathrm{d}x + Q\mathrm{d}y = \iint_D\left(\frac{\partial Q}{\partial x} - \frac{\partial P}{\partial y}\right)\mathrm{d}x\mathrm{d}y = 0.$$

（必要性）设存在一点 $M_0\in D$，使 $\frac{\partial Q}{\partial x}-\frac{\partial P}{\partial y}=\eta\neq 0$. 不妨设 $\eta>0$，则由 $\frac{\partial Q}{\partial x}-\frac{\partial P}{\partial y}$ 的连续性，存在 M_0 的一个 δ 邻域 $U(M_0, \delta)$，使在此邻域内有 $\frac{\partial Q}{\partial x}-\frac{\partial P}{\partial y}\geqslant\frac{\eta}{2}$. 于是沿邻域 $U(M_0, \delta)$ 边界 $\boldsymbol{l}$ 的闭曲线积分为

$$\oint_l P\mathrm{d}x + Q\mathrm{d}y = \iint_{U(M_0, \delta)}\left(\frac{\partial Q}{\partial x} - \frac{\partial P}{\partial y}\right)\mathrm{d}x\mathrm{d}y \geqslant \frac{\eta}{2}\cdot\pi\delta^2 > 0,$$

这与闭曲线积分为零相矛盾，因此在 D 内 $\frac{\partial Q}{\partial x}-\frac{\partial P}{\partial y}=0$.

注意定理的要求，区域 D 是单连通区域，且函数 $P(x, y)$ 及 $Q(x, y)$ 在 D 内具有一阶连续偏导数. 如果这两个条件之一不能满足，那么定理的结论不能保证成立.

例 6　计算 $\int_L 2xy\mathrm{d}x + x^2\mathrm{d}y$，其中 $\boldsymbol{L}$ 为曲线 $y = x^2$ 上从 $O(0, 0)$ 到 $B(1, 1)$ 的一段弧.

解　因为 $\frac{\partial P}{\partial y} = \frac{\partial Q}{\partial x} = 2x$ 在整个 Oxy 面内都成立，所以在整个 Oxy 面内，积分 $\int_L 2xy\mathrm{d}x + x^2\mathrm{d}y$ 与路径无关. 我们选择一条折线：$O(0, 0)\rightarrow A(1, 0)\rightarrow B(1, 1)$，得

$$\begin{aligned}\int_L 2xy\mathrm{d}x + x^2\mathrm{d}y &= \int_{\overrightarrow{OA}} 2xy\mathrm{d}x + x^2\mathrm{d}y + \int_{\overrightarrow{AB}} 2xy\mathrm{d}x + x^2\mathrm{d}y \\ &= \int_0^1 1^2\mathrm{d}y = 1.\end{aligned}$$

§10.3.4　二元函数的全微分求积

我们知道，二元函数 $u(x, y)$ 的全微分为 $\mathrm{d}u(x, y)=u_x(x, y)\mathrm{d}x+u_y(x, y)\mathrm{d}y$. 曲线积分被积表达式 $P(x, y)\mathrm{d}x+Q(x, y)\mathrm{d}y$ 与函数的全微分有相同的形式，但它未必就是某个函数的全微分. 这里讨论函数 $P(x, y)$，$Q(x, y)$ 在什么条件下，表达式 $P(x, y)\mathrm{d}x+Q(x, y)\mathrm{d}y$ 恰是某个二元函数 $u(x, y)$ 的全微分，并求出这样的二元函数.

定理 3　设开区域 D 是一个单连通域，函数 $P(x, y)$ 及 $Q(x, y)$ 在 D 内具有一阶连续偏导数，则 $P(x, y)\mathrm{d}x+Q(x, y)\mathrm{d}y$ 在 D 内为某一函数 $u(x, y)$ 的全微分的充分必要

条件是等式

$$\frac{\partial P}{\partial y}=\frac{\partial Q}{\partial x}$$

在 D 内恒成立.

证明　(必要性) 假设存在某一函数 $u(x, y)$，使得

$$\mathrm{d}u=P(x, y)\mathrm{d}x+Q(x, y)\mathrm{d}y,$$

则有

$$\frac{\partial P}{\partial y}=\frac{\partial}{\partial y}\left(\frac{\partial u}{\partial x}\right)=\frac{\partial^2 u}{\partial x\partial y},\quad \frac{\partial Q}{\partial x}=\frac{\partial}{\partial x}\left(\frac{\partial u}{\partial y}\right)=\frac{\partial^2 u}{\partial y\partial x}.$$

由于$\frac{\partial^2 u}{\partial x\partial y}=\frac{\partial P}{\partial y}$，$\frac{\partial^2 u}{\partial y\partial x}=\frac{\partial Q}{\partial x}$连续，所以

$$\frac{\partial^2 u}{\partial x\partial y}=\frac{\partial^2 u}{\partial y\partial x},$$

即

$$\frac{\partial P}{\partial y}=\frac{\partial Q}{\partial x}.$$

(充分性) 如果在 D 内有$\frac{\partial P}{\partial y}=\frac{\partial Q}{\partial x}$，则积分$\int_L P(x, y)\mathrm{d}x+Q(x, y)\mathrm{d}y$ 在 D 内与路径无关. 考虑在 D 内从点(x_0, y_0)到点(x, y)的曲线积分 $u(x, y)=\int_{(x_0, y_0)}^{(x, y)}P(x, y)\mathrm{d}x+Q(x, y)\mathrm{d}y$. 沿折线$(x_0,y_0)\to(x_0,y)\to(x,y)$积分，得

$$u(x, y)=\int_{y_0}^{y}Q(x_0, t)\mathrm{d}t+\int_{x_0}^{x}P(w, y)\mathrm{d}w,$$

两边对 x 求导，得

$$\frac{\partial u}{\partial x}=\frac{\partial}{\partial x}\int_{y_0}^{y}Q(x_0, t)\mathrm{d}t+\frac{\partial}{\partial x}\int_{x_0}^{x}P(w, y)\mathrm{d}w=P(x, y).$$

$$\begin{aligned}\frac{\partial u}{\partial y}&=Q(x_0, y)+\int_{x_0}^{x}\frac{\partial P}{\partial y}(w,y)\mathrm{d}w\\&=Q(x_0, y)+\int_{x_0}^{x}\frac{\partial Q}{\partial x}(w,y)\mathrm{d}w\\&=Q(x_0, y)+Q(w,y)\Big|_{x_0}^{x}\\&=Q(x_0, y)+[Q(x,y)-Q(x_0,y)]\\&=Q(x, y).\end{aligned}$$

从而 $\mathrm{d}u=P(x, y)\mathrm{d}x+Q(x, y)\mathrm{d}y$. 即 $P(x, y)\mathrm{d}x+Q(x, y)\mathrm{d}y$ 是函数 $u(x,y)$的全微分，证毕.

当曲线积分与路径无关时，为了方便计算原函数，可以选择折线 M_0RM 作为积分路径(如图 10.17 所示)，得

$$u(x, y)=\int_{x_0}^{x}P(x, y_0)\mathrm{d}x+\int_{y_0}^{y}Q(x, y)\mathrm{d}y,$$

也可以选择折线 M_0SM 为积分路径，得

$$u(x, y)=\int_{y_0}^{y}Q(x_0, y)\mathrm{d}y+\int_{x_0}^{x}P(x, y)\mathrm{d}x.$$

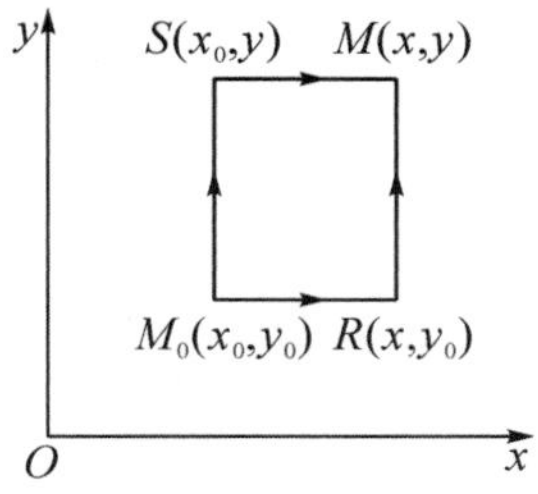

图 10.17

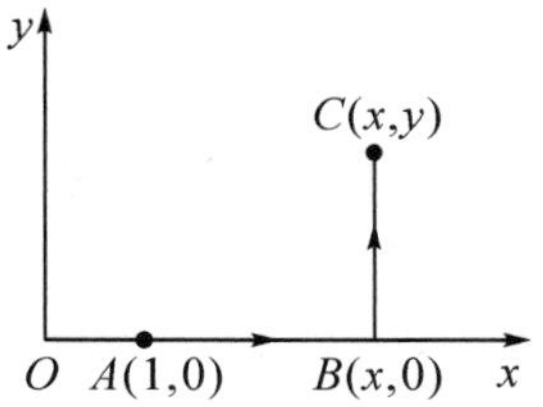

图 10.18

例 7　验证：$\dfrac{x\mathrm{d}y-y\mathrm{d}x}{x^2+y^2}$在右半平面($x>0$)内是某个函数的全微分，并求出一个这样的函数.

解　这里 $P=\dfrac{-y}{x^2+y^2}$，$Q=\dfrac{x}{x^2+y^2}$，则 P，Q 在右半平面内具有一阶连续偏导数，且有

$$\frac{\partial Q}{\partial x}=\frac{y^2-x^2}{(x^2+y^2)^2}=\frac{\partial P}{\partial y},$$

所以在右半平面内，$\dfrac{x\mathrm{d}y-y\mathrm{d}x}{x^2+y^2}$是某个函数的全微分.

如图 10.18 所示，取折线积分路径：$A(1,0)\to B(x,0)\to C(x,y)$，得一个原函数为

$$u(x,y)=\int_{(1,0)}^{(x,y)}\frac{x\mathrm{d}y-y\mathrm{d}x}{x^2+y^2}=0+\int_0^y\frac{x\mathrm{d}y}{x^2+y^2}=\arctan\frac{y}{x}.$$

例 8　验证：在整个 Oxy 面内，$xy^2\mathrm{d}x+x^2y\mathrm{d}y$ 是某个函数的全微分，并求出一个这样的函数.

解　这里 $P=xy^2$，$Q=x^2y$，则 P，Q 在整个 Oxy 面内具有一阶连续偏导数，且有

$$\frac{\partial Q}{\partial x}=2xy=\frac{\partial P}{\partial y},$$

所以在整个 Oxy 面内，$xy^2\mathrm{d}x+x^2y\mathrm{d}y$ 是某个函数的全微分.

取折线积分路径：$O(0,0)\to A(x,0)\to B(x,y)$，则所求函数为

$$u(x,y)=\int_{(0,0)}^{(x,y)}xy^2\mathrm{d}x+x^2y\mathrm{d}y=0+\int_0^y x^2y\mathrm{d}y=x^2\int_0^y y\mathrm{d}y=\frac{x^2y^2}{2}.$$

§10.3.5　曲线积分的基本定理

如果曲线积分$\int_L P(x,y)\mathrm{d}x+Q(x,y)\mathrm{d}y=\int_L \boldsymbol{F}\cdot\mathrm{d}\boldsymbol{s}$在区域$D$内与积分路径无关，则称向量场 $\boldsymbol{F}=(P(x,y),Q(x,y))=P(x,y)\boldsymbol{i}+Q(x,y)\boldsymbol{j}$ 为保守场. 下面的定理为计算保守场中曲线积分的一种方法.

定理 4(曲线积分的基本定理)　设 $\boldsymbol{F}(x,y)=P(x,y)\boldsymbol{i}+Q(x,y)\boldsymbol{j}$ 是平面区域 D 内的一个向量场，$P(x,y)$，$Q(x,y)$ 都在 D 内连续，且存在一个函数 $f(x,y)$，使得 $P=f'_x=\dfrac{\partial f}{\partial x}$，$Q=f'_y=\dfrac{\partial f}{\partial y}$，则曲线积分$\int_L \boldsymbol{F}\cdot\mathrm{d}\boldsymbol{s}$ 在 D 内与路径无关，且

$$\int_L \boldsymbol{F} \cdot \mathrm{d}\boldsymbol{s} = f(B) - f(A),$$

式中，$\boldsymbol{L}$ 是位于 D 内起点为 A、终点为 B 的任一分段光滑曲线.

证明 设 $\boldsymbol{L}$ 的向量方程为

$$\boldsymbol{s} = \varphi(t)\boldsymbol{i} + \psi(t)\boldsymbol{j}, \quad t \in [\alpha, \beta],$$

起点 A 对应参数 $t = \alpha$，终点 B 对应参数 $t = \beta$.

由假设，$f'_x = P$，$f'_y = Q$，P，Q 连续，从而 f 可微，且

$$\frac{\mathrm{d}f}{\mathrm{d}t} = f'_x \frac{\mathrm{d}x}{\mathrm{d}t} + f'_y \frac{\mathrm{d}y}{\mathrm{d}t} = (f'_x, f'_y) \cdot \left(\frac{\mathrm{d}x}{\mathrm{d}t}, \frac{\mathrm{d}y}{\mathrm{d}t}\right) = \boldsymbol{F} \cdot \frac{\mathrm{d}\boldsymbol{s}}{\mathrm{d}t},$$

于是

$$\int_L \boldsymbol{F} \cdot \mathrm{d}\boldsymbol{s} = \int_\alpha^\beta \boldsymbol{F} \cdot \frac{\mathrm{d}\boldsymbol{s}}{\mathrm{d}t}\mathrm{d}t = \int_\alpha^\beta \frac{\mathrm{d}f}{\mathrm{d}t}\mathrm{d}t = f(\varphi(t), \psi(t))\Big|_\alpha^\beta = f(B) - f(A),$$

证毕.

定理 4 表明，对于保守场 $\boldsymbol{F}$，曲线积分 $\int_L \boldsymbol{F} \cdot \mathrm{d}\boldsymbol{s}$ 的值仅依赖于函数 f 在路径 $\boldsymbol{L}$ 的两端点的值，而不依赖于两点间的路径，即积分 $\int_L \boldsymbol{F} \cdot \mathrm{d}\boldsymbol{s}$ 在 D 内与路径无关.

习题 10－3

1. 在单连通区域 D 内，如果 $P(x, y)$ 和 $Q(x, y)$ 具有一阶连续偏导数，且恒有 $\frac{\partial Q}{\partial x} = \frac{\partial P}{\partial y}$，那么，

(1) 在 D 内的曲线积分 $\int_L P(x, y)\mathrm{d}x + Q(x, y)\mathrm{d}y$ 是否与路径无关?

(2) 在 D 内的闭曲线积分 $\oint_L P(x, y)\mathrm{d}x + Q(x, y)\mathrm{d}y$ 是否为零?

(3) 在 D 内 $P(x, y)\mathrm{d}x + Q(x, y)\mathrm{d}y$ 是否是某一函数 $u(x, y)$ 的全微分?

2. 在区域 D 内除 M_0 点外，如果 $P(x, y)$ 和 $Q(x, y)$ 具有一阶连续偏导数，且恒有 $\frac{\partial Q}{\partial x} = \frac{\partial P}{\partial y}$，$D_1$ 是 D 内不含 M_0 的单连通区域，那么，

(1) 在 D_1 内的曲线积分 $\int_L P(x, y)\mathrm{d}x + Q(x, y)\mathrm{d}y$ 是否与路径无关?

(2) 在 D_1 内的闭曲线积分 $\oint_L P(x, y)\mathrm{d}x + Q(x, y)\mathrm{d}y$ 是否为零?

(3) 在 D_1 内 $P(x, y)\mathrm{d}x + Q(x, y)\mathrm{d}y$ 是否是某一函数 $u(x, y)$ 的全微分?

3. 在单连通区域 D 内，如果 $P(x, y)$ 和 $Q(x, y)$ 具有一阶连续偏导数，$\frac{\partial P}{\partial y} \neq \frac{\partial Q}{\partial x}$，但 $\frac{\partial Q}{\partial x} - \frac{\partial P}{\partial y}$ 非常简单，那么，

(1)如何计算 D 内的闭曲线积分?

(2)如何计算 D 内的非闭曲线积分?

(3)计算$\int_L (e^x \sin y - 2y)dx + (e^x \cos y - 2)dy$，其中$L$为逆时针方向的上半圆周$(x-a)^2 + y^2 = a^2$，$y \geq 0$.

4. 计算曲线积分.

(1)$\oint_L (2xy - x^2)dx + (x + y^2)dy$，其中$L$是由$y = x^2$与$y^2 = x$所围区域的正向边界曲线；

(2)$\oint_L (x^2 - 2xy^3)dx + (y - x^2 y)dy$，其中$L$是顶点分别为(1，0)，(0，1)，(−1，0)，(0，−1) 的方形区域的正向边界.

5. 计算$\oint_L \dfrac{y\,dx - x\,dy}{x^2 + y^2}$，其中$L$为圆$(x-1)^2 + y^2 = 2$，$L$的方向为逆时针方向.

6. 先验证下列曲线积分是否与路径无关，再求它们的值.

(1)$\int_{(1,1)}^{(2,3)} (x + y)dx + (x - y)dy$；

(2)$\int_{(1,2)}^{(3,4)} (6xy^2 - y^3)dx + (6x^2 y - 3xy^2)dy$；

(3)$\int_{(1,0)}^{(2,1)} (2xy - y^4 + 6)dx + (x^2 - 4xy^3)dy$.

7. 利用格林公式计算.

(1)$\oint_L (2x - 3y)dx + (5y + 4x - 8)dy$，其中$L$为顶点在(0，0)，(4，0)，(0，5) 的三角形正向边界；

(2)$\int_L (2xy^3 - y^2 \cos x)dx + (1 - 2y\sin x + 3x^2 y^2)dy$，其中$L$为曲线$2x = \pi y^2$由点(0，0) 到$(\frac{\pi}{2}, 1)$的一段弧.

§10.4　对面积的曲面积分

本章§10.1 节介绍了用曲线积分来计算曲线形构件的质量，作为一个推广，这节介绍用曲面积分来计算曲面形构件的质量等问题. 曲面上两点的距离定义为曲面上连接这两点的所有曲线长度的最小值. 曲面的直径定义为曲面上任意两点距离的最大值.

§10.4.1　对面积的曲面积分的概念与性质

考虑空间曲面Σ上的一个曲面形构件，如果构件是均匀的，即面密度为常数，则

$$\text{曲面构件的质量} = \text{面密度} \times \text{曲面面积}.$$

当曲面构件的面密度变化时，它的质量就不能直接用上面的公式来计算. 设曲面Σ上任一点(x, y, z)处的面密度为$\rho(x, y, z)$，下面我们用“元素法”的思想讨论它的质量问题.

把曲面Σ任意分成n个小片：ΔS_1，ΔS_2，…，ΔS_n(如图 10.19 所示)，这里ΔS_i表示第i

个小片曲面，也表示第 i 个小片曲面的面积. 当面密度连续变化时，只要小片ΔS_i的直径很小，其密度的变化就很小，可把它的面密度近似地看作是不变的，即用ΔS_i内任一点(ξ_i, η_i, ξ_i)处的面密度$\rho(\xi_i, \eta_i, \xi_i)$作为这小片的平均面密度. 相应地，这小片的质量为

$$\Delta M_i \approx \rho(\xi_i, \eta_i, \zeta_i)\Delta S_i \quad (i = 1,2,\cdots,n).$$

因此，曲面构件的质量为

$$M \approx \sum_{i=1}^{n} \rho(\xi_i, \eta_i, \zeta_i)\Delta S_i.$$

当各小片曲面的直径的最大值$\lambda \to 0$时，取上式右端的极限，得曲面构件的质量的精确值为

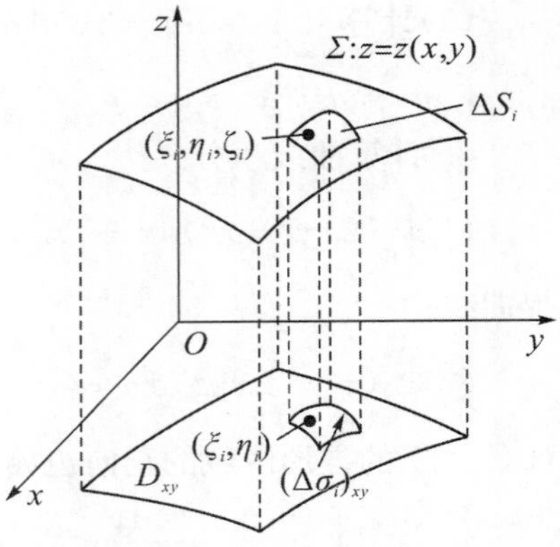

图 10.19

$$M = \lim_{\lambda \to 0} \sum_{i=1}^{n} \rho(\xi_i, \eta_i, \zeta_i)\Delta S_i.$$

定义 设Σ是一片光滑曲面，函数$f(x, y, z)$在Σ上有界. 把Σ任意分成 n 个小片：ΔS_1，ΔS_2，…，ΔS_n，在每个小片ΔS_i上任取一点(ξ_i, η_i, ζ_i)，如果当各小片曲面的直径的最大值$\lambda \to 0$时，极限$\lim\limits_{\lambda \to 0} \sum\limits_{i=1}^{n} f(\xi_i, \eta_i, \zeta_i)\Delta S_i$总存在且相等，则称此极限为函数$f(x, y, z)$在曲面$\Sigma$上对面积的曲面积分或第Ⅰ型曲面积分，记作$\iint\limits_{\Sigma} f(x, y, z)\mathrm{d}S$，即

$$\iint\limits_{\Sigma} f(x, y, z)\mathrm{d}S = \lim_{\lambda \to 0} \sum_{i=1}^{n} f(\xi_i, \eta_i, \zeta_i)\Delta S_i.$$

式中，Σ叫作积分曲面，$f(x, y, z)$叫作被积函数，$\mathrm{d}S$ 叫作面积元素.

当$f(x, y, z)$在光滑或分片光滑曲面Σ上连续时，上式右端的极限是存在的，今后总是假定$f(x, y, z)$在Σ上连续或分片连续. 根据上述定义，面密度为连续函数$\rho(x, y, z)$的光滑曲面形构件的质量 M，可表示为$\rho(x, y, z)$在Σ上对面积的曲面积分，即

$$M = \iint\limits_{\Sigma} \rho(x, y, z)\mathrm{d}S.$$

对面积的曲面积分有下面的一些性质：

(1)(线性运算性质)设c_1，c_2为常数，则

$$\iint\limits_{\Sigma}[c_1 f(x, y, z) + c_2 g(x, y, z)]\mathrm{d}S = c_1\iint\limits_{\Sigma} f(x, y, z)\mathrm{d}S + c_2\iint\limits_{\Sigma} g(x, y, z)\mathrm{d}S;$$

(2)(积分对区域可加性)若曲面Σ可分成两片光滑曲面Σ_1及Σ_2，则

$$\iint\limits_{\Sigma} f(x, y, z)\mathrm{d}S = \iint\limits_{\Sigma_1} f(x, y, z)\mathrm{d}S + \iint\limits_{\Sigma_2} f(x, y, z)\mathrm{d}S;$$

(3)(单调性)设在曲面Σ上$f(x, y, z) \leqslant g(x, y, z)$，则

$$\iint\limits_{\Sigma} f(x, y, z)\mathrm{d}S \leqslant \iint\limits_{\Sigma} g(x, y, z)\mathrm{d}S;$$

(4)$\iint\limits_{\Sigma}\mathrm{d}S = S$，其中 S 为曲面Σ的面积.

§10.4.2 对面积的曲面积分的计算

设积分曲面Σ在 Oxy 面上的投影区域为 D_{xy}，曲面的函数 $z=z(x, y)$在 D_{xy}上具有一阶连续偏导数(如图 10.19 所示)．在 D_{xy}上任取一点(x,y)和面积元素 $\mathrm{d}\sigma=\mathrm{d}x\mathrm{d}y$，对应$\Sigma$上曲面面积元素 $\mathrm{d}S$，有

$$\mathrm{d}S=\sqrt{1+z_x^2(x, y)+z_y^2(x, y)}\,\mathrm{d}\sigma.$$

因此，连续函数 $f(x, y, z)$ 在Σ上曲面积分有

$$\iint_{\Sigma} f(x, y, z)\mathrm{d}S=\iint_{D_{xy}} f[x, y, z(x, y)]\sqrt{1+z_x^2(x, y)+z_y^2(x, y)}\,\mathrm{d}x\mathrm{d}y.$$

上式右端的二重积分的积分区域是曲面Σ在 Oxy 面上的投影区域 D_{xy}；由于点(x, y, z)限制在曲面Σ上，积分变量 z 用曲面的函数 $z(x, y)$代替；再把曲面面积元素 $\mathrm{d}S$ 换为曲面的投影因子乘以坐标面的面积元素 $\mathrm{d}\sigma$ 或 $\mathrm{d}x\mathrm{d}y$．这种方法称为“一投二代三换”，把曲面积分化为二重积分来进行计算.

如果积分曲面Σ在 Ozx 面上的投影区域为 D_{zx}，曲面的函数 $y=y(z, x)$在 D_{zx}上具有一阶连续偏导数，则连续函数 $f(x, y, z)$在Σ上对面积的曲面积分化为

$$\iint_{\Sigma} f(x, y, z)\mathrm{d}S=\iint_{D_{zx}} f[x, y(z, x), z]\sqrt{1+y_z^2(z, x)+y_x^2(z, x)}\,\mathrm{d}z\mathrm{d}x.$$

如果积分曲面Σ在 Oyz 面上的投影区域为 D_{yz}，曲面的函数 $x=x(y,z)$在 D_{yz}上具有一阶连续偏导数，则连续函数$f(x, y, z)$在Σ上对面积的曲面积分化为

$$\iint_{\Sigma} f(x, y, z)\mathrm{d}S=\iint_{D_{yz}} f[x(y, z), y, z]\sqrt{1+x_y^2(y, z)+x_z^2(y, z)}\,\mathrm{d}y\mathrm{d}z.$$

例 1　计算曲面积分$\displaystyle\iint_{\Sigma}\frac{1}{z}\mathrm{d}S$，其中$\Sigma$是球面 $x^2+y^2+z^2=a^2$被平面 $z=h(0<h<a)$截出的顶部.

解　如图 10.20 所示，Σ 的方程为 $x^2+y^2+z^2=a^2$ 或对应的函数为 $z=\sqrt{a^2-x^2-y^2}$，其中 D_{xy}：$x^2+y^2\leqslant a^2-h^2$.

因为
$$z_x=-\frac{x}{z}=\frac{-x}{\sqrt{a^2-x^2-y^2}},\quad z_y=-\frac{y}{z}=\frac{-y}{\sqrt{a^2-x^2-y^2}},$$

$$\mathrm{d}S=\sqrt{1+z_x^2+z_y^2}\,\mathrm{d}x\mathrm{d}y=\frac{a}{z}\mathrm{d}x\mathrm{d}y=\frac{a}{\sqrt{a^2-x^2-y^2}}\mathrm{d}x\mathrm{d}y,$$

所以
$$\begin{aligned}\iint_{\Sigma}\frac{1}{z}\mathrm{d}S&=\iint_{D_{xy}}\frac{a}{z^2}\mathrm{d}x\mathrm{d}y=\iint_{D_{xy}}\frac{a}{a^2-x^2-y^2}\mathrm{d}x\mathrm{d}y\\&=a\int_0^{2\pi}\mathrm{d}\theta\int_0^{\sqrt{a^2-h^2}}\frac{1}{a^2-r^2}\cdot r\mathrm{d}r\\&=2\pi a\left[-\frac{1}{2}\ln(a^2-r^2)\right]_0^{\sqrt{a^2-h^2}}=2\pi a\ln\frac{a}{h}.\end{aligned}$$

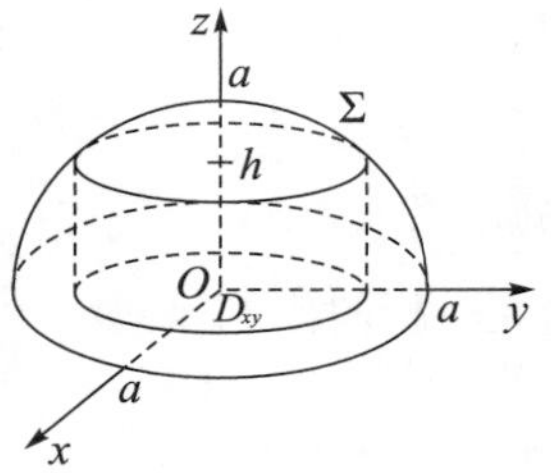

图 10.20

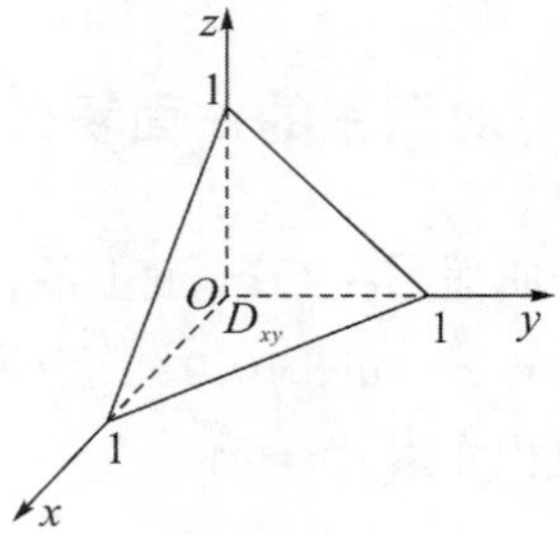

图 10.21

例 2 计算$\oiint\limits_{\Sigma} xyz\,\mathrm{d}S$，其中$\Sigma$是由平面 $x=0$，$y=0$，$z=0$ 及 $x+y+z=1$ 所围成的四面体的整个边界曲面(如图 10.21 所示).

解 四面体的边界曲面Σ在平面 $x=0$，$y=0$，$z=0$ 及 $x+y+z=1$ 上的部分依次记为Σ_1，Σ_2，Σ_3及Σ_4，于是

$$\begin{aligned}\oiint\limits_{\Sigma} xyz\,\mathrm{d}S &= \iint\limits_{\Sigma_1} xyz\,\mathrm{d}S + \iint\limits_{\Sigma_2} xyz\,\mathrm{d}S + \iint\limits_{\Sigma_3} xyz\,\mathrm{d}S + \iint\limits_{\Sigma_4} xyz\,\mathrm{d}S \\ &= 0+0+0+\iint\limits_{D_{xy}} \sqrt{3}\,xy(1-x-y)\,\mathrm{d}x\mathrm{d}y \\ &= \sqrt{3}\int_0^1 x\,\mathrm{d}x\int_0^{1-x} y(1-x-y)\,\mathrm{d}y = \frac{\sqrt{3}}{120}.\end{aligned}$$

习题 10—4

1. 设有一材质非均匀的曲面Σ，在点(x, y, z)处它的面密度为$\mu(x, y, z)$，用对面积的曲面积分表示这曲面对于 x 轴的转动惯量.

2. 按对面积的曲面积分的定义证明：

$$\iint\limits_{\Sigma} f(x, y, z)\,\mathrm{d}S = \iint\limits_{\Sigma_1} f(x, y, z)\,\mathrm{d}S + \iint\limits_{\Sigma_2} f(x, y, z)\,\mathrm{d}S,$$

其中，Σ是由Σ_1 和Σ_2 组成的.

3. 当Σ是 Oxy 面内的一个闭区域时，曲面积分$\iint\limits_{\Sigma} f(x, y, z)\,\mathrm{d}S$与二重积分有什么关系?

4. 计算曲面积分$\iint\limits_{\Sigma} f(x, y, z)\,\mathrm{d}S$，其中$\Sigma$为抛物面 $z=2-(x^2+y^2)$在 Oxy 面上方的部分，$f(x, y, z)$分别如下：

(1)$f(x, y, z)=1$;

(2)$f(x, y, z)=x^2+y^2$;

(3)$f(x, y, z)=3z$.

5. 计算$\iint\limits_{\Sigma}(x^2+y^2)\,\mathrm{d}S$，其中$\Sigma$是：

(1)锥面 $z=\sqrt{x^2+y^2}$ 及平面 $z=1$ 所围成的区域的整个边界曲面;

(2)锥面 $z^2=3(x^2+y^2)$被平面 $z=0$ 和 $z=3$ 所截得的部分.

6. 计算下列对面积的曲面积分：

(1) $\iint\limits_{\Sigma}\left(z+2x+\frac{4}{3}y\right)\mathrm{d}S$，其中$\Sigma$为平面$\frac{x}{2}+\frac{y}{3}+\frac{z}{4}=1$ 在第一卦限中的部分；

(2) $\iint\limits_{\Sigma}(2xy-2x^2-x+z)\mathrm{d}S$，其中$\Sigma$为平面 $2x+2y+z=6$ 在第一卦限中的部分；

(3) $\iint\limits_{\Sigma}(x+y+z)\mathrm{d}S$，其中$\Sigma$为球面 $x^2+y^2+z^2=a^2$ 上 $z\geqslant h(0<h<a)$的部分；

(4) $\iint\limits_{\Sigma}(xy+yz+zx)\mathrm{d}S$，其中$\Sigma$为锥面 $z=\sqrt{x^2+y^2}$被柱面 $x^2+y^2=2ax$ 所截得的有限部分.

7. 求抛物面壳 $z=\frac{1}{2}(x^2+y^2)(0\leqslant z\leqslant 1)$的质量，此壳的面密度为 $\mu=z$.

8. 求面密度为 μ_0 的均匀半球壳 $x^2+y^2+z^2=a^2(z\geqslant 0)$对于 z 轴的转动惯量.

§ 10.5　对坐标的曲面积分

§ 10.5.1　对坐标的曲面积分的概念与性质

液体流量问题：设均匀流体流过平面上一片面积为 A 的闭区域 A，流体在这闭区域上各点处的流速是与平面的法向量 $\boldsymbol{n}$ 的夹角为 θ 的常向量 $\boldsymbol{v}$（如图 10.22 所示)，则在单位时间内流过这闭区域 A 的流体的流量通常认为是一个有向数. 若流进取正，则流出取负，其流量的大小恰是一个底面积为 A、斜高为$|\boldsymbol{v}|$的斜柱体的体积，即

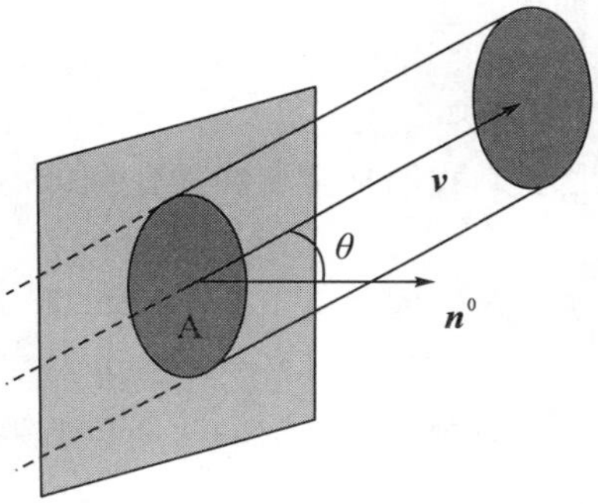

图 10.22

$$单位时间内流体的流量 = A\ |\boldsymbol{v}|\ \cos\theta.$$

为了方便，常用两个向量的点积来表示上式右端的乘积，即

$$\Phi=\boldsymbol{A}\cdot\boldsymbol{v}.$$

如何确定向量 $\boldsymbol{A}$ 及流量的符号呢？下面引入有向平面的概念.

有向平面：如图 10.23 所示，空间中一片平面闭区域 A，面积为 A，在三个坐标面的投影面的面积分别为 δ_{xy}，δ_{yz}，δ_{zx}. 给定其法向量 $\boldsymbol{n}^0=(\cos\alpha,\cos\beta,\cos\gamma)$，我们考虑从这法向量正向看到的平面 A 那一面(侧)，引入有向平面 A 的概念. 把平面 A 向三个坐标面作投影，分别得到投影 A_{yz}，A_{zx} 和 A_{xy}. 约定有向平面 A 在 Oxy 面的投影为

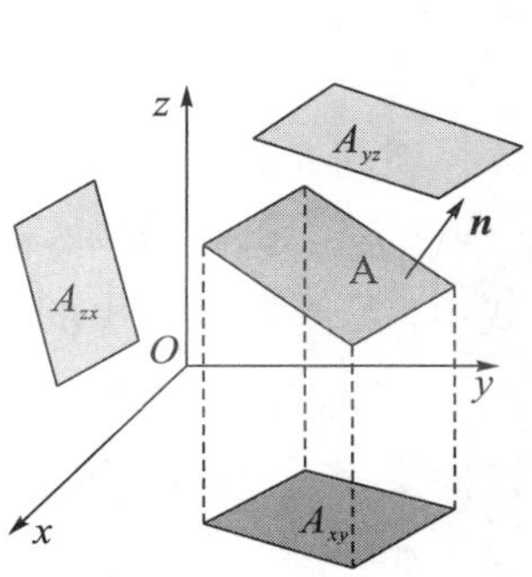

图 10.23

$$A_{xy}=A\cos\gamma=\begin{cases}\delta_{xy}, & \gamma\in\left[0,\ \dfrac{\pi}{2}\right),\\ 0, & \gamma=\dfrac{\pi}{2},\\ -\delta_{xy}, & \gamma\in\left(\dfrac{\pi}{2},\ \pi\right].\end{cases}$$

类似地，约定 $A_{yz}=A\cos\alpha$，$A_{zx}=A\cos\beta$，把有序数组(A_{yz},A_{zx},A_{xy})记为向量$\boldsymbol{A}$，则

$$\boldsymbol{A}=(A_{yz},A_{zx},A_{xy})=(A\cos\alpha,A\cos\beta,A\cos\gamma)=A\boldsymbol{n}^0=|\boldsymbol{A}|\boldsymbol{n}^0,$$

按这样的约定，有向平面向量 $\boldsymbol{A}$ 的大小就是该平面的面积，方向是给定的单位法向量. 并且，投影之间有下面的关系：

$$A_{yz}=\frac{\cos\alpha}{\cos\gamma}A_{xy},\quad A_{zx}=\frac{\cos\beta}{\cos\gamma}A_{xy}.$$

有向曲面：通常我们遇到的平面或曲面都是双侧的. 如图 10.24 所示，从 z 轴的正向来看，二元函数 $z=z(x,y)$ 表示的曲面Σ有上侧和下侧之分. 例如，上侧曲面 $\boldsymbol{\Sigma}$ 上任一点(x,y,z)处约定的单位法向量 $\boldsymbol{n}^0(\cos\alpha,\cos\beta,\cos\gamma)$方向向上，即 $\cos\gamma>0$. 显然，在下侧曲面$(-\boldsymbol{\Sigma})$有 $\cos\gamma<0$. 另外，闭曲面还有内侧与外侧之分.

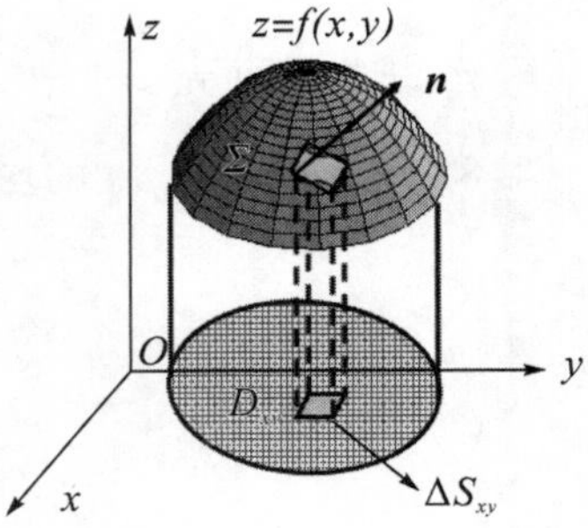

图 10.24

设 $z=z(x,y)$在 D_{xy} 上具有一阶连续的偏导数. 任取曲面Σ上一点(x_0,y_0,z_0)，则曲面在这点的切平面方程为

$$\left.\frac{\partial z}{\partial x}\right|_{(x_0,y_0)}(x-x_0)+\left.\frac{\partial z}{\partial y}\right|_{(x_0,y_0)}(y-y_0)=z-z_0,$$

因此，我们常常取曲面在点(x_0,y_0,z_0)处上侧的法向量

$$\boldsymbol{n}=(-z_x(x_0,y_0),-z_y(x_0,y_0),+1),$$

相应地，取曲面下侧的法向量

$$\boldsymbol{n}=(z_x(x_0,y_0),z_y(x_0,y_0),-1).$$

显然，这样取的法向量的第三个坐标的符号与曲面上侧或下侧方向是一致的，并且有

$$|\boldsymbol{n}|=\sqrt{1+z_x^2(x_0,y_0)+z_y^2(x_0,y_0)},$$

恰是包含点(x_0,y_0,z_0)的曲面元素向 Oxy 面作投影的投影因子. 过点(x,y,z)任取一小片有向曲面元素 $\mathrm{d}\boldsymbol{S}$，当它的直径很小时，可看作一小片有向平面 $\mathrm{d}\boldsymbol{A}$，即 $\mathrm{d}\boldsymbol{S}=\mathrm{d}\boldsymbol{A}=\boldsymbol{n}^0\mathrm{d}S$. 所以，有向曲面元素表示为

$$\mathrm{d}\boldsymbol{S}=\boldsymbol{n}^0\mathrm{d}S=(\cos\alpha,\cos\beta,\cos\gamma)\mathrm{d}S.$$

流向曲面一侧的流量：设稳定流动的不可压缩流体的速度场为

$$\boldsymbol{v}(x,y,z)=(P(x,y,z),Q(x,y,z),R(x,y,z)).$$

式中，$\boldsymbol{\Sigma}$ 是速度场中的一片光滑的有向曲面，函数 $P(x,y,z)$，$Q(x,y,z)$，$R(x,y,z)$都在 $\boldsymbol{\Sigma}$ 上连续，求单位时间内流向 $\boldsymbol{\Sigma}$ 指定侧的流体的质量，即流量Φ.

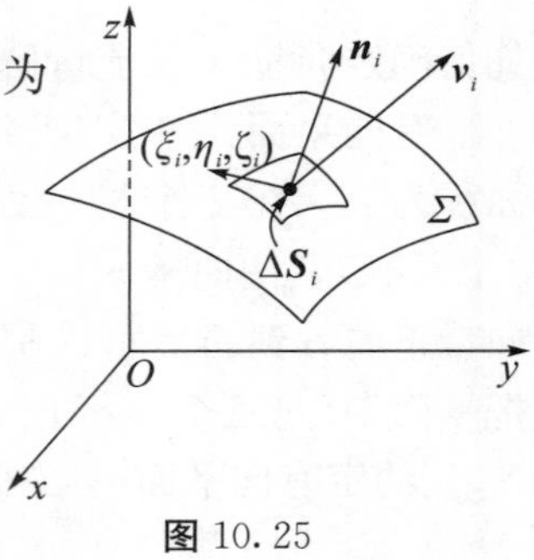

图 10.25

如图 10.25 所示，把有向曲面 $\boldsymbol{\Sigma}$ 分割成 n 片小有向曲面 $\Delta\boldsymbol{S}_i(i=1,2,\cdots,n)$. 当每个$\Delta\boldsymbol{S}_i$的直径很小时，用$\Delta\boldsymbol{S}_i$上任一

点(ξ_i, η_i, ζ_i)处的流速

$$\boldsymbol{v}(\xi_i, \eta_i, \zeta_i) = (P(\xi_i, \eta_i, \zeta_i), Q(\xi_i, \eta_i, \zeta_i), R(\xi_i, \eta_i, \zeta_i))$$

作为$\Delta \boldsymbol{S}_i$上平均的流速;同时，以曲面在该点处的法向量

$$\boldsymbol{n}_i^0 = (\cos\alpha_i, \cos\beta_i, \cos\gamma_i)$$

作为$\Delta \boldsymbol{S}_i$上其他各点处的单位法向量，即

$$\Delta \boldsymbol{S}_i \approx \boldsymbol{n}_i^0 \Delta S_i = ((\Delta \boldsymbol{S}_i)_{yz}, (\Delta \boldsymbol{S}_i)_{zx}, (\Delta \boldsymbol{S}_i)_{xy}),$$

式中,ΔS_i表示$\Delta \boldsymbol{S}_i$的面积. 则通过$\Delta \boldsymbol{S}_i$流向指定侧的流量

$$\begin{aligned}\Delta \Phi &\approx \boldsymbol{v} \cdot \Delta \boldsymbol{S}_i \\ &= P(\xi_i, \eta_i, \zeta_i)(\Delta \boldsymbol{S}_i)_{yz} + Q(\xi_i, \eta_i, \zeta_i)(\Delta \boldsymbol{S}_i)_{zx} + R(\xi_i, \eta_i, \zeta_i)(\Delta \boldsymbol{S}_i)_{xy}.\end{aligned}$$

于是，通过Σ流向指定侧的流量

$$\Phi \approx \sum_{i=1}^{n} [P(\xi_i, \eta_i, \zeta_i)(\Delta \boldsymbol{S}_i)_{yz} + Q(\xi_i, \eta_i, \zeta_i)(\Delta \boldsymbol{S}_i)_{zx} + R(\xi_i, \eta_i, \zeta_i)(\Delta \boldsymbol{S}_i)_{xy}].$$

记λ为分割的各小片曲面的直径的最大值. 当分割越来越密时，当$\lambda \to 0$ 时取上述和的极限，就得到流量Φ的精确值

$$\Phi = \lim_{\lambda \to 0} \sum_{i=1}^{n} [P(\xi_i, \eta_i, \zeta_i)(\Delta \boldsymbol{S}_i)_{yz} + Q(\xi_i, \eta_i, \zeta_i)(\Delta \boldsymbol{S}_i)_{zx} + R(\xi_i, \eta_i, \zeta_i)(\Delta \boldsymbol{S}_i)_{xy}].$$

一般地，我们引入对坐标的曲面积分的概念.

定义　设 $\boldsymbol{\Sigma}$ 为光滑的有向曲面，函数 $P(x, y, z)$, $Q(x, y, z)$和$R(x, y, z)$在Σ上有界. 把 $\boldsymbol{\Sigma}$ 任意分成 n 片小曲面$\Delta \boldsymbol{S}_i$ $(i = 1, \cdots, n)$，$\Delta \boldsymbol{S}_i$在坐标面上的投影分别为$(\Delta \boldsymbol{S}_i)_{yz}$，$(\Delta \boldsymbol{S}_i)_{zx}$和$(\Delta \boldsymbol{S}_i)_{xy}$. 任意取$\Delta \boldsymbol{S}_i$上一点$(\xi_i, \eta_i, \zeta_i)$. 如果当各小片曲面的直径的最大值$\lambda \to 0$时，

$$\lim_{\lambda \to 0} \sum_{i=1}^{n} R(\xi_i, \eta_i, \zeta_i)(\Delta \boldsymbol{S}_i)_{xy}$$

极限总存在且相等，则称此极限为函数 $R(x, y, z)$在有向曲面 $\boldsymbol{\Sigma}$ 上对坐标 x，y 的曲面积分，记作$\iint\limits_{\boldsymbol{\Sigma}} R(x, y, z)\mathrm{d}x\mathrm{d}y$,即

$$\iint\limits_{\boldsymbol{\Sigma}} R(x, y, z)\mathrm{d}x\mathrm{d}y = \lim_{\lambda \to 0} \sum_{i=1}^{n} R(\xi_i, \eta_i, \zeta_i)(\Delta \boldsymbol{S}_i)_{xy}.$$

类似地有

$$\iint\limits_{\boldsymbol{\Sigma}} P(x, y, z)\mathrm{d}y\mathrm{d}z = \lim_{\lambda \to 0} \sum_{i=1}^{n} P(\xi_i, \eta_i, \zeta_i)(\Delta \boldsymbol{S}_i)_{yz}.$$

$$\iint\limits_{\boldsymbol{\Sigma}} Q(x, y, z)\mathrm{d}z\mathrm{d}x = \lim_{\lambda \to 0} \sum_{i=1}^{n} Q(\xi_i, \eta_i, \zeta_i)(\Delta \boldsymbol{S}_i)_{zx}.$$

式中，$P(x, y, z)$，$Q(x, y, z)$和 $R(x, y, z)$叫作被积函数，$\boldsymbol{\Sigma}$ 叫作积分曲面.

上面三个式子也称为第Ⅱ型曲面积分. 当 P，Q，R 在光滑曲面 $\boldsymbol{\Sigma}$ 上连续或分片连续时，它们的积分是存在的. 在应用上出现较多的是组合形式

$$\iint\limits_{\Sigma} P(x,y,z)\mathrm{d}y\mathrm{d}z + Q(x,y,z)\mathrm{d}z\mathrm{d}x + R(x,y,z)\mathrm{d}x\mathrm{d}y.$$

对坐标的曲面积分具有与对坐标的曲线积分类似的一些性质. 例如：

(1)如果 $\boldsymbol{\Sigma}$ 由 $\boldsymbol{\Sigma}_1$ 和 $\boldsymbol{\Sigma}_2$ 组成，则

$$\iint\limits_{\Sigma} P\mathrm{d}y\mathrm{d}z + Q\mathrm{d}z\mathrm{d}x + R\mathrm{d}x\mathrm{d}y$$
$$= \iint\limits_{\Sigma_1} P\mathrm{d}y\mathrm{d}z + Q\mathrm{d}z\mathrm{d}x + R\mathrm{d}x\mathrm{d}y + \iint\limits_{\Sigma_2} P\mathrm{d}y\mathrm{d}z + Q\mathrm{d}z\mathrm{d}x + R\mathrm{d}x\mathrm{d}y.$$

(2)设 $\boldsymbol{\Sigma}$ 是有向曲面，$-\boldsymbol{\Sigma}$ 表示与 $\boldsymbol{\Sigma}$ 取相反侧的有向曲面，则

$$\iint\limits_{-\Sigma} P\mathrm{d}y\mathrm{d}z + Q\mathrm{d}z\mathrm{d}x + R\mathrm{d}x\mathrm{d}y = -\iint\limits_{\Sigma} P\mathrm{d}y\mathrm{d}z + Q\mathrm{d}z\mathrm{d}x + R\mathrm{d}x\mathrm{d}y.$$

§10.5.2 对坐标的曲面积分的计算

考虑铅直水管中由函数 $z=z(x,y)$ 给出的上侧或下侧曲面 $\boldsymbol{\Sigma}$，$\boldsymbol{\Sigma}$ 在 Oxy 面上的投影为 D_{xy}，函数 $z=z(x,y)$ 在 D_{xy} 上具有一阶连续偏导数. 如图 10.26 所示，设均匀流体在水管中流动的速度为

$$\boldsymbol{v} = (0, 0, R(x,y,z)),$$

式中，$R(x,y,z)$ 在 $\boldsymbol{\Sigma}$ 上连续. 单位时间内流向 $\boldsymbol{\Sigma}$ 上侧或下侧的流量用曲面积分表示为

$$\Phi = \iint\limits_{\Sigma} R(x,y,z)\mathrm{d}x\mathrm{d}y.$$

这流量刚好是同一流体通过投影面 D_{xy} 的流量，因此有

$$\iint\limits_{\Sigma} R(x,y,z)\mathrm{d}x\mathrm{d}y = \pm\iint\limits_{D_{xy}} R[x,y,z(x,y)]\mathrm{d}x\mathrm{d}y,$$

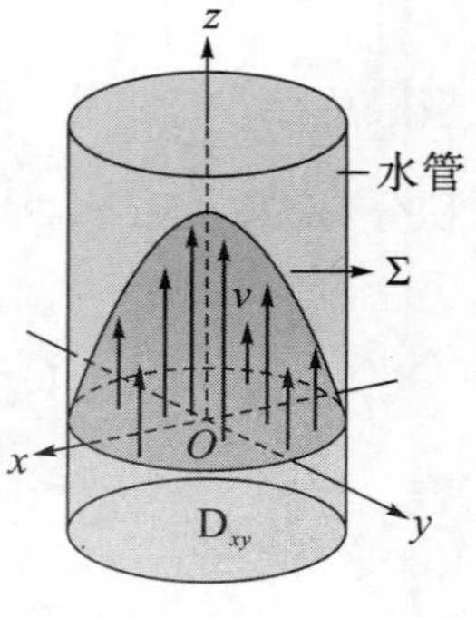

图 10.26

式中，二重积分的积分区域是 $\boldsymbol{\Sigma}$ 在 Oxy 面上的投影为 D_{xy}；同时，由于点(x,y,z)在 $\boldsymbol{\Sigma}$ 上，积分变量 z 用 $z(x,y)$来计算. 按照约定，当 $\boldsymbol{\Sigma}$ 取上侧时其投影就是 D_{xy}，积分不变号，即取“+”；当 $\boldsymbol{\Sigma}$ 取下侧时其投影也是 D_{xy}，积分必须要变号，即取“−”. 这种方法叫“一投二代三定号”，把对坐标的曲面积分化为二重积分. 类似地，有

$$\iint\limits_{\Sigma} P(x,y,z)\mathrm{d}y\mathrm{d}z = \pm\iint\limits_{D_{yz}} P[x(y,z),y,z]\mathrm{d}y\mathrm{d}z,$$
$$\iint\limits_{\Sigma} Q(x,y,z)\mathrm{d}z\mathrm{d}x = \pm\iint\limits_{D_{xz}} Q[x,y(x,z),z]\mathrm{d}z\mathrm{d}x.$$

式中，积分前符号是由 $\boldsymbol{\Sigma}$ 在相应坐标面上投影的符号决定的.

例 1　计算曲面积分$\iint\limits_{\Sigma} x^2\mathrm{d}y\mathrm{d}z + y^2\mathrm{d}z\mathrm{d}x + z^2\mathrm{d}x\mathrm{d}y$，其中 $\boldsymbol{\Sigma}$ 是长方体 Ω：$0\leqslant x\leqslant a$，$0\leqslant y\leqslant b$，$0\leqslant z\leqslant c$ 的整个表面的外侧.

解　长方体 Ω 有 6 个面，外侧分别是：

上面 $\boldsymbol{\Sigma}_1$：$z=c$ $(0\leqslant x\leqslant a，0\leqslant y\leqslant b)$，取上侧.

下面 $\boldsymbol{\Sigma}_2$：$z=0$ $(0\leqslant x\leqslant a，0\leqslant y\leqslant b)$，取下侧.

前面 $\boldsymbol{\Sigma}_3$：$x=a$ $(0\leqslant y\leqslant b，0\leqslant z\leqslant c)$，取前侧.

后面 $\boldsymbol{\Sigma}_4$：$x=0$ $(0\leqslant y\leqslant b，0\leqslant z\leqslant c)$，取后侧.

左面 $\boldsymbol{\Sigma}_5$：$y=0$ $(0\leqslant x\leqslant a，0\leqslant z\leqslant c)$，取左侧.

右面 $\boldsymbol{\Sigma}_6$：$y=b$ $(0\leqslant x\leqslant a，0\leqslant z\leqslant c)$，取右侧.

除 $\boldsymbol{\Sigma}_3$，$\boldsymbol{\Sigma}_4$ 外，其余四片曲面在 yOz 面上的投影为零，因此

$$\iint\limits_{\Sigma} x^2\mathrm{d}y\mathrm{d}z = \iint\limits_{\Sigma_3} x^2\mathrm{d}y\mathrm{d}z + \iint\limits_{\Sigma_4} x^2\mathrm{d}y\mathrm{d}z = \iint\limits_{D_{yz}} a^2\mathrm{d}y\mathrm{d}z - \iint\limits_{D_{yz}} 0\mathrm{d}y\mathrm{d}z = a^2bc.$$

类似地可得

$$\iint\limits_{\Sigma} y^2\mathrm{d}z\mathrm{d}x = b^2ac，\quad \iint\limits_{\Sigma} z^2\mathrm{d}x\mathrm{d}y = c^2ab.$$

于是所求曲面积分为

$$\iint\limits_{\Sigma} x^2\mathrm{d}y\mathrm{d}z + y^2\mathrm{d}z\mathrm{d}x + z^2\mathrm{d}x\mathrm{d}y = (a+b+c)abc.$$

例 2　计算曲面积分$\iint\limits_{\Sigma} xyz\mathrm{d}x\mathrm{d}y$，其中 $\boldsymbol{\Sigma}$ 是球面 $x^2+y^2+z^2=1$ 外侧在 $x\geqslant 0$，$y\geqslant 0$ 的部分.

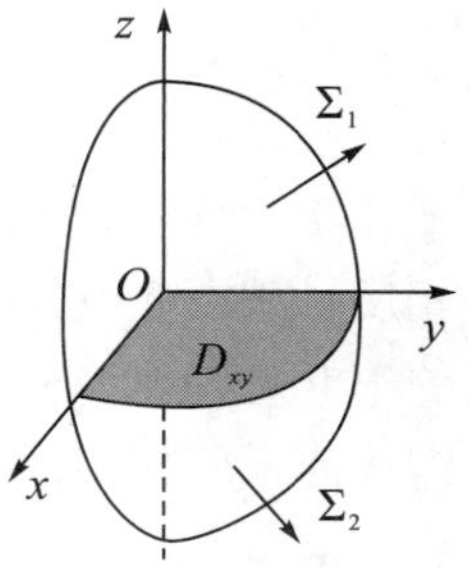

图 10.27

解　如图 10.27 所示，把有向曲面 $\boldsymbol{\Sigma}$ 分成以下两部分：

$\boldsymbol{\Sigma}_1$：$z=\sqrt{1-x^2-y^2}$ $(x\geqslant 0，y\geqslant 0)$，取上侧，

$\boldsymbol{\Sigma}_2$：$z=-\sqrt{1-x^2-y^2}$ $(x\geqslant 0，y\geqslant 0)$，取下侧.

$\boldsymbol{\Sigma}_1$ 和 $\boldsymbol{\Sigma}_2$ 在 Oxy 面上的投影区域都是 D_{xy}：$x^2+y^2\leqslant 1(x\geqslant 0，y\geqslant 0)$. 于是

$$\begin{aligned}\iint\limits_{\Sigma} xyz\mathrm{d}x\mathrm{d}y &= \iint\limits_{\Sigma_1} xyz\mathrm{d}x\mathrm{d}y + \iint\limits_{\Sigma_2} xyz\mathrm{d}x\mathrm{d}y \\ &= \iint\limits_{D_{xy}} xy\sqrt{1-x^2-y^2}\mathrm{d}x\mathrm{d}y - \iint\limits_{D_{xy}} xy(-\sqrt{1-x^2-y^2})\mathrm{d}x\mathrm{d}y \\ &= 2\iint\limits_{D_{xy}} xy\sqrt{1-x^2-y^2}\mathrm{d}x\mathrm{d}y \\ &= 2\int_0^{\frac{\pi}{2}}\mathrm{d}\theta\int_0^1 r^2\sin\theta\cos\theta\sqrt{1-r^2}\,r\mathrm{d}r = \frac{2}{15}.\end{aligned}$$

§10.5.3　两类曲面积分之间的联系

设有向曲面 $\boldsymbol{\Sigma}$ 由函数 $z=z(x, y)$ 给出，$\boldsymbol{n}^0=(\cos\alpha, \cos\beta, \cos\gamma)$ 为指定的那一侧的法向量，$\boldsymbol{\Sigma}$ 在 Oxy 面上的投影区域为 D_{xy}，函数 $z=z(x, y)$ 在 D_{xy} 上具有一阶连续偏导数，$P(x,y,z)$，$Q(x,y,z)$，$R(x,y,z)$ 在 $\boldsymbol{\Sigma}$ 上连续. 下面讨论将组合形式的对坐标的曲面积分

$$\Phi=\iint\limits_{\boldsymbol{\Sigma}} P(x, y, z)\mathrm{d}y\mathrm{d}z+Q(x, y, z)\mathrm{d}z\mathrm{d}x+R(x, y, z)\mathrm{d}x\mathrm{d}y$$

直接化为二重积分计算的方法.

根据对坐标的曲面积分的定义，上式右端的被积表达式表示成向量的形式为

$$(P, Q, R)\cdot\mathrm{d}\boldsymbol{S}=P(x, y, z)\mathrm{d}y\mathrm{d}z+Q(x, y, z)\mathrm{d}z\mathrm{d}x+R(x, y, z)\mathrm{d}x\mathrm{d}y,$$

式中，有向曲面元素 $\mathrm{d}\boldsymbol{S}=(\mathrm{d}y\mathrm{d}z,\mathrm{d}z\mathrm{d}x,\mathrm{d}x\mathrm{d}y)$. 因此，组合形式对坐标的曲面积分可表示为

$$\Phi=\iint\limits_{\boldsymbol{\Sigma}}(P, Q, R)\cdot\mathrm{d}\boldsymbol{S}=\iint\limits_{\boldsymbol{\Sigma}}(P, Q, R)\cdot\boldsymbol{n}^0\mathrm{d}S=\iint\limits_{\boldsymbol{\Sigma}}\left[(P, Q, R)\cdot\frac{\boldsymbol{n}}{|\boldsymbol{n}|}\right]\mathrm{d}S.$$

上式右端是对面积的曲面积分. 为了方便，我们按曲面Σ的切平面方程(全微分)来取其上侧法向量$(-z_x, -z_y, 1)$，按对面积的曲面积分计算法，得

$$\begin{aligned}\Phi&=\pm\iint\limits_{D_{xy}}\left[(P, Q, R)\cdot\frac{(-z_x, -z_y, 1)}{\sqrt{1+z_x^2+z_y^2}}\right]\sqrt{1+z_x^2+z_y^2}\,\mathrm{d}x\mathrm{d}y\\&=\pm\iint\limits_{D_{xy}}(-Pz_x-Qz_y+R)\mathrm{d}x\mathrm{d}y,\end{aligned}$$

上式中，如果实际的有向曲面 $\boldsymbol{\Sigma}$ 指定为下侧，与我们取的上侧方向相反，则二重积分前取“-”. 这种方法叫作“向量法”，把组合形式的第Ⅱ型即对坐标的曲面积分直接化为二重积分，其优点是这样取的法向量的模与曲面的投影因子刚好抵消，简化了计算.

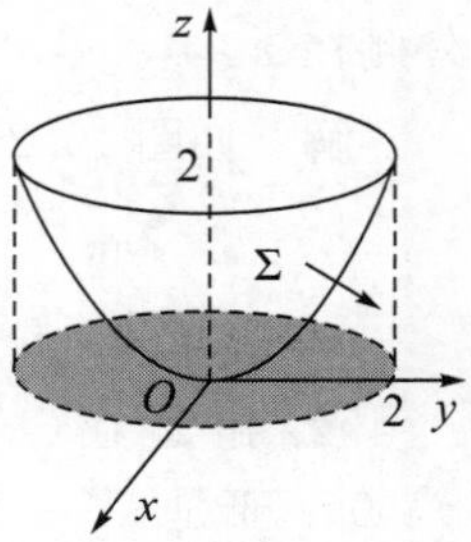

图 10.28

例 3　计算曲面积分$\iint\limits_{\boldsymbol{\Sigma}}(z^2+x)\mathrm{d}y\mathrm{d}z-z\mathrm{d}x\mathrm{d}y$，其中 $\boldsymbol{\Sigma}$ 是曲面 $z=\dfrac{1}{2}(x^2+y^2)$介于平面 $z=0$ 及 $z=2$ 之间的部分的下侧，如图 10.28 所示.

解　因为 $P=z^2+x$，$Q=0$，$R=-z$，且 $z_x=x$，$z_y=y$，所以

$$\begin{aligned}&\iint\limits_{\boldsymbol{\Sigma}}(z^2+x)\mathrm{d}y\mathrm{d}z-z\mathrm{d}x\mathrm{d}y\\=&-\iint\limits_{D_{xy}}[-(z^2+x)x-z]\mathrm{d}x\mathrm{d}y\end{aligned}$$

$$= \iint\limits_{x^2+y^2\leqslant 4} \left[\frac{1}{4}x\,(x^2+y^2)^2 + x^2 + \frac{1}{2}(x^2+y^2)\right]\mathrm{d}x\mathrm{d}y,$$

由对称性，有

$$\iint\limits_{x^2+y^2\leqslant 4} x\,(x^2+y^2)^2\mathrm{d}x\mathrm{d}y = 0,\quad \iint\limits_{x^2+y^2\leqslant 4} x^2\mathrm{d}x\mathrm{d}y = \iint\limits_{x^2+y^2\leqslant 4} y^2\mathrm{d}x\mathrm{d}y = \iint\limits_{x^2+y^2} \frac{x^2+y^2}{2}\mathrm{d}x\mathrm{d}y,$$

因此

$$\iint\limits_{\boldsymbol{\Sigma}} (z^2+x)\mathrm{d}y\mathrm{d}z - z\mathrm{d}x\mathrm{d}y = \iint\limits_{x^2+y^2\leqslant 4} (x^2+y^2)\mathrm{d}x\mathrm{d}y$$

$$= \int_0^{2\pi}\mathrm{d}\theta\int_0^2 r^2\cdot r\mathrm{d}r = 8\pi.$$

习题 10—5

1. 当Σ为 Oxy 内的一个闭区域时，曲面积分$\iint\limits_{\Sigma} R(x,\ y,\ z)\mathrm{d}x\mathrm{d}y$ 与二重积分有什么关系?

2. 计算下面的曲面积分：

(1) $\iint\limits_{\boldsymbol{\Sigma}} x^2y^2z\mathrm{d}x\mathrm{d}y$，其中 $\boldsymbol{\Sigma}$ 是球面 $x^2+y^2+z^2=R^2$ 的下半部分的下侧；

(2) $\iint\limits_{\boldsymbol{\Sigma}} z\mathrm{d}x\mathrm{d}y+x\mathrm{d}y\mathrm{d}z+y\mathrm{d}z\mathrm{d}x$，其中 $\boldsymbol{\Sigma}$ 是柱面 $x^2+y^2=1$ 被平面 $z=0$ 及 $z=3$ 所截得的在第一卦限内的部分的前侧；

(3) $\iint\limits_{\boldsymbol{\Sigma}} [f(x,y,z)+x]\mathrm{d}y\mathrm{d}z+[2f(x,y,z)+y]\mathrm{d}z\mathrm{d}x+[f(x,y,z)+z]\mathrm{d}x\mathrm{d}y$，其中 $f(x,y,z)$为连续函数，$\boldsymbol{\Sigma}$ 是平面 $x-y+z=1$ 在第四卦限部分的上侧；

(4) $\oiint\limits_{\boldsymbol{\Sigma}} xz\mathrm{d}x\mathrm{d}y+xy\mathrm{d}y\mathrm{d}z+yz\mathrm{d}z\mathrm{d}x$，其中 $\boldsymbol{\Sigma}$ 是平面 $x=0$，$y=0$，$z=0$，$x+y+z=1$ 所围成的空间区域的整个边界曲面的外侧.

3. 把对坐标的曲面积分$\iint\limits_{\boldsymbol{\Sigma}} P(x,y,z)\mathrm{d}y\mathrm{d}z+Q(x,y,z)\mathrm{d}z\mathrm{d}x+R(x,y,z)\mathrm{d}x\mathrm{d}y$ 化为对面积的曲面积分：

(1) $\boldsymbol{\Sigma}$ 为平面 $3x+2y+2\sqrt{3}z=6$ 在第一卦限部分的上侧；

(2) $\boldsymbol{\Sigma}$ 为球面 $x^2+y^2+z^2=a^2$ 的内侧.

4. 求$\iint\limits_{\boldsymbol{\Sigma}} [f(x,y,z)+x]\mathrm{d}y\mathrm{d}z+[2f(x,y,z)+y]\mathrm{d}z\mathrm{d}x+[f(x,y,z)+z]\mathrm{d}x\mathrm{d}y$，其中 $f(x,y,z)$为连续函数，$\boldsymbol{\Sigma}$ 为平面 $x-y+z=1$ 在第四卦限部分的上侧.

§ 10.6 高斯公式 通量与散度

格林公式揭示了平面闭区域上的二重积分与其边界曲线上的曲线积分之间的关系，高斯公式则揭示了空间闭区域上的三重积分与其边界曲面上的曲面积分之间的关系.

§ 10.6.1 高斯公式

定理 设空间闭区域 Ω 是由光滑或分片光滑的闭曲面 $\boldsymbol{\Sigma}$ 所围成的，函数 $P(x,y,z)$，$Q(x,y,z)$，$R(x,y,z)$在 Ω 上具有一阶连续偏导数，则有

$$\iiint_{\Omega}\left(\frac{\partial P}{\partial x}+\frac{\partial Q}{\partial y}+\frac{\partial R}{\partial z}\right)\mathrm{d}v=\oint\!\!\oint_{\boldsymbol{\Sigma}}P\,\mathrm{d}y\mathrm{d}z+Q\,\mathrm{d}z\mathrm{d}x+R\,\mathrm{d}x\mathrm{d}y,\tag{10.1}$$

这里 $\boldsymbol{\Sigma}$ 的方向规定为外侧. 这个公式叫高斯公式.

如果在有向曲面Σ上点(x,y,z)处外侧法向量的方向余弦为 $\cos\alpha$，$\cos\beta$，$\cos\gamma$，则有 $\mathrm{d}y\mathrm{d}z=\cos\alpha\mathrm{d}S$，$\mathrm{d}z\mathrm{d}x=\cos\beta\mathrm{d}S$，$\mathrm{d}x\mathrm{d}y=\cos\gamma\mathrm{d}S$，所以高斯公式也可以表示为

$$\iiint_{\Omega}\left(\frac{\partial P}{\partial x}+\frac{\partial Q}{\partial y}+\frac{\partial R}{\partial z}\right)\mathrm{d}v=\oint\!\!\oint_{\boldsymbol{\Sigma}}(P\cos\alpha+Q\cos\beta+R\cos\gamma)\mathrm{d}S.\tag{10.2}$$

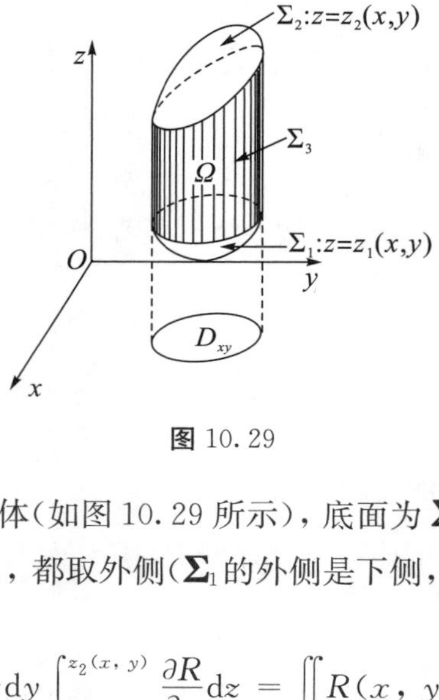

图 10.29

证明 设 Ω 是XY－型柱体(如图 10.29 所示)，底面为 $\boldsymbol{\Sigma}_1$：$z=z_1(x,y)$，顶面为 $\boldsymbol{\Sigma}_2$：$z=z_2(x,y)$，侧面为柱面 $\boldsymbol{\Sigma}_3$，都取外侧($\boldsymbol{\Sigma}_1$的外侧是下侧，$\boldsymbol{\Sigma}_2$的外侧是上侧). 根据三重积分的计算法，有

$$\begin{aligned}\iiint_{\Omega}\frac{\partial R}{\partial z}\mathrm{d}v&=\iint_{D_{xy}}\mathrm{d}x\mathrm{d}y\int_{z_1(x,y)}^{z_2(x,y)}\frac{\partial R}{\partial z}\mathrm{d}z=\iint_{D_{xy}}R(x,y,z)\Big|_{z_1(x,y)}^{z_2(x,y)}\mathrm{d}x\mathrm{d}y\\&=\iint_{D_{xy}}\{R[x,y,z_2(x,y)]-R[x,y,z_1(x,y)]\}\mathrm{d}x\mathrm{d}y.\end{aligned}$$

再考虑对坐标的曲面积分，有

$$\iint_{\Sigma_1} R(x,y,z)\mathrm{d}x\mathrm{d}y = -\iint_{D_{xy}} R[x,y,z_1(x,y)]\mathrm{d}x\mathrm{d}y,$$

$$\iint_{\Sigma_2} R(x,y,z)\mathrm{d}x\mathrm{d}y = \iint_{D_{xy}} R[x,y,z_2(x,y)]\mathrm{d}x\mathrm{d}y,$$

$$\iint_{\Sigma_3} R(x,y,z)\mathrm{d}x\mathrm{d}y = 0,$$

以上三式相加，得

$$\oiint_{\Sigma} R(x,y,z)\mathrm{d}x\mathrm{d}y = \iint_{D_{xy}} \{R[x,y,z_2(x,y)] - R[x,y,z_1(x,y)]\}\mathrm{d}x\mathrm{d}y.$$

所以
$$\iiint_{\Omega} \frac{\partial R}{\partial z}\mathrm{d}v = \oiint_{\Sigma} R(x,y,z)\mathrm{d}x\mathrm{d}y.$$

类似地，如果 Ω 是 YZ－型柱体或 Ω 是 ZX－型柱体，则分别有

$$\iiint_{\Omega} \frac{\partial P}{\partial x}\mathrm{d}v = \oiint_{\Sigma} P(x,y,z)\mathrm{d}y\mathrm{d}z,\qquad \iiint_{\Omega} \frac{\partial Q}{\partial y}\mathrm{d}v = \oiint_{\Sigma} Q(x,y,z)\mathrm{d}z\mathrm{d}x.$$

如果 Ω 既是 XY－型又是 YZ－型或 ZX－型柱体，上面三个式子都成立，把这三个式子相加，就得到高斯公式(10.1)．这里对 Ω 作了限制，一般地，我们可以引入一片或几片辅助曲面把任意的 Ω 分为有限个闭区域，使得每个闭区域都满足上面的条件，并注意到沿这些辅助曲面相反两侧的两个曲面积分大小相等但符号相反，相加时正好抵消，所以高斯公式仍然成立. 证毕.

例 1　利用高斯公式计算曲面积分 $\oiint_{\Sigma}(x-y)\mathrm{d}x\mathrm{d}y+(y-z)x\mathrm{d}y\mathrm{d}z$，其中 $\boldsymbol{\Sigma}$ 为柱面 $x^2+y^2=1$ 及平面 $z=0$，$z=3$ 所围成的空间闭区域 Ω 的整个边界曲面的外侧(如图 10.30 所示).

解　这里 $P=(y-z)x$，$Q=0$，$R=x-y$，则

$$\frac{\partial P}{\partial x} = y-z,\quad \frac{\partial Q}{\partial y} = 0,\quad \frac{\partial R}{\partial z} = 0.$$

由高斯公式(10.1)，得

$$\begin{aligned}&\oiint_{\Sigma}(x-y)\mathrm{d}x\mathrm{d}y + x(y-z)\mathrm{d}y\mathrm{d}z\\ &= \iiint_{\Omega}(y-z)\mathrm{d}x\mathrm{d}y\mathrm{d}z = -\iiint_{\Omega} z\rho\mathrm{d}\rho\mathrm{d}\theta\mathrm{d}z\\ &= -\int_0^{2\pi}\mathrm{d}\theta\int_0^1\rho\mathrm{d}\rho\int_0^3 z\mathrm{d}z = -\frac{9\pi}{2},\end{aligned}$$

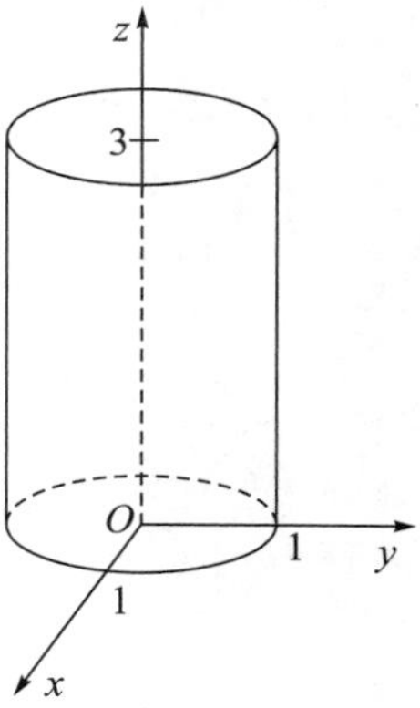

图 10.30

其中利用对称性可知 $\iiint_{\Omega} y\mathrm{d}x\mathrm{d}y\mathrm{d}z = 0$. 注意，当被积函数 $f(x,y,z)=z$ 时，可用“截面法”来计算三重积分，即

$$\iiint\limits_{\Omega} z\,\mathrm{d}x\,\mathrm{d}y\,\mathrm{d}z = \int_0^3 z\,\mathrm{d}z \iint\limits_{D_z} \mathrm{d}x\,\mathrm{d}y = \frac{9}{2}\pi.$$

例 2 计算曲面积分$\iint\limits_{\boldsymbol{\Sigma}}(x^2\cos\alpha + y^2\cos\beta + z^2\cos\gamma)\mathrm{d}S$，其中$\Sigma$为锥面$x^2+y^2=z^2$介于平面$z=0$及$z=h$ $(h>0)$之间的部分的下侧，$\cos\alpha$，$\cos\beta$，$\cos\gamma$是$\boldsymbol{\Sigma}$上点(x, y, z)处的法向量的方向余弦.

解 补充有向平面$\boldsymbol{\Sigma}_1: z=h(x^2+y^2\leqslant h^2)$，取上侧，则$\boldsymbol{\Sigma}$与$\boldsymbol{\Sigma}_1$构成一个闭曲面，方向为外侧，设围成的空间闭区域为$\Omega$(如图 10.31 所示)，由高斯公式(10.2)，得

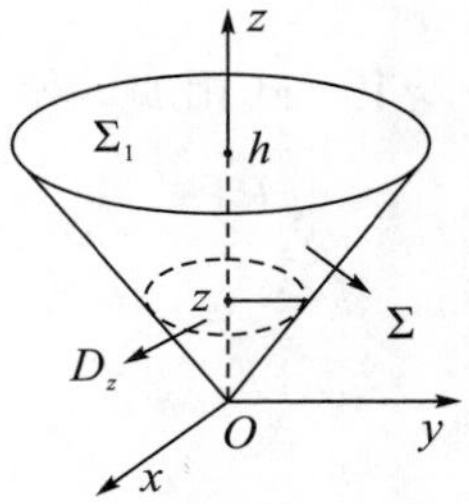

图 10.31

$$G = \oiint\limits_{\boldsymbol{\Sigma}+\boldsymbol{\Sigma}_1}(x^2\cos\alpha + y^2\cos\beta + z^2\cos\gamma)\mathrm{d}S$$
$$= 2\iiint\limits_{\Omega}(x+y+z)\mathrm{d}x\,\mathrm{d}y\,\mathrm{d}z.$$

由对称性可知$\iiint\limits_{\Omega} x\,\mathrm{d}x\,\mathrm{d}y\,\mathrm{d}z = \iiint\limits_{\Omega} y\,\mathrm{d}x\,\mathrm{d}y\,\mathrm{d}z = 0$，则

$$G = 2\iiint\limits_{\Omega} z\,\mathrm{d}x\,\mathrm{d}y\,\mathrm{d}z = 2\int_0^h z\,\mathrm{d}z\iint\limits_{D_z}\mathrm{d}x\,\mathrm{d}y = 2\int_0^h z\cdot\pi z^2\,\mathrm{d}z = \frac{1}{2}\pi h^4.$$

因为在$\boldsymbol{\Sigma}_1$上的单位法向量$(\cos\alpha, \cos\beta, \cos\gamma)=(0, 0, 1)$，可得

$$\iint\limits_{\boldsymbol{\Sigma}_1}(x^2\cos\alpha + y^2\cos\beta + z^2\cos\gamma)\mathrm{d}S = \iint\limits_{\boldsymbol{\Sigma}_1} z^2\,\mathrm{d}S = \iint\limits_{D_{xy}} h^2\,\mathrm{d}x\,\mathrm{d}y = \pi h^4,$$

所以

$$\iint\limits_{\boldsymbol{\Sigma}}(x^2\cos\alpha + y^2\cos\beta + z^2\cos\gamma)\mathrm{d}S = \frac{1}{2}\pi h^4 - \pi h^4 = -\frac{1}{2}\pi h^4.$$

§10.6.2 通量与散度

下面解释高斯公式的物理意义. 设密度为 1 的稳定流动的不可压缩流体的速度场为

$$\boldsymbol{v}(x, y, z) = (P(x, y, z), Q(x, y, z), R(x, y, z)),$$

式中，P，Q，R具有一阶连续偏导数，$\boldsymbol{\Sigma}$是该速度场内的一片有向闭曲面，在点(x, y, z)处的单位法向量为$\boldsymbol{n}^0=(\cos\alpha, \cos\beta, \cos\gamma)$，则单位时间内流体通过曲面$\boldsymbol{\Sigma}$向着指定侧的流量为

$$\Phi = \oiint\limits_{\boldsymbol{\Sigma}} P\,\mathrm{d}y\,\mathrm{d}z + Q\,\mathrm{d}z\,\mathrm{d}x + R\,\mathrm{d}x\,\mathrm{d}y$$
$$= \oiint\limits_{\boldsymbol{\Sigma}}(P\cos\alpha + Q\cos\beta + R\cos\gamma)\mathrm{d}S$$
$$= \oiint\limits_{\boldsymbol{\Sigma}}\boldsymbol{v}\cdot\boldsymbol{n}^0\,\mathrm{d}S = \oiint\limits_{\boldsymbol{\Sigma}} v_n\,\mathrm{d}S,$$

式中，$v_n=\boldsymbol{v}\cdot\boldsymbol{n}^0=P\cos\alpha+Q\cos\beta+R\cos\gamma$ 表示速度向量 $\boldsymbol{v}$ 在有向曲面 $\boldsymbol{\Sigma}$ 的法向量上的投影. 如果有向曲面 $\boldsymbol{\Sigma}$ 指向外侧，那么上面公式的右端可解释为单位时间内离开闭区域 Ω 的流体的总质量. 由于液体是不可压缩且流动是稳定的，因此在流体流出 Ω 的同时，Ω 内部必须有产生流体的源头来补充同样多的流体. 所以，高斯公式左端可解释为分布在 Ω 内的源头在单位时间内所产生的流体的总质量.

高斯公式可以改写为

$$\iiint_{\Omega}\left(\frac{\partial P}{\partial x}+\frac{\partial Q}{\partial y}+\frac{\partial R}{\partial z}\right)\mathrm{d}v=\oint\!\!\!\oint_{\boldsymbol{\Sigma}}v_n\mathrm{d}S.$$

上式两端除以体积 V，得

$$\frac{1}{V}\iiint_{\Omega}\left(\frac{\partial P}{\partial x}+\frac{\partial Q}{\partial y}+\frac{\partial R}{\partial z}\right)\mathrm{d}v=\frac{1}{V}\oint\!\!\!\oint_{\boldsymbol{\Sigma}}v_n\mathrm{d}S,$$

其左端可解释为分布在 Ω 内的源头在单位时间内所产生的流体的平均密度. 当 Ω 收缩到一点 $M(x, y, z)$时，应用积分中值定理并取极限，得

$$\frac{\partial P}{\partial x}+\frac{\partial Q}{\partial y}+\frac{\partial R}{\partial z}=\lim_{\Omega\to M}\frac{1}{V}\oint\!\!\!\oint_{\boldsymbol{\Sigma}}v_n\mathrm{d}S,$$

上式左端称为速度向量 $\boldsymbol{v}$ 在点 M 的散度，记为 $\mathrm{div}\,\boldsymbol{v}$，即

$$\mathrm{div}\,\boldsymbol{v}=\frac{\partial P}{\partial x}+\frac{\partial Q}{\partial y}+\frac{\partial R}{\partial z}.$$

一般地，设某向量场由 $\boldsymbol{A}(x, y, z)=(P(x, y, z), Q(x, y, z), R(x, y, z))$给出，其中 P，Q，R 具有一阶连续偏导数，$\boldsymbol{\Sigma}$ 是场内的一片有向曲面，$\boldsymbol{n}^0$ 是Σ上点(x, y, z)处的单位法向量，则 $\iint_{\boldsymbol{\Sigma}}\boldsymbol{A}\cdot\boldsymbol{n}^0\mathrm{d}S$ 叫作向量场 $\boldsymbol{A}$ 通过曲面 $\boldsymbol{\Sigma}$ 向着指定侧的通量(或流量)，而 $\frac{\partial P}{\partial x}+\frac{\partial Q}{\partial y}+\frac{\partial R}{\partial z}$ 叫作向量场 $\boldsymbol{A}$ 的散度，记作 $\mathrm{div}\,\boldsymbol{A}$，即

$$\mathrm{div}\,\boldsymbol{A}=\frac{\partial P}{\partial x}+\frac{\partial Q}{\partial y}+\frac{\partial R}{\partial z}.$$

高斯公式的另一形式为

$$\iiint_{\Omega}\mathrm{div}\,\boldsymbol{A}\mathrm{d}v=\oint\!\!\!\oint_{\boldsymbol{\Sigma}}\boldsymbol{A}\cdot\boldsymbol{n}\mathrm{d}S\quad\text{或}\quad\iiint_{\Omega}\mathrm{div}\,\boldsymbol{A}\mathrm{d}v=\oint\!\!\!\oint_{\boldsymbol{\Sigma}}A_n\mathrm{d}S,$$

式中，$\boldsymbol{\Sigma}$ 是空间闭区域 Ω 的边界曲面，而

$$A_n=\boldsymbol{A}\cdot\boldsymbol{n}^0=P\cos\alpha+Q\cos\beta+R\cos\gamma$$

是向量 $\boldsymbol{A}$ 在曲面Σ的外侧法向量上的投影.

习题 10－6

1. 利用高斯公式计算曲面积分.

(1) $\oint\!\!\!\oint_{\boldsymbol{\Sigma}}x^2\mathrm{d}y\mathrm{d}z+y^2\mathrm{d}z\mathrm{d}x+z^2\mathrm{d}x\mathrm{d}y$，其中 $\boldsymbol{\Sigma}$ 为平面 $x=0$，$y=0$，$z=0$，$x=a$，$y=a$，

$z=a$ 所围成的立体的表面的外侧；

*(2) $\oiint\limits_{\boldsymbol{\Sigma}} x^3\mathrm{d}y\mathrm{d}z+y^3\mathrm{d}z\mathrm{d}x+z^3\mathrm{d}x\mathrm{d}y$，其中 $\boldsymbol{\Sigma}$ 为球面 $x^2+y^2+z^2=a^2$ 的外侧；

*(3) $\oiint\limits_{\boldsymbol{\Sigma}} xz^2\mathrm{d}y\mathrm{d}z+(x^2y-z^3)\mathrm{d}z\mathrm{d}x+(2xy+y^2z)\mathrm{d}x\mathrm{d}y$，其中 $\boldsymbol{\Sigma}$ 为上半球体 $0\leqslant z\leqslant \sqrt{a^2-x^2-y^2}$，$x^2+y^2\leqslant a^2$ 的表面的外侧；

(4) $\oiint\limits_{\boldsymbol{\Sigma}} x\mathrm{d}y\mathrm{d}z+y\mathrm{d}z\mathrm{d}x+z\mathrm{d}x\mathrm{d}y$，其中 $\boldsymbol{\Sigma}$ 是介于 $z=0$ 和 $z=3$ 之间的圆柱体 $x^2+y^2\leqslant 9$ 的整个表面的外侧；

(5) $\oiint\limits_{\boldsymbol{\Sigma}} 4xz\mathrm{d}y\mathrm{d}z-y^2\mathrm{d}z\mathrm{d}x+yz\mathrm{d}x\mathrm{d}y$，其中 $\boldsymbol{\Sigma}$ 是平面 $x=0$，$y=0$，$z=0$，$x=1$，$y=1$，$z=1$ 所围成的立方体的全表面的外侧.

*2. 求下列向量 $\boldsymbol{A}$ 穿过曲面 $\boldsymbol{\Sigma}$ 流向指定侧的通量.

(1) $\boldsymbol{A}=yz\boldsymbol{i}+xz\boldsymbol{j}+xy\boldsymbol{k}$，$\boldsymbol{\Sigma}$ 为圆柱 $x^2+y^2\leqslant a^2(0\leqslant z\leqslant h)$ 的全表面，流向外侧；

(2) $\boldsymbol{A}=(2x-z)\boldsymbol{i}+x^2y\boldsymbol{j}-xz^2\boldsymbol{k}$，$\boldsymbol{\Sigma}$ 为立方体 $0\leqslant z\leqslant a$，$0\leqslant y\leqslant a$，$0\leqslant z\leqslant a$ 的全表面，流向外侧；

(3) $\boldsymbol{A}=(2x+3z)\boldsymbol{i}-(xz+y)\boldsymbol{j}+(y^2+2z)\boldsymbol{k}$，$\boldsymbol{\Sigma}$ 是以点 $(3,-1,2)$ 为球心，半径 $R=3$ 的球面，流向外侧.

*3. 求下列向量场 $\boldsymbol{A}$ 的散度.

(1) $\boldsymbol{A}=(x^2+yz)\boldsymbol{i}+(y^2+xz)\boldsymbol{j}+(z^2+xy)\boldsymbol{k}$；

(2) $\boldsymbol{A}=\mathrm{e}^{xy}\boldsymbol{i}+\cos(xy)\boldsymbol{j}+\cos(xz^2)\boldsymbol{k}$；

(3) $\boldsymbol{A}=y^2\boldsymbol{i}+xy\boldsymbol{j}+xz\boldsymbol{k}$.

4. 设 $u(x,y,z)$，$v(x,y,z)$ 是两个定义在闭区域 Ω 上的具有二阶连续偏导数的函数，$\dfrac{\partial u}{\partial \boldsymbol{n}}$，$\dfrac{\partial v}{\partial \boldsymbol{n}}$ 依次表示 $u(x,y,z)$，$v(x,y,z)$ 沿 $\boldsymbol{\Sigma}$ 的外法线方向的方向导数. 证明：

$$\iiint\limits_{\Omega}(u\Delta v-v\Delta u)\mathrm{d}x\mathrm{d}y\mathrm{d}z=\oiint\limits_{\boldsymbol{\Sigma}}\left(u\frac{\partial v}{\partial \boldsymbol{n}}-v\frac{\partial u}{\partial \boldsymbol{n}}\right)\mathrm{d}S,$$

式中，$\boldsymbol{\Sigma}$ 是空间闭区域 Ω 的整个边界曲面. 这个公式叫作格林第二公式.

§10.7　斯托克斯公式　环流量与旋度

斯托克斯(Stokes)公式是格林公式的推广. 格林公式给出了在平面闭区域 D 上的二重积分与沿闭区域 D 的有向边界曲线 $\boldsymbol{L}$ 上的曲线积分之间的关系，斯托克斯公式则给出了在空间曲面 $\boldsymbol{\Sigma}$ 上的曲面积分与沿曲面 $\boldsymbol{\Sigma}$ 的有向边界曲线 $\boldsymbol{\Gamma}$ 上的曲线积分之间的关系.

§10.7.1　斯托克斯公式

定理　设 $\boldsymbol{\Gamma}$ 为光滑或分段光滑的空间有向闭曲线，$\boldsymbol{\Sigma}$ 是以 $\boldsymbol{\Gamma}$ 为边界的光滑或分片光滑的有向曲面，$\boldsymbol{\Gamma}$ 的正向与 $\boldsymbol{\Sigma}$ 的侧面符合右手规则，函数 $P(x, y, z)$，$Q(x, y, z)$，$R(x, y, z)$在曲面 $\boldsymbol{\Sigma}$(连同边界)上具有一阶连续偏导数，则有

$$\iint_{\boldsymbol{\Sigma}}\left(\frac{\partial R}{\partial y}-\frac{\partial Q}{\partial z}\right)\mathrm{d}y\mathrm{d}z+\left(\frac{\partial P}{\partial z}-\frac{\partial R}{\partial x}\right)\mathrm{d}z\mathrm{d}x+\left(\frac{\partial Q}{\partial x}-\frac{\partial P}{\partial y}\right)\mathrm{d}x\mathrm{d}y=\oint_{\boldsymbol{\Gamma}}P\mathrm{d}x+Q\mathrm{d}y+R\mathrm{d}z.$$

为了方便记忆，斯托克斯公式可写为

$$\iint_{\boldsymbol{\Sigma}}\begin{vmatrix}\mathrm{d}y\mathrm{d}z & \mathrm{d}z\mathrm{d}x & \mathrm{d}x\mathrm{d}y\\ \dfrac{\partial}{\partial x} & \dfrac{\partial}{\partial y} & \dfrac{\partial}{\partial z}\\ P & Q & R\end{vmatrix}=\oint_{\boldsymbol{\Gamma}}P\mathrm{d}x+Q\mathrm{d}y+R\mathrm{d}z$$

或

$$\iint_{\boldsymbol{\Sigma}}\begin{vmatrix}\cos\alpha & \cos\beta & \cos\gamma\\ \dfrac{\partial}{\partial x} & \dfrac{\partial}{\partial y} & \dfrac{\partial}{\partial z}\\ P & Q & R\end{vmatrix}\mathrm{d}S=\oint_{\boldsymbol{\Gamma}}P\mathrm{d}x+Q\mathrm{d}y+R\mathrm{d}z,$$

式中，$\boldsymbol{n}=(\cos\alpha, \cos\beta, \cos\gamma)$为有向曲面 $\boldsymbol{\Sigma}$ 的单位法向量(如图 10.32 所示).

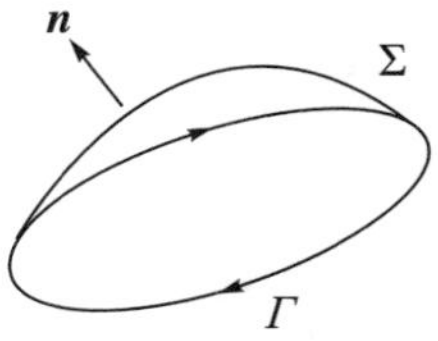

图 10.32

讨论：如果 $\boldsymbol{\Sigma}$ 是 Oxy 面上的一块平面闭区域，斯托克斯公式将变成什么？

例 1　利用斯托克斯公式计算曲线积分$\oint_{\boldsymbol{\Gamma}}z\mathrm{d}x+x\mathrm{d}y+y\mathrm{d}z$，其中 $\boldsymbol{\Gamma}$ 为平面 $x+y+z=1$ 被三个坐标面所截成的三角形的整个边界，它的正向与这个三角形上侧的法向量之间符合右手规则.

解法一　按斯托克斯公式，有

$$\oint_{\boldsymbol{\Gamma}}z\mathrm{d}x+x\mathrm{d}y+y\mathrm{d}z=\iint_{\boldsymbol{\Sigma}}\mathrm{d}y\mathrm{d}z+\mathrm{d}z\mathrm{d}x+\mathrm{d}x\mathrm{d}y.$$

由 $\boldsymbol{\Sigma}$ 的轮换对称性可知，$\iint_{\boldsymbol{\Sigma}}\mathrm{d}y\mathrm{d}z=\iint_{\boldsymbol{\Sigma}}\mathrm{d}z\mathrm{d}x=\iint_{\boldsymbol{\Sigma}}\mathrm{d}x\mathrm{d}y=\iint_{D_{xy}}\mathrm{d}\sigma$，

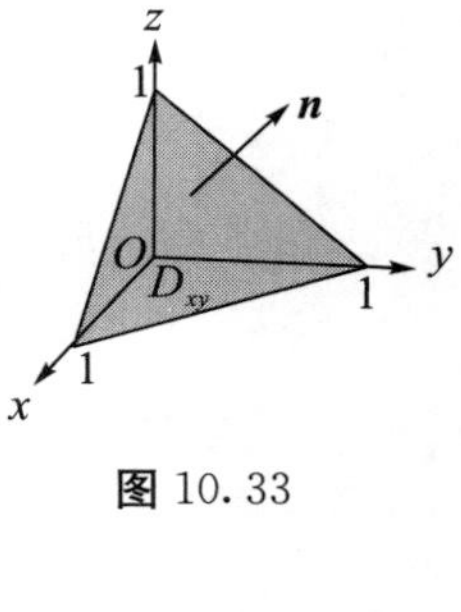

图 10.33

其中 D_{xy} 为Oxy 面上由直线$x+y=1$及两条坐标轴围成的三角形闭区域(如图 10.33 所示)，因此

$$\oint_{\boldsymbol{\Gamma}}z\mathrm{d}x+x\mathrm{d}y+y\mathrm{d}z=\frac{3}{2}.$$

解法二 设 $\boldsymbol{\Sigma}$ 为闭曲线 $\boldsymbol{\Gamma}$ 所围成的三角形平面，$\boldsymbol{\Sigma}$ 在 Oyz 面、Ozx 面和 Oxy 面上的投影区域分别为 D_{yz}，D_{zx}，D_{xy}，按斯托克斯公式，有

$$\oint_{\boldsymbol{\Gamma}} z\mathrm{d}x + x\mathrm{d}y + y\mathrm{d}z = \iint_{\boldsymbol{\Sigma}} \begin{vmatrix} \mathrm{d}y\mathrm{d}z & \mathrm{d}z\mathrm{d}x & \mathrm{d}x\mathrm{d}y \\ \dfrac{\partial}{\partial x} & \dfrac{\partial}{\partial y} & \dfrac{\partial}{\partial z} \\ z & x & y \end{vmatrix}$$

$$= \iint_{\boldsymbol{\Sigma}} \mathrm{d}y\mathrm{d}z + \mathrm{d}z\mathrm{d}x + \mathrm{d}x\mathrm{d}y$$

$$= 3\iint_{D_{xy}} \mathrm{d}x\mathrm{d}y = \frac{3}{2}.\text{（这里用 § 10.5.3 的计算方法）}$$

例 2 利用斯托克斯公式计算曲线积分

$$I = \oint_{\boldsymbol{\Gamma}} (y^2 - z^2)\mathrm{d}x + (z^2 - x^2)\mathrm{d}y + (x^2 - y^2)\mathrm{d}z,$$

式中，$\boldsymbol{\Gamma}$ 是用平面 $x + y + z = \frac{3}{2}$ 截立方体：$0 \leqslant x \leqslant 1$，$0 \leqslant y \leqslant 1$，$0 \leqslant z \leqslant 1$ 的表面所得的截痕，若从 x 轴的正向看去取逆时针方向(如图 10.34 所示).

解 取 $\boldsymbol{\Sigma}$ 为平面 $x + y + z = \frac{3}{2}$ 被 $\boldsymbol{\Gamma}$ 所围成的部分，上侧平面 $\boldsymbol{\Sigma}$ 的单位法向量 $\boldsymbol{n} = \frac{1}{\sqrt{3}}(1, 1, 1)$，即 $\cos\alpha = \cos\beta = \cos\gamma = \frac{1}{\sqrt{3}}$. 按斯托克斯公式，有

$$I = \iint_{\boldsymbol{\Sigma}} \begin{vmatrix} \dfrac{1}{\sqrt{3}} & \dfrac{1}{\sqrt{3}} & \dfrac{1}{\sqrt{3}} \\ \dfrac{\partial}{\partial x} & \dfrac{\partial}{\partial y} & \dfrac{\partial}{\partial z} \\ y^2 - z^2 & z^2 - x^2 & x^2 - y^2 \end{vmatrix} \mathrm{d}S = -\frac{4}{\sqrt{3}}\iint_{\boldsymbol{\Sigma}} (x + y + z)\mathrm{d}S$$

$$= -\frac{4}{\sqrt{3}}\iint_{\boldsymbol{\Sigma}} \frac{3}{2}\mathrm{d}S = -2\sqrt{3}\iint_{D_{xy}} \sqrt{3}\,\mathrm{d}x\mathrm{d}y,$$

式中，D_{xy} 为 $\boldsymbol{\Sigma}$ 在 Oxy 平面上的投影区域(如图 10.35 所示)，且在 $\boldsymbol{\Sigma}$ 上 $x + y + z = \frac{3}{2}$，于是

$$I = -6\iint_{D_{xy}} \mathrm{d}x\mathrm{d}y = -6 \cdot \frac{3}{4} = -\frac{9}{2}.$$

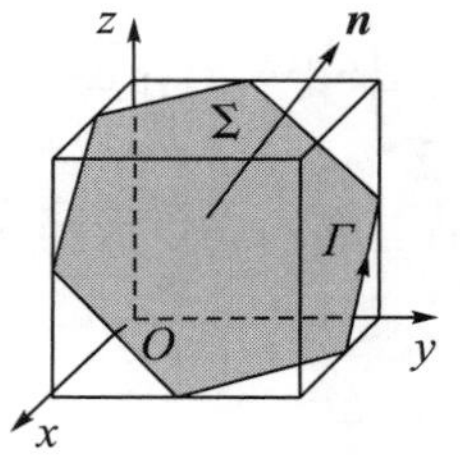

图 10.34

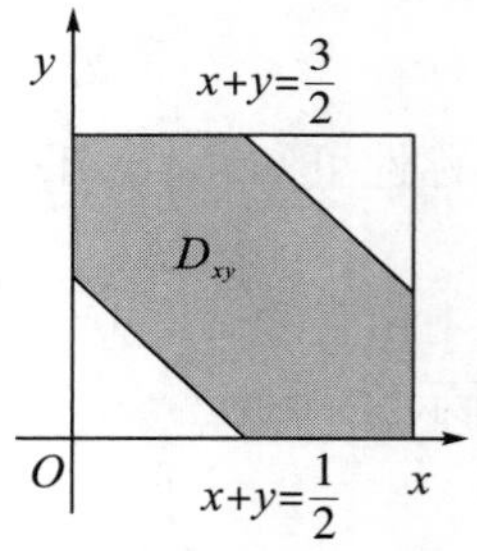

图 10.35

§ 10.7.2　环流量与旋度

我们把向量场 $\boldsymbol{A}=(P(x, y, z), Q(x, y, z), R(x, y, z))$所确定的向量场

$$\left(\frac{\partial R}{\partial y}-\frac{\partial Q}{\partial z}\right)\boldsymbol{i}+\left(\frac{\partial P}{\partial z}-\frac{\partial R}{\partial x}\right)\boldsymbol{j}+\left(\frac{\partial Q}{\partial x}-\frac{\partial P}{\partial y}\right)\boldsymbol{k}$$

称为向量场 $\boldsymbol{A}$ 的旋度，记为 $\mathbf{rot}\,\boldsymbol{A}$，即

$$\mathbf{rot}\,\boldsymbol{A}=\left(\frac{\partial R}{\partial y}-\frac{\partial Q}{\partial z}\right)\boldsymbol{i}+\left(\frac{\partial P}{\partial z}-\frac{\partial R}{\partial x}\right)\boldsymbol{j}+\left(\frac{\partial Q}{\partial x}-\frac{\partial P}{\partial y}\right)\boldsymbol{k}=\begin{vmatrix}\boldsymbol{i} & \boldsymbol{j} & \boldsymbol{k}\\ \frac{\partial}{\partial x} & \frac{\partial}{\partial y} & \frac{\partial}{\partial z}\\ P & Q & R\end{vmatrix}.$$

斯托克斯公式的另一形式为

$$\oint_{\boldsymbol{\Gamma}}P\mathrm{d}x+Q\mathrm{d}y+R\mathrm{d}z=\iint_{\boldsymbol{\Sigma}}\mathbf{rot}\,\boldsymbol{A}\cdot\boldsymbol{n}\mathrm{d}S=\oint_{\boldsymbol{\Gamma}}\boldsymbol{A}\cdot\boldsymbol{\tau}\mathrm{d}s$$

或

$$\oint_{\boldsymbol{\Gamma}}P\mathrm{d}x+Q\mathrm{d}y+R\mathrm{d}z=\iint_{\boldsymbol{\Sigma}}(\mathbf{rot}\,\boldsymbol{A})_n\mathrm{d}S=\oint_{\boldsymbol{\Gamma}}A_\tau\mathrm{d}s,$$

式中，$\boldsymbol{n}^0$ 是曲面 $\boldsymbol{\Sigma}$ 上点(x, y, z)处的单位法向量，$\boldsymbol{\tau}$ 是 $\boldsymbol{\Sigma}$ 的正向边界曲线 $\boldsymbol{\Gamma}$ 上点(x, y, z)处的单位切向量，$(\mathbf{rot}\,\boldsymbol{A})_n$ 为 $\mathbf{rot}\,\boldsymbol{A}$ 在 $\boldsymbol{\Sigma}$ 的法向量上的投影，A_τ 为 $\boldsymbol{A}$ 在 $\boldsymbol{\Gamma}$ 的切向量上的投影.

沿有向闭曲线 $\boldsymbol{\Gamma}$ 的曲线积分

$$\oint_{\boldsymbol{\Gamma}}P\mathrm{d}x+Q\mathrm{d}y+R\mathrm{d}z=\oint_{\boldsymbol{\Gamma}}A_\tau\mathrm{d}s$$

叫作向量场 $\boldsymbol{A}$ 沿有向闭曲线 $\boldsymbol{\Gamma}$ 的环流量. 因此，斯托克斯公式表示向量场 $\boldsymbol{A}$ 沿有向闭曲线 $\boldsymbol{\Gamma}$ 的环流量等于向量场 $\boldsymbol{A}$ 的旋度场通过 $\boldsymbol{\Gamma}$ 所围成的曲面 $\boldsymbol{\Sigma}$ 的通量.

习题 10—7

1. 试对曲面 $\boldsymbol{\Sigma}$：$z=x^2+y^2$，$x^2+y^2\leqslant 1$，$P=y^2$，$Q=x$，$R=z^2$ 验证斯托克斯公式.

*2. 利用斯托克斯公式，计算下列曲线积分.

(1) $\oint_{\boldsymbol{\Gamma}}y\mathrm{d}x+z\mathrm{d}y+x\mathrm{d}z$，其中 $\boldsymbol{\Gamma}$ 为圆周 $x^2+y^2+z^2=a^2$，$x+y+z=0$，若从 x 轴的正向看去，这圆周是取逆时针方向；

(2) $\oint_{\boldsymbol{\Gamma}}(y-z)\mathrm{d}x+(z-x)\mathrm{d}y+(x-y)\mathrm{d}z$，其中 $\boldsymbol{\Gamma}$ 为椭圆 $x^2+y^2=a^2$，$\frac{x}{a}+\frac{z}{b}=1$ $(a>0, b>0)$，若从 x 轴正向看去，这椭圆是取逆时针方向；

(3) $\oint_{\boldsymbol{\Gamma}}3y\mathrm{d}x-xz\mathrm{d}y+yz^2\mathrm{d}z$，其中 $\boldsymbol{\Gamma}$ 是圆周 $x^2+y^2=2z$，$z=2$，若从 z 轴正向看去，这圆周是取逆时针方向；

(4)$\oint_{\boldsymbol{\Gamma}} 2y\mathrm{d}x+3x\mathrm{d}y-z^2\mathrm{d}z$，其中$\boldsymbol{\Gamma}$是圆周$x^2+y^2+z^2=9$，$z=0$，若从$z$轴正向看去，这圆周是取逆时针方向.

*3. 利用斯托克斯公式把曲面积分$\iint\limits_{\boldsymbol{\Sigma}} \mathbf{rot}\,\boldsymbol{A}\cdot\boldsymbol{n}\mathrm{d}S$化为曲线积分，并计算积分值，其中$\boldsymbol{A}$，$\boldsymbol{\Sigma}$，$\boldsymbol{n}$分别如下：

(1)$\boldsymbol{A}=y^2\boldsymbol{i}+xy\boldsymbol{j}+xz\boldsymbol{k}$，$\boldsymbol{\Sigma}$为上半球面$z=\sqrt{1-x^2-y^2}$的上侧，$\boldsymbol{n}$是$\boldsymbol{\Sigma}$的单位法向量；

(2)$\boldsymbol{A}=(y-z)\boldsymbol{i}+yz\boldsymbol{j}-xz\boldsymbol{k}$，$\boldsymbol{\Sigma}$为立方体$\{(x,y,z)\mid 0\leqslant x\leqslant 2,0\leqslant y\leqslant 2,0\leqslant z\leqslant 2\}$的表面外侧去掉$Oxy$面上的那个底面，$\boldsymbol{n}$是$\boldsymbol{\Sigma}$的单位法向量.

4. 求下列向量场$\boldsymbol{A}$沿闭曲线$\boldsymbol{\Gamma}$(从z轴正向看$\boldsymbol{\Gamma}$依逆时针方向)的环流量.

(1)$\boldsymbol{A}=-y\boldsymbol{i}+x\boldsymbol{j}+c\boldsymbol{k}$($c$为常量)，其中$\boldsymbol{\Gamma}$为圆周$x^2+y^2=1$，$z=0$；

(2)$\boldsymbol{A}=(x-z)\boldsymbol{i}+(x^3+yz)\boldsymbol{j}-3xy^2\boldsymbol{k}$，其中$\boldsymbol{\Gamma}$为圆周$z=2-\sqrt{x^2+y^2}$，$z=0$.

5. 证明：$\mathbf{rot}(\boldsymbol{a}+\boldsymbol{b})=\mathbf{rot}\,\boldsymbol{a}+\mathbf{rot}\,\boldsymbol{b}$.

6. 设$u=u(x,y,z)$具有二阶连续偏导数，求$\mathbf{rot}(\mathbf{grad}\,u)$.

总复习题 10

A 组

1. 填空.

(1)第二类曲线积分$\int_{\Gamma} P\mathrm{d}x+Q\mathrm{d}y+R\mathrm{d}z$化成第一类曲线积分是__________，其中$\alpha$，$\beta$，$\gamma$为有向曲线弧$\boldsymbol{\Gamma}$在点$(x,y,z)$处的________的方向角；

(2)第二类曲面积分$\iint\limits_{\boldsymbol{\Sigma}} P\mathrm{d}y\mathrm{d}z+Q\mathrm{d}z\mathrm{d}x+R\mathrm{d}x\mathrm{d}y$化成第一类曲面积分是________，其中$\alpha$，$\beta$，$\gamma$为有向曲面$\boldsymbol{\Sigma}$在点$(x,y,z)$处的________的方向角.

2. 选择下述题中给出的四个结论中一个正确的结论.

设曲面Σ是上半球面：$x^2+y^2+z^2=R^2(z\geqslant 0)$，曲面$\Sigma_1$是曲面$\Sigma$在第一卦限中的部分，则有________.

A. $\iint\limits_{\Sigma} x\mathrm{d}S=4\iint\limits_{\Sigma_1} x\mathrm{d}S$　　B. $\iint\limits_{\Sigma} y\mathrm{d}S=4\iint\limits_{\Sigma_1} x\mathrm{d}S$

C. $\iint\limits_{\Sigma} z\mathrm{d}S=4\iint\limits_{\Sigma_1} x\mathrm{d}S$　　D. $\iint\limits_{\Sigma} xyz\mathrm{d}S=4\iint\limits_{\Sigma_1} xyz\mathrm{d}S$

3. 计算下列曲线积分.

(1)$\oint_{L}\sqrt{x^2+y^2}\,\mathrm{d}s$，其中$L$为圆周$x^2+y^2=ax$；

(2)$\int_{\Gamma} z\mathrm{d}s$，其中$\Gamma$为曲线$x=t\cos t$，$y=t\sin t$，$z=t(0\leqslant t\leqslant t_0)$；

(3)$\int_{\boldsymbol{L}}(2a-y)\mathrm{d}x+x\mathrm{d}y$，其中$\boldsymbol{L}$为摆线$x=a(t-\sin t)$，$y=a(1-\cos t)$上对应$t$

从 0 到 2π 的一段弧；

(4) $\int_{\Gamma}(y^2-z^2)\mathrm{d}x+2yz\mathrm{d}y-x^2\mathrm{d}z$，其中 $\boldsymbol{\Gamma}$ 是曲线 $x=t$，$y=t^2$，$z=t^3$ 上由 $t_1=0$ 到 $t_2=1$ 的一段弧；

(5) $\int_{L}(\mathrm{e}^x\sin y-2y)\mathrm{d}x+(\mathrm{e}^x\cos y-2)\mathrm{d}y$，其中 $\boldsymbol{L}$ 为上半圆周 $(x-a)^2+y^2=a^2$，$y\geqslant 0$ 沿逆时针方向；

(6) $\oint_{\Gamma}xyz\mathrm{d}z$，其中 $\boldsymbol{\Gamma}$ 是用平面 $y=z$ 截球面 $x^2+y^2+z^2=1$ 所得的截痕，从 z 轴的正向看去，沿逆时针方向.

4. 计算下列曲面积分.

(1) $\iint\limits_{\Sigma}\frac{\mathrm{d}S}{x^2+y^2+z^2}$，其中 Σ 是介于平面 $z=0$ 及 $z=H$ 之间的圆柱面 $x^2+y^2=R^2$；

(2) $\iint\limits_{\boldsymbol{\Sigma}}(y^2-z)\mathrm{d}y\mathrm{d}z+(z^2-x)\mathrm{d}z\mathrm{d}x+(x^2-y)\mathrm{d}x\mathrm{d}y$，其中 $\boldsymbol{\Sigma}$ 为锥面 $z=\sqrt{x^2+y^2}$ $(0\leqslant z\leqslant h)$ 的外侧；

(3) $\iint\limits_{\boldsymbol{\Sigma}}x\mathrm{d}y\mathrm{d}z+y\mathrm{d}z\mathrm{d}x+z\mathrm{d}x\mathrm{d}y$，其中 $\boldsymbol{\Sigma}$ 为半球面 $z=\sqrt{R^2-x^2-y^2}$ 的上侧；

(4) $\iint\limits_{\boldsymbol{\Sigma}}xyz\mathrm{d}x\mathrm{d}y$，其中 $\boldsymbol{\Sigma}$ 为球面 $x^2+y^2+z^2=1(x\geqslant 0,\ y\geqslant 0)$ 的外侧.

5. 证明：$\dfrac{x\mathrm{d}x+y\mathrm{d}y}{x^2+y^2}$ 在整个 Oxy 平面除去 y 的负半轴及原点的区域 G 内是某个二元函数的全微分，并求出一个这样的二元函数.

6. 求均匀曲面 $z=\sqrt{a^2-x^2-y^2}$ 的质心的坐标.

7. 求 $\iint\limits_{\boldsymbol{\Sigma}}\frac{2}{a+y}f[(a+x)(a+y)^2]\mathrm{d}y\mathrm{d}z-\frac{1}{a+x}f[(a+x)(a+y)^2]\mathrm{d}z\mathrm{d}x+[(x^2+y^2)z+\frac{z^3}{3}]\mathrm{d}x\mathrm{d}y$，其中 $\boldsymbol{\Sigma}$ 为球面 $x^2+y^2+z^2=1$ 的下半部分的上侧，常数 $a>1$，f 可导.

8. 求 $\iint\limits_{\boldsymbol{\Sigma}}[f(x,y,z)+x]\mathrm{d}y\mathrm{d}z+[2f(x,y,z)+y]\mathrm{d}z\mathrm{d}x+[f(x,y,z)+z]\mathrm{d}x\mathrm{d}y$，其中 $f(x,y,z)$ 为连续函数，$\boldsymbol{\Sigma}$ 为平面 $x-y+z=1$ 在第四卦限部分的上侧.

◀ B 组

1. 设函数 $f(x,y)$ 在区域 D：$x^2+y^2\leqslant 1$ 上具有二阶连续偏导数，且 $\dfrac{\partial^2 f}{\partial x^2}+\dfrac{\partial^2 f}{\partial y^2}=\mathrm{e}^{-(x^2+y^2)}$，计算

$$\iint\limits_{D}\left(x\frac{\partial f}{\partial x}+y\frac{\partial f}{\partial y}\right)\mathrm{d}x\mathrm{d}y.$$

2. 设函数 $P(x,y)$, $Q(x,y)$ 在全平面上具有连续的一阶偏导数，沿任意曲线 $\boldsymbol{L}: y=y_0+\sqrt{R^2-(x-x_0)^2}$ 的积分 $\int_L P(x,y)\mathrm{d}x+Q(x,y)\mathrm{d}y=0$，其中 x_0, y_0, R 是任意实数，且 $R>0$，求证：$P(x,y)\equiv 0$ 与 $\frac{\partial Q}{\partial x}\equiv 0$ 在全平面上成立.

3. 已知曲线积分 $\int_L \frac{x\mathrm{d}y-y\mathrm{d}x}{\varphi(x)+y^2}\equiv A$（常数），其中 $\varphi(x)$ 是可导函数且 $\varphi(1)=1$，曲线 $\boldsymbol{L}$ 是绕原点(0,0)一周的任意正向闭曲线，试求函数 $\varphi(x)$ 及常数 A.

4. 设曲面 Σ 为 $\frac{x^2}{2}+\frac{y^2}{2}+z^2=1(z\geqslant 0)$，点 $P(x,y,z)\in\Sigma$，Π 为 Σ 在点 P 处的切平面，$\rho(x,y,z)$ 为坐标原点到平面 Π 的距离.

(1) 求 $I_1=\iint\limits_{\Sigma} z^2\rho(x,y,z)\mathrm{d}S$；

(2) 又设 Σ 取上侧，求 $I_2=\iint\limits_{\Sigma}\frac{z^2}{\rho(x,y,z)}(\mathrm{d}y\mathrm{d}z+\mathrm{d}z\mathrm{d}x+\mathrm{d}x\mathrm{d}y)$.

5. 设函数 $u(x,y)$, $v(x,y)$ 在区域 $D: x^2+y^2\leqslant 1$ 上有一阶连续偏导数，且在 D 的边界上 $u(x,y)\equiv 1$, $v(x,y)\equiv y$，又设 $f(x,y)=v(x,y)\boldsymbol{i}+u(x,y)\boldsymbol{j}$，$g(x,y)=\left(\frac{\partial u}{\partial x}-\frac{\partial u}{\partial y}\right)\boldsymbol{i}+\left(\frac{\partial v}{\partial x}-\frac{\partial v}{\partial y}\right)\boldsymbol{j}$，求二重积分 $\iint\limits_{D}\boldsymbol{f}\cdot\boldsymbol{g}\mathrm{d}\sigma$.

6. 设在半平面 $x>0$ 内有力 $\boldsymbol{F}=-\frac{k}{\rho^3}(x\boldsymbol{i}+y\boldsymbol{j})$ 构成力场，其中 k 为常数，$\rho=\sqrt{x^2+y^2}$. 证明在此力场中场力所做的功与所取的路径无关.

7. 设函数 $f(x)$ 在 $(-\infty,+\infty)$ 内具有一阶连续导数，$\boldsymbol{L}$ 是上半平面 $(y>0)$ 内的有向分段光滑曲线，其起点为 (a,b)，终点为 (c,d). 记

$$I=\int_L \frac{1}{y}[1+y^2f(xy)]\mathrm{d}x+\frac{x}{y^2}[y^2f(xy)-1]\mathrm{d}y.$$

(1) 证明：曲线积分 I 与路径无关；

(2) 当 $ab=cd$ 时，求 I 的值.

8. 计算曲面积分 $I=\iint\limits_{\Sigma}\frac{x\mathrm{d}y\mathrm{d}z+y\mathrm{d}z\mathrm{d}x+z\mathrm{d}x\mathrm{d}y}{(x^2+y^2+z^2)^{3/2}}$，其中 Σ 是 $1-\frac{z}{3}=\frac{(x-1)^2}{16}+\frac{(y-2)^2}{25}(z\geqslant 0)$ 的上侧.

第 11 章　无穷级数

以数列为基础我们将讨论常数项无穷级数，它是研究函数项无穷级数的基础. 作为表示函数、研究函数性质以及进行数值计算的重要手段，函数项级数(包括常数项级数)在自然科学、工程技术和数学本身都有广泛的应用.

§ 11.1　常数项级数

§ 11.1.1　常数项级数的概念

与数列$\{u_n\}$极限紧密相关的一个问题，那就是这里我们将讨论的常数项无穷级数问题. 如果我们尝试将数列$\{u_n\}$的各项依序加起来，会得到表达式

$$u_1+u_2+\cdots+u_n+\cdots$$

记为$\sum\limits_{n=1}^{\infty}u_n$或$\sum u_n$，它被称为无穷级数(或级数). 但它具体所代表的意义如何，我们可以通过下述若干例子来对它进行认识.

例 1　计算半径为 R 的圆面积 A(图 11.1)，具体做法如下：

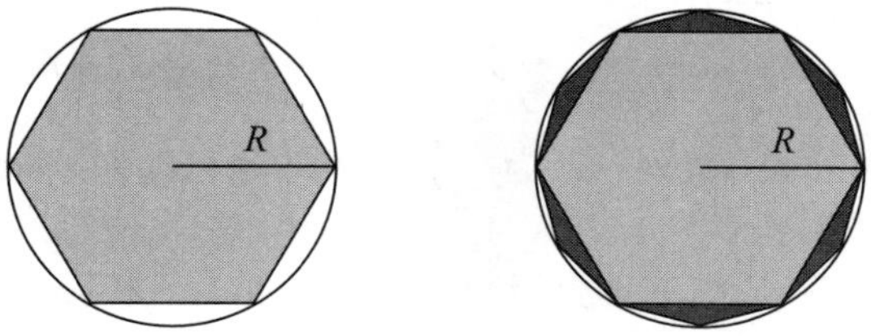

图 11.1

作圆的内接正六边形，算出这六边形的面积 a_1，它是圆面积 A 的一个粗糙的近似值. 为了比较准确地计算出 A 的值，我们以这个正六边形的每一边为底分别作一个顶点在圆周上的等腰三角形，算出这六个等腰三角形的面积之和 a_2. 那么 a_1+a_2(即内接正十二边形的面积)就是 A 的一个较好的近似值. 同样地，在这正十二边形的每一边上分别作一个顶点在圆周上的等腰三角形，算出这十二个等腰三角形的面积之和 a_3. 那么 $a_1+a_2+a_3$(即内接正二十四边形的面积)就是 A 的一个更好的近似值. 如此继续下去，内接正 3×2^n 边形的面积就逐步逼近圆面积：

$$A \approx a_1, A \approx a_1 + a_2, A \approx a_1 + a_2 + a_3, \cdots,$$
$$A \approx a_1 + a_2 + \cdots + a_n.$$

如果内接正多边形的边数无限增多，即 n 无限增大，则和 $a_1 + a_2 + \cdots + a_n$ 的极限就是所要求的圆面积A. 这时和式中的项数无限增多，于是出现了无穷多个数量依次相加的数学表达式 $a_1 + a_2 + \cdots + a_n + \cdots$.

例 2 对自然数列$\{n\}$，构造 $1+2+3+\cdots+n+\cdots$，从头开始相加各项得到累计和为 1，3，6，10，15，21，…，相加到第 n 项和$\frac{n(n+1)}{2}$，但随着 n 增大将会越来越大，最终的趋势该表达式不表具体数值.

但对数列$\left\{\frac{1}{2^n}\right\}$，它所构造的表达式$\frac{1}{2}+\frac{1}{4}+\frac{1}{8}+\cdots+\frac{1}{2^n}+\cdots$，前 n 项累计相加分别为$\frac{1}{2}$，$\frac{3}{4}$，$\frac{7}{8}$，$\frac{15}{16}$，$\frac{31}{32}$，…，$\frac{2^n-1}{2^n}$. 由此可看出随着 n 增大，这些部分和越来越接近 1. 此时称这个无穷级数的和为 1 是合理的，记作

$$\sum_{n=1}^{\infty} \frac{1}{2^n} = \frac{1}{2} + \frac{1}{4} + \frac{1}{8} + \frac{1}{16} + \cdots + \frac{1}{2^n} + \cdots = 1.$$

我们用类似的思想来确定一般的级数 $\sum u_n$ 是否有和，可考虑部分和

$$\begin{aligned} s_1 &= u_1, \\ s_2 &= u_1 + u_2, \\ s_3 &= u_1 + u_2 + u_3, \\ &\vdots \\ s_n &= u_1 + u_2 + \cdots + u_n, \end{aligned}$$

它们组成一个新的数列$\{s_n\}$，它或有极限或没有极限，于是产生了下述定义.

定义 给定数列$\{u_n\}$，称表达式 $u_1 + u_2 + \cdots + u_n + \cdots$为常数项无穷级数，简称数项级数或级数，记为 $\sum\limits_{n=1}^{\infty} u_n$ 或$\sum u_n$. u_n 称为该级数的一般项. 构造新数列

$\{s_n\}$：$s_1 = u_1$，$s_2 = u_1 + u_2$，$s_3 = u_1 + u_2 + u_3$，…，$s_n = u_1 + u_2 + \cdots + u_n$，…

称 s_n 为级数 $\sum\limits_{n=1}^{\infty} u_n$ 的部分和，数列$\{s_n\}$为 $\sum\limits_{n=1}^{\infty} u_n$ 的部分和数列. 若级数 $\sum\limits_{n=1}^{\infty} u_n$ 的部分和数列$\{s_n\}$有极限 s，即$\lim\limits_{n\to\infty} s_n = s$，则称无穷级数 $\sum\limits_{n=1}^{\infty} u_n$ 收敛，该极限 s 称为级数的和，写成

$$\sum_{n=1}^{\infty} u_n = u_1 + u_2 + \cdots + u_n + \cdots = s;$$

若$\{s_n\}$没有极限，则称无穷级数 $\sum\limits_{n=1}^{\infty} u_n$ 发散.

$$r_n = u_{n+1} + u_{n+2} + \cdots = \sum_{k=n+1}^{\infty} u_k$$

称为级数 $\sum\limits_{n=1}^{\infty} u_n$ 的余项. 级数的收敛性与发散性统称为敛散性.

显然，当级数收敛时，其部分和 s_n 是级数和 s 的近似值，它们的差值即为余项，$|r_n|$

即为用近似值 s_n 代替和 s 所产生的误差. 而当级数发散时，级数及余项均为一个记号而已.

由定义易证明，例 2 中，$\sum_{n=1}^{\infty}\frac{1}{2^n}=1$，即和为 1，而 $\sum_{n=1}^{\infty}n$ 是发散的. 此时 $s_n=\frac{n(n+1)}{2}\to\infty$(当 $n\to\infty$)，记 $\sum_{n=1}^{\infty}n=\infty$，也称 $\sum_{n=1}^{\infty}n$ 的和为无穷大(发散).

例 3　讨论级数 $\sum_{n=1}^{\infty}(-1)^{n-1}=1-1+1-1+1\cdots+(-1)^{n-1}+\cdots$ 的敛散性.

解　设其部分和为 s_n，有 $s_{2n}=0$，$s_{2n+1}=1$，所以数列$\{s_n\}$发散，故 $\sum_{n=1}^{\infty}(-1)^{n-1}$ 发散.

例 4　讨论几何级数(等比级数) $\sum_{n=1}^{\infty}ar^{n-1}=a+ar+ar^2+\cdots+ar^{n-1}+\cdots(a\neq 0)$ 的敛散性，如果收敛，求其和.

解　当 $r=1$ 时，$s_n=na\to\infty(n\to\infty)$，级数发散.

当 $r=-1$ 时，$s_{2n}=0$，$s_{2n+1}=a$，故 $\lim\limits_{n\to\infty}s_n$ 不存在，级数也发散.

当 $|r|\neq 1$ 时，$s_n=\frac{a(1-r^n)}{1-r}$. 显然，$|r|<1$ 时，级数收敛，和为 $\frac{a}{1-r}$.

当 $|r|>1$ 时，级数发散.

综上所述，当 $|r|<1$ 时，几何级数收敛，和为 $\frac{a}{1-r}$；当 $|r|\geqslant 1$ 时，几何级数发散.

例 5　级数 $\sum_{n=1}^{\infty}2^{2n}3^{1-n}$ 收敛还是发散?

解　$\sum_{n=1}^{\infty}2^{2n}3^{1-n}=\sum_{n=1}^{\infty}\frac{4^n}{3^{n-1}}=\sum_{n=1}^{\infty}4\left(\frac{4}{3}\right)^{n-1}$，即为 $a=4$，$r=\frac{4}{3}$，故为发散的 $\left(r=\frac{4}{3}>1\right)$.

例 6　级数 $\sum_{n=1}^{\infty}\frac{1}{n(n+1)}$ 收敛吗? 若收敛，试求其和.

解　因为

$$u_n=\frac{1}{n(n+1)}=\frac{1}{n}-\frac{1}{n+1},$$

故有

$$\begin{aligned}s_n&=\sum_{k=1}^{n}u_k=\sum_{k=1}^{n}\left(\frac{1}{k}-\frac{1}{k+1}\right)\\&=\left(1-\frac{1}{2}\right)+\left(\frac{1}{2}-\frac{1}{3}\right)+\cdots+\left(\frac{1}{n}-\frac{1}{n+1}\right)\\&=1-\frac{1}{n+1}\to 1\ (n\to\infty).\end{aligned}$$

所以级数收敛，和为 1.

§11.1.2　常数项级数的性质

由于无穷级数的敛散性取决于部分和数列的敛散性，我们有如下几个关于收敛级数的基本性质.

性质 1 若 $\sum_{n=1}^{\infty} u_n$ 和 $\sum_{n=1}^{\infty} v_n$ 均收敛，则级数 $\sum_{n=1}^{\infty} ku_n$(其中 k 为常数)，$\sum_{n=1}^{\infty}(u_n \pm v_n)$ 也收敛，且

$$\sum_{n=1}^{\infty} ku_n = k\sum_{n=1}^{\infty} u_n, \quad \sum_{n=1}^{\infty}(u_n \pm v_n) = \sum_{n=1}^{\infty} u_n \pm \sum_{n=1}^{\infty} v_n.$$

证明 设级数 $\sum_{n=1}^{\infty} u_n$，$\sum_{n=1}^{\infty} v_n$ 的部分和分别为 s_n，σ_n，则 $\sum_{n=1}^{\infty} ku_n$ 的部分和 $w_n = ku_1 + ku_2 + \cdots + ku_n = ks$. 因为 $\lim\limits_{n\to\infty} s_n$ 存在，故 $\lim\limits_{n\to\infty} w_n = k\lim\limits_{n\to\infty} s_n$ 亦存在，即 $\sum_{n=1}^{\infty} ku_n$ 收敛，且

$$\sum_{n=1}^{\infty} ku_n = k\sum_{n=1}^{\infty} u_n.$$

又因为 $\sum_{n=1}^{\infty}(u_n \pm v_n)$ 的部分和为

$$\begin{aligned}\tau_n &= (u_1 \pm v_1) + (u_2 \pm v_2) + \cdots + (u_n \pm v_n) \\ &= (u_1 + u_2 + \cdots + u_n) \pm (v_1 + v_2 + \cdots + v_n) \\ &= s_n \pm \sigma_n,\end{aligned}$$

于是 $\lim\limits_{n\to\infty} \tau_n = \lim\limits_{n\to\infty}(s_n \pm \sigma_n) = \lim\limits_{n\to\infty} s_n \pm \lim\limits_{n\to\infty} \sigma_n$，即 $\sum_{n=1}^{\infty}(u_n \pm v_n)$收敛，且

$$\sum_{n=1}^{\infty}(u_n \pm v_n) = \sum_{n=1}^{\infty} u_n \pm \sum_{n=1}^{\infty} v_n.$$

该性质表明，对收敛级数，常数因子可以从求和号内移到求和号外(而当 $k \neq 0$ 时，$\sum_{n=1}^{\infty} ku_n$ 与 $\sum_{n=1}^{\infty} u_n$ 同敛散性)；两个收敛级数可以逐项加减，并可推广到有限个收敛级数的加减.

性质 2 在级数中去掉、加上或改变有限项，不改变级数的敛散性. 当级数收敛时其和一般会改变.

证明 因为 $\sum_{n=1}^{\infty} u_n = \sum_{n=1}^{N} u_n + \sum_{n=N+1}^{\infty} u_n$，而去掉、加上或改变有限项后的新级数为 $\sum_{n=1}^{\infty} u'_n = \sum_{n=1}^{N_1} u'_n + \sum_{n=N_1+1}^{\infty} u'_n$，可选取适当大的正整数 N，N_1(有限数)，使 $\sum_{n=N+1}^{\infty} u_n$ 与 $\sum_{n=N_1+1}^{\infty} u'_n$ 完全相同，而 $\sum_{n=1}^{N} u_n$ 及 $\sum_{n=1}^{N_1} u'_n$ 均为常数，故新、旧级数的敛散性是相同的，而和(若有)的改变是显然的.

性质 3 收敛级数保持各项次序任意加入括号所得新级数仍收敛于原级数和.

证明 设收敛级数 $\sum_{n=1}^{\infty} u_n$ 按某一规律依次加括号后所成新级数为

$$(u_1 + \cdots + u_{r_1}) + (u_{r_1+1} + \cdots + u_{r_2}) + \cdots + (u_{r_{n-1}+1} + \cdots + u_{r_n}) + \cdots$$

这个新级数的部分和 σ_n 和原级数的部分和 s_n 有如下关系：

$$\sigma_1 = s_{r_1},\ \sigma_2 = s_{r_2},\ \cdots,\ \sigma_n = s_{r_n},\ \cdots$$

即新级数的部分和数列为原级数部分和数列的一个子列，由于 s_n 收敛(设 $s_n \to s$)，则其任一子列均收敛，且 $\lim\limits_{n\to\infty}\sigma_n = \lim\limits_{n\to\infty} s_{r_n} = \lim\limits_{n\to\infty} s_n = s$. 所以新级数收敛且和不变.

推论　如果加括号后级数发散，则原级数是发散的.

但应注意，加括号后收敛，而原级数仍可能发散，比如 $\sum\limits_{n=0}^{\infty}(-1)^n = 1-1+1-1+\cdots$ 为发散级数，但可加括号使其收敛.

性质 4(级数收敛的必要条件)　若 $\sum\limits_{n=1}^{\infty} u_n$ 收敛，则 $\lim\limits_{n\to\infty} u_n = 0$.

证明　设 $\sum\limits_{n=1}^{\infty} u_n$ 的部分和为 s_n，因为 $u_n = s_n - s_{n-1}$，且级数收敛，所以

$$\lim_{n\to\infty} u_n = \lim_{n\to\infty}(s_n - s_{n-1}) = \lim_{n\to\infty} s_n - \lim_{n\to\infty} s_{n-1} = 0.$$

性质 4 可用来判别一些较简单的发散情形：若 u_n 不趋于 0，则 $\sum\limits_{n=1}^{\infty} u_n$ 发散. 但 $u_n \to 0$ 仅为级数收敛的必要条件，而非充分条件，即当 $u_n \to 0$ 时，$\sum\limits_{n=1}^{\infty} u_n$ 仍可能发散.

例 7　调和级数 $\sum\limits_{n=1}^{\infty} \dfrac{1}{n} = 1 + \dfrac{1}{2} + \dfrac{1}{3} + \cdots$，证明该级数发散.

证明　对该级数加括号如下：

$$\left(1+\frac{1}{2}\right)+\left(\frac{1}{3}+\frac{1}{4}\right)+\left(\frac{1}{5}+\frac{1}{6}+\frac{1}{7}+\frac{1}{8}\right)+\cdots+\left(\frac{1}{2^m+1}+\frac{1}{2^m+2}+\cdots+\frac{1}{2^{m+1}}\right)+\cdots$$

一般项 $v_m = \dfrac{1}{2^m+1} + \dfrac{1}{2^m+2} + \cdots + \dfrac{1}{2^{m+1}} > \dfrac{1}{2^{m+1}} + \dfrac{1}{2^{m+1}} + \cdots + \dfrac{1}{2^{m+1}}$(共 2^m 项)，即 $v_m > \dfrac{1}{2}$，故 v_m 不趋于 0，由性质 4 知加括号后级数是发散的，故原级数是发散的.

调和级数即是发散的，但它的一般项 $\dfrac{1}{n} \to 0 (n \to \infty)$.

习题 11—1

1. 用定义或性质判别下列级数的敛散性：

(1) $\sum\limits_{n=1}^{\infty}(-1)^n$；　(2) $\sum\limits_{n=1}^{\infty}\dfrac{1}{(4n-3)(4n+1)}$；

(3) $\sum\limits_{n=1}^{\infty}(\sqrt{n+1}-\sqrt{n})$；　(4) $\sum\limits_{n=1}^{\infty}\ln\left(1+\dfrac{1}{n}\right)$；

(5) $\sum\limits_{n=1}^{\infty}\dfrac{n}{(n+1)!}$；　(6) $\sum\limits_{n=1}^{\infty}\left(\dfrac{1}{2^n}+\dfrac{1}{3^n}\right)$；

(7) $\sum\limits_{n=1}^{\infty}\dfrac{1}{3n}$；　(8) $\sum\limits_{n=1}^{\infty}\left(\dfrac{3}{5^n}+\dfrac{2}{n}\right)$.

2. 若级数 $\sum\limits_{n=1}^{\infty} u_n$ 的部分和为 $s_n = \dfrac{n-1}{n+1}$，写出级数 $\sum\limits_{n=1}^{\infty} u_n$ 并求其和.

3. 证明:数列$\{u_n\}$收敛等价于级数 $\sum\limits_{n=1}^{\infty}(u_{n+1}-u_n)$ 收敛.

4. 证明:若数列$\{b_n\}$满足$\lim\limits_{n\to\infty}b_n=\infty$，则当 $b_n\neq0$ 时，级数 $\sum\limits_{n=1}^{\infty}\left(\frac{1}{b_n}-\frac{1}{b_{n+1}}\right)=\frac{1}{b_1}$.

§11.2 常数项级数审敛法

§11.2.1 正项级数审敛法

作为数项级数，如何判定其敛散性是这里我们将要重点讨论的问题(和的问题以后将在函数项级数中有所涉及).

对一般数项级数 $\sum\limits_{n=1}^{\infty}u_n$ 而言，其一般项 u_n 可为正、负或零，其敛散性的判定是比较困难的. 而当 $u_n\geqslant0$ 时，称 $\sum\limits_{n=1}^{\infty}u_n$ 为正项级数，此时其敛散性的判定则要容易一些.

定理 1 正项级数 $\sum\limits_{n=1}^{\infty}u_n$ 收敛的充分必要条件是它的部分和数列$\{s_n\}$有界.

证明 若 $\sum\limits_{n=1}^{\infty}u_n$ 收敛，则$\lim\limits_{n\to\infty}s_n=s$，故$\{s_n\}$有界.

反之，若$\{s_n\}$有界，而

$$s_n=u_1+u_2+\cdots+u_n,$$

因为 $u_n\geqslant0$,所以$\{s_n\}$是单调递增的数列. 由单调有界知$\{s_n\}$必有极限，即 $\sum\limits_{n=1}^{\infty}u_n$ 收敛.

对正项级数，若 $\sum\limits_{n=1}^{\infty}u_n$ 发散，由于$\{s_n\}$单调递增，故 $\lim s_n=+\infty$，即数列$\{s_n\}$无界.

定理 2(比较审敛法) 对正项级数 $\sum\limits_{n=1}^{\infty}u_n$，$\sum\limits_{n=1}^{\infty}v_n$，且 $u_n\leqslant v_n(n=1,2,\cdots)$. 若 $\sum\limits_{n=1}^{\infty}v_n$ 收敛，则 $\sum\limits_{n=1}^{\infty}u_n$ 收敛；反之，若 $\sum\limits_{n=1}^{\infty}u_n$ 发散，则 $\sum\limits_{n=1}^{\infty}v_n$ 发散.

证明 设 $\sum\limits_{n=1}^{\infty}u_n$，$\sum\limits_{n=1}^{\infty}v_n$ 的部分和分别为 s_n 及 σ_n，因为 $u_n\leqslant v_n$，有 $s_n=u_1+\cdots+u_n\leqslant v_1+\cdots+v_n=\sigma_n$. 利用定理 1 可证明.

利用§11.1.2 性质 1 及性质 2，我们可得适用性更广的关于定理 2 的如下推广.

定理 3 设正项级数 $\sum\limits_{n=1}^{\infty}u_n$，$\sum\limits_{n=1}^{\infty}v_n$ 满足 $u_n\leqslant kv_n(k>0,n\geqslant N$，$N$ 为某正整数)，若 $\sum\limits_{n=1}^{\infty}v_n$ 收敛，则 $\sum\limits_{n=1}^{\infty}u_n$ 收敛；若 $\sum\limits_{n=1}^{\infty}u_n$ 发散，则 $\sum\limits_{n=1}^{\infty}v_n$ 发散.

在用比较审敛法时，我们要事先知道某个级数的敛散性，将其作为比较的标准. 通常情况下，我们用几何级数和 $p-$级数(见下例)作为比较的标准.

例 1　级数 $\sum\limits_{n=1}^{\infty}\frac{1}{n^p}$（$p>0$ 为常数）称为 p－级数. 证明：当 $0<p\leqslant 1$ 时发散，当 $p>1$ 时收敛.

证明　当 $0<p\leqslant 1$ 时，$\frac{1}{n^p}\geqslant\frac{1}{n}$，由比较审敛法知 $\sum\limits_{n=1}^{\infty}\frac{1}{n^p}$ 发散；当 $p>1$ 时，将 p－级数写成

$$1+\left(\frac{1}{2^p}+\frac{1}{3^p}\right)+\left(\frac{1}{4^p}+\frac{1}{5^p}+\frac{1}{6^p}+\frac{1}{7^p}\right)+\left(\frac{1}{8^p}+\frac{1}{9^p}+\cdots+\frac{1}{15^p}\right)+\cdots$$
$$+\left[\frac{1}{(2^{n-1})^p}+\frac{1}{(2^{n-1}+1)^p}+\cdots+\frac{1}{(2^n-1)^p}\right]+\cdots$$

它的每一项都不超过级数

$$1+\left(\frac{1}{2^p}+\frac{1}{2^p}\right)+\left(\frac{1}{4^p}+\frac{1}{4^p}+\frac{1}{4^p}+\frac{1}{4^p}\right)+\left(\frac{1}{8^p}+\frac{1}{8^p}+\cdots+\frac{1}{8^p}\right)+\cdots$$
$$+\left[\frac{1}{(2^{n-1})^p}+\frac{1}{(2^{n-1})^p}+\cdots+\frac{1}{(2^{n-1})^p}\right]+\cdots$$

的对应项，而后一级数即为 $1+\frac{1}{2^{p-1}}+\left(\frac{1}{2^{p-1}}\right)^2+\left(\frac{1}{2^{p-1}}\right)^3+\cdots+\left(\frac{1}{2^{p-1}}\right)^{n-1}+\cdots$，当 $p>1$ 时为收敛的几何级数，其部分和 σ_n 有界. 对 p－级数的部分和 $s_n\leqslant s_{2^n-1}\leqslant\sigma_n$，所以 s_n 有界，由定理 1 知，当 $p>1$ 时，p－级数收敛.

用上例证明思想可证明，对正项级数，若加括号后是收敛的，则原级数也是收敛的.

例 2　判别级数(1) $\sum\limits_{n=1}^{\infty}\frac{5}{2n^2+4n+3}$，(2) $\sum\limits_{n=1}^{\infty}\frac{1}{\sqrt{n(n+1)}}$，(3) $\sum\limits_{n=1}^{\infty}\frac{\ln n}{n}$ 的敛散性.

解　(1)$u_n=\frac{5}{2n^2+4n+3}<\frac{5}{2}\cdot\frac{1}{n^2}$，而 $\sum\limits_{n=1}^{\infty}\frac{1}{n^2}$ 为 p－级数($p=2$)，收敛，由比较审敛法知原级数收敛.

(2)$u_n=\frac{1}{\sqrt{n(n+1)}}>\frac{1}{n+1}$，而 $\sum\limits_{n=1}^{\infty}\frac{1}{n+1}$ 发散，故原级数发散.

(3)$u_n=\frac{\ln n}{n}>\frac{1}{n}(n\geqslant 3)$，而 $\sum\limits_{n=1}^{\infty}\frac{1}{n}$ 发散，故原级数发散.

例 3　证明：$\sum\limits_{n=1}^{\infty}\frac{a^n}{n!}$（$a>0$，常数）收敛.

证明　设 $m=[a]$，当 $n>m$ 时，有

$$u_n=\frac{a^n}{n!}=\frac{a^m}{1\cdot 2\cdot\cdots\cdot m}\cdot\frac{a^{n-m}}{(m+1)\cdot\cdots\cdot n}\leqslant c\cdot\left(\frac{a}{m+1}\right)^{n-m}.$$

其中，$c=\frac{a^m}{m!}>0$，为常数，而 $0<\frac{a}{m+1}<1$，则 $\sum\left(\frac{a}{m+1}\right)^{n-m}$ 为收敛的几何级数，由比较审敛法知 $\sum\limits_{n=1}^{\infty}\frac{a^n}{n!}$ 收敛.

比较审敛法要求不等式具有确定的方向性，即要想说明 $\sum u_n$ 收敛，有 $u_n\leqslant v_n$，且 $\sum v_n$ 收敛. 但对 $\sum\limits_{n=1}^{\infty}\frac{1}{2^n-1}$，我们有 $\frac{1}{2^n-1}>\frac{1}{2^n}$，这就不能用比较审敛法来说明其收敛性

（事实上该级数是收敛的）．为此我们有下述审敛法．

定理 4（比较审敛法的极限形式） 设正项级数 $\sum_{n=1}^{\infty} u_n$，$\sum_{n=1}^{\infty} v_n$．

若 $\lim_{n\to\infty}\frac{u_n}{v_n}=l\,(0<l<+\infty)$，则这两个级数同敛散性．

若 $\lim_{n\to\infty}\frac{u_n}{v_n}=0$，且 $\sum_{n=1}^{\infty} v_n$ 收敛，则 $\sum_{n=1}^{\infty} u_n$ 收敛．

若 $\lim_{n\to\infty}\frac{u_n}{v_n}=+\infty$，且 $\sum_{n=1}^{\infty} v_n$ 发散，则 $\sum_{n=1}^{\infty} u_n$ 发散．

证明 若 $\lim_{n\to\infty}\frac{u_n}{v_n}=l\,(0<l<+\infty)$，由极限定义，取 $\varepsilon=\frac{l}{2}>0$，存在 N，当 $n>N$ 时，有 $\left|\frac{u_n}{v_n}-l\right|<\varepsilon=\frac{l}{2}$，亦 $\frac{1}{2}l<\frac{u_n}{v_n}<\frac{3}{2}l$，即当 $n>N$ 时，$\frac{l}{2}v_n<u_n<\frac{3l}{2}v_n$，由定理 3 可知 $\sum_{n=1}^{\infty} u_n$，$\sum_{n=1}^{\infty} v_n$ 具有相同的敛散性．

若 $\lim_{n\to\infty}\frac{u_n}{v_n}=0$，由极限定义，取 $\varepsilon=\frac{1}{2}$，存在 N，当 $n>N$ 时，有 $\frac{u_n}{v_n}<\varepsilon=\frac{1}{2}$，即 $u_n<\frac{1}{2}v_n$，由定理 3 可知，若 $\sum v_n$ 收敛可得 $\sum u_n$ 收敛．

若 $\lim_{n\to\infty}\frac{u_n}{v_n}=+\infty$，取 $M=1$，存在 N，当 $n>N$ 时，有 $\frac{u_n}{v_n}>M=1$，即 $u_n>v_n$，由定理 3 可知，当 $\sum v_n$ 发散时，$\sum u_n$ 亦发散．

对 $\sum_{n=1}^{\infty}\frac{1}{2^n-1}$，令 $u_n=\frac{1}{2^n-1}$，$v_n=\frac{1}{2^n}$，则有

$$\lim_{n\to\infty}\frac{u_n}{v_n}=\lim_{n\to\infty}\frac{1}{1-\left(\frac{1}{2}\right)^n}=1>0.$$

因为 $\sum_{n=1}^{\infty}\frac{1}{2^n}$ 收敛，故 $\sum_{n=1}^{\infty}\frac{1}{2^n-1}$ 是收敛的．

在定理 4 中若取 $v_n=\frac{1}{n^p}$，可得如下审敛法．

推论（极限审敛法） 设 $\sum_{n=1}^{\infty} u_n$ 为正项级数．

(1) 若 $\lim_{n\to\infty} nu_n=l>0$ 或 $\lim_{n\to\infty} nu_n=+\infty$，则 $\sum_{n=1}^{\infty} u_n$ 发散．

(2) 若 $\lim_{n\to\infty} n^p u_n=l\geqslant 0\,(p>1)$，则 $\sum_{n=1}^{\infty} u_n$ 收敛．

例 4 判别级数的敛散性：(1) $\sum_{n=1}^{\infty}\sin\frac{1}{n}$，(2) $\sum_{n=1}^{\infty}\ln\left(1+\frac{1}{n^2}\right)$．

解 (1) $\lim_{n\to\infty} n\cdot\sin\frac{1}{n}=1>0$，所以 $\sum_{n=1}^{\infty}\sin\frac{1}{n}$ 发散．

(2) $\lim_{n\to\infty} n^2\ln\left(1+\frac{1}{n^2}\right)=1>0\,(p=2>1)$，故 $\sum_{n=1}^{\infty}\ln\left(1+\frac{1}{n^2}\right)$ 收敛．

§11.2.2　交错级数审敛法

前述审敛法均只适用于正项级数(源于§11.2.1 定理 1)，当然也能处理级数 $\sum_{n=1}^{\infty} u_n (u_n \leqslant 0)$，它与正项级数 $\sum_{n=1}^{\infty}(-u_n)$ 同敛散性. 当一般项 u_n 的符号没有规律时，即任意项级数的敛散性的判断则相对较难. 下面首先讨论一个特殊的任意项级数——交错级数的审敛法.

交错级数即为正负项交替出现的数项级数，可写为

$$u_1 - u_2 + u_3 - u_4 + \cdots + (-1)^{n-1} u_n + \cdots = \sum_{n=1}^{\infty} (-1)^{n-1} u_n$$

或
$$-u_1 + u_2 - u_3 + u_4 - \cdots + (-1)^n u_n + \cdots = \sum_{n=1}^{\infty} (-1)^n u_n,$$

其中 $u_n > 0$. 它们具有相同的敛散性，我们以前一种形式来讨论.

定理 5(莱布尼茨审敛法)　如果交错级数 $\sum_{n=1}^{\infty}(-1)^{n-1}u_n$ 满足条件：

(1) $u_n \geqslant u_{n+1} (n=1, 2, \cdots)$,

(2) $\lim\limits_{n\to\infty} u_n = 0$,

则级数 $\sum_{n=1}^{\infty}(-1)^{n-1}u_n$ 收敛，且其和 $s \leqslant u_1$，其余项 r_n 的绝对值 $|r_n| \leqslant u_{n+1}$.

证明　先证明前 $2n$ 项的和 s_{2n} 的极限存在，为此把 s_{2n} 写成两种形式：

$$s_{2n} = (u_1 - u_2) + (u_3 - u_4) + \cdots + (u_{2n-1} - u_{2n})$$

及

$$s_{2n} = u_1 - (u_2 - u_3) - (u_4 - u_5) - \cdots - (u_{2n-2} - u_{2n-1}) - u_{2n}.$$

根据条件(1)知道所有括弧中的差都是非负的. 由第一种形式可见数列 $\{s_{2n}\}$ 是单调递增的，由第二种形式可见 $s_{2n} < u_1$. 于是，根据单调有界数列必有极限的准则知道，当 n 无限增大时，s_{2n} 存在极限 s，并且 s 不大于 u_1，即

$$\lim_{n\to\infty} s_{2n} = s \leqslant u_1.$$

再证明前 $2n+1$ 项的和 s_{2n+1} 的极限也是 s. 事实上，我们有

$$s_{2n+1} = s_{2n} + u_{2n+1}.$$

由条件(2)知 $\lim\limits_{n\to\infty} u_{2n+1} = 0$，因此

$$\lim_{n\to\infty} s_{2n+1} = \lim_{n\to\infty}(s_{2n} + u_{2n+1}) = s.$$

由于级数的前偶数项的和与奇数项的和趋于同一极限 s，故级数 $\sum_{n=1}^{\infty}(-1)^{n-1}u_n$ 的部分和 s_n 当 $n\to\infty$ 时有极限 s. 这就证明了级数 $\sum_{n=1}^{\infty}(-1)^{n-1}u_n$ 收敛于和 s，且 $s \leqslant u_1$.

最后，不难看出余项 r_n 可以写成

$$r_n = \pm(u_{n+1} - u_{n+2} + \cdots),$$

其绝对值为

$$|r_n| = u_{n+1} - u_{n+2} + \cdots$$

上式右端也是一个交错级数，它也满足收敛的两个条件，所以其和小于级数的第一项，也就是说

$$|r_n| \leqslant u_{n+1}.$$

条件(1)可改为 $u_n \geqslant u_{n+1}$($n \geqslant N$，N 为某正整数).

例 5 证明：交错调和级数 $1 - \frac{1}{2} + \frac{1}{3} - \frac{1}{4} + \cdots = \sum_{n=1}^{\infty}(-1)^{n-1}\frac{1}{n}$ 收敛.

证明 因为 $u_n = \frac{1}{n} > u_{n+1} = \frac{1}{n+1}$，且 $u_n = \frac{1}{n} \to 0$($n \to \infty$)，由定理 5 知该交错级数收敛.

例 6 判别级数 $\sum_{n=1}^{\infty}(-1)^{n-1}\frac{n^2}{n^3+1}$ 的敛散性.

解 所给级数为交错级数，$u_n = \frac{n^2}{n^3+1}$，因为

$$\begin{aligned} & u_n = \frac{n^2}{n^3+1} > u_{n+1} = \frac{(n+1)^2}{(n+1)^3+1} \\ & \Leftrightarrow n^2(n+1)^3 + n^2 > (n+1)^2 n^3 + (n+1)^2 \\ & \Leftrightarrow n^2(n^3+3n^2+3n+1) + n^2 > (n^2+2n+1)n^3 + n^2 + 2n + 1 \\ & \Leftrightarrow n^4 + 2n(n^2-1) + n^2 > 1, \end{aligned}$$

而当 $n \geqslant 1$ 时，$n^4 + 2n(n^2-1) + n^2 > 1$ 成立，故 $u_n > u_{n+1}$，而 $\lim\limits_{n\to\infty} u_n = 0$，故原级数收敛.

§11.2.3 任意项级数审敛法

对任意项级数的审敛，我们亦希望借助于正项级数的审敛法，为此我们引入绝对值级数 $\sum_{n=1}^{\infty}|u_n|$.

定义 $\sum_{n=1}^{\infty}u_n$ 为常数项级数，称 $\sum_{n=1}^{\infty}|u_n|$ 为 $\sum_{n=1}^{\infty}u_n$ 的绝对值级数. 若 $\sum_{n=1}^{\infty}|u_n|$ 收敛，称 $\sum_{n=1}^{\infty}u_n$ 为绝对收敛；若 $\sum_{n=1}^{\infty}|u_n|$ 发散而 $\sum_{n=1}^{\infty}u_n$ 收敛，称 $\sum_{n=1}^{\infty}u_n$ 为条件收敛.

显然收敛的正项级数均为绝对收敛的.

例 7 $\sum_{n=1}^{\infty}\frac{(-1)^{n-1}}{n^2} = 1 - \frac{1}{2^2} + \frac{1}{3^2} - \frac{1}{4^2} + \cdots$ 是绝对收敛的，因为 $\sum_{n=1}^{\infty}\left|\frac{(-1)^{n-1}}{n^2}\right| = \sum_{n=1}^{\infty}\frac{1}{n^2}$ 是收敛的 p-级数($p=2$).

例 8 交错调和级数 $\sum_{n=1}^{\infty}\frac{(-1)^{n-1}}{n} = 1 - \frac{1}{2} + \frac{1}{3} - \frac{1}{4} + \cdots$ 收敛，但其绝对值级数 $\sum_{n=1}^{\infty}\left|\frac{(-1)^{n-1}}{n}\right| = 1 + \frac{1}{2} + \frac{1}{3} + \cdots$ 是发散的，故 $\sum_{n=1}^{\infty}\frac{(-1)^{n-1}}{n}$ 是条件收敛的.

定理 6 若 $\sum_{n=1}^{\infty}u_n$ 是绝对收敛的，则它一定是收敛的.

证明 因为 $0\leqslant u_n+|u_n|\leqslant 2|u_n|$ 成立. 若 $\sum\limits_{n=1}^{\infty}u_n$ 绝对收敛，即 $\sum\limits_{n=1}^{\infty}|u_n|$ 收敛，从而 $\sum\limits_{n=1}^{\infty}2|u_n|$ 收敛，由比较审敛法，正项级数 $\sum\limits_{n=1}^{\infty}(u_n+|u_n|)$ 收敛，由§11.1.2 性质 1 知

$$\sum_{n=1}^{\infty}u_n=\sum_{n=1}^{\infty}[(u+|u_n|)-|u_n|]=\sum_{n=1}^{\infty}(u_n+|u_n|)-\sum_{n=1}^{\infty}|u_n|$$

也是收敛的.

对正项级数 $\sum\limits_{n=1}^{\infty}|u_n|$，有关正项级数的审敛法均可使用，若得到 $\sum\limits_{n=1}^{\infty}|u_n|$ 收敛，进而 $\sum u_n$ 收敛.

例 9 判别级数 $\sum\limits_{n=1}^{\infty}\dfrac{\cos n}{n^2}$ 的敛散性.

解 其绝对值级数为 $\sum\limits_{n=1}^{\infty}\dfrac{|\cos n|}{n^2}$，为正项级数，一般项 $\dfrac{|\cos n|}{n^2}\leqslant\dfrac{1}{n^2}$. 由比较审敛法知 $\sum\limits_{n=1}^{\infty}\dfrac{|\cos n|}{n^2}$ 收敛，故 $\sum\limits_{n=1}^{\infty}\dfrac{\cos n}{n^2}$ 是收敛的.

而当不能判定绝对收敛时，下述审敛法可直接使用.

定理 7(比值审敛法，达朗贝尔审敛法) 对级数 $\sum\limits_{n=1}^{\infty}u_n$，如果 $\lim\limits_{n\to\infty}\left|\dfrac{u_{n+1}}{u_n}\right|=\rho$，则

(1)若 $\rho<1$，则 $\sum\limits_{n=1}^{\infty}u_n$ 绝对收敛(从而收敛).

(2)若 $\rho>1$ 或 $\lim\limits_{n\to\infty}\left|\dfrac{u_{n+1}}{u_n}\right|=+\infty$，则 $\sum\limits_{n=1}^{\infty}u_n$ 发散.

证明 由 $\lim\limits_{n\to\infty}\left|\dfrac{u_{n+1}}{u_n}\right|=\rho$，$\forall\varepsilon>0$，$\exists N>0$，当 $n\geqslant N$ 时，有

$$\rho-\varepsilon<\left|\frac{u_{n+1}}{u_n}\right|<\rho+\varepsilon.$$

(1)若 $\rho<1$，取适当小的正数 $\varepsilon>0$，如 $\varepsilon=\dfrac{1-\rho}{10}$，取 $q=\rho+\varepsilon=\dfrac{9\rho+1}{10}<1$，当 $n\geqslant N$ 时，有

$$\left|\frac{u_{n+1}}{u_n}\right|<q,$$

因此 $|u_{N+1}|<q|u_N|$，$|u_{N+2}|<q^2|u_N|$，…，$|u_{N+k}|<q^k|u_N|$，…，级数 $\sum\limits_{k=1}^{\infty}q^k|u_N|$ 收敛(几何级数，公比 $q<1$)，由比较审敛法知 $\sum\limits_{k=1}^{\infty}|u_{N+k}|$ 收敛，即 $\sum\limits_{n=1}^{\infty}|u_n|$ 收敛，$\sum\limits_{n=1}^{\infty}u_n$ 绝对收敛，即本身收敛.

(2)若 $\rho>1$，取适当小的正数 $\varepsilon>0$，如 $\varepsilon=\dfrac{\rho-1}{10}$，使 $\rho-\varepsilon>1$，当 $n\geqslant N$ 时，有

$$\left|\frac{u_{n+1}}{u_n}\right|>\rho-\varepsilon>1,$$

也就是 $|u_{n+1}|>|u_n|$，从而 $\lim\limits_{n\to\infty}|u_n|\neq0$，进而 $\lim\limits_{n\to\infty}u_n\neq0$，故 $\sum\limits_{n=1}^{\infty}u_n$ 发散.

当$\lim\limits_{n\to\infty}\left|\dfrac{u_{n+1}}{u_n}\right|=+\infty$时，取$M=1>0$，存在$N$，当$n\geqslant N$时，有$\left|\dfrac{u_{n+1}}{u_n}\right|>M=1$，也就是$|u_{n+1}|>|u_n|$，同样可得$\sum\limits_{n=1}^{\infty}u_n$发散.

注意，本定理可直接适用于正项级数而不用加绝对值. 由证明过程可知发散的结果来源于$\lim\limits_{n\to\infty}u_n\neq 0$，故本定理对发散判定只适用于一般项不趋于零的情形，且若由本定理判知级数发散，则一定有$\lim\limits_{n\to\infty}u_n\neq 0$. 最后，当$\lim\limits_{n\to\infty}\left|\dfrac{u_{n+1}}{u_n}\right|=1$时，不能说明级数的敛散性，比如$p$－级数，总有$\lim\limits_{n\to\infty}\left|\dfrac{1}{(n+1)^p}\Big/\dfrac{1}{n^p}\right|=1$，但$p$－级数可收敛，也可发散.

例 10　判别级数(1) $\sum\limits_{n=1}^{\infty}(-1)^n\dfrac{n^3}{3^n}$，(2) $\sum\limits_{n=1}^{\infty}\dfrac{n!}{n^n}$，(3) $\sum\limits_{n=1}^{\infty}\dfrac{n!}{10^n}$的敛散性.

解　(1) $\left|\dfrac{u_{n+1}}{u_n}\right|=\left|\dfrac{(-1)^{n+1}\dfrac{(n+1)^3}{3^{n+1}}}{(-1)^n\dfrac{n^3}{3^n}}\right|=\dfrac{1}{3}\left(1+\dfrac{1}{n}\right)^3\to\dfrac{1}{3}<1$，

由比值审敛法知所给级数绝对收敛，从而收敛.

(2)所给级数为正项级数，

$$\frac{u_{n+1}}{u_n}=\frac{\dfrac{(n+1)!}{(n+1)^{n+1}}}{\dfrac{n!}{n^n}}=\left(\frac{n}{n+1}\right)^n=\frac{1}{\left(1+\dfrac{1}{n}\right)^n}\to\frac{1}{\mathrm{e}}<1,$$

由比值审敛法知所给级数收敛.

(3)所给级数为正项级数，

$$\frac{u_{n+1}}{u_n}=\frac{\dfrac{(n+1)!}{10^{n+1}}}{\dfrac{n!}{10^n}}=\frac{n+1}{10}\to+\infty,$$

由比值审敛法知所给级数发散.

比值审敛法适用于比值极限存在时. 当一般项出现n次幂时，常用下述审敛法. 证明与比值法类似，留作练习.

定理 8(根值审敛法，柯西审敛法)　对级数$\sum\limits_{n=1}^{\infty}u_n$，如果

$$\lim_{n\to\infty}\sqrt[n]{|u_n|}=\rho,$$

(1)若$\rho<1$，则$\sum\limits_{n=1}^{\infty}u_n$绝对收敛(从而收敛).

(2)若$\rho>1$或$\lim\limits_{n\to\infty}\sqrt[n]{|u_n|}=+\infty$，则$\sum\limits_{n=1}^{\infty}u_n$发散.

同比值法一样，对正项级数可直接使用，所得发散仅为$\lim\limits_{n\to\infty}u_n\neq 0$的情形. 若$\rho=1$，则失效.

例 11　判别级数$\sum\limits_{n=1}^{\infty}\left(\dfrac{2n+3}{3n+2}\right)^n$的敛散性.

解　$\sqrt[n]{|u_n|}=\dfrac{2n+3}{3n+2}\to\dfrac{2}{3}<1$，由根值审敛法知所给级数收敛.

例 12　讨论级数 $\sum\limits_{n=1}^{\infty}(-1)^{n-1}\dfrac{x^n}{n}=x-\dfrac{1}{2}x^2+\dfrac{1}{3}x^3-\cdots$ 的敛散性.

解　$\sqrt[n]{|u_n|}=\sqrt[n]{\dfrac{|x|^n}{n}}=\dfrac{1}{\sqrt[n]{n}}|x|\to|x|$，由根值审敛法知：

当 $|x|<1$ 时，级数收敛(绝对收敛).

当 $|x|>1$ 时，级数发散.

当 $x=1$ 时，即为 $\sum\limits_{n=1}^{\infty}(-1)^{n-1}\dfrac{1}{n}$，条件收敛.

当 $x=-1$ 时，即为 $\sum\limits_{n=1}^{\infty}\dfrac{-1}{n}$，发散.

绝对收敛级数有许多性质是条件收敛级数所没有的，下面给出两个关于绝对收敛级数的结论(其证明从略).

***定理 9**　若级数 $\sum\limits_{n=1}^{\infty}u_n$ 绝对收敛，则任意交换它的各项次序所得新级数 $\sum\limits_{n=1}^{\infty}u_n'$ 也是绝对收敛的，且和不变.

***定理 10**　设级数 $\sum\limits_{n=1}^{\infty}u_n$ 和 $\sum\limits_{n=1}^{\infty}v_n$ 都绝对收敛，其和分别为 s 和 σ，则它们的柯西乘积(一种乘积级数)

$$u_1v_1+(u_1v_2+u_2v_1)+\cdots+(u_1v_n+u_2v_{n-1}+\cdots+u_nv_1)+\cdots$$

也是绝对收敛的，且其和为 $s\sigma$.

绝对收敛作为一种强收敛，有定理 10 的结论. 当级数仅条件收敛时考察交错调和级数及其和.

$1-\dfrac{1}{2}+\dfrac{1}{3}-\dfrac{1}{4}+\dfrac{1}{5}-\dfrac{1}{6}+\dfrac{1}{7}-\dfrac{1}{8}+\cdots=\ln2$(将在函数项级数中证明此结论). 将此级数乘以 $\dfrac{1}{2}$，我们得到

$$\frac{1}{2}-\frac{1}{4}+\frac{1}{6}-\frac{1}{8}+\cdots=\frac{1}{2}\ln2,$$

在各项之间插入数零，有

$$0+\frac{1}{2}+0-\frac{1}{4}+0+\frac{1}{6}+0-\frac{1}{8}+\cdots=\frac{1}{2}\ln2,$$

利用收敛级数相加性质，将上式与交错调和级数相加，有

$$1+\frac{1}{3}-\frac{1}{2}+\frac{1}{5}+\frac{1}{7}-\frac{1}{4}+\cdots=\frac{3}{2}\ln2.$$

该级数即为交错调和级数的一个换序相加级数，每两个正项后出现一个负项. 而这个级数的和就不相同了. 事实上，黎曼证明了若 $\sum\limits_{n=1}^{\infty}u_n$ 为条件收敛，r 为任意实数，则总存在 $\sum u_n$ 的一个换序级数收敛于 r (参阅 James Stewart 著，《微积分》，第 11 章).

习题 11－2

1. 用比较审敛法或极限审敛法判别下列级数的敛散性：

(1) $\sum\limits_{n=1}^{\infty}\frac{1}{n^2+n+1}$；　(2) $\sum\limits_{n=1}^{\infty}\frac{5}{2+3^n}$；

(3) $\sum\limits_{n=2}^{\infty}\frac{1}{n-\sqrt{n}}$；　(4) $\sum\limits_{n=1}^{\infty}\frac{1}{n\cdot\sqrt[n]{n}}$；

(5) $\sum\limits_{n=1}^{\infty}\frac{2+(-1)^n}{n\sqrt{n}}$；　(6) $\sum\limits_{n=2}^{\infty}\frac{1}{\ln n}$.

2. 证明：若 $u_n>0$，且 $\sum u_n$ 收敛，则 $\sum\ln(1+u_n)$ 收敛.

3. 用莱布尼茨审敛法判别下列级数的敛散性：

(1) $\sum\limits_{n=1}^{\infty}(-1)^{n-1}\frac{1}{\sqrt{n}}$；　(2) $\sum\limits_{n=1}^{\infty}(-1)^{n-1}\frac{n}{n^2+1}$；

(3) $\sum\limits_{n=1}^{\infty}(-1)^{n-1}\ln(1+\frac{1}{\sqrt{n}})$.

4. 判别下列级数是绝对收敛、条件收敛还是发散：

(1) $\sum\limits_{n=1}^{\infty}\frac{n^2}{2^n}$；　(2) $\sum\limits_{n=1}^{\infty}\frac{2^n n!}{n^n}$；

(3) $\sum\limits_{n=0}^{\infty}\frac{(-10)^n}{n!}$；　(4) $\sum\limits_{n=1}^{\infty}(-1)^{n-1}\frac{2^n}{n^4}$；

(5) $\sum\limits_{n=2}^{\infty}\frac{(-1)^n}{(\ln n)^n}$；　(6) $\sum\limits_{n=2}^{\infty}\frac{(-1)^n}{\ln n}$；

(7) $\sum\limits_{n=1}^{\infty}\frac{\sin 4n}{4^n}$；　(8) $\sum\limits_{n=1}^{\infty}\left(\frac{n^2+1}{2n^2+1}\right)^n$；

(9) $\sum\limits_{n=1}^{\infty}a_n$，$a_1=2$，$a_{n+1}=\frac{5n+1}{4n+3}a_n$.

5. 证明：若级数 $\sum u_n^2$ 及 $\sum v_n^2$ 收敛，则级数 $\sum u_n v_n$，$\sum(u_n+v_n)^2$ 及 $\sum\frac{u_n}{n}$ 均收敛.

6. 设 $\sum\limits_{n=1}^{\infty}a_n$ 与 $\sum\limits_{n=1}^{\infty}b_n$ 收敛，且 $a_n\leqslant c_n\leqslant b_n(n=1,2,\cdots)$. 证明：$\sum\limits_{n=1}^{\infty}c_n$ 也收敛.

§11.3　幂级数

§11.3.1　函数项级数的收敛域与和函数

给定一个定义在非空数集 l 上的函数列 $\{u_n(x)\}$：$u_1(x)$，$u_2(x)$，…，$u_n(x)$，…，称

表达式 $u_1(x)+u_2(x)+\cdots+u_n(x)+\cdots$ 为定义在 l 上的函数项无穷级数，简称无穷级数或级数，记为 $\sum\limits_{n=1}^{\infty}u_n(x)$，其前 n 项和 $s_n(x)=u_1(x)+\cdots+u_n(x)$ 称为它的部分和函数.

定义　对非空数集 l 上的一个函数项级数 $\sum\limits_{n=1}^{\infty}u_n(x)$，若 $x_0\in l$，数项级数 $\sum\limits_{n=1}^{\infty}u_n(x_0)$ 收敛，则称 x_0 是函数项级数 $\sum\limits_{n=1}^{\infty}u_n(x)$ 的收敛点；否则，称 x_0 为它的发散点. 所有收敛点的全体称为它的收敛域，所有发散点的全体称为它的发散域.

设 D 为 $\sum\limits_{n=1}^{\infty}u_n(x)$ 的收敛域，$\forall x\in D$，$\sum\limits_{n=1}^{\infty}u_n(x)$ 收敛，记和为 $s(x)$，称 $s(x)$ 为 $\sum\limits_{n=1}^{\infty}u_n(x)$ 的和函数，即 $\sum\limits_{n=1}^{\infty}u_n(x)=s(x)=\lim\limits_{n\to\infty}s_n(x)(x\in D)$. 此时有余项 $r_n(x)=s(x)-s_n(x)=\sum\limits_{k=n+1}^{\infty}u_k(x)$，且 $\lim\limits_{n\to\infty}r_n(x)=0$.

在数项级数中我们讨论过(数项)级数 $\sum\limits_{n=0}^{\infty}x^n$（几何级数)，这里可视为定义在$(-\infty,+\infty)$上的函数项级数. 由前面讨论知，当 $-1<x<1$ 时收敛，其余发散. 故收敛域为$(-1,1)$，且有和函数 $s(x)=\dfrac{1}{1-x}$.

§11.3.2　幂级数及其收敛性

一般函数项级数的研究是很复杂的问题，其中结构最简单、应用上也很重要的级数是幂级数，即

$$\sum_{n=0}^{\infty}a_n(x-x_0)^n=a_0+a_1(x-x_0)+a_2(x-x_0)^2+\cdots+a_n(x-x_0)^n+\cdots$$

其中，x_0 及系数 $a_n(n=0,1,2,\cdots)$ 均为实数. 当 $x_0=0$ 时，有更简单的形式 $\sum\limits_{n=0}^{\infty}a_nx^n=a_0+a_1x+a_2x^2+\cdots+a_nx^n+\cdots$，称为关于 x 的幂级数.

对幂级数 $\sum\limits_{n=0}^{\infty}x^n$，我们已经知道当 $x\in(-1,1)$ 时收敛，当 $|x|\geqslant1$ 时发散. 这里收敛域是一个对称区间，它对一般幂级数也是成立的，这就是我们将要讨论的关于幂级数的收敛性问题.

定理 1(阿贝尔定理)　若幂级数 $\sum\limits_{n=0}^{\infty}a_nx^n$ 在 $x_0(x_0\neq0)$ 处收敛，则当 $|x|<|x_0|$ 时，幂级数绝对收敛. 若幂级数 $\sum\limits_{n=0}^{\infty}a_nx^n$ 在 $x_0(x_0\neq0)$ 处发散，则当 $|x|>|x_0|$ 时，幂级数发散.

证明　设 $x_0\neq0$，使 $\sum\limits_{n=0}^{\infty}a_nx_0^n$ 收敛，此时 $\lim\limits_{n\to\infty}a_nx_0^n=0$. 由数列极限存在必有界知，存在 $M>0$，使 $|a_nx_0^n|\leqslant M(n=0,1,2,\cdots)$，此时

$$|a_nx^n|=\left|a_nx_0^n\cdot\frac{x^n}{x_0^n}\right|=|a_nx_0^n|\cdot\left|\frac{x}{x_0}\right|^n\leqslant M\left|\frac{x}{x_0}\right|^n.$$

当$|x|<|x_0|$时，有$\left|\frac{x}{x_0}\right|<1$，几何级数$\sum\limits_{n=0}^{\infty}M\left|\frac{x}{x_0}\right|^n$收敛，由比较审敛法知$\sum\limits_{n=0}^{\infty}|a_nx^n|$收敛，即当$|x|<|x_0|$时，幂级数绝对收敛，即收敛.

若幂级数在x_0处发散，假设定理结论不成立，即存在一点x_1，$|x_1|>|x_0|$，使$\sum\limits_{n=0}^{\infty}a_nx_1^n$收敛，而$x_1$作为收敛点，由前述证明知在$x_0$处幂级数收敛，这与假设矛盾. 故定理结论成立.

本定理告诉我们，若幂级数$\sum\limits_{n=0}^{\infty}a_nx^n$在$x_0$处收敛，则它在开区间$(-|x_0|,\ |x_0|)$内绝对收敛；若幂级数在$x_0$处发散，则在闭区间$[-|x_0|,\ |x_0|]$外均发散. 于是有下述重要结论.

结论 如果幂级数$\sum\limits_{n=1}^{\infty}a_nx^n$不是仅在$x=0$一点收敛，也不是在整个数轴上都收敛，则必有一个确定的正数R存在，使得：

当$|x|<R$时，幂级数绝对收敛；

当$|x|>R$时，幂级数发散；

当$x=R$或$x=-R$时，幂级数可能收敛，也可能发散.

称该正数R为幂级数的收敛半径，开区间$(-R,\ R)$称为幂级数的收敛区间. 收敛区间加上收敛的端点形成幂级数的收敛域.

这里规定，若幂级数仅在$x=0$处收敛，则$R=0$；若幂级数对一切$x\in(-\infty,\ +\infty)$均收敛，则$R=+\infty$. 当$R=+\infty$时，收敛区间$(-\infty,\ +\infty)$即为其收敛域.

对$\sum\limits_{n=0}^{\infty}x^n$，$R=1$，收敛区间及收敛域均为$(-1,\ 1)$.

对$\sum\limits_{n=1}^{\infty}\frac{1}{n!}x^n$，由比值审敛法，$\left|\dfrac{\frac{1}{(n+1)!}x^{n+1}}{\frac{1}{n!}x^n}\right|=\frac{1}{n+1}|x|\to0<1$，故对一切$x\in(-\infty,\ +\infty)$，$\sum\limits_{n=1}^{\infty}\frac{1}{n!}x^n$绝对收敛，所以$R=+\infty$.

注意：一般地，比值(或根值)审敛法常被用来确定幂级数的敛散性，进而得到其收敛半径. 可将幂级数中的x视为参数，使用比值(或根值)审敛法来确定幂级数收剑时x的取值范围，进而得到其收敛半径.

例1 讨论级数$\sum\limits_{n=0}^{\infty}\frac{(-3)^nx^n}{\sqrt{n+1}}$的敛散性.

解 令$u_n(x)=\frac{(-3)^n}{\sqrt{n+1}}x^n$，则

$$\left|\frac{u_{n+1}(x)}{u_n(x)}\right|=3\sqrt{\frac{n+1}{n+2}}|x|\to3|x|\quad(n\to\infty).$$

由比值审敛法，若 $3|x|<1$，即 $|x|<\frac{1}{3}$，幂级数绝对收敛；若 $3|x|>1$，即 $|x|>\frac{1}{3}$，幂级数发散. 因此 $R=\frac{1}{3}$，收敛区间为$\left(-\frac{1}{3}, \frac{1}{3}\right)$.

当 $x=-\frac{1}{3}$ 时，级数变为 $\sum\limits_{n=0}^{\infty}\frac{(-3)^n(-\frac{1}{3})^n}{\sqrt{n+1}}=\sum\limits_{n=0}^{\infty}\frac{1}{\sqrt{n+1}}$，是发散的$\left(p-\text{级数}, p=\frac{1}{2}\right)$；

当 $x=\frac{1}{3}$时，级数变为 $\sum\limits_{n=0}^{\infty}\frac{(-3)^n\left(\frac{1}{3}\right)^n}{\sqrt{n+1}}=\sum\limits_{n=0}^{\infty}\frac{(-1)^n}{\sqrt{n+1}}$，为交错级数，由莱布尼茨审敛法可判知为收敛的.

故收敛域为$\left(-\frac{1}{3}, \frac{1}{3}\right]$.

上述讨论也可用根值审敛法来完成. 在收敛区间端点 $x=\pm R$ 处，比值或根值审敛法总是会失效的，必须用其他审敛法来判断.

例 2　求幂级数 $\sum\limits_{n=0}^{\infty}\frac{(2n)!}{(n!)^2}x^{2n}$ 的收敛半径.

解　由比值审敛法

$$\lim_{n\to\infty}\left|\frac{u_{n+1}(x)}{u_n(x)}\right|=\lim_{n\to\infty}\left|\frac{\frac{[2(n+1)]!}{[(n+1)!]^2}x^{2(n+1)}}{\frac{(2n)!}{(n!)^2}x^{2n}}\right|$$

$$=\lim_{n\to\infty}\frac{2(n+1)(2n+1)}{(n+1)^2}|x^2|=4x^2.$$

当 $4x^2<1$，即 $|x|<\frac{1}{2}$时，幂级数绝对收敛；当 $4x^2>1$，即 $|x|>\frac{1}{2}$时，幂级数发散. 于是有 $R=\frac{1}{2}$.

例 3　讨论幂级数 $\sum\limits_{n=0}^{\infty}\frac{n}{3^{n+1}}(x+2)^n$ 的敛散性.

解　令 $x+2=y$，原级数变为 y 的幂级数 $\sum\limits_{n=0}^{\infty}\frac{n}{3^{n+1}}y^n$，用根值审敛法

$$\lim_{n\to\infty}\sqrt[n]{|u_n(y)|}=\lim_{n\to\infty}\frac{\sqrt[n]{n}}{3^{\frac{n+1}{n}}}|y|=\frac{1}{3}|y|.$$

当$\frac{1}{3}|y|<1$，即 $|y|<3$ 时，幂级数绝对收敛；当$\frac{1}{3}|y|>1$，即 $|y|>3$ 时，幂级数发散. 于是 $R=3$，关于 y 的幂级数的收敛区间为$(-3, 3)$. 由 $-3<y=x+2<3$，得 $-5<x<1$. 所以原级数 $\sum\limits_{n=0}^{\infty}\frac{n}{3^{n+1}}(x+2)^n$ 的收敛区间为$(-5, 1)$. 当 $y=3$，即 $x=1$ 时，级数为 $\sum\limits_{n=0}^{\infty}\frac{n}{3}$，是发散的；当 $y=-3$，即 $x=-5$ 时，级数为 $\sum\limits_{n=0}^{\infty}(-1)^n\frac{n}{3}$，是发散的. 所以原级数

的收敛域为$(-5,1)$.

本题也可直接以 x 为变量进行讨论.

§11.3.3 幂级数的运算

由于幂级数在收敛区间内是绝对收敛的，由数项级数的有关代数运算性质，可得到幂级数的如下代数运算性质.

1. 加减运算

设幂级数 $\sum_{n=0}^{\infty}a_nx^n$ 与 $\sum_{n=0}^{\infty}b_nx^n$ 的收敛半径分别为 R_1 与 R_2，和函数分别为 $s(x)$ 与 $\sigma(s)$，记 $R=\min\{R_1, R_2\}$，则在它们的公共收敛区间$(-R, R)$上有

$$\sum_{n=0}^{\infty}a_nx^n \pm \sum_{n=0}^{\infty}b_nx^n = \sum_{n=0}^{\infty}(a_n \pm b_n)x^n = s(x) \pm \sigma(s).$$

2. 乘法运算(柯西乘积)

在$(-R, R)$上有

$$\left(\sum_{n=0}^{\infty}a_nx^n\right)\cdot\left(\sum_{n=0}^{\infty}b_nx^n\right) = \sum_{n=0}^{\infty}c_nx^n = s(x)\cdot\sigma(s).$$

其中，$c_n=a_0b_n+a_1b_{n-1}+\cdots+a_{n-1}b_1+a_nb_0$.

3. 商运算(柯西乘积的逆运算)

$$\frac{\sum_{n=0}^{\infty}a_nx^n}{\sum_{n=0}^{\infty}b_nx^n}=\sum_{n=0}^{\infty}d_nx^n$$，满足 $\sum_{n=0}^{\infty}a_nx^n=\left(\sum_{n=0}^{\infty}b_nx^n\right)\cdot\left(\sum_{n=0}^{\infty}d_nx^n\right)$，其中乘积为柯西乘积，

故有

$a_0=b_0d_0$,

$a_1=b_1d_0+b_0d_1$,

$a_2=b_2d_0+b_1d_1+b_0d_2$,

……

这里假设 $b_0\neq0$，则可逐项求出 $d_0, d_1, d_2, \cdots, d_n, \cdots$，进一步得幂级数的商级数 $\sum_{n=0}^{\infty}d_nx^n$，但应注意相除后所得幂级数 $\sum_{n=0}^{\infty}d_nx^n$ 的收敛半径可能比原两幂级数的收敛半径小得多. 比如，$\frac{1}{1-x}=1+x+x^2+\cdots+x^n+\cdots$，而 $\sum_{n=0}^{\infty}a_nx^n=1$ 与 $\sum_{n=0}^{\infty}b_nx^n=1-x$ 作为两个幂级数，$R=+\infty$，而其商级数为 $1+x+x^2+\cdots+x^n+\cdots$，其收敛半径仅为 1.

关于幂级数还有如下重要分析性质，其证明需用到级数的一致收敛性，这里从略.

定理 2 $\sum_{n=0}^{\infty}a_nx^n$ 的和函数 $s(x)$ 在收敛区间$(-R, R)$上是连续的，若在端点收敛，则 $s(x)$ 在收敛的端点是单侧连续的.

定理 3 在$(-R, R)$上有

$$s'(x)=\left(\sum_{n=0}^{\infty}a_nx^n\right)'=\sum_{n=0}^{\infty}(a_nx^n)'=\sum_{n=1}^{\infty}na_nx^{n-1},$$

这里 $\sum\limits_{n=1}^{\infty}na_nx^{n-1}$ 与原幂级数 $\sum\limits_{n=0}^{\infty}a_nx^n$ 有相同的收敛半径，但在 $x=\pm R$ 处的敛散性可能改变，且在 $(-R,R)$ 内可有限次进行求导运算.

定理 4　在 $(-R,R)$ 上有

$$\int_0^x s(x)\mathrm{d}x=\int_0^x\left[\sum_{n=0}^{\infty}a_nx^n\right]\mathrm{d}x=\sum_{n=0}^{\infty}\int_0^x a_nx^n\mathrm{d}x=\sum_{n=0}^{\infty}\frac{a_n}{n+1}x^{n+1},$$

这里 $\sum\limits_{n=0}^{\infty}\frac{a_n}{n+1}x^{n+1}$ 与原幂级数 $\sum\limits_{n=0}^{\infty}a_nx^n$ 有相同的收敛半径，但在 $x=\pm R$ 处的敛散性可能改变，且在 $(-R,R)$ 内可有限次进行积分运算.

利用上述有关幂级数的运算性质，结合一些已知幂级数的和函数 $\left(\sum\limits_{n=0}^{\infty}x^n=\frac{1}{1-x},\ \sum\limits_{n=0}^{\infty}(-1)^nx^n=\frac{1}{1+x},\ R=1\right)$，常用来求解未知幂级数的和函数，并可解决某些数项级数求和.

例 4　求和函数(1) $\sum\limits_{n=0}^{\infty}(-1)^nx^{2n}$，(2) $\sum\limits_{n=0}^{\infty}\frac{1}{2^{n+1}}x^n$.

解　(1) $\sum\limits_{n=0}^{\infty}(-1)^nx^{2n}=\sum\limits_{n=0}^{\infty}(-x^2)^n=\frac{1}{1-(-x^2)}$，$|-x^2|<1$，即

$$\sum_{n=0}^{\infty}(-1)^nx^{2n}=\frac{1}{1+x^2},\ |x|<1.$$

(2) $\sum\limits_{n=0}^{\infty}\frac{1}{2^{n+1}}x^n=\frac{1}{2}\sum\limits_{n=0}^{\infty}\left(\frac{x}{2}\right)^n=\frac{1}{2}\frac{1}{1-\frac{x}{2}}$，$\left|\frac{x}{2}\right|<1$，即

$$\sum_{n=0}^{\infty}\frac{1}{2^{n+1}}x^n=\frac{1}{2-x},\ |x|<2.$$

例 5　在 $(-1,1)$ 内求 $\sum\limits_{n=0}^{\infty}\frac{x^n}{n+1}$ 的和函数.

解法一　因为 $\sum\limits_{n=0}^{\infty}x^n=\frac{1}{1-x}$，$|x|<1$，所以

$$\sum_{n=0}^{\infty}\frac{1}{n+1}x^{n+1}=\int_0^x\frac{1}{1-x}\mathrm{d}x=-\ln(1-x),$$

即

$$x\sum_{n=0}^{\infty}\frac{1}{n+1}x^n=-\ln(1-x).$$

当 $x\neq0$ 时，有 $\sum\limits_{n=0}^{\infty}\frac{1}{n+1}x^n=-\frac{\ln(1-x)}{x}$；

当 $x=0$ 时，由原级数有 $\sum\limits_{n=0}^{\infty}\frac{1}{n+1}x^n=1$.

故 $\sum\limits_{n=0}^{\infty}\frac{1}{n+1}x^n=\begin{cases}-\frac{\ln(1-x)}{x}, & 0<|x|<1,\\ 1, & x=0.\end{cases}$

解法二 设 $s(x)=\sum_{n=0}^{\infty}\frac{1}{n+1}x^n \quad (|x|<1)$.

$$xs(x)=\sum_{n=0}^{\infty}\frac{1}{n+1}x^{n+1},$$

$$(xs(x))'=\sum_{n=0}^{\infty}x^n=\frac{1}{1-x} \quad (|x|<1).$$

所以
$$\int_0^x (xs(x))'\mathrm{d}x=\int_0^x\frac{1}{1-x}\mathrm{d}x,$$

即
$$xs(x)=-\ln(1-x),\quad s(x)=-\frac{\ln(1-x)}{x} \quad (0<|x|<1),$$

而当 $x=0$ 时，有 $s(x)=1$.

注意，$\sum_{n=0}^{\infty}\frac{1}{n+1}x^n$ 在 $x=-1$ 处收敛，由和函数连续性，最终我们可得

$$\sum_{n=0}^{\infty}\frac{1}{n+1}x^n=\begin{cases}-\dfrac{\ln(1-x)}{x}, & -1\leqslant x<1,\ x\neq 0,\\ 1, & x=0.\end{cases}$$

上述级数求和来源于 $\sum_{n=0}^{\infty}x^n=\frac{1}{1-x}$，但它们在端点 $x=-1$ 处的敛散性改变了. 令 $x=-1$,可得

$$\sum_{n=0}^{\infty}\frac{(-1)^n}{n+1}=1-\frac{1}{2}+\frac{1}{3}-\frac{1}{4}+\cdots=\ln 2.$$

例 6 求 $\sum_{n=2}^{\infty}\frac{1}{n(n-1)}x^n$，并求 $\sum_{n=2}^{\infty}\frac{1}{n(n-1)}\cdot\frac{1}{2^n}$.

解 由比值审敛法易求得 $R=1$.

设 $s(x)=\sum_{n=2}^{\infty}\frac{1}{n(n-1)}x^n$，$|x|<1$. 计算知 $s(0)=0$.

求导 $s'(x)=\sum_{n=2}^{\infty}\frac{1}{n-1}x^{n-1}$，$s''(x)=\sum_{n=2}^{\infty}x^{n-2}=\frac{1}{1-x}$. 计算知 $s'(0)=0$.

积分 $s'(x)-s'(0)=\int_0^x\frac{1}{1-x}\mathrm{d}x=-\ln(1-x)$，即$s'(x)=-\ln(1-x)$；

再积分 $s(x)-s(0)=s(x)=\int_0^x -\ln(1-x)\mathrm{d}x=x+(1-x)\ln(1-x) \quad (|x|<1)$.

而当$x=\pm 1$时均收敛，易求得(利用了和函数的连续性，对 $x=-1$ 取函数值，而对 $x=1$ 则取极限值)

$$\sum_{n=2}^{\infty}\frac{1}{n(n-1)}x^n=s(x)=\begin{cases}x+(1-x)\ln(1-x), & -1\leqslant x<1,\\ 1, & x=1.\end{cases}$$

令 $x=\frac{1}{2}$，可得

$$\sum_{n=2}^{\infty}\frac{1}{n(n-1)}\cdot\frac{1}{2^n}=s\left(\frac{1}{2}\right)=\frac{1}{2}(1-\ln 2).$$

另解，当$|x|<1$，有

$$\sum_{n=2}^{\infty}\frac{1}{n(n-1)}x^n=\sum_{n=2}^{\infty}\left(\frac{1}{n-1}-\frac{1}{n}\right)x^n=\sum_{n=2}^{\infty}\frac{1}{n-1}x^n-\sum_{n=2}^{\infty}\frac{1}{n}x^n.$$

由例 5，可得

$$\sum_{n=2}^{\infty}\frac{1}{n-1}x^n=x^2\sum_{n=2}^{\infty}\frac{1}{n-1}x^{n-2}=x^2\cdot\frac{-\ln(1-x)}{x}=-x\ln(1-x)\quad(|x|<1),$$

$$\sum_{n=2}^{\infty}\frac{1}{n}x^n=x\sum_{n=2}^{\infty}\frac{1}{n}x^{n-1}=x\left(\sum_{n=1}^{\infty}\frac{1}{n}x^{n-1}-1\right)=x\left[-\frac{\ln(1-x)}{x}-1\right]$$

$$=-x-\ln(1-x)\quad(|x|<1).$$

由幂级数的代数运算性质可得

$$\sum_{n=2}^{\infty}\frac{1}{n(n-1)}x^n=-x\ln(1-x)-[-x-\ln(1-x)]$$

$$=x+(1-x)\ln(1-x)\quad(|x|<1).$$

利用幂级数运算性质求和函数，结果均在收敛区间内成立，而端点 $x=\pm R$ 处的敛散性问题一般需用其他方法判断. 如将具体 $x=R$(或 $x=-R$)代入，利用常数项级数审敛法进行判断. 对收敛的端点，利用和函数的连续性知其值为极限值.

§11.3.4　泰勒级数

在上一小节中我们讨论了幂级数在收敛域内的和函数问题. 反之，给出一函数 $f(x)$，它能作为某一幂级数的和函数吗？这就是我们下面要讨论的将函数 $f(x)$展开成幂级数的问题，即幂级数求和的反问题.

若在某区间内，$f(x)=\sum\limits_{n=0}^{\infty}a_nx^n$，我们称 $f(x)$在该区间内能展开成 x 的幂级数，该级数称为函数 $f(x)$的幂级数展开式；若在某区间内，$f(x)=\sum\limits_{n=0}^{\infty}a_n(x-x_0)^n$，我们称 $f(x)$在该区间内能展开成 $x-x_0$ 的幂级数.

在一元函数微分学中我们讨论过泰勒公式，若 $f(x)$在 $x=x_0$ 的某邻域内有$(n+1)$阶导数，则有

$$f(x)=f(x_0)+f'(x_0)(x-x_0)+\frac{f''(x_0)}{2!}(x-x_0)^2+\cdots+$$

$$\frac{f^{(n)}(x_0)}{n!}(x-x_0)^n+R_n(x),$$

其中，$R_n(x)$为拉格朗日型余项，即

$$R_n(x)=\frac{f^{(n+1)}(\xi)}{(n+1)!}(x-x_0)^{n+1},$$

其中，ξ 是 x_0 与 x 之间的某个值.

若 $f(x)$在 x_0 的某邻域内任意阶可导，可设想泰勒公式中的多项式的项数趋于无穷而形成幂级数形式：

$$f(x_0)+f'(x_0)(x-x_0)+\frac{f''(x_0)}{2!}(x-x_0)^2+\cdots+\frac{f^n(x_0)}{n!}(x-x_0)^n+\cdots$$

称其为函数 $f(x)$在 x_0 处的泰勒级数. 它在 $x=x_0$ 处收敛于 $f(x_0)$，但除此点以外它收敛吗？若收敛，它是否一定收敛于 $f(x)$呢？

定理 5 设函数 $f(x)$在 x_0 的某邻域$U(x_0)$内具有各阶导数，则 $f(x)$在该邻域内能展开成泰勒级数，即 $f(x)=\sum\limits_{n=0}^{\infty}\frac{f^{(n)}(x_0)}{n!}(x-x_0)^n$ 的充分必要条件是$\lim\limits_{n\to\infty}R_n(x)=0(x\in U(x_0))$.

证明 先证必要性. 设 $f(x)=\sum\limits_{n=0}^{\infty}\frac{f^{(n)}(x_0)}{n!}(x-x_0)^n(x\in U(x_0))$.

由泰勒公式，有

$$f(x)=f(x_0)+f'(x_0)(x-x_0)+\cdots+\frac{f^{(n)}(x_0)}{n!}(x-x_0)^n+R_n(x).$$

记 $f(x)$的泰勒级数的部分和为 $s_n(x)$，则

$$f(x)=s_{n+1}(x)+R_n(x).$$

由级数的收敛定义有$\lim\limits_{n\to\infty}s_{n+1}(x)=f(x)$，故有

$$\lim_{n\to\infty}R_n(x)=\lim_{n\to\infty}[f(x)-s_{n+1}(x)]=0\quad(x\in U(x_0)).$$

再证充分性. 设$\lim\limits_{n\to\infty}R_n(x)=0\ (x\in U(x_0))$.

由泰勒公式有$\lim\limits_{n\to\infty}s_{n+1}(x)=\lim\limits_{n\to\infty}(f(x)-R_n(x))=f(x)$，即 $f(x)$的泰勒级数收敛于 $f(x)$，即

$$\sum_{n=0}^{\infty}\frac{f^{(n)}(x_0)}{n!}(x-x_0)^n=f(x)\quad(x\in U(x_0)).$$

为了形式简单，常取 $x_0=0$，得 x 的幂级数

$$f(0)+f'(0)x+\frac{f''(0)}{2!}x^2+\cdots+\frac{f^{(n)}(0)}{n!}x^n+\cdots$$

称其为函数 $f(x)$的麦克劳林级数(即 $f(x)$在 $x=0$ 处的泰勒级数).

定理 6 若 $f(x)$能展开成 x 的幂级数，则展式唯一，即为 $f(x)$的麦克劳林级数.

证明 设在某邻域$U(0)$内，有

$$f(x)=\sum_{n=0}^{\infty}a_nx^n=a_0+a_1x+a_2x^2+\cdots+a_nx^n+\cdots$$

由幂级数在收敛区间内可逐项求导，有

$$f'(x)=a_1+2a_2x+3a_3x^2+\cdots+na_nx^{n-1}+\cdots$$

$$f''(x)=2a_2+3\times2a_3x+4\times3\times a_4x^2+\cdots+n(n-1)a_nx^{n-2}+\cdots$$

……

$$f^{(n)}(x)=n!a_n+(n+1)n(n-1)\cdots2a_{n+1}x+\cdots$$

令 $x=0$，可得

$$a_0=f(0),\ a_1=f'(0),\ a_2=\frac{1}{2!}f''(0),\ \cdots,\ a_n=\frac{f^{(n)}(0)}{n!},\ \cdots$$

即证明 $f(x)$的幂级数恰为麦克劳林级数，是唯一的.

§11.3.5 函数展开成幂级数

由定理 6 的唯一性知，若 $f(x)$能展开成 x 的幂级数，它就是 $f(x)$的麦克劳林级数.

而若通过构造法直接得到 $f(x)$ 的麦克劳林级数后，在其收敛域内，可通过定理 5 来判断其是否收敛于 $f(x)$.

1. 直接展开法

(1) 求出 $f(x)$ 在 $x=0$ 处的各阶导数值 $f(0)$，$f'(0)$，$f''(0)$，…，$f^{(n)}(0)$，….若某阶导数不存在就停止，该函数不能展开成为 x 的幂级数.

(2) 构造 $f(x)$ 的麦克劳林级数 $\sum\limits_{n=0}^{\infty}\dfrac{f^{(n)}(0)}{n!}x^n$，并求出其收敛半径 R.

(3)对 $x\in(-R,R)$(亦可用于端点)，考察是否有

$$\lim_{n\to\infty}R_n(x)=\lim_{n\to\infty}\frac{f^{(n+1)}(\xi)}{(n+1)!}x^{n+1}=0,$$

其中，ξ 介于 0 与 x 之间. 如果 $\lim\limits_{n\to\infty}R_n(x)=0$，则函数 $f(x)$ 在 $(-R,R)$ 内有幂级数展开式

$$f(x)=\sum_{n=0}^{\infty}\frac{f^{(n)}(0)}{n!}x^n\quad(-R<x<R).$$

例 7　将函数 $f(x)=e^x$ 展开成 x 的幂级数.

解　$f^{(n)}(x)=e^x(n=1,2,\cdots)$，于是 $f^{(n)}(0)=1(n=0,1,2,\cdots)$，可得其麦克劳林级数 $1+x+\dfrac{1}{2!}x^2+\cdots+\dfrac{1}{n!}x^n+\cdots$，易得其收敛半径 $R=+\infty$.

$$|R_n(x)|=\left|\frac{f^{(n+1)}(\xi)}{(n+1)!}x^{n+1}\right|=\frac{|e^{\xi}|}{(n+1)!}|x|^{n+1}\leqslant\frac{|x|^{n+1}}{(n+1)!}e^{|x|}\quad(\xi\text{ 介于 0 与 }x\text{ 之间})$$

由 §11.2 例 3 易知，级数 $\sum\limits_{n=0}^{\infty}\dfrac{|x|^{n+1}}{(n+1)!}$ 对任意给定的 x 均收敛，故一般项 $\lim\limits_{n\to\infty}\dfrac{|x|^{n+1}}{(n+1)!}=0$，进而 $\lim\limits_{n\to\infty}R_n(x)=0(x\in(-\infty,+\infty))$. 于是

$$e^x=1+x+\frac{1}{2!}x^2+\cdots+\frac{1}{n!}x^n+\cdots=\sum_{n=0}^{\infty}\frac{1}{n!}x^n\quad(-\infty<x<+\infty).$$

例 8　将 $f(x)=\sin x$ 展开成 x 的幂级数.

解　$f^{(n)}(x)=\sin\left(x+n\dfrac{\pi}{2}\right)\quad(n=0,1,2,\cdots)$.

$f^{(n)}(0)$ 的取值为 0，1，0，−1；0，1，0，−1；…，于是得到 $\sin x$ 的麦克劳林级数为

$$x-\frac{1}{3!}x^3+\frac{1}{5!}x^5-\frac{1}{7!}x^7+\cdots+\frac{(-1)^{n-1}}{(2n-1)!}x^{2n-1}+\cdots\quad(R=+\infty).$$

对于 $x\in(-\infty,+\infty)$，有

$$|R_n(x)|=\left|\frac{1}{(n+1)!}\sin\left(\xi+\frac{n+1}{2}\pi\right)x^{n+1}\right|\leqslant\frac{|x|^{n+1}}{(n+1)!}.$$

同上例，有

$$\lim_{n\to\infty}R_n(x)=0\quad(x\in(-\infty,+\infty)).$$

于是

$$\sin x=\sum_{n=1}^{\infty}\frac{(-1)^{n-1}}{(2n-1)!}x^{2n-1}=x-\frac{1}{3!}x^3+\frac{1}{5!}x^5-\frac{1}{7!}x^7+\cdots\quad(-\infty<x<+\infty).$$

对于直接展开法，其难点有两个：一是 $f^{(n)}(x)$ 的计算问题，二是 $\lim\limits_{n\to\infty}R_n(x)=0$ 很难判

定. 为此我们常用间接法展开.

2. 间接展开法

所谓间接展开法，主要是利用幂级数的各种运算性质，和已知的函数的幂级数展开式，得到所求函数的幂级数的展开式. 常用的已知展开式有

$$\frac{1}{1-x}=\sum_{n=0}^{\infty}x^n=1+x+x^2+\cdots+x^n+\cdots \quad (-1<x<1);$$

$$\frac{1}{1+x}=\sum_{n=0}^{\infty}(-1)^n x^n=1-x+x^2-x^3+\cdots+(-1)^n x^n+\cdots \quad (-1<x<1);$$

$$e^x=\sum_{n=0}^{\infty}\frac{1}{n!}x^n=1+x+\frac{1}{2!}x^2+\cdots+\frac{1}{n!}x^n+\cdots \quad (-\infty<x<+\infty);$$

$$\sin x=\sum_{n=1}^{\infty}\frac{(-1)^{n-1}}{(2n-1)!}x^{2n-1}=x-\frac{1}{3!}x^3+\frac{1}{5!}x^5-\cdots+\frac{(-1)^{n-1}}{(2n-1)!}x^{2n-1}+\cdots$$
$$(-\infty<x<+\infty).$$

由 $\sin x$ 的展开式，由逐项求导性质可得

$$\cos x=(\sin x)'=\sum_{n=1}^{\infty}\frac{(-1)^{n-1}}{(2n-2)!}x^{2n-2}=\sum_{n=0}^{\infty}\frac{(-1)^n}{(2n)!}x^{2n}$$
$$=1-\frac{1}{2!}x^2+\frac{1}{4!}x^4-\frac{1}{6!}x^6+\cdots \quad (-\infty<x<+\infty).$$

利用级数性质有

$$x\cos x=x\sum_{n=0}^{\infty}\frac{(-1)^n}{(2n)!}x^{2n}=\sum_{n=0}^{\infty}\frac{(-1)^n}{(2n)!}x^{2n+1} \quad (-\infty<x<+\infty).$$

变量替换也是一种常用方法，如对 $\frac{1}{1-x}=\sum_{n=0}^{\infty}x^n$，将 x 换为 $-x^2$，得

$$\frac{1}{1+x^2}=\sum_{n=0}^{\infty}(-x^2)^n=\sum_{n=0}^{\infty}(-1)^n x^{2n},$$

其中 $|-x^2|<1$，即 $|x|<1$.

例 9 将 $f(x)=\ln(1+x)$ 展开成 x 的幂级数.

解 计算得 $f(0)=0$. $f'(x)=\frac{1}{1+x}=\sum_{n=0}^{\infty}(-1)^n x^n$，$|x|<1$，积分得

$$f(x)=\int_0^x f'(t)\,dt+f(0)=\int_0^x\sum_{n=0}^{\infty}(-1)^n t^n\,dt=\sum_{n=0}^{\infty}\frac{(-1)^n}{n+1}x^{n+1} \quad (|x|<1).$$

即

$$\ln(1+x)=\sum_{n=0}^{\infty}\frac{(-1)^n}{n+1}x^{n+1} \quad (|x|<1).$$

间接法通常都是在 $(-R,R)$ 内来讨论的，若在 $(-R,R)$ 内我们有 $f(x)=\sum_{n=0}^{\infty}a_n x^n$，而该级数在 $x=R$（或 $x=-R$）处收敛，又 $f(x)$ 在 $x=R$（或 $x=-R$）处连续，由和函数的连续性知上面的展开式对该端点也是成立的. 比如

$$\ln(1+x)=\sum_{n=0}^{\infty}\frac{(-1)^n}{n+1}x^{n+1} \quad (|x|<1).$$

对 $x=1$，级数收敛，且 $\ln(1+x)$ 在 $x=1$ 处连续，故有

$$\ln(1+x)=\sum_{n=0}^{\infty}\frac{(-1)^n}{n+1}x^{n+1}\qquad(-1<x\leqslant 1).$$

例 10　将函数 $f(x)=(1+x)^\mu$ 展开成 x 的幂级数，其中 μ 为实常数.

解　$f(x)$的各阶导数为

$$f'(x)=\mu(1+x)^{\mu-1},$$
$$f''(x)=\mu(\mu-1)(1+x)^{\mu-2},$$
$$\cdots\cdots$$
$$f^{(n)}(x)=\mu(\mu-1)(\mu-2)\cdots(\mu-n+1)(1+x)^{\mu-n},$$
$$\cdots\cdots$$

所以

$$f(0)=1,\ f'(0)=\mu,\ f''(0)=\mu(\mu-1),\ \cdots,$$
$$f^{(n)}(0)=\mu(\mu-1)(\mu-2)\cdots(\mu-n+1),$$
$$\cdots\cdots$$

于是得级数

$$1+\mu x+\frac{\mu(\mu-1)}{2!}x^2+\cdots+\frac{\mu(\mu-1)\cdots(\mu-n-1)}{n!}x^n+\cdots.$$

该级数对任意实常数 μ 有公共收敛区间$(-1,1)$，级数在开区间$(-1,1)$内收敛.

为了避免直接研究余项，设这一级数在开区间$(-1,1)$内收敛于函数 $F(x)$：

$$F(x)=1+\mu x+\frac{\mu(\mu-1)}{2!}x^2+\cdots+\frac{\mu(\mu-1)\cdots(\mu-n+1)}{n!}x^n+\cdots\qquad(-1<x<1),$$

下面证明 $F(x)=(1+x)^\mu\quad(-1<x<1)$.

逐项求导，得

$$F'(x)=\mu\left[1+\frac{\mu-1}{1}x+\cdots+\frac{(\mu-1)\cdots(\mu-n+1)}{(n-1)!}x^{n-1}+\cdots\right],$$

两边各乘以$(1+x)$，展开后将含有 $x^n(n=1,2,\cdots)$的两项合并起来. 根据恒等式

$$\frac{(\mu-1)\cdots(\mu-n+1)}{(n-1)!}+\frac{(\mu-1)\cdots(\mu-n)}{n!}=\frac{\mu(\mu-1)\cdots(\mu-n+1)}{n!}\qquad(n=1,2,\cdots),$$

我们有

$$(1+x)F'(x)=\mu\left[1+\mu x+\frac{\mu(\mu-1)}{2!}x^2+\cdots+\frac{\mu(\mu-1)\cdots(\mu-n+1)}{n!}x^n+\cdots\right]=\mu F(x)\quad(-1<x<1).$$

由 $F(x)$的定义知 $F(0)=1$. 解含初值条件的一阶微分方程

$$\begin{cases}(1+x)F'(x)=\mu F(x),\\ F(0)=1.\end{cases}$$

由分离变量法，得

$$F(x)=(1+x)^\mu.$$

因此在$(-1,1)$内，我们有展开式

$$(1+x)^{\mu}=1+\mu x+\frac{\mu(\mu-1)}{2!}x^2+\cdots+\frac{\mu(\mu-1)\cdots(\mu-n+1)}{n!}x^n+\cdots\quad(-1<x<1).$$

在区间的端点，展开式是否成立要根据 μ 的数值而定.

该结果常称为二项展开式. 特别地，当 μ 为正整数时，这就是代数学中的二项式定理. 注意当 μ 取不同值时，$x=\pm1$ 的敛散性可能不同. 比如取 $\mu=\frac{1}{2}, -\frac{1}{2}$，分别有

$$\sqrt{1+x}=1+\frac{1}{2}x-\frac{1}{2\times4}x^2+\frac{1\times3}{2\times4\times6}x^3-\frac{1\times3\times5}{2\times4\times6\times8}x^4+\cdots\quad(-1\leqslant x\leqslant1).$$

$$\frac{1}{\sqrt{1+x}}=1-\frac{1}{2}x+\frac{1\times3}{2\times4}x^2-\frac{1\times3\times5}{2\times4\times6}x^3+\frac{1\times3\times5\times7}{2\times4\times6\times8}x^4-\cdots\quad(-1<x\leqslant1).$$

下述是几个常见的幂级数展式.

$$e^x=1+x+\frac{1}{2!}x^2+\frac{1}{3!}x^3+\cdots+\frac{1}{n!}x^n+\cdots\quad(-\infty<x<+\infty),$$

$$\sin x=x-\frac{1}{3!}x^3+\cdots+\frac{1}{5!}x^5+\cdots+\frac{(-1)^{x-1}}{(2n-1)!}x^{2n-1}+\cdots$$

$$\cos x=1-\frac{1}{2!}x^2+\cdots+\frac{1}{4!}x^4+\cdots+\frac{(-1)^n}{(2n)!}x^{2n}+\cdots$$

$$(1+x)^{\mu}=1+\mu x+\frac{\mu(\mu-1)}{2!}x^2+\cdots+\frac{\mu(\mu-1)\cdots(\mu-n+1)}{n!}x^n+\cdots\quad(-\infty<x<+\infty),$$

其中 μ 为实常数.

例 11　将 $f(x)=\arctan x$ 展开成 x 的幂级数.

解　$f'(x)=\frac{1}{1+x^2}=\sum_{n=0}^{\infty}(-1)^n x^{2n}\quad(-1<x<1)$.

积分得 $f(x)-f(0)=\sum_{n=0}^{\infty}\frac{(-1)^n}{2n+1}x^{2n+1}$，而 $f(0)=0$，于是

$$\arctan x=\sum_{n=0}^{\infty}\frac{(-1)^n}{2n+1}x^{2n+1}\quad(-1<x<1).$$

在 $x=\pm1$ 处级数均为收敛的交错级数，而 $f(x)$在 $x=\pm1$ 处有定义且连续，故

$$\arctan x=\sum_{n=0}^{\infty}\frac{(-1)^n}{2n+1}x^{2n+1}\quad(-1\leqslant x\leqslant1).$$

如果我们得到 $f(x)$的 x 幂级数：$f(x)=\sum_{n=0}^{\infty}a_n x^n$，由展开式的唯一性，它即为麦克劳林级数，于是由 $a_n=\frac{f^{(n)}(0)}{n!}$，得

$$f^{(n)}(0)=n!a_n.$$

常用它来求 $f(x)$在 $x=0$ 处 n 阶导数值. 对上例有

$(\arctan x)^{(7)}|_{x=0}=7!\ a_7=7!\ \frac{(-1)^3}{2\times3+1}=-6!$（注意 a_7对应展开式中 x^7的系数，即 $n=3$）

$(\arctan x)^{(8)}|_{x=0}=8!\ a_8=0$（$a_8$对应展开式中 x^8的系数，为 0）.

例 12　将 $\sin x$ 展开成$\left(x-\frac{\pi}{4}\right)$的幂级数.

解　因为

$$\begin{aligned}\sin x &= \sin\left[\frac{\pi}{4}+\left(x-\frac{\pi}{4}\right)\right]\\ &= \sin\frac{\pi}{4}\cos\left(x-\frac{\pi}{4}\right)+\cos\frac{\pi}{4}\sin\left(x-\frac{\pi}{4}\right)\\ &= \frac{1}{\sqrt{2}}\left[\cos\left(x-\frac{\pi}{4}\right)+\sin\left(x-\frac{\pi}{4}\right)\right],\end{aligned}$$

并且有

$$\cos\left(x-\frac{\pi}{4}\right)=1-\frac{\left(x-\frac{\pi}{4}\right)^2}{2!}+\frac{\left(x-\frac{\pi}{4}\right)^4}{4!}-\cdots \quad (-\infty<x<+\infty),$$

$$\sin\left(x-\frac{\pi}{4}\right)=\left(x-\frac{\pi}{4}\right)-\frac{\left(x-\frac{\pi}{4}\right)^3}{3!}+\frac{\left(x-\frac{\pi}{4}\right)^5}{5!}-\cdots \quad (-\infty<x<+\infty),$$

所以

$$\sin x=\frac{1}{\sqrt{2}}\left[1+\left(x-\frac{\pi}{4}\right)-\frac{\left(x-\frac{\pi}{4}\right)^2}{2!}-\frac{\left(x-\frac{\pi}{4}\right)^3}{3!}+\cdots\right] \quad (-\infty<x<+\infty).$$

例 13　将 $f(x)=\dfrac{1}{x^2+4x+3}$ 展开成 $(x-1)$ 的幂级数.

解　因为

$$\begin{aligned}f(x) &= \frac{1}{x^2+4x+3}=\frac{1}{(x+1)(x+3)}=\frac{1}{2(1+x)}-\frac{1}{2(3+x)}\\ &= \frac{1}{4\left(1+\frac{x-1}{2}\right)}-\frac{1}{8\left(1+\frac{x-1}{4}\right)},\end{aligned}$$

而

$$\frac{1}{4\left(1+\frac{x-1}{2}\right)}=\frac{1}{4}\sum_{n=0}^{\infty}\frac{(-1)^n}{2^n}(x-1)^n \quad (-1<x<3),$$

$$\frac{1}{8\left(1+\frac{x-1}{2}\right)}=\frac{1}{8}\sum_{n=0}^{\infty}\frac{(-1)^n}{4^n}(x-1)^n \quad (-3<x<5),$$

所以

$$f(x)=\frac{1}{x^2+4x+3}=\sum_{n=0}^{\infty}(-1)^n\left(\frac{1}{2^{n+2}}-\frac{1}{2^{2n+3}}\right)(x-1)^n \quad (-1<x<3).$$

§ 11.3.6　幂级数应用举例

1. 近似计算

利用函数的幂级数展开式，在展开式成立的范围内，函数值可近似地用级数的有限项和来计算，并由余项作出误差估计.

例 14 计算 ln2 的近似值，要求误差不超过 10^{-4}.

解 由交错调和级数的结果知

$$\ln 2 = 1 - \frac{1}{2} + \frac{1}{3} - \frac{1}{4} + \cdots + (-1)^{n-1}\frac{1}{n} + \cdots$$

取前 n 项和作为 ln2 的近似，其误差有

$$|r_n| \leqslant \frac{1}{n+1}.$$

要想保证其误差不超过 10^{-4}，需 $|r_n| \leqslant \frac{1}{n+1} \leqslant 10^{-4}$，即 $n \geqslant 10^4 - 1$. 这样做计算量太大，其原因是交错调和级数的收敛速度太慢.

又知

$$\ln(1+x) = x - \frac{x^2}{2} + \frac{x^3}{3} - \frac{x^4}{4} + \cdots \qquad (-1 < x \leqslant 1),$$

$$\ln(1-x) = -x - \frac{x^2}{2} - \frac{x^3}{3} - \frac{x^4}{4} - \cdots \qquad (-1 \leqslant x < 1),$$

两式相减，得

$$\ln\frac{1+x}{1-x} = 2\left(x + \frac{1}{3}x^3 + \frac{1}{5}x^5 + \cdots\right) \qquad (-1 < x < 1).$$

令 $x = \frac{1}{3} \in (-1, 1)$，得

$$\ln 2 = 2\left(\frac{1}{3} + \frac{1}{3} \times \frac{1}{3^3} + \frac{1}{5} \times \frac{1}{3^5} + \frac{1}{7} \times \frac{1}{3^7} + \cdots\right).$$

若取前 4 项和作为 ln2 的近似值，可得 $\ln 2 \approx 0.6931$，其误差 $|r_4| < 10^{-4}$. 这说明上述新级数的收敛较快，用较少项数相加作为近似值就能达到误差的要求.

例 15 计算积分 $\int_0^1 \frac{\sin x}{x}\mathrm{d}x$ 的近似值，要求误差不超过 10^{-4}.

解 由于 $\lim\limits_{x \to 0}\frac{\sin x}{x} = 1$，因此所给积分不是反常积分. 如果定义被积函数在 $x = 0$ 处的值为 1，则它在积分区间[0, 1]上连续.

展开被积函数，有

$$\frac{\sin x}{x} = 1 - \frac{x^2}{3!} + \frac{x^4}{5!} - \frac{x^6}{7!} + \cdots \qquad (-\infty < x < +\infty).$$

在区间[0, 1]上逐项积分，得

$$\int_0^1 \frac{\sin x}{x}\mathrm{d}x = 1 - \frac{1}{3 \times 3!} + \frac{1}{5 \times 5!} - \frac{1}{7 \times 7!} + \cdots$$

因为第四项的绝对值

$$\frac{1}{7 \times 7!} < \frac{1}{30000},$$

所以取前三项的和作为积分的近似值：

$$\int_0^1 \frac{\sin x}{x}\mathrm{d}x \approx 1 - \frac{1}{3 \times 3!} + \frac{1}{5 \times 5!},$$

计算得

$$\int_0^1 \frac{\sin x}{x}\mathrm{d}x \approx 0.9461.$$

2. 欧拉公式

欧拉公式是关于复数的一个基本公式，这里我们可利用复数形式的(幂)级数来得到它.

设有复数项级数为

$$(u_1+\mathrm{i}v_1)+(u_2+\mathrm{i}v_2)+\cdots+(u_n+\mathrm{i}v_n)+\cdots,$$

其中，u_n，$v_n(n=1, 2, 3, \cdots)$为实常数或实函数. 如果实部所成的级数 $u_1+u_2+\cdots+u_n+\cdots$ 收敛于和 u，并且虚部所成的级数 $v_1+v_2+\cdots+v_n+\cdots$ 收敛于 v，称复数项级数 $\sum\limits_{n=1}^{\infty}(u_n+\mathrm{i}v_n)$ 收敛，其和为 $u+\mathrm{i}v$.

如果复数项级数各项的模所构成的级数 $\sum\limits_{n=1}^{\infty}\sqrt{u_n^2+v_n^2}$ 收敛，则称原复数项级数 $\sum\limits_{n=1}^{\infty}(u_n+\mathrm{i}v_n)$ 绝对收敛. 由于 $|u_n|\leqslant\sqrt{u_n^2+v_n^2}$，$|v_n|\leqslant\sqrt{u_n^2+v_n^2}$ $(n=1, 2, \cdots)$，从而 $\sum\limits_{n=1}^{\infty}u_n$，$\sum\limits_{n=1}^{\infty}v_n$ 绝对收敛，进而 $\sum\limits_{n=1}^{\infty}(u_n+\mathrm{i}v_n)$ 收敛.

考察复数项级数

$$1+z+\frac{1}{2!}z^2+\cdots+\frac{1}{n!}z^n+\cdots=\sum_{n=0}^{\infty}\frac{1}{n!}z^n \qquad (z=x+\mathrm{i}y),$$

可以证明它在整个复平面上是绝对收敛的，定义为 e^z.

取 $z=\mathrm{i}y$ 时有

$$\begin{aligned}
\mathrm{e}^{\mathrm{i}y} &= \sum_{n=0}^{\infty}\frac{1}{n!}(\mathrm{i}y)^n = 1+\mathrm{i}y+\frac{1}{2!}(\mathrm{i}y)^2+\frac{1}{3!}(\mathrm{i}y)^3+\cdots+\frac{1}{n!}(\mathrm{i}y)^n+\cdots \\
&= 1+\mathrm{i}y-\frac{1}{2!}y^2-\mathrm{i}\frac{1}{3!}y^3+\frac{1}{4!}y^4+\mathrm{i}\frac{1}{5!}y^5-\cdots \\
&= \left(1-\frac{1}{2!}y^2+\frac{1}{4!}y^4-\cdots\right)+\mathrm{i}\left(y-\frac{1}{3!}y^3+\frac{1}{5!}y^5-\cdots\right) \qquad \text{(绝对收敛级数可换序)} \\
&= \cos y+\mathrm{i}\sin y,
\end{aligned}$$

记 y 为 x，这就是欧拉公式

$$\mathrm{e}^{\mathrm{i}x}=\cos x+\mathrm{i}\sin x.$$

令 x 为 $-x$，有

$$\mathrm{e}^{-\mathrm{i}x}=\cos x-\mathrm{i}\sin x.$$

两式相加减，可得

$$\begin{cases}\cos x=\dfrac{\mathrm{e}^{\mathrm{i}x}+\mathrm{e}^{-\mathrm{i}x}}{2}, \\ \sin x=\dfrac{\mathrm{e}^{\mathrm{i}x}-\mathrm{e}^{-\mathrm{i}x}}{2\mathrm{i}}.\end{cases}$$

我们也常称其为欧拉公式，它揭示了三角函数与复指数函数之间的联系.

习题 11－3

1. 求下列幂级数的收敛半径和收敛域.

(1) $\sum\limits_{n=1}^{\infty}(-1)^{n-1}\dfrac{1}{n^2}x^n$；　(2) $\sum\limits_{n=1}^{\infty}\dfrac{\ln(1+n)}{n}x^{n-1}$；

(3) $\sum\limits_{n=1}^{\infty}\dfrac{1}{n\cdot 3^n}x^n$；　(4) $\sum\limits_{n=1}^{\infty}\dfrac{2^n}{n^2+1}x^n$；

(5) $\sum\limits_{n=1}^{\infty}(-1)^{n-1}\dfrac{2n-1}{2^n}x^{2n-1}$；　(6) $\sum\limits_{n=1}^{\infty}\dfrac{1}{n\cdot 2^n}(x-1)^n$.

2. 求和函数.

(1) $\sum\limits_{n=1}^{\infty}nx^{n-1}$；　(2) $\sum\limits_{n=1}^{\infty}\dfrac{1}{2n-1}x^{2n-1}$；

(3) $\sum\limits_{n=1}^{\infty}\dfrac{n(n+1)}{2}x^{n-1}$；　(4) $\sum\limits_{n=0}^{\infty}(2n+1)x^n$，并求和$\sum\limits_{n=0}^{\infty}\dfrac{2n+1}{2^n}$.

3. 设幂级数 $\sum\limits_{n=0}^{\infty}a_n(x-2)^n$ 在 $x_1=-1$ 处发散，在 $x_2=5$ 处收敛，求该幂级数的收敛半径.

4. 求级数 $\sum\limits_{n=0}^{\infty}\dfrac{(-1)^n(n^2-n+1)}{2^n}$ 的和.

5. 将下列函数展开成 x 的幂级数，并求展开式成立的区间.

(1) $\mathrm{sh}x=\dfrac{e^x-e^{-x}}{2}$；　(2) $(1+x)\ln(1+x)$；

(3) $\ln\left(\dfrac{1+x}{1-x}\right)$；　(4) $\cos^2 x$.

6. 将函数 $f(x)=\dfrac{x}{1+x^2}$展开成 x 的幂级数，并求 $f^{(7)}(0)$.

7. 将函数 $f(x)=\dfrac{1}{x^2+3x+2}$展开成$(x+4)$的幂级数，并求 $f^{(6)}(-4)$.

8. 将函数 $f(x)=\cos x$ 展开成$\left(x+\dfrac{\pi}{4}\right)$的幂级数.

9. 将函数 $\sum\limits_{n=0}^{\infty}\dfrac{1}{n!\cdot 2^n}x^n$ 展开成$(x-1)$的幂级数.

10. 展开 $f(x)=\ln(1+x+x^2+x^3)$为 x 的幂级数.

11. 将 $f(x)=\int_0^x e^{-x^2}dx$ 展开成 x 的幂级数.

12. 求 $\int_0^{\frac{1}{2}}\dfrac{1}{1+x^4}dx$ 的近似值，误差不超过 10^{-4}.

§11.4　傅里叶级数

将函数展开成幂级数，级数形式虽简单，但要求条件却很高(任意阶可导等)，为此，我们将研究在较低条件要求下将函数展开为某种函数项级数. 由三角函数组成的函数项级数——三角级数就是本节将讨论的问题，并着重研究如何将函数展开成为三角级数的问题.

§11.4.1　三角函数系的正交性及函数的傅里叶系数

实际现象中的周期现象在数学上均以周期函数来描述，而正(余)弦函数则为最简单的周期函数. 对较复杂的周期函数，我们希望用较简单的正(余)弦函数构成的级数来表示，为便于研究，取三角级数为下述形式：

$$\frac{a_0}{2}+\sum_{n=1}^{\infty}(a_n\cos nx+b_n\sin nx),$$

称其为三角级数，其中 a_0，a_n，$b_n(n=1, 2, \cdots)$均为常数.

要进一步讨论该级数，先讨论构成该级数的函数系的正交性.

三角函数系 1，$\cos x$，$\sin x$，$\cos 2x$，$\sin 2x$，…，$\cos nx$，$\sin nx$，…具有下述性质：

在$[-\pi, \pi]$上，任两个不同函数之积的积分为零，而任两个相同函数之积的积分一定非零，即

$$\int_{-\pi}^{\pi}1\cdot\cos nx\,\mathrm{d}x=\int_{-\pi}^{\pi}1\cdot\sin nx\,\mathrm{d}x=0\qquad(n=1, 2, \cdots),$$

$$\int_{-\pi}^{\pi}\sin mx\cdot\cos nx\,\mathrm{d}x=0\qquad(m, n=1, 2, \cdots),$$

$$\int_{-\pi}^{\pi}\cos mx\cdot\cos nx\,\mathrm{d}x=\int_{-\pi}^{\pi}\sin mx\cdot\sin nx\,\mathrm{d}x=0\qquad(m, n=1, 2, \cdots, m\neq n),$$

$$\int_{-\pi}^{\pi}1^2\,\mathrm{d}x=2\pi,\ \int_{-\pi}^{\pi}\cos^2 nx\,\mathrm{d}x=\int_{-\pi}^{\pi}\sin^2 nx\,\mathrm{d}x=\pi\qquad(n=1, 2, \cdots),$$

称上述三角函数系在区间$[-\pi, \pi]$上是正交的.

设 $f(x)$是周期为 2π 的周期函数，若

$$f(x)=\frac{a_0}{2}+\sum_{n=1}^{\infty}(a_n\cos nx+b_n\sin nx),$$

为找出系数与 $f(x)$的关系，我们进一步假设上述级数可逐项积分. 由三角函数系在$[-\pi, \pi]$上的正交性有

$$\int_{-\pi}^{\pi}f(x)\,\mathrm{d}x=\int_{-\pi}^{\pi}\frac{a_0}{2}\,\mathrm{d}x+\sum_{n=1}^{\infty}\left[a_n\int_{-\pi}^{\pi}\cos nx\,\mathrm{d}x+b\int_{-\pi}^{\pi}\sin nx\,\mathrm{d}x\right]=a_0\pi,$$

于是

$$a_0=\frac{1}{\pi}\int_{-\pi}^{\pi}f(x)\,\mathrm{d}x.$$

其次用 $\cos mx(m=1, 2, \cdots)$乘以展开式两端，再积分有

$$\int_{-\pi}^{\pi} f(x)\cos mx\,dx = \frac{a_0}{2}\int_{-\pi}^{\pi}\cos mx\,dx + \sum_{n=1}^{\infty}\left[a_n\int_{-\pi}^{\pi}\cos nx\cos mx\,dx + b_n\int_{-\pi}^{\pi}\sin nx\cos mx\,dx\right]$$

$$= a_m\int_{-\pi}^{\pi}\cos mx\cos mx\,dx = a_m\cdot\pi,$$

于是

$$a_m = \frac{1}{\pi}\int_{-\pi}^{\pi} f(x)\cos mx\,dx \qquad (m=1,2,\cdots).$$

用 $\sin mx$ 乘以展开式两端，再积分可得

$$b_m = \frac{1}{\pi}\int_{-\pi}^{\pi} f(x)\sin mx\,dx \qquad (m=1,2,\cdots).$$

将 m 换为 n，得到表达式

$$\begin{cases} a_n = \dfrac{1}{\pi}\displaystyle\int_{-\pi}^{\pi} f(x)\cos nx\,dx & (n=0,1,2,\cdots), \\ b_n = \dfrac{1}{\pi}\displaystyle\int_{-\pi}^{\pi} f(x)\sin nx\,dx & (n=1,2,3,\cdots). \end{cases}$$

称其为 $f(x)$的傅里叶系数，相应的级数$\frac{a_0}{2}+\sum_{n=1}^{\infty}(a_n\cos nx+b_n\sin nx)$称为 $f(x)$的傅里叶级数.

上述过程我们看到，只要上述积分在$[-\pi,\pi]$上存在，通过 $f(x)$我们就可得到$f(x)$的傅里叶系数，进而构造出 $f(x)$的傅里叶级数. 现在我们将研究在什么条件下 $f(x)$的傅里叶级数收敛，且收敛于 $f(x)$，即将函数 $f(x)$展开成傅里叶级数的问题.

§ 11.4.2　以 2π 为周期的函数的傅里叶级数展开

定理 1(收敛定理，狄利克雷定理)　设 $f(x)$是周期为 2π 的周期函数，它满足：

(1)在一个周期内连续或只有有限个第一类间断点，

(2)在一个周期内至多只有有限个极值点，

则 $f(x)$的傅里叶级数是收敛的，并且其和函数为

$$s(x)=\begin{cases} f(x), & \text{当 } x \text{ 为连续点时}, \\ \dfrac{f(x-0)+f(x+0)}{2}, & \text{当 } x \text{ 为间断点时}. \end{cases}$$

本定理为关于傅里叶级数的基本收敛性定理，这里我们不作证明. 由定理条件可看出，只要函数在$[-\pi,\pi]$上至多有有限个第一类间断点，并不作无限次振动，函数的傅里叶级数在连续点处就收敛于该点函数值，即

$$f(x)=\frac{a_0}{2}+\sum_{n=1}^{\infty}(a_n\cos nx+b_n\sin nx) \qquad (x \text{ 为 } f(x) \text{ 的连续点}).$$

其中，a_0，a_n，$b_n(n=1,2,\cdots)$为 $f(x)$的傅里叶系数. 相比较 $f(x)$展开为 x 的幂级数而言，这里对 $f(x)$的要求条件要低得多.

由函数的周期性，为便于计算，总有

$$s(\pm\pi)=\frac{f(-\pi+0)+f(\pi-0)}{2}.$$

根据收敛定理，如果函数 $f(x)$是以 2π 为周期的函数，且满足收敛定理条件，可按定理在$(-\infty,+\infty)$上将 $f(x)$展开成傅里叶级数并确定其收敛性. 但若 $f(x)$是仅定义在$(-\pi,\pi)$(或半开半闭，或闭区间)上，且在该区间上满足收敛定理的两个条件，需要将 $f(x)$在该区间上展开为傅里叶级数，为此我们可将定义在$(-\pi,\pi)$内的函数 $f(x)$延拓为以 2π 为周期的函数$F(x)$ $(x\in(-\infty,+\infty))$：

$$F(x)=f(x),\quad x\in(-\pi,\pi),$$
$$F(x)=F(x+2\pi),\quad x\in(-\infty,+\infty).$$

在 $x=(2k+1)\pi(k=0,\pm1,\pm2,\cdots)$处，可根据 $f(\pm\pi)$的情况适当定义(这不会影响后面的讨论)，这样 $F(x)$即为$(-\infty,+\infty)$上以 2π 为周期的函数(该过程称为将 $f(x)$以 2π 为周期作周期延拓)，且满足收敛定理条件，按定理展开后将 x 限制在$(-\pi,\pi)$上即为 $f(x)$在$(-\pi,\pi)$内的傅里叶展开式，此时傅里叶系数为

$$a_n=\frac{1}{\pi}\int_{-\pi}^{\pi}F(x)\cos nx\,dx=\frac{1}{\pi}\int_{-\pi}^{\pi}f(x)\cos nx\,dx\quad(n=0,1,2,\cdots),$$
$$b_n=\frac{1}{\pi}\int_{-\pi}^{\pi}F(x)\sin nx\,dx=\frac{1}{\pi}\int_{-\pi}^{\pi}f(x)\sin nx\,dx\quad(n=1,2,3,\cdots).$$

例 1　设 $f(x)$是以 2π 为周期的函数，它在$[-\pi,\pi)$上的表达式为

$$f(x)=\begin{cases}-1, & -\pi\leqslant x<0,\\ 0, & x=0,\\ 1, & 0\leqslant x<\pi,\end{cases}$$

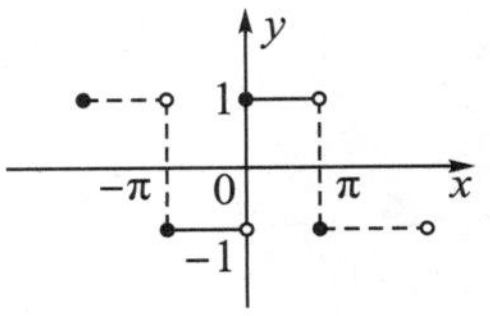

图 11.2

将 $f(x)$展开为傅里叶级数.

解　函数满足收敛定理条件，仅在 $x=k\pi(k=0,\pm1,\pm2,\cdots)$处为第一类间断点，从而 $f(x)$的傅里叶级数收敛，当 $x=k\pi$ 时收敛于 0，当 $x\neq k\pi$ 时收敛于 $f(x)$. 其傅里叶系数为

$$a_n=\frac{1}{\pi}\int_{-\pi}^{\pi}f(x)\cos nx\,dx=-\frac{1}{\pi}\int_{-\pi}^{0}\cos nx\,dx+\frac{1}{\pi}\int_{0}^{\pi}\cos nx\,dx=0\quad(n=0,1,2,\cdots),$$

$$\begin{aligned}b_n&=\frac{1}{\pi}\int_{-\pi}^{\pi}f(x)\sin nx\,dx=-\frac{1}{\pi}\int_{-\pi}^{0}\sin nx\,dx+\frac{1}{\pi}\int_{0}^{\pi}\sin nx\,dx=\frac{2}{\pi}\int_{0}^{\pi}\sin nx\,dx\\&=\frac{2}{\pi}\cdot\frac{1}{n}(-\cos nx)\Big|_0^{\pi}=\frac{2}{n\pi}[1-(-1)^n]\quad(n=1,2,\cdots)\\&=\begin{cases}\dfrac{4}{n\pi}, & n=1,3,5,\cdots\\ 0, & n=2,4,6,\cdots\end{cases}\end{aligned}$$

于是

$$f(x)=\frac{4}{\pi}\left[\sin x+\frac{1}{3}\sin 3x+\frac{1}{5}\sin 5x+\cdots+\frac{1}{(2n-1)}\sin(2n-1)x+\cdots\right]$$
$$(-\infty<x<+\infty,\ x\neq k\pi,\ k=0,\pm1,\pm2,\cdots).$$

例 2 将函数

$$f(x)=\begin{cases}-x, & -\pi\leqslant x<0,\\ x, & 0\leqslant x<\pi\end{cases}$$

展开成傅里叶级数，并求级数 $\sum_{n=1}^{\infty}\frac{1}{n^2}$ 之和.

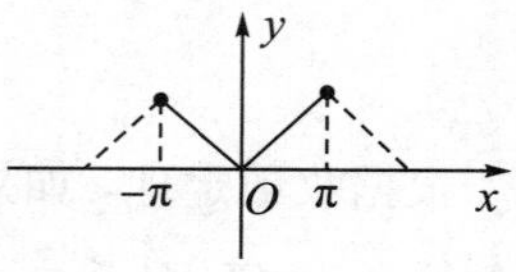

图 11.3

解 $f(x)$定义在$[-\pi,\pi)$上且满足收敛定理条件，将其作以 2π 为周期的函数进行周期延拓，易知为连续函数，且为偶函数，于是

$$a_0=\frac{2}{\pi}\int_0^{\pi}f(x)\mathrm{d}x=\frac{2}{\pi}\int_0^{\pi}x\mathrm{d}x=\pi,$$

$$a_n=\frac{2}{\pi}\int_0^{\pi}f(x)\cos nx\mathrm{d}x=\frac{2}{\pi}\int_0^{\pi}x\cos nx\mathrm{d}x\quad(n=1,2,3,\cdots)$$

$$=\begin{cases}-\frac{4}{\pi n^2}, & n=1,3,5,\cdots\\ 0, & n=2,4,6,\cdots\end{cases}$$

$$b_n=0\quad(n=1,2,\cdots).$$

于是

$$f(x)=\frac{\pi}{2}-\frac{4}{\pi}\left[\cos x+\frac{1}{3^2}\cos 3x+\frac{1}{5^2}\cos 5x+\cdots+\frac{1}{(2n-1)^2}\cos(2n-1)x+\cdots\right]\quad(-\pi\leqslant x<\pi).$$

令 $x=0$，$f(0)=0$，得

$$s_1=1+\frac{1}{3^2}+\frac{1}{5^2}+\cdots=\frac{1}{8}\pi^2.$$

记 $s=1+\frac{1}{2^2}+\frac{1}{3^2}+\frac{1}{4^2}+\cdots$，$s_2=\frac{1}{2^2}+\frac{1}{4^2}+\frac{1}{6^2}+\cdots$，有 $s_2=\frac{1}{4}\left(1+\frac{1}{2^2}+\frac{1}{3^2}+\cdots\right)=\frac{1}{4}s$，且 $s=s_1+s_2=\frac{\pi^2}{8}+\frac{1}{4}s$，于是

$$s=1+\frac{1}{2^2}+\frac{1}{3^2}+\cdots=\sum_{n=1}^{\infty}\frac{1}{n^2}=\frac{1}{6}\pi^2.$$

进一步可得

$$s_2=\frac{1}{2^2}+\frac{1}{4^2}+\frac{1}{6^2}+\cdots=\frac{1}{24}\pi^2,$$

$$1-\frac{1}{2^2}+\frac{1}{3^2}-\frac{1}{4^2}+\cdots=s_1-s_2=\frac{1}{12}\pi^2.$$

例 3 已知 $f(x)$是以 2π 为周期的周期函数，$f(x)$在$[-\pi,\pi)$上表达式为

$$f(x)=\begin{cases}-1, & -\pi\leqslant x<0,\\ 1+x^2, & 0\leqslant x<\pi,\end{cases}$$

求 $f(x)$的傅里叶级数在$[-\pi,\pi]$上的和函数 $s(x)$.

解 $f(x)$满足收敛定理条件，在$(-\pi,\pi)$内有间断点 $x=0$，于是由收敛定理可得

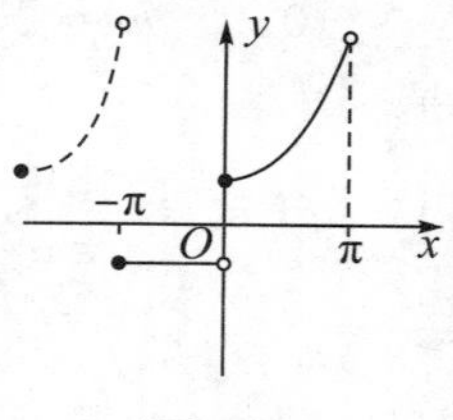

图 11.4

$$s(x)=\begin{cases} f(x), & x\neq 0,\ -\pi<x<\pi, \\ \dfrac{f(0-0)+f(0+0)}{2}, & x=0, \\ \dfrac{f(-\pi+0)+f(\pi-0)}{2}, & x=\pm\pi. \end{cases}$$

即

$$s(x)=\begin{cases} \dfrac{\pi^2}{2}, & x=\pm\pi, \\ -1, & -\pi<x<0, \\ 0, & x=0, \\ 1+x^2, & 0<x<\pi. \end{cases}$$

§11.4.3　奇偶函数的展开

特别地，如果 $f(x)$在$(-\pi,\ \pi)$上为奇函数(无论 $f(x)$是仅定义在$(-\pi,\ \pi)$上，还是以 2π 为周期的函数)，此时傅里叶系数可简化为

$$a_n=\frac{1}{\pi}\int_{-\pi}^{\pi}f(x)\cos nx\,\mathrm{d}x=0\qquad(n=0,1,2,\cdots),$$

$$b_n=\frac{1}{\pi}\int_{-\pi}^{\pi}f(x)\sin nx\,\mathrm{d}x=\frac{2}{\pi}\int_{0}^{\pi}f(x)\sin nx\,\mathrm{d}x\qquad(n=1,2,\cdots).$$

此时 $f(x)$的傅里叶级数成为

$$\sum_{n=1}^{\infty}b_n\sin nx,$$

称其为正弦级数.

类似地，如果 $f(x)$在$(-\pi,\ \pi)$上为偶函数，其傅里叶系数为

$$a_n=\frac{2}{\pi}\int_{0}^{\pi}f(x)\cos nx\,\mathrm{d}x\qquad(n=0,1,2,\cdots),$$

$$b_n=0\qquad(n=1,2,\cdots).$$

其傅里叶级数为

$$\frac{a_0}{2}+\sum_{n=1}^{\infty}a_n\cos nx,$$

称其为余弦级数.

下面考虑对仅定义在$(0,\ \pi)$(或半开半闭，或闭区间)上函数的傅里叶级数展开问题. 可先将 $f(x)$ 扩充定义到$(-\pi,\ \pi)$上，再以 2π 为周期作周期延拓(个别点的定义可补充或改变，不影响讨论)，将其展开后再限制到$(0,\ \pi)$可解决需要的傅里叶级数展开问题.

由前面对奇偶函数展开的结果知，它们有较简单的展开式，故通常对定义在$(0,\ \pi)$上函数 $f(x)$的展开中，首先将 $f(x)$扩充为$(-\pi,\ \pi)$上的奇(偶)函数，再作周期延拓(个别点的定义可补充或改变，不影响讨论)，称将 $f(x)$作以 2π 为周期的奇(偶)延拓，最后得到 $f(x)$的傅里叶正弦级数(余弦级数)展开式.

例 4 将函数 $f(x)=x(0<x<\pi)$分别展开成正弦级数和余弦级数.

解 先求正弦级数. 为此对函数 $f(x)$进行奇延拓，有

$$a_n = 0 \qquad (n = 0, 1, \cdots),$$

$$b_n = \frac{2}{\pi}\int_0^{\pi} x\sin nx\,dx = \frac{2}{\pi}\left[-\frac{x\cos nx}{n} + \frac{\sin nx}{n^2}\right]\Bigg|_0^{\pi}$$

$$= (-1)^{n+1}\frac{2}{n} \qquad (n = 1, 2, \cdots).$$

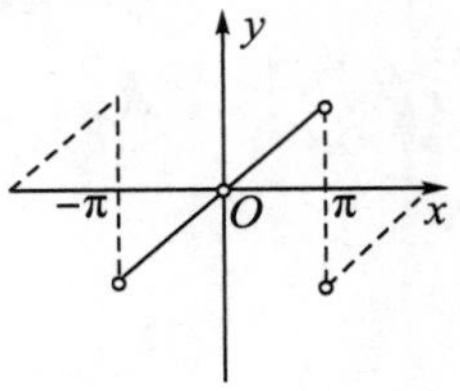

图 11.5

于是

$$x = 2\left(\sin x - \frac{1}{2}\sin 2x + \frac{1}{3}\sin 3x - \frac{1}{4}\sin 4x + \cdots\right) \qquad (0 < x < \pi).$$

再求余弦级数. 为此将 $f(x)$进行偶延拓，有

$$b_n = 0 \qquad (n = 1, 2, \cdots),$$

$$a_0 = \frac{2}{\pi}\int_0^{\pi} x\,dx = \pi,$$

$$a_n = \frac{2}{\pi}\int_0^{\pi} x\cos nx\,dx = \frac{2}{\pi}\left[\frac{x\sin nx}{n} + \frac{\cos nx}{n^2}\right]\Bigg|_0^{\pi} = \frac{2}{n^2\pi}[(-1)^n - 1]$$

$$= \begin{cases} 0, & n = 2, 4, 6, \cdots \\ -\dfrac{4}{n^2\pi}, & n = 1, 3, 5, \cdots \end{cases}$$

于是

$$x = \frac{\pi}{2} - \frac{4}{\pi}\left[\cos x + \frac{1}{3^2}\cos 3x + \frac{1}{5^2}\cos 5x + \cdots\right] \qquad (0 < x < \pi).$$

与例 2 算出的级数一样，当前我们把 x 只限制在$(0,\pi)$.

由此可见，对函数 $f(x)=x(0<x<\pi)$进行正弦级数展开和进行余弦级数展开，所得的傅里叶级数的表达式是完全不一样的. 但是将这两个傅里叶级数限制回$(0,\pi)$，和函数都是 $f(x)$，图像完全相同. 因此函数的傅里叶级数不唯一，需要根据具体条件进行计算。

§11.4.4 以 $2l$ 为周期的函数的傅里叶级数展开

实际问题中所遇到的周期函数，它的周期不一定是 2π，一般可记周期为 $2l(l>0)$. 同周期为 2π 一样，我们可讨论它的傅里叶级数的各种展开问题.

首先，通过变量代换及狄利克雷定理，可得到关于以 $2l$ 为周期的函数的傅里叶级数展开的基本收敛定理.

定理 2 设 $f(x)$是周期为 $2l$ 的周期函数，且满足收敛定理条件，则它的傅里叶级数

$$\frac{a_0}{2} + \sum_{n=1}^{\infty}\left(a_n\cos\frac{n\pi x}{l} + b_n\sin\frac{n\pi x}{l}\right)$$

收敛，其和函数 $s(x)$为

$$s(x) = \begin{cases} f(x), & \text{若 } x \text{ 为连续点}, \\ \dfrac{f(x-0)+f(x+0)}{2}, & \text{若 } x \text{ 为间断点}. \end{cases}$$

其中傅里叶系数为

$$a_n = \frac{1}{l}\int_{-l}^{l} f(x)\cos\frac{n\pi x}{l}\mathrm{d}x \quad (n = 0, 1, 2, \cdots),$$

$$b_n = \frac{1}{l}\int_{-l}^{l} f(x)\sin\frac{n\pi x}{l}\mathrm{d}x \quad (n = 1, 2, 3, \cdots).$$

证明　作变量代换 $t=\frac{\pi x}{l}$，于是区间 $-l\leqslant x\leqslant l$ 就变成区间 $-\pi\leqslant t\leqslant\pi$，$f(x)=f\left(\frac{l}{\pi}t\right)=F(t)$，易知 $F(t)$ 为以 2π 为周期的函数，且满足收敛定理条件，按收敛定理可得到 $F(t)$ 的傅里叶级数展开结论，换回原变量 x 即可得到本定理结论.

本定理为狄利克雷定理的推广. 由周期性，总有 $s(\pm l)=\frac{1}{2}[f(-l+0)+f(l-0)]$. 同样，对仅定义在 $(-l, l)$（或半开半闭，或闭区间）上的函数 $f(x)$，可以 $2l$ 为周期进行周期延拓，展开后限制到 $(-l, l)$ 即可解决 $f(x)$ 的傅里叶级数展开问题. 而对仅定义在 $(0, l)$（或半开半闭，或闭区间）上的函数 $f(x)$，同样可按奇（偶）延拓后展开，然后限制到原区间 $(0, l)$ 上就可解决 $f(x)$ 的正（余）弦级数展开问题，此时注意由奇偶性可简化傅里叶系数的计算公式.

例 5　设 $f(x)$ 是周期为 4 的周期函数，它在 $[-2, 2)$ 上的表达式为

$$f(x) = \begin{cases} 0, & -2\leqslant x<0, \\ 1, & 0\leqslant x<2, \end{cases}$$

将 $f(x)$ 展开为傅里叶级数.

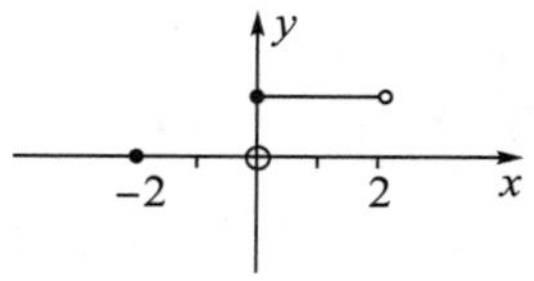

图 11.6

解　此时 $l=2$，且满足收敛定理条件，按系数公式有

$$\begin{aligned} a_n &= \frac{1}{l}\int_{-l}^{l} f(x)\cos\frac{n\pi x}{l}\mathrm{d}x = \frac{1}{2}\int_{-2}^{0} 0\cdot\cos\frac{n\pi x}{2}\mathrm{d}x + \frac{1}{2}\int_{0}^{2} 1\cdot\cos\frac{n\pi x}{2}\mathrm{d}x \\ &= \left[\frac{1}{n\pi}\sin\frac{n\pi x}{2}\right]\Bigg|_0^2 = 0 \qquad (n = 1, 2, \cdots), \\ a_0 &= \frac{1}{l}\int_{-l}^{l} f(x)\mathrm{d}x = \frac{1}{2}\int_{-2}^{0} 0\mathrm{d}x + \frac{1}{2}\int_{0}^{2} 1\mathrm{d}x = 1, \\ b_n &= \frac{1}{l}\int_{-l}^{l} f(x)\sin\frac{n\pi x}{l}\mathrm{d}x = \frac{1}{2}\int_{-2}^{0} 0\cdot\sin\frac{n\pi x}{2}\mathrm{d}x + \frac{1}{2}\int_{0}^{2} 1\cdot\sin\frac{n\pi x}{2}\mathrm{d}x \\ &= \begin{cases} \frac{2}{n\pi}, & n = 1, 3, 5, \cdots \\ 0, & n = 2, 4, 6, \cdots \end{cases} \end{aligned}$$

于是

$$f(x) = \frac{1}{2} + \frac{2}{\pi}\left(\sin\frac{\pi x}{2} + \frac{1}{3}\sin\frac{3\pi x}{2} + \frac{1}{5}\sin\frac{5\pi x}{2} + \cdots\right)$$

$$(-\infty < x < +\infty, x \neq 0, \pm 2, \pm 4, \cdots).$$

而在间断点 $x_0(x_0=0, \pm 2, \pm 4, \cdots)$ 处，上述级数收敛于 $\frac{f(x_0-0)+f(x_0+0)}{2}=\frac{1}{2}$.

例 6 将 $f(x)=10-x(5<x<15)$ 展开为傅里叶级数.

解 若要以 10 为周期展开，可先作平移变换到区间$(-5,5)$上：令 $x=t+10$，$f(x)=-t=F(t)$ $(-5<t<5)$. 将 $F(t)=-t(-5<t<5)$作周期延拓，且满足收敛定理条件，有

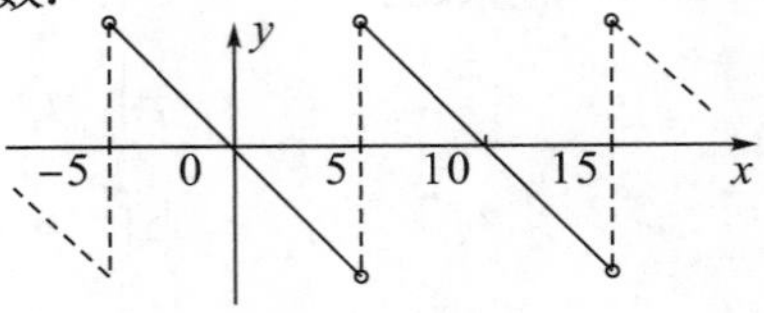

图 11.7

$$a_n=0 \qquad (n=0,1,2,\cdots),$$

$$b_n=\frac{2}{l}\int_0^l F(t)\sin\frac{n\pi t}{l}\mathrm{d}t=\frac{2}{5}\int_0^5(-t)\sin\frac{n\pi t}{5}\mathrm{d}t=(-1)^n\frac{10}{n\pi} \quad (n=1,2,\cdots).$$

于是

$$F(t)=-t=\sum_{n=1}^{\infty}(-1)^n\frac{10}{n\pi}\sin\frac{n\pi t}{5} \qquad (-5<t<5),$$

$$10-x=\sum_{n=1}^{\infty}(-1)^n\frac{10}{n\pi}\sin\frac{n\pi(x-10)}{5}$$

$$=\frac{10}{\pi}\sum_{n=1}^{\infty}\frac{(-1)^n}{n}\sin\frac{n\pi x}{5} \qquad (5<x<15).$$

习题 11－4

1. $f(x)$是以 2π 为周期的函数，它在$[-\pi,\pi)$上的表达式为

$$f(x)=3x^2+1 \qquad (-\pi\leqslant x<\pi),$$

试将其展开成傅里叶级数.

2. $f(x)=\begin{cases}e^x, & -\pi\leqslant x<0,\\ 1, & 0\leqslant x\leqslant\pi,\end{cases}$ 试将 $f(x)$展开成傅里叶级数.

3. 将 $f(x)=x^2(0\leqslant x\leqslant\pi)$分别展开成正弦级数和余弦级数.

4. 函数 $f(x)$的周期为 2π，证明：

(1)如果 $f(x-\pi)=-f(x)$，则 $f(x)$的傅里叶系数为

$$a_0=a_{2k}=b_{2k}=0 \qquad (k=1,2,\cdots);$$

(2)如果 $f(x-\pi)=f(x)$，则 $f(x)$的傅里叶系数为

$$a_{2k+1}=b_{2k+1}=0 \qquad (k=0,1,2,\cdots).$$

5. 已知 $f(x)=\begin{cases}1+x, & -\pi\leqslant x<0,\\ x, & 0\leqslant x<\pi,\end{cases}$ 试按收敛定理求出它按 2π 为周期的傅里叶级数的和函数 $s(x)$.

6. 将函数 $f(x)=x+|x|$在$[-2,2]$上展开成傅里叶级数，并写出和函数表达式.

7. 将函数 $f(x)=\begin{cases}x, & 0\leqslant x\leqslant 1,\\ 2-x, & 1<x\leqslant 2\end{cases}$ 展开成余弦级数，并求 $\sum\limits_{n=1}^{\infty}\frac{1}{(2n-1)^2}$.

8. 证明：$\sum\limits_{n=1}^{\infty}\frac{\cos nx}{n^2}=\frac{1}{12}(3x^2-6\pi x+2\pi^2) \quad (0\leqslant x\leqslant\pi)$.

总复习题 11

A 组

1. 选择题.

(1)若 a_n 与 b_n 满足条件(　　)，则由级数 $\sum_{n=1}^{\infty} a_n$ 发散可推出级数 $\sum_{n=1}^{\infty} b_n$ 发散.

A. $a_n \leqslant b_n$　　B. $a_n \leqslant |b_n|$

C. $|a_n| \leqslant |b_n|$　　D. $|a_n| \leqslant b_n$

(2)设级数 $\sum_{n=1}^{\infty} (-1)^n a_n 2^n$ 收敛，则级数 $\sum_{n=1}^{\infty} a_n$ (　　).

A. 条件收敛　　B. 绝对收敛

C. 发散　　D. 收敛性不能判定

(3)设级数 $\sum_{n=1}^{\infty} u_n$ 收敛，则级数(　　)必定收敛.

A. $\sum_{n=1}^{\infty} (-1)^n \frac{u_n}{n}$　　B. $\sum_{n=1}^{\infty} u_n^2$

C. $\sum_{n=1}^{\infty} (u_{2n-1} - u_{2n})$　　D. $\sum_{n=1}^{\infty} (u_n + u_{n+1})$

(4)(2004 · 数一)设 $\sum_{n=1}^{\infty} a_n$ 为正项级数，下列结论中正确的是(　　).

A. 若 $\lim\limits_{n\to\infty} n a_n = 0$，则级数 $\sum a_n$ 收敛

B. 若存在非零常数 λ，使得 $\lim\limits_{n\to\infty} n^2 a_n = \lambda$，则级数 $\sum a_n$ 发散

C. 若级数 $\sum a_n$ 收敛，则 $\lim\limits_{n\to\infty} n^2 a_n = 0$

D. 若级数 $\sum a_n$ 发散，则存在非零常数 λ，使得 $\lim\limits_{n\to\infty} n a_n = \lambda$

(5)(2002 · 数一)设幂级数 $\sum_{n=1}^{\infty} a_n x^n$ 与 $\sum_{n=1}^{\infty} b_n x^n$ 的收敛半径分别为 $\frac{\sqrt{5}}{3}$ 与 $\frac{1}{3}$，则幂级数 $\sum_{n=1}^{\infty} \frac{a_n^2}{b_n^2} x^n$ 的收敛半径为(　　).

A. 5　　B. $\frac{\sqrt{5}}{3}$　　C. $\frac{1}{3}$　　D. $\frac{1}{5}$

2. 设 $a_n > 0 (n = 1,2,\cdots)$，证明：级数 $\sum_{n=1}^{\infty} \frac{a_n}{(1+a_1)(1+a_2)\cdots(1+a_n)}$ 收敛.

3. 讨论级数 $\sum_{n=1}^{\infty} \frac{2^n \sin^n x}{n}$ 的敛散性.

4. 证明：$\lim\limits_{n\to\infty} \frac{2^n n!}{n^n} = 0$.

5. 设 $a_1 = 2, a_{n+1} = \frac{1}{2}\left(a_n + \frac{1}{a_n}\right)$　$(n = 1,2,\cdots)$. 证明：

(1) $\lim\limits_{n\to\infty} a_n$ 存在；

(2) $\sum\limits_{n=1}^{\infty}\left(\dfrac{a_n}{a_{n+1}}-1\right)$收敛.

6. 设正项数列$\{u_n\}$单调减少，且$\sum\limits_{n=1}^{\infty}(-1)^n u_n$发散. 证明：级数$\sum\limits_{n=1}^{\infty}\left(\dfrac{1}{u_n+1}\right)^n$收敛.

7. 求幂级数的收敛域.

(1) $\sum\limits_{n=1}^{\infty}\left(1+\dfrac{1}{2}+\cdots+\dfrac{1}{n}\right)x^n$；　(2) $\sum\limits_{n=1}^{\infty}\left[\dfrac{(-1)^n}{2^n}+3^n\right]x^{2n-1}$；

(3) $\sum\limits_{n=1}^{\infty}(\sqrt{n+1}-\sqrt{n})2^n x^{2n}$；　(4) $\sum\limits_{n=1}^{\infty}(-1)^n\dfrac{2^n}{\sqrt{n}}\left(x-\dfrac{1}{2}\right)^n$.

8. 将下列函数展开成 x 的幂级数：

(1) $\arctan\dfrac{2-2x}{1+4x}$；　(2) $x\arctan x-\ln\sqrt{1+x^2}$.

9. 将函数 $f(x)=(x-2)\mathrm{e}^{-x}$ 展开成$(x-1)$的幂级数.

10. 讨论级数$\sum\limits_{n=1}^{\infty}\dfrac{(-1)^{n-1}}{n^p}x^n$($p>0$为常数)的敛散性.

11. 设 $a_0, a_1, a_2, \cdots$ 为等差数列 ($a_0\neq 0$, d 为公差).

(1) 求$\sum\limits_{n=0}^{\infty}a_n x^n$的收敛半径；　(2) 求$\sum\limits_{n=0}^{\infty}\dfrac{a_n}{2^n}$.

12. 若 $f(x)=\sum\limits_{n=0}^{\infty}a_n x^n$，证明：

(1) $f(x)$为偶函数时，$a_{2k+1}=0$ $(k=0,1,2,\cdots)$；

(2) $f(x)$为奇函数时，$a_{2k}=0$ $(k=0,1,2,\cdots)$.

13. 设 $f(x)=\sum\limits_{n=0}^{\infty}a_n x^n$，$x\in(-\infty,+\infty)$，将 $F(x)=\dfrac{f(x)}{1-x}$ 展开成 x 的幂级数.

14. 设 $f(x)$是周期为 2π 的函数，它在$[-\pi,\pi)$上的表达式为

$$f(x)=\begin{cases}0, & -\pi\leqslant x<0,\\ \mathrm{e}^x, & 0\leqslant x<\pi.\end{cases}$$

将 $f(x)$展开成傅里叶级数.

15. 将函数

$$f(x)=\begin{cases}1, & 0\leqslant x\leqslant h,\\ 0, & h<x<\pi\end{cases}$$

分别展开成正弦级数和余弦级数.

◀ B组

1. 填空题.

(1)(2024 · 数一)已知幂级数$\sum\limits_{n=0}^{\infty}a_n x_n$的和函数为$\ln(2+x)$，则$\sum\limits_{n=0}^{\infty}na_{2n}=$__________.

(2)(2024 · 数一)若函数 $f(x)=x+1$，且 $f(x)=\dfrac{a_0}{2}+\sum\limits_{n=1}^{\infty}a_n\cos nx$，$x\in[0,\pi]$，则

$\lim\limits_{n\to\infty} n^2\sin a_{2n-1} =$__________.

(3)设 $f(x)$ 为周期为 2 的周期函数，且 $f(x)=1-x, x\in[0,\pi]$,若 $f(x)=\dfrac{a_0}{2}+\sum\limits_{n=1}^{\infty}a_n\cos n\pi x$，则 $\sum\limits_{n=1}^{\infty}a_{2n}=$__________.

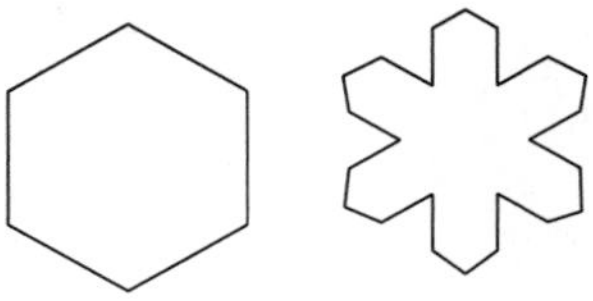

2. 已知一正六方边，其边长为$\dfrac{\sqrt{3}}{3}$,将每一条边去掉其中间的$\dfrac{1}{3}$,向内作等边三角形$\left(它的边长为原正六边形边长的\dfrac{1}{3}\right)$,不断重复上述步骤，求：

(1)曲线的周长数列 L_n；　　(2)曲线所用区域的面积数列 S_n；

(3)说一说周长数列、面积数列的变化规律.

3. 设 $a_n=\dfrac{n}{\int_0^{n\pi}x\,|\sin x|\,\mathrm{d}x}$，求证 $\sum\limits_{n=1}^{\infty}(-1)^{n-1}a_n$ 收敛，并求其值.

4. (2014)设数列$\{a_n\}$、$\{b_n\}$满足 $0<a_n<\dfrac{\pi}{2}, 0<b_n<\dfrac{\pi}{2}, \cos a_n-a_n=\cos b_n$，且级数 $\sum\limits_{n=1}^{\infty}b_n$ 收敛.

(1)证明：$\lim\limits_{n\to\infty}a_n=0$；(2)证明：级数 $\sum\limits_{n=1}^{\infty}\dfrac{a_n}{b_n}$ 收敛.

5. 求幂级数 $\sum\limits_{n=0}^{\infty}\dfrac{n^2+1}{2^n n!}x^n$ 的和函数.

6. 求幂级数 $\sum\limits_{n=1}^{\infty}\dfrac{1}{3^n+(-2)^n}\cdot\dfrac{x^n}{n}$ 的收敛域.

7. 设幂级数$\dfrac{x^4}{2\times4}+\dfrac{x^6}{2\times4\times6}+\dfrac{x^8}{2\times4\times6\times8}+\cdots$的和函数为 $f(x), x\in(-\infty,+\infty)$，求：

(1)$s(x)$所满足的一阶微分方程；(2)$s(x)$的表达式.

8. (2007)设幂级数 $\sum\limits_{n=0}^{\infty}a_nx^n$ 在$(-\infty,+\infty)$收敛，其和函数 $y(x)$满足 $y''-2xy'-4y=0, y(0)=0, y'(0)=1$.

(1)证明：$a_{n+2}=\dfrac{2}{n+1}a_n(n=1,2,\cdots)$；(2)求 $y(x)$的表达式.

9. (2013)设数列$\{a_n\}$满足条件：$a_0=3, a_1=1, a_{n-2}-n(n-1)a_n=0(n\geqslant2)$，$s(x)$是幂级数 $\sum\limits_{n=0}^{\infty}a_nx^n$ 的和函数.

(1)证明：$s''(x)-s(x)=0$；　　(2)求 $s(x)$的表达式.

10. 将函数 $f(x)=\begin{cases}\dfrac{1+x^2}{x}\arctan x, & x\neq0,\\ 1, & x=0\end{cases}$ 展开成 x 的幂级数，并求级数 $\sum\limits_{n=1}^{\infty}\dfrac{(-1)^n}{1-4n^2}$.

11. 已知 $f(x)=|x|, x\in[-\pi,\pi)$，周期为 2π.

(1)将 $f(x)$展开成傅里叶级数，并求级数 $\sum_{n=1}^{\infty}\frac{1}{(2n-1)^2}$；

(2)利用(1)计算 $\int_0^4 \frac{1}{x}\ln\frac{4+x}{4-x}\mathrm{d}x$ 的值.

习题参考答案

第 7 章

习题 7－1

1. 6，$6\sqrt{3}$，$\sqrt{37}$，$\sqrt{13}$.

2. 15，$\sqrt{593}$.

3. 5.

4. (1)$\boldsymbol{a}\cdot\boldsymbol{b}=0$ 或 $\boldsymbol{a}\perp\boldsymbol{b}$；　(2)$\boldsymbol{a}$ 与 $\boldsymbol{b}$ 同向；
   (3)$\boldsymbol{a}$ 与 $\boldsymbol{b}$ 反向且$|\boldsymbol{a}|\geqslant|\boldsymbol{b}|$；　(4)$\boldsymbol{a}$，$\boldsymbol{b}$ 同向.

5. (1)错误；　(2)正确；
   (3)错误；　(4)错误.

6. 略.

7. $\frac{1}{2}(\boldsymbol{a}-\boldsymbol{b})$，$\frac{1}{2}(\boldsymbol{a}+\boldsymbol{b})$.

8. 略.

9. 略.

10. 略.

11. $\pm\left(\boldsymbol{b}-\frac{\boldsymbol{a}\cdot\boldsymbol{b}}{\boldsymbol{a}^2}\boldsymbol{a}\right)$.

12. $\frac{\pi}{3}$.

13. 略.

14. 略.

15. 略.

16. 略.

习题 7－2

1. $|\overrightarrow{AB}|=2$；

   $\cos\alpha=-\frac{1}{2}$，$\cos\beta=-\frac{\sqrt{2}}{2}$，$\cos\gamma=\frac{1}{2}$；

   $\alpha=\frac{2}{3}\pi$，$\beta=\frac{3}{4}\pi$，$\gamma=\frac{\pi}{3}$.

2. $\left(\pm\frac{6}{11}, \mp\frac{7}{11}, \mp\frac{6}{11}\right)$.

3. $A(-2, 3, 0)$.

4. $B(18, 17, -17)$.

5. (1)$(0, -8, -24)$; (2)$(0, -1, -1)$;

(3)2.

6. $\boldsymbol{a}_1$, $\boldsymbol{a}_6$ 共线，$\boldsymbol{a}_2$, $\boldsymbol{a}_4$ 共线，$\boldsymbol{a}_3$, $\boldsymbol{a}_5$ 共线，$\boldsymbol{a}_7$, $\boldsymbol{a}_8$ 共线.

7. (2)，(3)共面.

8. (1)$\frac{1}{2}\sqrt{19}$; (2)$\frac{9}{10}$;

(3)$\left(1, -\frac{9}{10}, \frac{3}{10}\right)$.

9. $D\left(\frac{1}{4}, \frac{3}{4}\right)$.

10. $\left(0, \frac{1}{2}, -\frac{1}{2}\right)$.

11. $\boldsymbol{d}=(1, -1, -1)$.

12. $\left(\pm\frac{15}{\sqrt{17}}, \pm\frac{25}{\sqrt{17}}, 0\right)$.

13. 略.

14. $\sqrt{34}$; $\sqrt{41}$; 5.

15. $\frac{7}{3}$; $\frac{4}{3}$; 1.

16. 略.

17. 2.

18. 13; $7j$.

习题 7－3

1. (1)Oyz 面； (2)平行于 Oxz 面；

(3)过 y 轴； (4)平行于 x 轴；

(5)过 z 轴； (6)平行于 z 轴；

(7)过原点； (8)过三点$(1,0,0)$，$(0,1,0)$，$(0,0,1)$的平面.

2. (1)$y+5=0$; (2)$x+3y=0$;

(3)$9y-z-2=0$.

3. $\frac{x}{-2}=\frac{y-2}{3}=\frac{z-4}{1}$.

4. $8x-9y-22z-59=0$.

5. $\cos\alpha=\frac{1}{3}$，$\cos\beta=\frac{2}{3}$，$\cos\gamma=-\frac{2}{3}$.

6. $\cos\theta=0$.

7. $\varphi=0$.

8. (1)平行； (2)垂直；

(3)直线在平面上.

9. $\left(-\frac{5}{3}, \frac{2}{3}, \frac{2}{3}\right)$.

10. $\begin{cases}17x+31y-37z-117=0, \\ 4x-y+z+1=0.\end{cases}$

11. $\frac{3}{2}\sqrt{2}$.

12. $x+2y+1=0$.

13. (1)$x-3=\frac{y-4}{\sqrt{2}}=\frac{z+4}{-1}$； (2)$x=\frac{y+3}{-3}=\frac{z-2}{-1}$；

(3)$\frac{x+1}{3}=\frac{y-2}{-1}=\frac{z-1}{1}$.

14. (1)$\frac{x-1}{4}=\frac{y-2}{1}=\frac{z-7}{-8}$和 $x=4t+1$，$y=t+2$，$z=-8t+7$；

(2)$\frac{x+3}{-5}=\frac{y}{1}=\frac{z-2}{5}$和 $x=-5t-3$，$y=t$，$z=5t+2$；

(3)$\frac{x}{4}=\frac{y-4}{1}=\frac{z+1}{-3}$和 $x=4t$，$y=t+4$，$z=-3t-1$.

15. 略.

16. $15x-3y-26z-6=0$.

17. $\frac{x+1}{48}=\frac{y}{37}=\frac{z-4}{4}$.

18. $\frac{2}{3}\sqrt{3}$.

19. $10x+9y+5z-74=0$.

习题 7－4

1. $(x-1)^2+(y+2)^2+(z-3)^2=14$.

2. (1)椭圆柱面； (2)双曲柱面；

(3)抛物柱面； (4)两相交直线；

(5)球面； (6)旋转椭球面.

3. (1)直线； (2)椭圆；

(3)直线； (4)圆.

4. (1)$y^2+z^2=5x$；

(2)$4x^2-9(y^2+z^2)=36$，$4(x^2+z^2)-9y^2=36$.

5. (1)旋转椭球面，曲线$\begin{cases}\frac{x^2}{4}+\frac{y^2}{9}=1, \\ z=0\end{cases}$绕 x 轴旋转一周；

(2)单叶旋转双曲面，曲线$\begin{cases}x^2-\frac{y^2}{4}=1, \\ z=0\end{cases}$绕 y 轴旋转一周；

(3)双叶旋转双曲面，曲线$\begin{cases}x^2-y^2=1,\\ z=0\end{cases}$绕 x 轴旋转一周；

(4)圆锥面，直线$\begin{cases}z=a+x,\\ y=0\end{cases}$绕 z 轴旋转一周.

6. 母线平行于 x 轴的柱面方程为 $3y^2-z^2=16$，母线平行于 y 轴的柱面方程为 $3x^2+2z^2=16$.

7. (1)$\begin{cases}2\left(x-\dfrac{1}{2}\right)^2+y^2=\dfrac{15}{2},\\ z=0;\end{cases}$　　(2)$\begin{cases}y-z+2=0,\\ x=0;\end{cases}$

(3)$\begin{cases}x^2+y^2=a^2,\\ z=0;\end{cases}$　$\begin{cases}z=b\arcsin\dfrac{y}{a},\\ x=0;\end{cases}$　$\begin{cases}z=b\arccos\dfrac{x}{a},\\ y=0.\end{cases}$

8. Oxy 面上 $x^2+y^2\leqslant1$；

Oxz 面上$\begin{cases}-1\leqslant x\leqslant1,\\ x^2\leqslant z\leqslant1;\end{cases}$

Oyz 面上$\begin{cases}-1\leqslant y\leqslant1,\\ y^2\leqslant -z\leqslant1.\end{cases}$

9. 略.

10. $2y-2z-1=0$.

11. $\dfrac{x^2}{25}+\dfrac{y^2}{9}-\dfrac{(z-1)^2}{4}=0$.

习题 7－5

1. (1)椭球面；　(2)椭圆抛物面；
(3)单叶双曲面；　(4)双曲抛物面.

2. (1)椭圆；　(2)双曲线；
(3)抛物线；　(4)双曲线.

3. (1)双曲线；　(2)双曲线；
(3)椭圆.

4. 略.

5. $5x^2-3y^2=1$.

6. $x^2+y^2+(z-3)^2=25$.

7. $x^2+20y^2+24x-116=0$ 与$\begin{cases}x^2+20y^2+24x-116=0,\\ z=0.\end{cases}$

8. (1)$x^2-y^2=2z$，双曲抛物面；
(2)$4x^2-y^2+4z^2=0$，圆锥面；
(3)$x^2+z^2=4$，圆柱面；
(4)$x^2+y^2-z^2=3$，单叶旋转双曲面.

9. $m=0$，圆柱面；$0<m<1$，单叶双曲面；$m>1$，双叶双曲面；$m<0$，椭球面；$m=1$，双曲柱面.

10. $A(-5, 0, 2)$, $B(0, -7, -4)$, $C(4, 3, -2)$.

11. $x^2+y^2=16-8z$，旋转抛物面.

12. $z=x^2-y^2$，双曲抛物面.

总复习题 7

A 组

一、填空题

1. $t=-1$，$s=4$；$t-s=9$.

2. -6；108；-61；972.

3. $(6, -4, 5)$，$(9, -6, 10)$，$\frac{41}{3\sqrt{231}}$.

4. $x\pm\sqrt{26}y+3z-3=0$.

5. $\frac{x+1}{16}=\frac{y}{19}=\frac{z-4}{28}$.

二、选择题

6. A.

7. B.

8. B.

9. D.

10. D.

三、计算题

11. $\sqrt{13}$.

12. $e^{-\arctan\frac{y}{x}}[(2x+y)dx+(2y-x)dy]$.

13. $\frac{\sqrt{93}}{3}$.

14. $x+2y=0$ 与 $z+1=0$.

15. $z=2$.

16. $2x+y+2z\pm2\sqrt[3]{3}=0$.

17. $2(x+y)^2+2z(z+2)=1$，椭圆柱面.

18. $2(x^2+y^2)-4\left(z-\frac{1}{2}\right)^2=1$，单叶旋转双曲面.

四、证明题

19. 证明略.

20. 证明略.

B 组

一、填空题

1. $\frac{\sqrt{2}}{2}$.

2. 1.

3. $\arccos\frac{2\sqrt{7}}{7}$.

4. $-3+\frac{\sqrt{3}}{2}$.

5. $\frac{3}{2}\sqrt{2}$.

二、选择题

6. B.

7. C.

8. A.

9. D.

10. C.

三、计算题

11. $\frac{\pi}{3}$.

12. 30.

13. $\frac{x-2}{2}=\frac{y-1}{-1}=\frac{z-3}{4}$.

14. $\begin{cases}x+y+z=3,\\3x-y+z=1.\end{cases}$

15. $x=-1-12t$, $y=-4+46t$, $z=3+t$.

16. $x+y+2z=4$.

17. $x+20y+7z=12$.

18. $z=-4$, $\theta_{\min}=\frac{\pi}{4}$.

19. $(14,10,2)$.

20. $3x+2y+6z=6$.

21. $x^2+y^2-z^2=1$.

22. 略.

23. $4(z-1)=(x-1)^2+(y+1)^2$.

24. $\frac{x+1}{16}=\frac{y}{19}=\frac{z-4}{28}$.

25. $\left(0,0,\frac{1}{5}\right)$.

26. $\begin{cases}x^2+y^2-x-y=0\\z=0\end{cases}$.

第 8 章

习题 8－1

1. (1) $\{(x,y)\mid x\leqslant x^2+y^2<2x\}$；(2) $\{(x,y)\mid y^2-4x+8>0\}$；
(3) $\{(x,y)\mid x>0$ 且 $-x<y<x\}$；(4) $\{(x,y)\mid x^2+y^2\leqslant 4\}$.

2. (1) $\begin{cases}1\leqslant x\leqslant 2,\\ \dfrac{1}{x}\leqslant y\leqslant x;\end{cases}$ (2) $\begin{cases}\dfrac{y^2}{2}\leqslant x\leqslant y+4,\\ -2\leqslant y\leqslant 4;\end{cases}$

(3) $\begin{cases}2\leqslant y\leqslant 4,\\ \dfrac{y}{2}\leqslant x\leqslant \dfrac{8}{y}\end{cases}$ 或 $\begin{cases}1\leqslant x\leqslant 2,\\ 2\leqslant y\leqslant 2x\end{cases}$ 及 $\begin{cases}2\leqslant x\leqslant 4,\\ 2\leqslant y\leqslant \dfrac{8}{x}.\end{cases}$

3. $\dfrac{1}{3}\pi h(l^2-h^2)$.

4. $S=(x+\sqrt{y^2-h^2})h$.

5. (1) $(x+y)^2-\left(\dfrac{y}{x}\right)^2$；(2) $x^2\left(\dfrac{1-y}{1+y}\right)$.

6. 略.

7. $f(x)=x^2+x$，$z=(x+y)^2+2x$.

习题 8－2

1. (1)极限不存在；(2)极限存在为 0.

2. (1)1；(2)3；(3)e. (4)1；(5)ln2；(6)－2；(7)2；(8)0.

3. 略.

4. $\{(x,y)\mid y^2-2x=0\}$.

习题 8－3

1. (1) $\dfrac{\partial w}{\partial x}=2x-yz$，$\dfrac{\partial w}{\partial y}=2y-zx$，$\dfrac{\partial w}{\partial z}=2z-xy$；

(2) $\dfrac{\partial z}{\partial x}=-\dfrac{1}{x}$，$\dfrac{\partial z}{\partial y}=\dfrac{1}{y}$；

(3) $\dfrac{\partial z}{\partial x}=-\dfrac{2y}{(x-y)^2}$，$\dfrac{\partial z}{\partial y}=\dfrac{2x}{(x-y)^2}$；

(4) $\dfrac{\partial z}{\partial x}=3\times 4^{3x+4y}\ln 4$，$\dfrac{\partial z}{\partial y}=4\times 4^{3x+4y}\ln 4$；

(5) $\dfrac{\partial z}{\partial x}-\mathrm{e}^{-x}\sin y$，$\dfrac{\partial z}{\partial y}=\mathrm{e}^{-x}\cos y$；

(6) $\dfrac{\partial z}{\partial x}=y(\cos xy-\sin 2xy)$，$\dfrac{\partial z}{\partial y}=x(\cos xy-\sin 2xy)$；

(7) $\dfrac{\partial z}{\partial x}=\dfrac{1}{1+x^2}$，$\dfrac{\partial z}{\partial y}=\dfrac{1}{1+y^2}$；

(8)$\dfrac{\partial u}{\partial x}=\dfrac{y}{z}x^{\frac{y}{z}-1}$，$\dfrac{\partial u}{\partial y}=\dfrac{1}{z}x^{\frac{y}{z}}\ln x$，$\dfrac{\partial u}{\partial z}=-\dfrac{y}{z^2}x^{\frac{y}{z}}\ln x$；

(9)$\dfrac{\partial u}{\partial x}=\dfrac{z(x-y)^{z-1}}{1+(x-y)^{2z}}$，$\dfrac{\partial u}{\partial y}=-\dfrac{z(x-y)^{z-1}}{1+(x-y)^{2z}}$，$\dfrac{\partial u}{\partial z}=\dfrac{(x-y)^z\ln(x-y)}{1+(x-y)^{2z}}$．

(10)略．

2. $f'_x(1,0)=2$，$f'_y(1,0)=0$．

3. 略．

4. 略．

5. (1)$\dfrac{\partial^2 z}{\partial x^2}=2y(2y-1)x^{2y-2}$，$\dfrac{\partial^2 z}{\partial x\partial y}=2x^{2y-1}+4yx^{2y-1}\ln x$，$\dfrac{\partial^2 z}{\partial y^2}=4x^{2y}(\ln x)^2$；

(2)$\dfrac{\partial^2 z}{\partial x^2}=2a^2\cos 2(ax+by)$，$\dfrac{\partial^2 z}{\partial x\partial y}=2ab\cos 2(ax+by)$，$\dfrac{\partial^2 z}{\partial y^2}=2b^2\cos 2(ax+by)$．

(3)$\dfrac{\partial^2 z}{\partial x^2}=\dfrac{2xy}{(x^2+y^2)^2}$，$\dfrac{\partial^2 z}{\partial y^2}=-\dfrac{2xy}{(x^2+y^2)^2}$，$\dfrac{\partial^2 z}{\partial x\partial y}=\dfrac{y^2-x^2}{(x^2+y^2)^2}$．

6. $f''_{xx}(0,0,1)=2$，$f''_{yz}(0,-1,0)=0$，$f''_{xz}(1,0,2)=2$．

7. 略．

8. 略．

9. 略．

习题 8－4

1.(1)充分；必要；(2)必要；充分；(3)充分；(4)充分．

2. (1)$\mathrm{d}z=2xy^2\mathrm{d}x+2yx^2\mathrm{d}y$；
　　(2)$\mathrm{d}z=\dfrac{1}{2\sqrt{xy}}\mathrm{d}x-\dfrac{\sqrt{x}}{2y\sqrt{y}}\mathrm{d}y$；

(3)$\mathrm{d}z=\mathrm{e}^{x+2y}\mathrm{d}x+2\mathrm{e}^{x+2y}\mathrm{d}y$；
　　(4)$\mathrm{d}z=\dfrac{2x}{x^2+3y^2}\mathrm{d}x+\dfrac{6y}{x^2+3y^2}\mathrm{d}y$；

(5)$\mathrm{d}z=\left(y+\dfrac{1}{y}\right)\mathrm{d}x+\left(x-\dfrac{x}{y^2}\right)\mathrm{d}y$；
　　(6)$\mathrm{d}z=-\dfrac{1}{x}\mathrm{e}^{\frac{y}{x}}\left(\dfrac{y}{x}\mathrm{d}x-\mathrm{d}y\right)$；

(7)$\mathrm{d}u=\dfrac{x\mathrm{d}x+y\mathrm{d}y+z\mathrm{d}z}{\sqrt{x^2+y^2+z^2}}$；
　　(8)$\mathrm{d}z=\dfrac{\mathrm{d}x}{1+x^2}+\dfrac{\mathrm{d}y}{1+y^2}$．

3. $\dfrac{1}{3}(\mathrm{d}x+\mathrm{d}y)$．

4. $\Delta z=-0.204$，$\mathrm{d}z=-0.2$．

5. $0.25\mathrm{e}$．

6. (1)2.95；(2)1.08．

7. 略．

8. 略．

9. 0.17 cm．

10. 14.8 m³．

习题 8－5

1. $\dfrac{\mathrm{e}^x}{\ln x}\left(1-\dfrac{1}{x\ln x}\right)$．

2. $\dfrac{3(1-4t^2)}{\sqrt{1-(3t-4t^3)^2}}$.

3. $\dfrac{\partial u}{\partial x}=\dfrac{t-s}{t^2+s^2}=-\dfrac{y}{x^2+y^2}$, $\dfrac{\partial u}{\partial y}=\dfrac{t+s}{t^2+s^2}=\dfrac{x}{x^2+y^2}$.

4. (1) $\dfrac{\partial z}{\partial x}=2xf'_1+yf'_2$; $\dfrac{\partial z}{\partial y}=-2yf'_1+xf'_2$;

(2) $\dfrac{\partial u}{\partial x}=\dfrac{1}{y}f'_1$; $\dfrac{\partial u}{\partial y}=-\dfrac{x}{y^2}f'_1+\dfrac{1}{z}f'_2$; $\dfrac{\partial u}{\partial z}=-\dfrac{y}{z^2}f'_2$;

(3) $\dfrac{\partial u}{\partial x}=f'_1+yf'_2+yzf'_3$; $\dfrac{\partial u}{\partial y}=xf'_2+xzf'_3$; $\dfrac{\partial u}{\partial z}=xyf'_3$;

(4) $\dfrac{\partial u}{\partial x}=(2x+y+yz)f'$; $\dfrac{\partial u}{\partial y}=(x+xz)f'$; $\dfrac{\partial u}{\partial z}=xyf'$.

5. 略.

6. 略.

7. $\dfrac{\partial z}{\partial x}=2xf'$; $\dfrac{\partial z}{\partial y}=2yf'$; $\dfrac{\partial^2 z}{\partial x^2}=2f'+4x^2f''$; $\dfrac{\partial^2 z}{\partial y^2}=2xf'+4y^2f''$; $\dfrac{\partial^2 z}{\partial x\partial y}=\dfrac{\partial^2 z}{\partial y\partial x}=4xyf''$;

8. 略.

9. 略.

习题 8－6

1. $\dfrac{y^2-3^x}{\cos y-2xy}$.

2. $\dfrac{x+y}{x-y}$.

3. $\dfrac{\partial z}{\partial x}=\dfrac{yz-\sqrt{xyz}}{\sqrt{xyz}-xy}$, $\dfrac{\partial z}{\partial y}=\dfrac{xz-2\sqrt{xyz}}{\sqrt{xyz}-xy}$.

4. $\dfrac{\partial z}{\partial x}=\dfrac{z}{x+z}$, $\dfrac{\partial z}{\partial y}=\dfrac{z^2}{y(x+z)}$.

5. 略.

6. 略.

7. 略.

8. $\dfrac{2y^2ze^z-2xy^3z-y^2z^2e^z}{(e^z-xy)^3}$.

9. $\dfrac{z(z^4-2xyz^2-x^2y^2)}{(z^2-xy)^3}$.

10. (1) $\dfrac{dy}{dx}=-\dfrac{x(6z+1)}{2y(3z+1)}$, $\dfrac{dz}{dx}=\dfrac{x}{3z+1}$;

(2) $\dfrac{dx}{dz}=\dfrac{y-z}{x-y}$, $\dfrac{dy}{dz}=\dfrac{z-x}{x-y}$;

(3) $\dfrac{\partial u}{\partial x}=\dfrac{-uf'_1(2yvg'_2-1)-f'_2\cdot g'_1}{(xf'_1-1)(2yvg'_2-1)-f'_2\cdot g'_1}$,

$\dfrac{\partial v}{\partial x}=\dfrac{g'_1(xf'_1+uf'_1-1)}{(xf'_1-1)(2yvg'_2-1)-f'_2\cdot g'_1}$;

(4) $\frac{\partial u}{\partial x}=\frac{\sin v}{e^u(\sin v-\cos v)+1}$，$\frac{\partial u}{\partial y}=\frac{-\cos v}{e^u(\sin v-\cos v)+1}$，

$\frac{\partial v}{\partial x}=\frac{\cos v-e^u}{u[e^u(\sin v-\cos v)+1]}$，$\frac{\partial v}{\partial y}=\frac{\sin v+e^u}{u[e^u(\sin v-\cos v)+1]}$.

11. 略.

习题 8－7

1. 切线方程：$\frac{x-1}{2}=\frac{y}{-1}=\frac{z-1}{3}$，

法平面方程：$2(x-1)-y+3(z-1)=0$.

2. $\frac{x-(\frac{\pi}{2}-1)}{1}=\frac{y-1}{1}=\frac{z-2\sqrt{2}}{\sqrt{2}}$.

法平面方程：$\left[x-\left(\frac{\pi}{2}-1\right)\right]+(y-1)+\sqrt{2}(z-2\sqrt{2})=0$.

3. $M_1(-1, 1, -1)$，$M_2\left(-\frac{1}{3}, \frac{1}{9}, -\frac{1}{27}\right)$.

4. 切平面方程：$x+2y-4=0$，

法线方程：$\frac{x-2}{1}=\frac{y-1}{2}=\frac{z}{0}$.

5. 切平面方程：$8x+8y-z-12=0$，

法线方程：$\frac{x-2}{8}=\frac{y-1}{8}=\frac{z-12}{-1}$.

6. $x+4y+6z=\pm 21$.

7. $x=\pm\frac{a^2}{d}$，$y=\pm\frac{b^2}{d}$，$z=\pm\frac{c^2}{d}$，其中，$d=\sqrt{a^2+b^2+c^2}$.

8. 略.

9. $(-3, -1, 3)$.

10. 略.

11. 切线方程：$\frac{x-1}{16}=\frac{y-1}{9}=\frac{z-1}{-1}$.

法平面方程：$16x+9y-z-24=0$.

12. 切平面方程：$ax_0x+by_0y+cz_0z=1$，

法线方程：$\frac{x-x_0}{ax_0}=\frac{y-y_0}{by_0}=\frac{z-z_0}{cz_0}$.

13. 切平面方程：$x-y+2z=\pm\sqrt{\frac{11}{2}}$.

14. $\cos\gamma=\frac{3}{\sqrt{22}}$.

习题 8－8

1. $1+2\sqrt{3}$.

2. $\frac{\sqrt{2}}{3}$.

3. $\frac{1}{ab}\sqrt{2(a^2+b^2)}$.

4. 5.

5. $\frac{98}{13}$.

6. $\frac{6}{7}\sqrt{14}$.

7. $x_0+y_0+z_0$.

8. $\mathbf{grad}f(0,0,0)=3\boldsymbol{i}-2\boldsymbol{j}-6\boldsymbol{k}$, $\mathbf{grad}f(1,1,1)=6\boldsymbol{i}+3\boldsymbol{j}$.

9. $\frac{\partial u}{\partial t}=\cos\alpha+\sin\alpha$.

(1)当 $\alpha=\frac{\pi}{4}$时，$\frac{\partial u}{\partial l}$有最大值；

(2)当 $\alpha=\frac{5\pi}{4}$时，$\frac{\partial u}{\partial l}$有最小值；

(3)当 $\alpha=\frac{3\pi}{4}$时，$\frac{\partial u}{\partial l}=0$；

(4)$\mathbf{grad}u\big|_{(1,1)}=\boldsymbol{i}+\boldsymbol{j}$.

10. (1)连续，不可微.

(2)$\frac{\sqrt{3}}{16}\pi$.

***习题** 8－9

1. $f(x,y)=5+2(x-1)^2-(x-1)(y+2)-(y+2)^2$.

2. $e^x\ln(1+y)=y+\frac{1}{2!}(2xy-y^2)+\frac{1}{3!}(3x^2y-3xy^2+2y^3)+\cdots$

3. $\frac{1}{2}+\frac{1}{2}\left(x-\frac{\pi}{4}\right)+\frac{1}{2}\left(y-\frac{\pi}{4}\right)-$
$\frac{1}{4}\left[\left(x-\frac{\pi}{4}\right)^2-2\left(x-\frac{\pi}{4}\right)\left(y-\frac{\pi}{4}\right)+\left(y-\frac{\pi}{4}\right)^2\right]+\cdots$

4. $x^y=1+(x-1)+(x-1)(y-1)+\frac{1}{2}(x-1)^2(y-1)+\cdots$

$1.1^{1.02}\approx1.1021$.

习题 8－10

1. (1)极小值为－30，极大值为 30；(2)极大值为 1；(3)极小值为$-\frac{e}{2}$.

2. 最小值为 0，最大值为 3.

3. 最大值为 $f(\pm2,0)=4$，最小值为 $f(0,\pm2)=-4$.

4. $\left(\frac{8}{5},\frac{3}{5}\right)$.

5. $\frac{8\sqrt{3}}{9}abc$.

6. $x+y+z=3$，最小体积为$\frac{9}{2}$.

7. $R=\sqrt{\dfrac{2s}{3\pi}}$, $H=\dfrac{1}{\pi+2}\sqrt{\dfrac{2\pi s}{3}}$, R 为半径, H 为母线长.

8. $\left(\dfrac{8}{5},\dfrac{16}{5}\right)$.

9. 当矩形的边长为$\dfrac{2p}{3}$及$\dfrac{p}{3}$时，绕短边旋转所得圆柱体的体积最大.

10. 当长、宽、高都是$\dfrac{2a}{\sqrt{3}}$时，可得最大的体积.

11. 最大值为$\sqrt{9+5\sqrt{3}}$,最小值为$\sqrt{9-5\sqrt{3}}$.

12. 最热点在$\left(-\dfrac{1}{2},\pm\dfrac{\sqrt{3}}{2}\right)$,最冷点在$\left(\dfrac{1}{2},0\right)$.

总复习题 8

A 组

一、填空题

1. 0.

2. $\dfrac{3}{5}$.

3. $x^y\left(\ln x\cdot dy+\dfrac{y}{x}dx\right)$.

4. $z=2$.

5. $2\sqrt{2}$.

二、选择题

6. B.

7. B.

8. C.

9. C.

10. D

三、计算题

11. 0.

12. $e^{-\arctan\frac{y}{2}}[(2x+y)dx+(2y-x)dy]$.

13. $\dfrac{e^{xy}}{1+(x+y)^2}+ye^{xy}\arctan(x+y)$, $\dfrac{\partial z}{\partial y}=\dfrac{e^{xy}}{1+(x+y)^2}+xe^{xy}\arctan(x+y)$.

14. $\dfrac{\partial u}{\partial x}=f'_1+f'_2\varphi'_1+f'_2\varphi'_2\varphi'_1$.

15. $-\dfrac{\sqrt{2}}{2}$.

四、解答题

16. -1; $-\dfrac{1}{2}$.

17. 切平面方程为 $6x+2y-5z=3$,法线方程为$\dfrac{x-1}{6}=\dfrac{y-1}{2}=\dfrac{z-1}{-5}$.

18. 极大值点$(-9,-1)$，极大值为-1；极小值点$(9,3)$，极小值为3.

19. $f''_{xy}(0,0)=0, f''_{yx}(0,0)=0$.

20. $\frac{\partial^2 z}{\partial x^2}=-\frac{acz^2+a^2x^2}{c^2z^3}, \frac{\partial^2 z}{\partial x\partial y}=-\frac{abxy}{c^2z^3}, \frac{\partial^2 z}{\partial y^2}=-\frac{b^2y^2+bcz^2}{c^2z^3}$.

B组

一、填空题

1. $\frac{\pi}{2}$.

2. $\left(-\frac{3}{2}, \frac{1}{2}, 0\right)$.

3. $4f''_{22}$.

4. $2x+4y-z+5=0$.

5. $dz=-\frac{dx+dy}{2}$.

二、选择题

6. A.

7. B.

8. C.

9. C.

10. B.

三、填空题

11. $xe^{2y}f''_{uu}+e^y f''_{uy}+xe^y f''_{xu}+f''_{xy}+e^y f'_u$.

12. 3e.

13. $\frac{\partial z}{\partial x}=(v\cos v-u\sin v)e^{-u}, \frac{\partial z}{\partial y}=(u\cos v+v\sin v)e^{-u}$.

14. $xyf'_1+x\left(\frac{1}{x}+yg'\right)f'_2-yxf'_1-yxg'f'_2=f'_2$.

15. $2x\varphi'_1+2y\varphi'_2+x^2y\varphi''_{11}+2xy^2\varphi''_{12}$.

16. $\left(\frac{\pi}{4}+\frac{1}{2}, \frac{1}{2}\right)$.

四、解答题

17. 驻点为$(1,-1)$，最大值为6，最小值为-2.

18. $u=\frac{\ln y^2}{x}$.

19. $a=-1, b=-\frac{1}{3}$或$a=-\frac{1}{3}, b=-1$.

20. $\frac{\partial f}{\partial l}=\cos\theta+\sin\theta$，(1)$\theta=\frac{\pi}{4}$，(2)$\theta=\frac{5\pi}{4}$，(3)$\theta=\frac{3\pi}{4}$及$\frac{7\pi}{4}$.

五、应用题

21. $\left(\frac{4}{5}, \frac{3}{5}, \frac{35}{12}\right)$.

22. 长方体边长分别为$\frac{2\sqrt{3}}{3}a$，$\frac{2\sqrt{3}}{3}b$，$\frac{2\sqrt{3}}{3}c$ 时，体积 $V=8xyz=\frac{8}{9}\sqrt{3}abc$，为最大.

23. 切点$\left(\frac{a}{\sqrt{3}},\frac{b}{\sqrt{3}},\frac{c}{\sqrt{3}}\right)$,$V_{\min}=\frac{\sqrt{3}}{2}abc$.

24. 3.

六、证明题

25. 略.

26. 略.

27. 略.

第 9 章

习题 9－1

1. $I_1=4I_2$.

2. 略.

3. (1)$\iint\limits_D(x+y)^2\mathrm{d}\sigma\geqslant\iint\limits_D(x+y)^3\mathrm{d}\sigma$；

(2)$\iint\limits_D(x+y)^3\mathrm{d}\sigma\geqslant\iint\limits_D(x+y)^2\mathrm{d}\sigma$；

(3)$\iint\limits_D\ln(x+y)\mathrm{d}\sigma\geqslant\iint\limits_D[\ln(x+y)]^2\mathrm{d}\sigma$；

(4)$\iint\limits_D[\ln(x+y)]^2\mathrm{d}\sigma\geqslant\iint\limits_D\ln(x+y)\mathrm{d}\sigma$.

4. $\frac{2\pi}{3}$.

5. 1.

6. $\sqrt{a^2-x^2-y^2}+\frac{2\pi a^3}{3(1-\pi a^2)}$.

7. $\frac{2}{3}<I<\frac{2}{1+\cos^2 1+\cos^3 1}$.

习题 9－2

1. (1)$\int_0^1\mathrm{d}x\int_x^1 f(x,y)\mathrm{d}y$；　　(2)$\int_0^4\mathrm{d}x\int_{\frac{x}{2}}^{\sqrt{x}} f(x,y)\mathrm{d}y$；

(3)$\int_{-1}^1\mathrm{d}x\int_0^{\sqrt{1-x^2}} f(x,y)\mathrm{d}y$；　　(4)$\int_0^1\mathrm{d}y\int_{2-y}^{1+\sqrt{1-y^2}} f(x,y)\mathrm{d}x$.

2. (1) $\frac{6}{55}$；　　(2) $\frac{64}{15}$；

(3)$\mathrm{e}-\mathrm{e}^{-1}$；　　(4) $\frac{13}{6}$.

3. 略.

4. (1) $\int_0^4 dx\int_x^{2\sqrt{x}} f(x,y)dy$ 或 $\int_0^4 dy\int_{\frac{y^2}{4}}^{y} f(x,y)dx$;

(2) $\int_{-r}^{r} dx\int_0^{\sqrt{r^2-x^2}} f(x,y)dy$ 或 $\int_0^r dy\int_{-\sqrt{r^2-y^2}}^{\sqrt{r^2-y^2}} f(x,y)dx$;

(3) $\int_1^2 dx\int_{\frac{1}{x}}^{x} f(x,y)dy$ 或 $\int_{\frac{1}{2}}^{1} dy\int_{\frac{1}{y}}^{2} f(x,y)dx+\int_1^2 dy\int_y^2 f(x,y)dx$;

(4) $\int_{-1}^{1} dx\int_{\sqrt{1-x^2}}^{\sqrt{4-x^2}} f(x,y)dy+\int_{-1}^{1} dx\int_{-\sqrt{4-x^2}}^{-\sqrt{1-x^2}} f(x,y)dy+$

$\int_{-2}^{-1} dx\int_{-\sqrt{4-x^2}}^{\sqrt{4-x^2}} f(x,y)dy\int_1^2 dx\int_{-\sqrt{4-x^2}}^{\sqrt{4-x^2}} f(x,y)dy$,

或 $\int_1^2 dy\int_{-\sqrt{4-y^2}}^{\sqrt{4-y^2}} f(x,y)dx+\int_{-2}^{-1} dy\int_{-\sqrt{4-y^2}}^{\sqrt{4-y^2}} f(x,y)dx+$

$\int_{-1}^{1} dy\int_{-\sqrt{4-y^2}}^{-\sqrt{1-y^2}} f(x,y)dx+\int_{-1}^{1} dy\int_{\sqrt{1-y^2}}^{\sqrt{4-y^2}} f(x,y)dx$.

5. 略.

6. $\frac{17}{12}-2\ln 2$.

7. $\frac{4}{3}$.

8. $\frac{7}{2}$.

9. $\frac{17}{6}$.

10. 6π.

11. (1) $\int_0^{2\pi} d\theta\int_0^a f(\rho\cos\theta,\rho\sin\theta)\rho d\rho$;

(2) $\int_{-\frac{\pi}{2}}^{\frac{\pi}{2}} d\theta\int_0^{2\cos\theta} f(\rho\cos\theta,\rho\sin\theta)\rho d\rho$;

(3) $\int_0^{2\pi} d\theta\int_a^b f(\rho\cos\theta,\rho\sin\theta)\rho d\rho$;

(4) $\int_0^{\frac{\pi}{2}} d\theta\int_0^{(\cos\theta+\sin\theta)^{-1}} f(\rho\cos\theta,\rho\sin\theta)\rho d\rho$.

12. (1) $\int_0^{\frac{\pi}{4}} d\theta\int_0^{\sec\theta} f(\rho\cos\theta,\rho\sin\theta)\rho d\rho+\int_{\frac{\pi}{4}}^{\frac{\pi}{2}} d\theta\int_0^{\csc\theta} f(\rho\cos\theta,\rho\sin\theta)\rho d\rho$;

(2) $\int_{\frac{\pi}{4}}^{\frac{\pi}{3}} d\theta\int_0^{2\sec\theta} f(\rho)\rho d\rho$;

(3) $\int_0^{\frac{\pi}{2}} d\theta\int_{(\cos\theta+\sin\theta)^{-1}}^{1} f(\rho\cos\theta,\ \rho\sin\theta)\rho d\rho$;

(4) $\int_0^{\frac{\pi}{4}} d\theta\int_{\sec\theta\tan\theta}^{\sec\theta} f(\rho\cos\theta,\ \rho\sin\theta)\rho d\rho$.

13. (1) $\frac{3}{4}\pi a^4$; (2) $\frac{1}{6}a^3[\sqrt{2}+\ln(1+\sqrt{2})]$;

(3) $\sqrt{2}-1$；

(4) $\frac{1}{8}\pi a^4$.

14. (1) $\pi(e^4-1)$；

(2) $\frac{\pi}{4}(2\ln 2-1)$；

(3) $\frac{3}{64}\pi^2$.

15. $\frac{1}{40}\pi^5$.

16. $\frac{1}{3}R^3\arctan k$.

17. $\frac{3}{32}\pi a^4$.

18. (1) $\frac{e-1}{2}$；

(2) $\frac{1}{2}\pi ab$.

19. 略.

习题 9－3

1. (1) $\int_0^1 dx\int_0^{1-x}dy\int_0^{xy}f(x,y,z)dz$；

(2) $\int_{-1}^1 dx\int_{-\sqrt{1-x^2}}^{\sqrt{1-x^2}}dy\int_{x^2+y^2}^1 f(x,y,z)dz$；

(3) $\int_{-1}^1 dx\int_{-\sqrt{1-x^2}}^{\sqrt{1-x^2}}dy\int_{x^2+2y^2}^{2-x^2} f(x,y,z)dz$；

(4) $\int_0^a dx\int_0^{b\sqrt{1-x^2/a^2}}dy\int_0^{xy/c} f(x,y,z)dz$.

2. $\frac{3}{2}$.

3. 略.

4. $\frac{1}{364}$.

5. $\frac{1}{2}\left(\ln 2-\frac{5}{8}\right)$.

6. $\frac{1}{48}$.

7. 0.

8. $\frac{\pi}{4}h^2R^2$.

9. (1) $\frac{7\pi}{12}$；

(2) $\frac{16}{3}\pi$.

10. (1) $\frac{4\pi}{5}$；

(2) $\frac{7}{6}\pi a^4$.

11. (1) $\frac{1}{8}$；

(2) $\frac{\pi}{10}$；

(3) 8π；

(4) $\frac{4\pi}{15}(A^5-a^5)$.

12. (1) $\dfrac{32}{3}\pi$；　　(2) πa^3；

(2) $\dfrac{\pi}{6}$；　　(4) $\dfrac{2}{3}\pi(5\sqrt{5}-4)$.

13. $\dfrac{2}{3}\pi a^3$.

14. $\dfrac{8\sqrt{2}-7}{6}\pi$.

15. $k\pi R^4$.

习题 9－4

1. (1) $\dfrac{4}{3}$；　　(2) $\dfrac{8}{3}$.

2. (1) $\dfrac{1}{3}\cos x(\cos x-\sin x)(1+2\sin 2x)$；

(2) $\dfrac{2}{x}\ln(1+x^2)$；

(3) $\ln\sqrt{\dfrac{x^2+1}{x^4+1}}+3x^2\arctan x^2-2x\arctan x$；

(4) $2xe^{-x^5}-e^{-x^3}-\int_x^{x^2}y^2e^{-xy^2}dy$.

3. $3f(x)+2xf'(x)$.

4. (1) $\pi\arcsin a$；　　(2) $\pi\ln\dfrac{1+a}{2}$；

(3) $\dfrac{\pi}{2}\ln(1+\sqrt{2})$；　　(4) $\arctan(1+b)-\arctan(1+a)$.

习题 9－5

1. $2a^2(\pi-2)$.

2. $\sqrt{2}\pi$.

3. $16R^2$.

4. (1) $\bar{x}=\dfrac{3}{5}x_0$，$\bar{y}=\dfrac{3}{8}y_0$；　　(2) $\bar{x}=0$，$\bar{y}=\dfrac{4b}{3\pi}$；

(3) $\bar{x}=\dfrac{b^2+ab+a^2}{2(a+b)}$，$\bar{y}=0$.

5. $\bar{x}=\dfrac{35}{48}$，$\bar{y}=\dfrac{35}{54}$.

6. $\bar{x}=\dfrac{2}{5}a$，$\bar{y}=\dfrac{2}{5}a$.

7. (1) $\left(0,0,\dfrac{3}{4}\right)$；　　(2) $\left(0,0,\dfrac{3(A^4-a^4)}{8(A^3-a^3)}\right)$；

(3) $\left(\dfrac{2}{5}a,\dfrac{2}{5}a,\dfrac{7}{30}a^2\right)$.

8. $\left(0,0,\dfrac{5}{4}R\right)$.

9. (1) $I_y=\frac{1}{4}\pi a^3 b$; (2) $I_x=\frac{72}{5}$, $I_y=\frac{96}{7}$;

(3) $I_x=\frac{1}{3}ab^3, I_y=\frac{1}{3}a^3 b$.

10. $\frac{1}{12}Mh^2$, $\frac{1}{12}Mb^2$ ($M=bh\mu$ 为矩形板的质量).

11. (1) $\frac{8}{3}a^4$; (2) $\bar{x}=\bar{y}=0$, $\bar{z}=\frac{7}{15}a^2$;

(3) $\frac{112}{45}a^6\rho$.

12. $\frac{1}{2}a^2 M$ ($M=\pi a^2 h\rho$ 为圆柱体的质量).

13. $$\boldsymbol{F}=\left(2G\mu\left(\ln\frac{R_2+\sqrt{R_2^2+a^2}}{R_1+\sqrt{R_1^2+a^2}}-\frac{R_2}{\sqrt{R_2^2+a^2}}+\frac{R_1}{R_1^2+a^2}\right),\right.$$
$$\left.0,\pi Ga\mu\left(\frac{1}{\sqrt{R_2^2+a^2}}-\frac{1}{\sqrt{R_1^2+a^2}}\right)\right).$$

14. $F_x=F_y=0$, $F_z=-2\pi G\rho[\sqrt{(h-a)^2+R^2}-\sqrt{R^2+a^2}+h]$.

总复习题 9

A 组

1. (1) $\sqrt{1-x^2-y^2}+\frac{2\pi}{3(1-\pi)}$; (2) $2\iint\limits_{D_1}\cos x\sin y\,dx\,dy$;

(3) $f(2)$.

2. (1) $\frac{3}{2}+\cos 1+\sin 1-\cos 2-2\sin 2$; (2) $\pi^2-\frac{40}{9}$;

(3) $\frac{2}{3}\pi R^3$; (4) $\frac{\pi}{4}R^4+9\pi R^2$.

3. (1) $\int_{-2}^{0}dx\int_{2x+4}^{4-x^2}f(x,y)dy$; (2) $\int_0^2 dx\int_{\frac{1}{2}x}^{3-x}f(x,y)dy$;

(3) $\int_0^1 dy\int_0^{y^2}f(x,y)dx+\int_1^2 dy\int_0^{\sqrt{2y-y^2}}f(x,y)dx$.

4. 略.

5. $-\frac{2}{5}$.

6. $\frac{\pi}{3}(2-\sqrt{3})(1-\cos R^3)$.

7. $\int_{-1}^{1}dx\int_{x^2}^{1}dy\int_0^{x^2+y^2}f(x,y,z)dz$.

8. (1) $\frac{59}{480}\pi R^5$; (2) 0;

(3) $\frac{250}{3}\pi$.

9. $\frac{1}{2}\sqrt{a^2b^2+b^2c^2+c^2a^2}$.

10. $\sqrt{\frac{2}{3}}R$.

11. $I=\frac{368}{105}\mu$.

12. $\boldsymbol{F}=(F_x, F_y, F_z)$，其中 $F_x=0$，

$$F_y=\frac{4GmM}{\pi R^2}\left(\ln\frac{R+\sqrt{R^2+a^2}}{a}-\frac{R}{\sqrt{R^2+a^2}}\right),\ F_z=-\frac{2GmM}{R^2}\left(1-\frac{a}{\sqrt{R^2+a^2}}\right).$$

13. $(0, 0, \frac{3}{8}b)$.

B组

1. $\frac{2}{3}$.

2. $2\pi-2$.

3. $\frac{\pi}{4}$.

4. $\frac{\pi}{8}(e^2-1)$.

5. $4a^2$.

6. $\frac{3}{2}$.

7. $\frac{26}{3}$.

8. $\frac{\pi}{2}+\frac{5}{3}$.

9. $\frac{22}{3}$.

10. $-\frac{1}{2}$.

11. (1) $\frac{\pi^4}{3}$； (2) $\frac{7}{3}\ln^2$.

12. $-\frac{7}{9}$.

13. $f(x)=\frac{1}{\pi}(e^{\pi x^4}-1)$.

14. $\frac{a^3}{6}$.

15. $r=\frac{4}{3}R$, $S_{\max}=\frac{32}{27}\pi R^2$.

16. 略.

17. 略.

18. 略.

19. 略.（提示：$x-\frac{x^3}{6}\leqslant\sin x\leqslant x, x\geqslant 0$）

20. 略.

第 10 章

习题 10－1

1. (1) $I_x=\int_L y^2\mu(x,y)\mathrm{d}s$, $I_y=\int_L x^2\mu(x,y)\mathrm{d}s$;

(2) $\bar{x}=\dfrac{\int_L x\mu(x,y)\mathrm{d}s}{\int_L \mu(x,y)\mathrm{d}s}$, $\bar{y}=\dfrac{\int_L y\mu(x,y)\mathrm{d}s}{\int_L \mu(x,y)\mathrm{d}s}$.

2. (1) $2\pi a^3$; (2) $\sqrt{2}$;

(3) $\dfrac{1}{12}(5\sqrt{5}+6\sqrt{2}-1)$; (4) $\mathrm{e}^a\left(2+\dfrac{\pi}{4}a\right)-2$;

(5) $\dfrac{\sqrt{3}}{2}(1-\mathrm{e}^{-2})$; (6) 9;

(7) $\dfrac{256}{15}a^3$; (8) $2\pi^2a^3(1+2\pi^2)$.

3. $\dfrac{2\sin\frac{\alpha}{2}}{\alpha}$.

4. (1) $I_z=\dfrac{2}{3}\pi a^2\sqrt{a^2+k^2}(3a^2+4\pi^2k^2)$;

(2) $\bar{x}=\dfrac{6ak^2}{3a^2+4\pi^2k^2}$, $\bar{y}=\dfrac{-6\pi ak^2}{3a^2+4\pi^2k^2}$, $\bar{z}=\dfrac{3k(\pi a^2+2\pi^3k^2)}{3a^2+4\pi^2k^2}$.

习题 10－2

1. 略.
2. 略.
3. (1) $-\dfrac{56}{15}$; (2) $-\dfrac{\pi}{2}a^3$;

(3) 0; (4) -2π;

(5) $\dfrac{k^3\pi^3}{3}-a^2\pi$; (6) 13;

(7) $\dfrac{1}{2}$; (8) $-\dfrac{14}{15}$.

4. (1) $\dfrac{34}{3}$; (2) 11;

(3) 14; (4) $\dfrac{32}{3}$.

5. $-|\boldsymbol{F}|R$.
6. $mg(z_2-z_1)$.

7. (1) $\int_L \frac{P(x,y)+Q(x,y)}{\sqrt{2}}ds$;

(2) $\int_L \frac{P(x,y)+2xQ(x,y)}{\sqrt{1+4x^2}}ds$;

(3) $\int_L [\sqrt{2x-x^2}P(x,y)+(1-x)Q(x,y)]ds$.

8. $\int_\Gamma \frac{P+2xQ+3yR}{\sqrt{1+4x^2+9y^2}}ds$.

习题 10－3

1. (1) 是；(2) 是；(3) 是.

2. (1) 未必；(2) 未必；(3) 未必.

3. (1) 略；(2) 略；(3) πa^2.

4. (1) $\frac{1}{30}$; (2) 0.

5. -2π.

6. (1) $\frac{5}{2}$; (2) 236;

(3) 8.

7. (1) 70; (2) $\frac{\pi^2}{4}$.

习题 10－4

1. $I_x=\iint\limits_{\Sigma}(y^2+z^2)\mu(x,y,z)dS$.

2. 略.

3. 略.

4. (1) $\frac{13}{3}\pi$; (2) $\frac{149}{30}\pi$;

(3) $\frac{111}{10}\pi$.

5. (1) $\frac{1+\sqrt{2}}{2}\pi$; (2) 9π.

6. (1) $4\sqrt{61}$; (2) $-\frac{27}{4}$;

(3) $\pi a(a^2-h^2)$; (4) $\frac{64}{15}\sqrt{2}a^4$.

7. $\frac{2\pi}{15}(6\sqrt{3}+1)$.

8. $\frac{4}{3}\mu_0\pi a^4$.

习题 10－5

1. 略.

2. (1) $\frac{2}{105}\pi R^7$； (2) $\frac{3}{2}\pi$；

(3) $\frac{1}{2}$； (4) $\frac{1}{8}$.

3. (1) $\iint\limits_{\Sigma}\left(\frac{3}{5}P+\frac{2}{5}Q+\frac{2\sqrt{3}}{5}R\right)dS$；

(2) $\iint\limits_{\Sigma_{下}}\left(-P\frac{x}{a}-Q\frac{y}{a}+R\frac{\sqrt{a^2-x^2-y^2}}{a}\right)dS$

$+\iint\limits_{\Sigma_{上}}\left(-P\frac{x}{a}-Q\frac{y}{a}-R\frac{\sqrt{a^2-x^2-y^2}}{a}\right)dS.$

4. $\frac{1}{2}$.

习题 10－6

1. (1) $3a^4$； (2) $\frac{12}{5}\pi a^5$；

(3) $\frac{2}{5}\pi a^5$； (4) 81π；

(5) $\frac{3}{2}$.

2. (1) 0； (2) $a^3\left(2-\frac{a^2}{6}\right)$；

(3) 108π.

3. (1) $\operatorname{div}\boldsymbol{A}=2x+2y+2z$；

(2) $\operatorname{div}\boldsymbol{A}=ye^{xy}-x\sin(xy)-2xz\sin(xz^2)$；

(3) $\operatorname{div}\boldsymbol{A}=2x$.

4. 略.（提示：$\Delta u=\frac{\partial^2 u}{\partial x^2}+\frac{\partial^2 u}{\partial y^2}+\frac{\partial^2 u}{\partial z^2}$，$\frac{\partial u}{\partial n}=\nabla u\cdot(\cos\alpha,\cos\beta,\cos\gamma)$.）

习题 10－7

1. 略.

2. (1) $-\sqrt{3}\pi a^2$； (2) $-2\pi a(a+b)$；

(3) -20π； (4) 9π.

3. (1) 0； (2) -4.

4. (1) 2π； (2) 12π.

5. 略.

6. 0.

总复习题 10

A 组

1. (1) $\int_{\Gamma}(P\cos\alpha+Q\cos\beta+R\cos\gamma)ds$，切向量；

(2) $\iint\limits_{\Sigma}(P\cos\alpha+Q\cos\beta+R\cos\gamma)dS$，法向量.

2. C.

3. (1) $2a^2$;　(2) $\frac{(2+t_0^2)^{\frac{3}{2}}-2\sqrt{2}}{3}$;

(3) $-2\pi a^2$;　(4) $\frac{1}{35}$;

(5) πa^2;　(6) $\frac{\sqrt{2}}{16}\pi$.

4. (1) $\frac{2\pi}{R}\arctan\frac{H}{R}$;　(2) $-\frac{\pi}{4}h^4$;

(3) $2\pi R^3$;　(4) $\frac{2}{15}$.

5. $\frac{1}{2}\ln(x^2+y^2)$.

6. $\left(0, 0, \frac{a}{2}\right)$.

7. $-\frac{2\pi}{5}$.

8. $\frac{1}{2}$.

B组

1. $\frac{\pi}{2e}$.

2. 略.

3. $\varphi(x)=x^2$, $A=2\pi$.

4. (1) $\frac{4}{3}\pi$; (2) $\frac{8-4\sqrt{2}}{15}\pi$.

5. $-\pi$.

6. 略.

7. (1)略;　(2) $\frac{c}{d}-\frac{a}{b}$.

8. 2π.

第 11 章

习题 11－1

1. (1)发散;　(2)收敛;

(3)发散;

(4) $\ln\left(1+\frac{1}{n}\right)=\ln\frac{n+1}{n}=\ln(n+1)-\ln n$,发散;

(5) $u_n=\frac{n}{(n+1)\cdot n(n-1)\cdots}<\frac{1}{(n+1)\cdot(n-1)}$, $n\geqslant 3$ 收敛;

(6)收敛；

(7)发散；　(8)发散.

2. $\sum_{n=2}^{\infty} \frac{2}{n(n+1)} = 1$.

3. 略.

4. 略.

习题 11－2

1. (1) $\frac{1}{n^2+n+1} < \frac{1}{n^2}$，收敛；　(2) $\frac{5}{2+3^n} < \frac{5}{3^n}$，收敛；

(3) $\frac{1}{n-\sqrt{n}} > \frac{1}{n}$，发散；　(4) $\lim \frac{\frac{1}{n\sqrt[n]{n}}}{\frac{1}{n}} = 1$，发散；

(5) $\frac{2+(-1)^n}{n\sqrt{n}} < \frac{3}{n^{\frac{3}{2}}}$，收敛；　(6) $\frac{1}{\ln n} > \frac{1}{n}$，发散.

2. 略.

3. (1) 收敛；　(2) 收敛；

(3) 收敛.

4. (1) 绝对收敛；　(2) 绝对收敛；

(3) 绝对收敛；　(4) 发散；

(5) 绝对收敛；　(6) 条件收敛；

(7) 绝对收敛；　(8) 绝对收敛；

(9) 发散.

5. 略.

6. 略.

习题 11－3

1. (1) $[-1, 1]$；　(2) $[-1, 1)$；

(3) $[-3, 3)$；　(4) $[-\frac{1}{2}, \frac{1}{2}]$；

(5) $(-\sqrt{2}, \sqrt{2})$；　(6) $[-1, 3)$.

2. (1) $\frac{1}{(1-x)^2}$　$(-1<x<1)$；　(2) $\frac{1}{2}\ln\frac{1+x}{1-x}$　$(1<x<1)$；

(3) $\frac{1}{(1-x)^3}$　$(-1<x<1)$；　(4) $\frac{1+x}{(1-x)^2}$　$(-1<x<1)$，$s=6$.

3. $R=3$.

4. $\frac{22}{27}$.

5. (1) $\sum_{n=0}^{\infty} \frac{1}{(2n+1)!} x^{2n+1}$　$(-\infty<x<+\infty)$；

(2) $x + \sum_{n=0}^{\infty} \frac{(-1)^n}{(n+1)(n+2)} x^{n+2}$　$(-1<x\leqslant 1)$；

(3) $\sum\limits_{n=0}^{\infty} \dfrac{2}{2n+1}x^{2n+1} \quad (-1<x<1)$；

(4) $1+\sum\limits_{n=1}^{\infty} \dfrac{(-1)^n 2^{2n-1}}{(2n)!}x^{2n} \quad (-\infty<x<+\infty)$.

6. $\sum\limits_{n=0}^{\infty}(-1)^n x^{2n+1} \quad (-1<x<1)$，$-7!$.

7. $\sum\limits_{n=0}^{\infty}\left(\dfrac{1}{2^{n+1}}-\dfrac{1}{3^{n+1}}\right)(x+4)^n \quad (-6<x<-2)$， $6!\left(\dfrac{1}{2^7}-\dfrac{1}{3^7}\right)$.

8. $\dfrac{1}{\sqrt{2}}\left[1+(x+\dfrac{\pi}{4})-\dfrac{1}{2!}(x+\dfrac{\pi}{4})^2-\dfrac{1}{3!}(x+\dfrac{\pi}{4})^3+\cdots\right] \quad (-\infty<x<+\infty)$.

9. $e^{\frac{1}{2}}\sum\limits_{n=0}^{\infty}\dfrac{1}{2^n}(x-1)^n \quad (-\infty<x<+\infty)$.

10. $f(x)=\ln[(1+x)(1+x^2)]=\ln(1+x)+\ln(1+x^2)$.

$\sum\limits_{n=1}^{\infty}\dfrac{(-1)^{n-1}}{n}\{1+[1+(-1)^n](-1)^{\frac{3n}{2}-1}\}x^n \quad (-\infty<x\leqslant+\infty)$.

11. $\sum\limits_{n=0}^{\infty}\dfrac{(-1)^n}{n!(2n+1)}x^{2n+1} \quad (-\infty<x<+\infty)$.

12. 略.

习题 11－4

1. $\pi^2+1+\sum\limits_{n=1}^{\infty}(-1)^n\dfrac{12}{n^2}\cos nx \quad (-\infty<x<+\infty)$.

2. $$\frac{1+\pi-e^{-\pi}}{2\pi}+\frac{1}{\pi}\sum_{n=0}^{\infty}\left\{\frac{1-(-1)^n e^{-\pi}}{1+n^2}\cos nx+\left[\frac{-n+(-1)^n n e^{-\pi}}{1+n^2}+\frac{1-(-1)^n}{n}\right]\sin nx\right\}$$

$(-\pi<x<\pi)$.

3. 正弦级数：$\sum\limits_{n=1}^{\infty}b_n\sin nx$，$b_n=\begin{cases}\dfrac{2\pi}{n}-\dfrac{8}{n^3\pi}, & n=1,3,5,\cdots,\\ -\dfrac{2\pi}{n}, & n=2,3,6,\cdots;\end{cases}$

余弦级数：$\dfrac{\pi^2}{3}+\sum\limits_{n=1}^{\infty}(-1)^n\dfrac{4}{n^2}\cos nx$.

4. 略.

5. $s(x)=\begin{cases}\dfrac{1}{2}, & x=\pm\pi,\ x=0,\\ 1+x, & -\pi<x<0,\\ x, & 0<x<\pi.\end{cases}$

6. $1+\sum\limits_{n=0}^{\infty}\left\{\dfrac{4[(-1)^n-1]}{n^2\pi^2}\cos\dfrac{n\pi}{2}x-\dfrac{4}{n\pi}(-1)^n\sin\dfrac{n\pi}{2}x\right\} \quad (-2<x<2)$，

$s(x)=\begin{cases}0, & -2<x<0,\\ 2x, & 0\leqslant x<2,\\ 2, & x=\pm 2.\end{cases}$

7. $\frac{1}{2}-\frac{4}{\pi^2}\sum_{k=0}^{\infty}\frac{1}{(2k+1)^2}\cos(2k+1)\pi x \quad (0\leqslant x\leqslant 2)$；$\frac{\pi^2}{8}$.

8. 略.

总复习题 11

A 组

1. 选择题(1)D;(2)B;(3)D;(4)B;(5)A.

2. 略.（提示：计算 $S_1, S_2, \cdots, S_n, \cdots, S_n=1-\frac{1}{(1+a_1)\cdots(1+a_n)}$，$S_n$ 单增有上限，上限是 1)

3. 收敛区间为 $2k\pi-\frac{\pi}{6}\leqslant x<2k\pi+\frac{\pi}{6}, (2k+1)\pi-\frac{\pi}{6}<x\leqslant(2k+1)\pi+\frac{\pi}{6}(k=0, \pm1, \pm2, \cdots)$，内部绝对收敛，收敛端点处为条件收敛.

4. 略.（提示：构造级数 $\sum\frac{2^n n!}{n^n}$，由比值法知级数收敛，因此单项 $u_n=\frac{2^n n!}{n^n}\to 0$)

5. (1)略.（提示：a_n 单减有下界)；(2)略.

6. 略.（提示：由题设，$\lim\limits_{n\to 0}u_n=a>0$)

7. (1) $(-1,1)$； (2) $\left(-\frac{1}{\sqrt{3}}, \frac{1}{\sqrt{3}}\right)$；

(3) $\left(-\frac{1}{\sqrt{2}}, \frac{1}{\sqrt{2}}\right)$； (4) $(0, 1]$.

8. (1) $\arctan 2-\sum_{n=0}^{\infty}\frac{(-1)^n 2^{2n+1}}{2n+1}x^{2n+1}$, $\left[-\frac{1}{2}, \frac{1}{2}\right]$；

(2) $\sum_{n=1}^{\infty}(-1)^{n-1}\frac{x^{2n-1}}{2n-1}+\sum_{n=1}^{\infty}(-1)^n\frac{x^{2n}}{2n}$, $[-1, 1]$.

9. $-\frac{1}{e}+\frac{1}{e}\sum_{n=1}^{\infty}(-1)^{n+1}\frac{n+1}{n!}(x-1)^n$, $(-\infty, +\infty)$.

10. $x\in(-1, 1]$时收敛；$x=-1$ 时，$p>1$ 收敛，$0<p\leqslant 1$ 发散.

11. (1)$R=1$； (2)$s=2(a_0+d)$.

12. 略.

13. $\sum_{n=0}^{\infty}(a_0+a_1+\cdots+a_n)x^n$, $(-1, 1)$.

14. $f(x)=\frac{e^{\pi}-1}{2\pi}+\frac{1}{\pi}\sum_{n=1}^{\infty}\left\{\frac{(-1)^n e^{\pi}-1}{n^2+1}\cos nx+\frac{n[(-1)^{n+1}e^{\pi}+1]}{n^2+1}\sin nx\right\}$.

15. 正弦级数：$f(x)=\frac{2}{\pi}\sum_{n=1}^{\infty}\frac{1-\cos nh}{n}\sin nx$, $x\in(0, h)\cup(h, \pi]$；

余弦级数：$f(x)=\frac{h}{\pi}+\frac{2}{\pi}\sum_{n=1}^{\infty}\frac{\sin nh}{n}\cos nx$, $x\in(0, h)\cup(h, \pi]$.

B 组

1. 填空题

(1) $-\frac{1}{6}$.

由 $\ln(2+x)=\ln2+\ln(1+\frac{1}{2}x)=\ln2+\sum\limits_{n=1}^{\infty}(-1)^{n-1}\frac{\left(\frac{1}{2}x\right)^n}{n}$，有

有 $a_n=\begin{cases}\ln2, & n=0,\\ (-1)^{n-1}\frac{1}{n2^n}, & n>0.\end{cases}$ 有 $\sum\limits_{n=0}^{\infty}na_n=-\frac{1}{6}$.

(2) $-\frac{1}{\pi}$.

由 $a_n=\frac{2}{\pi}\int_0^{\pi}(x+1)\cos\frac{n\pi x}{\pi}\mathrm{d}x=\begin{cases}0, & n=2k,\\ -\frac{4}{n^2\pi}, & n=2k-1.\end{cases}$

由 $\lim\limits_{n\to\infty}a_{2n-1}=\lim\limits_{n\to\infty}\left[-\frac{4}{(2n-1)^2\pi}\right]=0$.

有 $\lim\limits_{n\to\infty}n^2\sin a_{2n-1}=\lim\limits_{n\to\infty}n^2a_{2n-1}=-\frac{1}{\pi}$.

(3) 0.

由 $f(0)=1$，$f(1)=0$，有

$1=f(0)+f(1)=\frac{a_0}{2}+\sum\limits_{n=1}^{\infty}a_n+\frac{a_0}{2}+\sum\limits_{n=1}^{\infty}(-1)^na_n=a_0+2\sum\limits_{n=1}^{\infty}a_{2n}$，

有 $\sum\limits_{n=1}^{\infty}a_{2n}=\frac{1}{2}(1-a_0)=0$.

2. (1) $L_n=2\times\sqrt{3}\times\left(\frac{4}{3}\right)^n$，$\lim\limits_{n\to\infty}L_n=+\infty$.

(2) $S_0=\frac{\sqrt{3}}{2}$，$S_1=\frac{\sqrt{3}}{108}$，其中 S_1 是第一步产生的一个小正三角形的面积. $S_n=S_0-6\left[1+\frac{4}{9}+\cdots+1\ \frac{4}{9}^{n-1}\right]S_1=S_0-6\times\frac{9}{5}S_1=\frac{2}{5}\sqrt{3}$.

(3) 周长无限大，面积有限.

3. $\int_0^{n\pi}x\ |\sin x|\ \mathrm{d}x=n^2\pi$.

$\sum\limits_{n=1}^{\infty}(-1)^{n-1}a_n=\frac{1}{\pi}\sum\limits_{n=1}^{\infty}\frac{(-1)^{n-1}}{n}=-\frac{1}{\pi}\left(\sum\limits_{n=1}^{\infty}\frac{x^n}{n}\right)\Big|_{x=-1}$.

又 $\sum\limits_{n=1}^{\infty}\frac{x^n}{n}=-\ln|1-x|$，有 $\sum\limits_{n=1}^{\infty}(-1)^{n-1}a_n=\frac{1}{\pi}\ln2$.

4. (1) 使用夹逼准则

$a_n=\cos a_n-\cos b_n=-2\sin\frac{a_n+b_n}{2}\sin\frac{a_n-b_n}{2}>0$，有 $\sin\frac{a_n+b_n}{2}>0$，$\sin\frac{a_n-b_n}{2}<0$.

有 $0<a_n<b_n<\frac{\pi}{2}$，由夹逼准则 $\lim\limits_{n\to\infty}a_n=0$.

(2) $\frac{a_n}{b_n}=\frac{-2\sin\frac{a_n+b_n}{2}\sin\frac{a_n-b_n}{2}}{b_n}\leqslant\frac{2\frac{a_n+b_n}{2}\frac{b_n-a_n}{2}}{b_n}=\frac{b_n^2-a_n^2}{2b_n}<\frac{b_n^2}{2b_n}<\frac{b_n}{2}$.

由 $\sum b_n$ 收敛，有 $\sum \frac{b_n}{2}$ 收敛，由比较判别法知 $\sum\limits_{n=1}^{\infty} \frac{a_n}{b_n}$ 收敛.

5. 级数收敛域$(-\infty,+\infty)$.

$s(x)=\sum\limits_{n=0}^{\infty} \frac{n^2}{2^n n!}x^n+\sum\limits_{n=0}^{\infty}\frac{1}{n!}\left(\frac{x}{2}\right)^n=\left(\frac{1}{4}x^2+\frac{x}{2}+1\right)e^{\frac{x}{2}}$，$x\in(-\infty,+\infty)$.

6. 收敛区间$(-3,3)$.

当 $x=3$ 时，$a_n=\frac{3^n}{3^n+(-2)^n}\frac{1}{n}>\frac{1}{2n}$，发散.

当 $x=-3$ 时，$a_n=\frac{(-3)^n}{3^n+(-2)^n}\frac{1}{n}=(-1)^n\frac{1}{n}+\frac{2^n}{3^n+(-2)^n}\frac{1}{n}$，收敛.

有收敛域$[-3,3)$.

7. $\begin{cases} s'(x)-xs(x)=\frac{x^3}{2}, \\ s(0)=0. \end{cases}$

有 $s(x)=-\frac{x^2}{2}-1+Ce^{\frac{x^2}{2}}$.

8. (1) $y=\sum\limits_{n=0}^{\infty}a_nx^n$，$y'=\sum\limits_{n=1}^{\infty}na_nx^{n-1}$，$y''=\sum\limits_{n=2}^{\infty}n(n-1)a_nx^{n-2}$，代入 $y''-2xy'-4y=0$.

比较同次项系数有 $a_{n+2}=\frac{2}{n+1}a_n\quad(n=1,2,\cdots)$

(2) 由 $a_0=0$，$a_1=1$，$a_2=0$，$a_{n+2}=\frac{2}{n+1}a_n$，有 $a_{2n}=0$，$a_{2n+1}=\frac{1}{n!}$，

有 $y=\sum\limits_{n=0}^{\infty}\frac{1}{n!}x^{2n+1}=xe^{x^2}$.

9. (1) 利用幂级数可逐项求导来验证且 $s(0)=a_0$，$s'(0)=a_1$.

(2) $s(x)=2e^x-e^{-x}$.

10. $\arctan x=\sum\limits_{n=0}^{\infty}(-1)^n\frac{x^{2n+1}}{2n+1}$，$|x\leqslant 1|$.　　$f(x)=1+2\sum\limits_{n=1}^{\infty}\frac{(-1)^n}{1-4n^2}x^{2n}$.

$\sum\limits_{n=1}^{\infty}\frac{(-1)^n}{1-4n^2}=\frac{\pi}{4}-\frac{1}{2}$.

11. (1) $f(x)=\frac{\pi}{2}-\frac{4}{\pi}\sum\limits_{n=1}^{\infty}\frac{1}{(2n-1)^2}\cos(2n-1)x$，$x\in[-\pi,\pi)$.

取 $x=0$，$f(0)=0=\frac{\pi}{2}-\frac{4}{\pi}\sum\limits_{n=1}^{\infty}\frac{1}{(2n-1)^2}$，有 $\sum\limits_{n=1}^{\infty}\frac{1}{(2n-1)^2}=\frac{\pi^2}{8}$.

(2) 将 $F(x)=\frac{1}{x}\ln\frac{4+x}{4-x}$ 展开成关于 x 的幂级数.

有 $F(x)=2\sum\limits_{n=1}^{\infty}\frac{1}{2n-1}\frac{x^{2n-2}}{4^{2n-1}}$.

有 $\int_0^4 F(x)dx=2\sum\limits_{n=1}^{\infty}\frac{1}{(2n-1)^2}=\frac{\pi}{4}$.